普通高等教育"十三五"规划教材

国家精品课程教材

食品化学

李春美　何　慧　主　编

李秀娟　黄琪琳　副主编

化学工业出版社

·北京·

内容简介

食品化学是食品科学学科重要的专业基础课。本书系统论述了食品化学的基础理论与方法，主要内容包括绪论、水、糖类、脂质、蛋白质、维生素和矿物质、食品色素和着色剂、酶、风味化合物、食品添加剂以及食品中的有害成分。本书在论述食品成分的化学和生物化学特征的基础上，重点阐述了食品成分在加工贮藏过程中发生的各种变化对食品品质、营养和安全性的影响。编写过程中在吸收国内外经典食品化学理论的基础上，收集了大量国内外新的技术成果，深入浅出地介绍了食品化学的原理及其在食品工业中的应用，并在每章章前设置图文简介、问题导入，最后引入前沿导读，力求系统、经典、简洁、有趣、新颖，体现了当今食品化学的学科特点和发展方向。同时通过章后总结帮助学生梳理各章知识点并与学习目标呼应，帮助学生学习；文中的概念检查及章后的课后练习和设计问题可强化学生对基本理论的理解与应用，并为教师教学提供便利。

本书可以作为高等院校食品科学与工程以及食品质量与安全等专业的教学用书，也可供研究生和从事食品科学研究以及食品研发和加工的科技人员参考。

图书在版编目（CIP）数据

食品化学 / 李春美，何慧主编. —北京：化学工业出版社，2021.2（2023.1重印）

普通高等教育"十三五"规划教材

ISBN 978-7-122-38053-1

Ⅰ.①食… Ⅱ.①李… ②何… Ⅲ.①食品化学-高等学校-教材 Ⅳ.①TS201.2

中国版本图书馆CIP数据核字（2020）第244498号

责任编辑：赵玉清 周 侗　　　　　　装帧设计：关 飞
责任校对：王鹏飞

出版发行：化学工业出版社（北京市东城区青年湖南街13号　邮政编码100011）
印　　装：北京科印技术咨询服务有限公司数码印刷分部
787mm×1092mm　1/16　印张23　字数572千字　2023年1月北京第1版第2次印刷

购书咨询：010 - 64518888　　　　　　售后服务：010 - 64518899
网　　址：http://www.cip.com.cn
凡购买本书，如有缺损质量问题，本社销售中心负责调换。

定　　价：69.00元

前言

食品化学是利用化学的理论和方法研究食品本质的一门科学，是食品科学的重要分支和基础。随着食品化学和生命科学研究的不断深入和飞速发展，新的方法、理论和成果不断涌现；互联网技术带来了海量资讯和学生学习方式的多元化。本教材正是在这种背景下，力求打造符合教育部一流课程建设要求的全新教材，以满足新时代学生们日益增长的求知欲和求新欲。

编写团队在食品化学资深专家谢笔钧教授的引领下，历经35年的建设，伴随着学院"食品化学"课程从主干课到国家精品课程再到国家精品资源共享课程的建设和发展。在经历了几代人的沉淀、传承，并不断发展和创新以及科研积淀的基础上，编写团队结合多年的一线教学体会和一流课程建设的核心需要，以着眼于知识的理解和实际应用，吸引学生学习并激励学生创新为原则，在吸收国内外经典食品化学理论的基础上，收集了大量国内外新的技术成果，深入浅出地介绍了食品化学的原理及其在食品工业中的应用，并在每章最后引入前沿导读，引导学生接触前沿，开阔视野，力求系统、经典、简洁、有趣、新颖，体现了当今食品化学的学科特点和发展方向。在编写方式上，通过章前与章节内容相关的有吸引力的图片及简洁的图片文字说明激发学生兴趣，通过问题导入方式，阐述本章知识的用武之地，告知学生学习的意义，并提出具体学习目标，将学生注意力集中在应该学到的知识，并明确掌握程度。通过章后总结帮助学生梳理各章知识点并与学习目标呼应，帮助学生学习；结合正文中的概念检查及章后的课后练习和设计问题强化学生对基本理论的理解、实践与应用能力，力求有趣、有用、有启发，使学生终身受益。教材除为学生提供学习资源外，也为教材提供了教学资源，力求为教师教学提供有益参考。

本书共11章，包括第1章绪论（李春美）、第2章水（侯焘）、第3章糖类（黄琪琳）、第4章脂质（李春美）、第5章蛋白质（何慧）、第6章维生素和矿物质（李秀娟）、第7章食品色素和着色剂（李凯凯）、第8章风味化合物（袁方）、第9章酶（张卓）、第10章食品添加剂（李艳）、第11章食品中的有害成分（蔡朝霞）。

鉴于编者水平有限，书中难免有疏漏及不足之处，恳请读者和同行批评指正！

编者
2020年7月

目录

第3章　糖类　045

第4章　脂质　093

第5章 蛋白质 145

第6章 维生素和矿物质

第7章 食品色素和着色剂

第8章 风味化合物

第11章　食品中的有害成分　　339

参考文献　　353

第1章 绪论

1.1 食品化学的概念

食品是指能够满足机体正常生理和生化能量需求，并能延续正常寿命的物质。食品的化学组成主要包括糖类（碳水化合物）、脂肪、蛋白质、水、维生素、矿物质、色素和风味物质等。这些成分有的是食品原料的固有成分，有的是在加工过程中产生的，可为维持人体正常的生长发育和新陈代谢提供必需的营养，或为进食带来愉悦的体验。

食品化学是利用化学的理论和方法研究食品本质的一门科学，即从化学的角度和分子水平上研究食品及食品原料的组成、结构、理化性质以及其在加工及贮藏过程中所发生的各种化学、生物化学变化及机理，同时特别关注这些化学变化对食品品质和安全性的影响。食品化学是一门多学科互相渗透的学科，与营养、医药、化工、生化、农业、材料、毒理学、分子生物学等科学相互关联，相互渗透。可为改善食品品质、开发食品新资源、革新食品加工和储运工艺、促进精准营养等奠定理论基础。

1.2 食品化学的研究内容和范畴

1.2.1 研究食品的组成

研究食品的组成是食品化学最基础的研究内容。只有弄清了食品的组成成分，才能有效地进行食品的结构、性质及其化学变化的研究。食品的基本成分包括人体营养所必需的糖类、蛋白质、脂质、维生素、矿物质和水（图 1-1），它们提供了人体正常生理代谢所必需的物质和能量。此外，食品的其他成分，如色素、风味物质、酶、膳食纤维、食品添加剂以及食品污染物、掺假物等的组成和性质都是食品化学的重要研究内容。特别值得一提的是，近年来，由于营养不均衡、生活节奏的加快和缺乏运动等导致的慢性疾病的发生、发展、加剧且趋向年轻化，食品中某些具有调节人体健康机能的活性成分如活性多糖、活性蛋白、功能性油脂、新型天然抗氧化剂等的组成、结构和作用机理已成为食品化学的新研究热点。

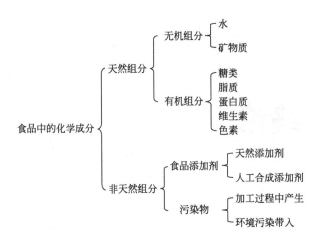

图1-1 食品的化学组成

1.2.2　研究食品的性质

食品性质包括食品的基本理化性质、功能性质和安全性等，其中功能性质是食品化学关注的特性之一。食品的不同组成成分具有不同的功能性质，这些性质对食品加工至关重要。例如食品蛋白质具有水合、胶凝、乳化、发泡、成膜等性质；食品多糖具有增稠、胶凝、持水、成膜、稳定等性质，淀粉还具有糊化、老化性质；食品中的脂肪具有同质多晶性和抗淀粉老化特性，塑性脂肪还具有可塑性、起酥性，脂肪还是脂溶性色素和风味的良好载体，磷脂具有良好的乳化特性等，这些性质对于食品的形态、质地、结构、感官特性等具有重要贡献。因此，对不同食品成分功能性质及其影响因素的研究是食品加工原料选择、工艺优化等的重要前提和保障。

1.2.3　研究食品在加工和贮藏过程中发生的化学以及生物化学变化

食品从原料生产，经贮藏运输，加工到产品销售，每一个过程无不涉及一系列的化学变化。例如果蔬采后和动物宰后的生理变化，食品中各成分的稳定性随贮藏条件的变化，以及加工过程中食品各成分相互作用而引起的化学变化等，这些变化都会对食品的品质或安全性产生重大的影响。研究这些反应的机理、反应动力学，探索其影响反应速度的因素，为控制反应提供理论依据，是食品化学研究的主要内容。

食品在贮藏加工过程中发生的化学变化主要包括脂肪氧化、水解、热分解、环化以及异构化，蛋白质的变性、交联、水解、氧化，多糖和低聚糖的水解、改性，非酶褐变和酶促褐变，抗氧化剂的氧化还原反应、与自由基反应，食品中香气化合物的形成等。这些反应有些会对食品品质产生不利影响，有些则有助于形成食品需宜的色泽、风味及口感，但如果条件控制不当也是食品中致癌、致突变产物的产生途径。例如，脂质氧化是食品变质的主要原因之一，它会使食品产生异味、变色、质地劣变或其他损坏，对含脂食品的货架期产生重要影响。油脂的适度氧化有助于油炸食品的香气形成；但当不饱和脂肪酸暴露在空气中时，经自由基反应生成过氧化物，或者在光及光敏化剂的作用下与活性氧进行氧化反应，引起必需脂肪酸破坏。氧化反应形成的复杂挥发物如酸、醛、醇等化合物不仅能导致酸败，而且会产生异味，降低含脂食品的品质。此外，油脂氧化还可产生具有致癌、致突变作用的毒性化合物，如苯并芘等多环芳烃类化合物。又如，美拉德褐变反应是食品在热加工和长期贮藏过程中发生的重要反应。该反应是氨基类化合物与羰基化合物在有少量水存在的情况下生成褐色色素和香气物质的反应。尽管此反应对面包、烤鸭、啤酒、酱油等诸多食品的香气和色泽的形成具有重要贡献，但也会造成必需氨基酸破坏，引起食品营养价值的降低，而晚期糖基化会生成潜在的致癌、致突变等不安全因子。尽管此反应从发现至今已有超过 100 年的研究历史，但科学家对其反应全过程仍不完全了解，尚待进一步研究。食品加工和贮藏过程中主要的化学变化及其对食品品质的影响见表 1-1。

表1-1　食品加工和贮藏过程中主要的化学变化及其对食品品质的影响

主要化学变化	对食品品质的影响
美拉德反应	产生需宜的色泽和风味，过度反应产生非需宜的色泽或异味、潜在致癌致突变物
脂肪氧化	可以赋予油炸食品色泽和香气，但也会引起必需脂肪酸破坏，产生异味，降低含脂食品的品质，还可产生具有致癌、致突变作用的毒性化合物
多糖水解	黏度降低、产生甜味
叶绿素脱镁、降解	绿色果蔬颜色劣变
蛋白质水解	溶解性提高，产生某些生理活性，但其胶凝、质构化能力降低，产生鲜味等
蛋白质变性	凝固、溶解度降低、消化性改变、质地改变
血红蛋白氧化	肉制品变色
花青素降解	果蔬及制品褪色、营养价值降低
油脂氢化	稳定性提高、色泽变浅、加工性质改变，但可能产生有毒的反式脂肪酸

1.2.4　研究食品的风味

新鲜果蔬的风味是成熟过程中风味前体化合物在内源性酶作用下通过一系列生化反应生成的。而一般加工食品的风味多是由加工过程中由食品中糖类化合物、蛋白质、脂类、维生素等成分分解或相互发生化学反应产生，如焙烤花生产生的香气、瘦肉炒熟后的香气等。因此，研究食品中风味形成的化学途径及其影响因素，通过控制食品的加工条件，使之产生令人愉悦的风味，防止风味损失或异味生成，在此基础上对风味化合物的分离、组成、结构及其反应机理进行研究，是合成天然风味化合物的基础，也是食品化学的重要研究内容。

1.2.5　研究食品在加工过程中营养和安全性的变化

从化学的角度研究食品在生产、加工以及贮藏过程中食品营养素所发生的变化，是否有营养损失，是否有有毒有害物产生；研究有毒有害成分的形成途径、影响因素、控制措施，从而减少营养素的损失，避免有毒有害物质产生，这些均属于食品化学研究的范畴。

1.3 食品化学对推动食品工业发展的作用

传统食品生产已经无法满足人们对食品多样化、功能化、方便化、健康化等高层次的需求，食品化学的发展正推动现代食品工业向营养、美味、方便、安全、功能化的方向发展。例如，正是由于食品化学的发展，才有了对食品加工中的一些重要的化学反应如美拉德（Maillard）反应、焦糖化反应、酶促褐变反应、脂类氧化和聚合反应、蛋白质的变性反应、蛋白质和多糖的水解反应、维生素的降解反应、酶的催化反应等的更科学和更全面的认识，而这种认识对现代食品加工和贮运技术产生了深刻的影响，要完善加工工艺和加工技术，必须借助于食品化学理论（见表1-2）。

表1-2 食品化学理论对食品行业技术进步的推动效应

食品化学理论	推动的工艺进步	影响的领域
植物色素、维生素降解机制和影响因素	护色工艺、制汁工艺	果蔬加工贮藏保鲜
动物蛋白嫩化、凝胶机制、肉品护色发色	保汁和嫩化工艺、发色护色工艺	肉品加工贮藏保鲜
蛋白质水合、絮凝、稳定	速溶、稳定或澄清等	蛋白质饮料工业
油脂的改性、氧化、乳化	抗氧化、稳定、乳化工艺	油脂加工
蛋白质水解、美拉德反应	肉味汤料生产、鲜味剂开发	肉制品加工，汤料、调味料生产
面团形成、抗老化、美拉德反应	面团调制工艺、焙烤工艺	面制品行业、焙烤工业
发酵、稳定、乳化	发酵工艺、稳定工艺	乳制品、调味品、酒类生产
淀粉糊化、老化	糊化工艺、老化工艺	米面制品

此外，近年来在食品加工和生产中引入了大量的高新技术，如微胶囊技术、高静压技术、微波技术、活性包装技术、膜分离技术等。这些技术的应用一方面推动了食品化学的发展，另一方面这些技术的应用和发展也依赖于食品化学的发展。例如，在微胶囊技术中壁材（wall materials）各组分的结构、性质及其相互作用对微胶囊产品超微结构和性质的影响均是食品化学的重要研究课题。可以说离开了食品化学的发展和理论指导，就不可能有朝气蓬勃的现代食品工业。

1.4 食品化学的研究方法

食品化学的研究方法首先是确定食品的组成、营养价值、安全性和品质等重要性质，再确定食品贮藏和加工过程中可能发生的对食品品质和安全性有重要影响的化学与生物化学反应，在上述研究基础上了解关键化学和生化反应如何影响食品的品质和安全性，并将上述知识应用于食品配制、加工与贮藏。很显然，食品化学区别于一般化学的研究方法的显著特点是将食品的化学组成、理化性质、化学变化等化学属性同食品的品质与安全性等联系起来。因此,在实验设计中要充分考虑将实际的食品物质系统和主要加工工艺条件作为重要的依据,旨在揭示食品品质和安全性的变化。因此,除了理化试验外,还要充分结合感官分析的作用,因为理化实验主要用于分析试验系统中营养成分、有害成分、色素和风味物质的存在、分解、生成量以及结构和性质的变化;感官分析可以通过人的直观鉴评来评价实验系统的质构、颜色、口感、风味的变化,而这些属性是食品品质不可或缺的重要部分。

食品是多组分构成的复杂体系,在加工和贮藏过程中将发生许多复杂的变化,为了使分析、推断和综合背景更清晰,一般先从模拟体系或简单体系出发,再将所得的结果应用于真实的体系。如抗氧化剂的筛选,常常将不同种类的抗氧化剂在简单的模拟体系中进行比较,筛选出高效抗氧化剂后,再在真实的食品体系中进行验证。又比如对美拉德反应影响因素的研究,也是多从模拟体系入手。值得注意的是,这种方法使研究对象过于简单化,有时从模拟体系得到的结论难以解释真实食品体系中的情况。例如,脂类氧化一般在剧烈条件和简单模型中进行研究,而上述条件和体系不能代表复杂的多相含脂食品体系和生物体系。因此,应用模拟体系进行食品化学的研究时,应该明确上述方法的不足。

随着分析技术的发展,越来越多的新技术,如分子生物学技术、计算机模拟技术、组学技术等被用于食品化学的研究中。运用这些方法获得的食品化学的研究结果最终转化为合理的原料组成和比例、有效的反应体系的建立、适当的保护或催化措施的应用、最佳反应条件的确定,从而得到最佳的加工贮藏条件和最佳品质的食品。

1.5　食品化学的历史、现状及发展前景

1.5.1　食品化学的历史

食品化学是 20 世纪初随着化学、生物化学的发展以及食品工业的兴起而形成的一门独立学科。但其作为一门学科出现可以追溯到 18~19 世纪,当时由于食品掺假事件时有发生,迫切需要有关部门建立可靠的检测方法,揭示食品的化学本质。因此,食品化学本质的研究成为当时化学研究的一个方面。这推动了食品组分的研究,揭示了糖类、蛋白质、脂肪是人体必需的营养素的认知,这为食品化学的发展奠定了基础。

瑞典著名的化学家 Carl Wilhelm Scheele（1742—1786 年）分离和研究了乳酸的性质（1780 年）,相继从柠檬汁（1784 年）和醋栗（1785 年）中分离出了柠檬酸,从苹果中分离出了苹果酸（1785 年）,并且检验了 20 种普通水果中的柠檬酸和酒石酸。他从植物和动物等原料中分离各种新化合物的工作被认为是食品化学精密分析的开端。

此后,法国化学家 Antoine Laurent Lavoisier（1743—1794 年）确定了燃烧的有机分析原理,并测定了乙酸的元素组成。法国化学家 Nicolas 在其基础上用灰化的方法测定了植物中矿物质的含量,并首先精确完成了乙醇的元素分析。

1813 年,英国化学家 Sir Humphry Davy（1778—1829 年）出版了一本《农业化学原理》,

讨论了食品化学的相关内容。法国化学家 Michel Eugene Chevreul（1786—1889 年）在动物脂肪成分上的研究导致了硬脂酸与油酸的发现与命名。1860 年，德国的 W. Hanneberg 和 F. Stohmann 发展了一种常规测定食品中主要成分的方法，可以测定食品中水分、粗脂肪、灰分和氮的含量，将氮含量乘以 6.25 得到粗蛋白的含量，然后相继用稀酸和稀碱消化样品得到的残渣称为粗纤维，将除去蛋白质、脂肪、灰分和粗纤维后的剩余部分称为"无氮提取物"。1871 年，Jean Baptiste Duman（1800—1884 年）指出仅由蛋白质、碳水化合物和脂肪组成的膳食不足以维持人类的生命。后来，Justus Von Liebig（1803—1873 年）将食品分为含氮的和不含氮的两类，并于 1847 年出版了第一部有关食品化学的专著——《食品化学的研究》，但此时食品化学学科仍未建立。

在 19 世纪早期，由于食品掺假事件时有发生，这就迫使化学家们花费大量精力了解食品的天然特性，研究被用作掺假物使用的化学制品的结构和性质以及检测它们的手段。因此，在 1820～1850 年期间化学和食品化学开始在欧洲占据重要地位。

20 世纪初，随着食品工业的迅速发展，大部分食品成分已被化学家、生物学家和营养学家探明，食品化学学科建立的时机才成熟。同时，随着食品工业的不断发展，不同行业需要奠定自身的化学基础，因此粮油化学、果蔬化学、乳制品化学、水产品化学、添加剂化学、风味化学等纷纷被建立，这为系统的食品化学学科的建立奠定了坚实的基础。20 世纪 30～50 年代一批具有世界影响的食品化学相关的杂志如"Journal of Agricultural and Food Chemistry"和"Food Chemistry"等创立，标志着食品化学作为一门学科的正式建立。

1.5.2　食品化学的现状及展望

近年来，随着现代实验技术和高新技术的发展，尤其是分离技术、色谱技术、材料技术、分子生物学技术的不断发展和完善，极大地推动了食品化学的快速发展。此外，由于学科间的相互交叉、相互渗透越来越多，现代结构化学、化学热力学和动力学、有机化学、高分子化学、胶体化学、分子生物学、预防医学、营养学、毒理学等多领域的相关理论和方法被用于研究食品体系，极大地丰富了食品化学的知识体系。同时膜分离技术、生物工程技术、微胶囊技术、分子蒸馏技术等大量高新技术的推广和应用，也极大地推动了食品化学的发展。

未来，伴随着生物技术、合成生物学技术的不断发展以及大数据、云计算、人工智能、基因编辑、3D 打印技术以及生物技术与食品科学多学科深度交叉融合，必将促进食品化学理论和应用产生新的突破和飞跃，使精准营养和个性化制造成为现实。因此，对未来食品化学的展望如下：

现有的食品化学经典理论（如美拉德褐变、脂类改性、蛋白质胶凝等）将不断被完善和全面揭示。

现代分析技术和高新技术将被用于食品组分化学、风味化学的研究，食品加工和贮运中活性组分的变化机制将不断被揭示，食品加工中出现的技术瓶颈如花青素降解、叶绿素保色困难、食品风味逸散、风味不突出等问题将被逐步攻克。

新型天然健康的食品添加剂将被不断开发和应用于食品生产中，食品的种类将更加丰富。

随着活性包装材料和包装技术不断发展，食品贮运保鲜技术将得到长足发展，食品货架期将进一步延长，同时其品质将进一步提升。

发现和开发新的食品资源，越来越多的野菜、野果、菌类资源被高效利用，健康食品资源库将被极大地丰富。

随着营养组学、代谢组学、肠道菌群组学等的深入研究，为功能因子的健康效应机制研究以及新型健康食品开发提供更有力的支撑。

合成生物学、云计算、大数据、人工智能、3D 打印技术等与食品科学的深度交叉融合，使精准营养和个性化制造的食品问世成为现实。

第2章　水

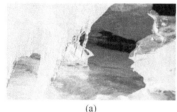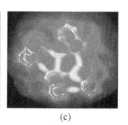

(a)　　　　　　　　(b)　　　　　　　　(c)

图2-1　水

水（water）是生命之源，自从生命诞生的那天起，水对于生命体的作用就未改变。对于人体而言，它参与生命的运动，排除体内有害毒素，帮助新陈代谢，维持有氧呼吸等，它的作用与功能是独一无二的；而且水是地球上唯一一种能以三种相态（气、液、固）广泛存在的物质［图2-1（a）］。在食品中，水是最丰富的组分，对食品的物性特征、保藏特性具有重要的作用，看到含水充沛的水果是不是能唤起我们强烈的食欲［图2-1（b）］。我们都知道水分子的元素组成为一个氧原子和两个氢原子，水分子间存在一种作用力——氢键，使得水能够在常温下以液态存在。长久以来，科学家都认为氢键是一种弱的静电相互作用，然而近年来有实验证据显示氢键似乎有类似共价键的特性，即形成氢键的原子间也存在微弱的电子云共享，而这种作用力是看不见摸不着的。2013年我国国家纳米中心的科学家在国际顶级期刊《科学》（Science）上发表了其关于氢键研究的杰出工作：通过对原子力显微镜的不断升级改造，第一次获得了分子间氢键的实空间成像［图2-1（c）］，大力推动了分子间作用力的研究，标志着科学的一大进步。小小的水分子，蕴藏着大科学！

✿　**为什么学习水？**

　　水是食品组分中最丰富的组分，因为有水分，蔬菜水果具有诱人的外观、特殊的质地、良好的风味；也是因为水分含量高，蔬菜水果保质期较短，容易腐败变质。为什么水分对于食品品质具有双重影响？到底何时要求保持食品高水分含量？何时要求将水分含量控制得较低？水在食品中的存在状态又是怎样的呢？学习水的结构性质、存在状态以及其对食品稳定性的影响，对于食品的加工以及延长食品的货架期具有十分重要的意义。

👁　**学习目标**

○ 理解水和冰的结构与性质及其对食品质构、风味的影响。
○ 掌握食品中水与非水组分的相互作用，以及水的存在形式。
○ 掌握水分活度、水分吸附等温线及其对食品稳定性的影响。
○ 了解分子移动性与食品稳定性的关系。

2.1　概述

2.1.1　水在生物体中的作用

　　水对于生物体虽然不能提供能量，但是其构成了机体的主要部分，并维持着生命活动、调节代谢过程。水由于其热容量大，能够帮助人体保持体温稳定；其作为溶剂，能够作为体内营养素运输、吸收和代谢的载体，也是体内多种生化反应的反应介质。

2.1.2　水在食品中的作用

　　水是食品的主要成分（见表 2-1），能够起到分散蛋白质、淀粉等大分子和其他小分子物质的作用，食品中水的含量、分布和状态对食品结构、外观、质地、风味、色泽、流动性、新鲜程度都有着重大影响，但是它也是微生物繁殖的重要因素，影响着食品的贮藏稳定性。在许多食品质量标准中，含水量是一个主要的质量指标。

　　在食品加工过程中，水分的处理是一个非常重要的单元操作。比如使用加热干燥、蒸发浓缩、超滤、反渗透等方式从食品中去除水分，或者将水分转化为非活跃状态，如冷冻或将水分进行物理固定等。无论是采取高温脱水还是低温冷冻升华脱水，食品本身固有特性均会发生变化，如溶解性、起泡性等，且任何复原操作都难以将脱水食品恢复到它原来的状态。因此，无论是对食品解冻、复水和食品内部水分迁移的控制，或是通过控制水分含量或水分活度以控制食品物理变化、化学反应，仍有许多问题值得研究。

表2-1　某些食品的含水量　　　　　　　　　　　　　　　　　　　　　　单位：%

肉类	含水量	果蔬	含水量	乳制品	含水量
猪肉	53～60	番茄	95	奶油	15
牛肉	50～70	柑橘	87	奶粉	4
鸡	74	卷心菜	92	冰激凌	65
鱼	65～81	莴苣	95	人造奶油	15

2.2　水分子的结构与性质

2.2.1　单个水分子的结构

水在常温常压下为无色透明液体，水分子（H_2O）的氢原子的电子结构是 $1s^1$，氧原子是 $1s^2 2s^2 2p_x^2 2p_y^1 2p_z^1$，氧原子有两个未成对的 2p 电子，氧原子和氢原子成键时，氧原子发生 sp^3 杂化，形成 4 个 sp^3 杂化轨道，其中两个 sp^3 杂化轨道为氧原子本身的孤对电子所占据，另外两个 sp^3 杂化轨道与两个氢原子的 1s 轨道重叠，形成两个 σ 共价键，于是形成的水分子为四面体结构（图 2-2）。与非极性的 CCl_4 不同，单个水分子呈 "V" 字形，氧氢键间的键角由于受到氧的孤对电子的排斥作用，被压缩至 104.5°（正四面体的键角为 109°2′），O—H 核间距为 0.96Å[❶]，氢和氧的范德华半径分别为 1.2 Å 和 1.4 Å，其电负中心与电正中心不重合，故水分子具有极性，每个 O—H 的离解键能为 461.4kJ/mol（110.2kcal/mol）。

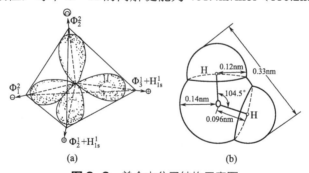

图 2-2　单个水分子结构示意图
（a）sp^3 构型；（b）气态水分子范德华半径

以上对水分子的描述只适用于普通的水分子，因为自然界中氧和氢均存在同位素，所以在纯水中，除了常见的 H_2O 以外，还存在一些同位素的微量成分。此外，水中还存在少量离子微粒，如水合质子（H_3O^+）和氢氧根离子，以及它们的同位素变体，因此，实际上纯水中总共有 33 种以上 HOH 的化学变体，是非均匀体系，但是由于同位素变体只少量存在于水中，大多数情况下可以忽略不计。

2.2.2　水分子间的强缔合与物理性质异常

由于水分子中氧原子的电负性大，O—H 键的共用电子对强烈地偏向于氧原子，使得

---

❶　1 Å=0.1nm。

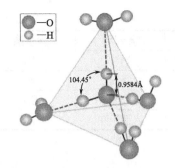

●—O
○—H

104.45°　0.9584Å

图2-3　四面体构型中水分子的氢键
--- 表示氢键

氢原子几乎成为带有一个正电荷的裸露质子，整个水分子发生偶极化，形成偶极分子，其气态时偶极矩为 1.84D[1]。裸露的氢原子极易与另一水分子的氧原子外层上的孤对电子形成氢键，如图2-3所示，在水分子中，O—H 形成的键在四面体的两个轴上，这两个轴代表正力线（氢键给体部位），氧原子的两个孤对电子轨道位于四面体的另外两个轨道上，它们代表负力线（氢键受体部位），故每个水分子最多能与另外四个水分子通过氢键缔合，由于每个水分子具有相等数目的氢键给体和受体，能够在三维空间形成氢键网络结构。将元素周期表中氧原子附近元素 F、N、S 等的氢化物（HF、H_2S、NH_3 等）与水的物理性质比较（表2-2），其熔点、沸点、相变热（熔融热、蒸发热和升华热）均异常高，这是由于水分子的上述特殊结构，使得水分子间具有强烈的氢键缔合作用，而其他小分子如 NH_3 中有三个氢给体和一个氢受体，HF 有一个氢给体和三个氢受体，所以水分子间的氢键数目比 HF、NH_3 间的氢键数目要多得多，其氢键缔合力要强得多，所以这些分子只能在二维空间形成氢键网络结构。基于水分子的三维强氢键缔合作用，水分子的许多物理参数异常高，例如当其发生相转变（水汽化或是冰融化）时，必须提供额外多的能量以破坏分子间氢键强缔合，故其沸点、熔点异常高。水的这种特殊结构使之成了地球上唯一一种能以三态（气、液、固）同时大量存在的物质。此外，水的介电常数也异常高，因此水溶解离子型化合物的能力很强，非离子极性化合物如糖类也可与水形成氢键而溶于水中。

表2-2　水的物理常数

物理量名称	物理常数值		
分子量	18.0153		
相变性质			
熔点（101.3kPa）/℃	0.000		
沸点（101.3kPa）/℃	100.000		
临界温度 /℃	373.99		
临界压力	22.064MPa（218.6atm）		
三相点	0.01℃和611.73Pa（4.589mmHg）		
熔融热（0℃）	6.012kJ/mol（1.436kcal/mol）		
蒸发热（100℃）	40.657kJ/mol（9.711kcal/mol）		
升华热（0℃）	50.91kJ/mol（12.06kcal/mol）		
其他性质	20℃（水）	0℃（水）	0℃（冰）
密度 /（g/cm^3）	0.99821	0.99984	0.9168
黏度 /Pa·s	1.002×10^{-3}	1.793×10^{-3}	—
界面张力（相对于空气）/（N/m）	72.75×10^{-3}	75.64×10^{-3}	—
蒸汽压 /kPa	2.3388	0.6113	0.6113
热容量 /[J/（g·K）]	4.1818	4.2176	2.1009

[1]　$1D = 3.33564 \times 10^{-30} C \cdot m$。

续表

物理量名称	物理常数值		
热传导系数（液体）/ [W/(m·K)]	0.5984	0.5610	2.240
热扩散系数 / (m²/s)	1.4×10^{-7}	1.3×10^{-7}	11.7×10^{-7}
介电常数	80.20	87.90	约 90

2.2.3　水分子的结构与低密度

每个水分子的周围可以配置 4 个水分子，这是一种非紧密的排布，故水分子的密度很低。水分子间氢键缔合程度还与温度有关。在 0℃时，冰中水分子的配位数是 4，最邻近的水分子间距离为 0.276nm；随着温度上升，水分子的配位数增多，水的密度增加，例如，水在 1.5℃和 8.3℃时配位数分别是 4.4 和 4.9。另外，由于温度的上升，布朗运动加剧，会导致体积增大，故水又有密度降低的变化，例如邻近的水分子之间的距离从 0℃时的 0.276nm 增至 1.5℃时 0.29nm 和 8.3℃的 0.305nm。综合上述两方面的影响，实际上在 0℃→4℃时，配位数的影响占主导，故水的密度是随着温度的升高而增大；而当温度＞4℃后，则随着温度继续上升，布朗运动会占主导，水的密度会降低，两种因素最终导致水在 3.98℃时其密度最大。

2.2.4　水分子簇结构与低黏度

水分子间虽然存在强的缔合作用，但水并不具有高黏度，其流动性很好，即黏度很低，这又是因为什么呢？液态水中，水分子不停地进行热运动，水分子间相对位置不断改变，所以不能像冰晶体一样有着单一、确定的刚性结构，但它比气态水分子的排列更有规则。X 射线衍射分析发现，液态水是微观晶体，短程"有序"，在短程和短时内具有与冰相似的结构。当若干个水分子以氢键缔合形成"水分子簇"，即（H_2O）$_n$ 时，水分子的取向和运动都将受到周围其他水分子明显的影响。

水分子间除了无规则分布和冰结构碎片等形式以外，还含有大量呈动态平衡的、不完整的多面体连接方式。因此，纯水的结构不能单一地刻画，必须借助一定的理论模型。目前，广泛被接受的模型主要有以下三种：

混合结构模型：水分子间以氢键形式瞬时地聚集成庞大的水分子簇，并与其他更紧密的水分子处于动态平衡，水分子的瞬间寿命为 10^{-11}s。

连续结构模型：分子间氢键均匀地分布于整个水样，原存在于冰中的许多氢键在冰融化时发生简单的扭曲，由此形成一个由水分子构成的呈动态平衡的连续网络结构。

填隙结构模型：水保留了一种似冰或是笼形的结构，单个水分子填充在整个笼形分子的间隙空间中。

通过以上三种模型的描述，占优势的结构特征是液体水分子以短暂、扭曲的四面体方式形成氢键缔合。所有模型均认为各个水分子可频繁地改变它们的结合排列，即在氢键网中，能在短时间内快速地终止一个氢键，同时形成一个新的氢键，这种变化处于动态平衡中，故水分子间虽然存在强的缔合作用，但水却具有很好的流动性（低黏度）。总之，在温度不变的条件下，整个水体系维持一定程度的氢键键合和动态网络结构。

概念检查 2.1

○ 试从结构上解释为何水具有较低的密度？

2.3 冰的结构与性质

在不同温度和压力条件下，水可结晶成多种结构形式的冰。冰是水分子有序排列形成的巨大且长的晶体，是水分子依靠氢键连接构成的密度较低的刚性结构。如图 2-4 所示是最普通的冰的晶胞示意图，其中最邻近的水分子的 O—O 核间距为 0.276nm，O—O—O 键角约为 109°，十分接近理想四面体的键角 109°28′。每个水分子都能与另外 4 个水分子缔合，形成四面体结构，所以冰中水的配位数为 4。

由图 2-5 所示，当几个晶胞结合在一起形成晶胞群时，从上方俯视可发现冰呈正六方形对称结构，水分子 W 和最邻近的另外 3 个水分子 1、2、3 及位于平面正下方的另外一个水分子显示出冰的四面体亚结构。从三维角度观察图 2-5（a），可得到图 2-5（b）结果，即冰结构中存在两个平面（由空心圆球和实心圆球分别表示），它们是接近于平行的，冰在压力下滑动或流动时它们作为一个单元运动（如雪崩），类似于冰川的结构，这类平面构成冰的基础平面，几个基础平面堆积起来便得到冰的扩展结构。冰在 C 轴方向是单折射而在其他方向是双折射，因此，我们称 C 轴为冰的光轴。

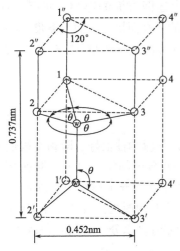

图 2-4 0℃时普通冰的晶胞

○表示水分子中的氧原子

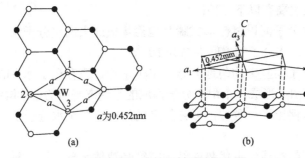

图 2-5 冰的"基础平面"图

冰有 17 种结构，但是在常压和 0℃时，只有普通正六方晶系是稳定的。冷冻食品中主要存在四种主要的冰晶体结构，即六方形、不规则树枝状、粗糙的球形和易消失的球晶。

2.3.1　影响冰晶形成的因素

冰晶体的大小和结晶速度与温度、温度降低速度、溶质等有关。

水的冰点在 0℃，可纯水并不在 0℃ 就结冰。在食品加工过程中，常常将水冷却到过冷状态，当温度继续降低到开始出现稳定性晶核时，或在振动的促进下水会立即向冰晶体转化并放热，同时促使温度回到 0℃。开始出现稳定晶核时的温度称为过冷温度，如果外加晶核，不必达到过冷温度即能结冰。

在含有其他溶质的溶液中，溶质的种类与数量均可以影响冰晶的数量、大小、结构、位置和取向。当食品中含有一定的水溶性成分时，食品的结冰温度会不断降低，大多数天然食品的初始冻结点在 -2.6～-1.0℃，并且随冻结量增加，冻结点持续下降到更低，直到食品达到低共晶点（-65～-55℃）。如前所述，冷冻食品中主要有四种冰结构，但大多数冷冻食品中，冰晶体呈现高度有序的六方形结构，但在含有大量明胶的水溶液中，由于明胶对水分子运动的限制，妨碍了水分子形成高度有序的正六方结晶，因此冰晶体主要以立方体和玻璃态（非晶态）冰晶的形式存在。

2.3.2　冰晶中缺陷与冻藏稳定性

冰和水一样，因为氢原子和氧原子均有同位素存在，还因为水分子会发生电离，产生水合质子和氢氧根，其不是绝对均匀、绝对静态的体系。因此，冰结晶中有"缺陷"存在，如图 2-6 所示，其缺陷分为方向型缺陷和离子型缺陷：①冰结构中，水分子运动取向时，质子发生错位引起的缺陷为方向型缺陷；②冰结构中，水分子电离为 H_3O^+、OH^- 而引起质子错位即为离子型缺陷。

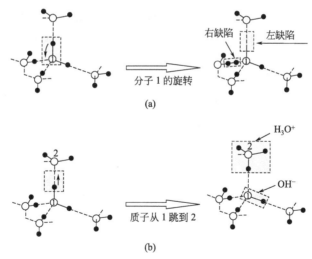

图 2-6　冰中质子缺陷示意图
（a）方向型缺陷；（b）离子型缺陷

由于结晶中存在缺陷，冰具有一定的"活动"性，生物材料低温储藏时变质速率与冰的"活动"程度有关，温度越低，"活动"程度越低，因此，超低温（-80℃）冰箱储藏样品保存期比普通冰箱（-18℃）更长。

2.3.3 冰的非紧密结构与异常的膨胀特性

如前所述，配位数为 4 是一种非紧密结构，水在约 4℃时密度最大，因此冰的密度比水小，但是冰具有异常的膨胀特性，且膨胀程度很大（体积约膨胀 9%）。因此，对于高水分食品，例如蔬菜，不宜在冰箱的冷冻室保藏，因为其中水分结冰后，冰晶膨胀会对食物组织产生挤压，导致食物组织发生"崩裂"。此外，无论是吸热还是放热，冰均快于水，在温差相等的情况下，生物组织的冷冻（放热）比解冻（吸热）速度更快，从表 2-2 中热传导（衡量吸热的参数）比较可知，冰比水大约 4 倍；而热扩散系数（衡量散热的参数）比较可知，冰比水要大约 9 倍。

 概念检查 2.2

○ 影响冰晶形成的因素有哪些？

2.4 水与溶质之间的相互作用

2.4.1 水与离子和离子基团的相互作用

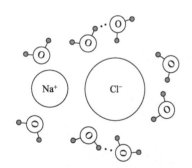

图 2-7   NaCl 的水合作用及分子取向图

离子或离子基团（Na^+、Cl^-、$-COO^-$、$-NH_3^+$ 等）能通过自身的电荷与水分子偶极子发生静电相互作用（离子-偶极子），这种作用被称为水合作用，且这部分水是食品中结合最紧密的一部分水。其中，对于既不含氢键给体也不含氢键受体的简单无机离子，此种结合仅仅是极性作用。图 2-7 表示了 NaCl 邻近的水分子可能出现的相互作用方式，Na^+ 与水分子的相互作用能（83.68kJ/mol）大约是水分子氢键能（20.90kJ/mol）的 4 倍，然而却低于共价键的键能，由于 pH 的变化可以影响溶质分子的解离，结合水会因溶质分子的离解程度增大而大幅度增加。

纯水的结构受离子的影响是多方面的。一方面，在稀盐溶液中，一些离子半径较大的正离子或电场强度较弱的负离子，如 K^+、Rb^+、Cs^+、NH_4^+、Cl^-、Br^-、I^-、NO_3^-、ClO_4^- 能阻止水形成网络状结构，但又不足以形成新的结构，因此这类盐溶液比纯水的流动性更大。而对于电场强度较强、离子半径小的离子或多价离子，如 Li^+、Na^+、H_3O^+、Ca^{2+}、F^-、OH^-，则有助于水形成网状结构，因此，这类离子溶液的流动性比纯水的流动性小。另一方面，在高浓度盐溶液中，水的结构完全由离子所控制。实际上，从水的正常结构出发，所有离子对水的结构均有破坏作用，因为离解的溶质都会打破纯水的正常四面体排列结构，阻止水在 0℃下结冰。

离子或离子基团除了影响水的结构外，还可以通过与水不同的水合能力，改变水溶液的介电常数以及决定胶体周围双电子层的厚度，显著影响水与其他非水溶质和悬浮物的相容程度。因此，蛋白质的构象和胶体的稳定性（盐溶和盐析）将受到共存离子的种类和数量的影响。

2.4.2　水与具有氢键形成能力的中性基团的相互作用

在食品中，水可以与蛋白质、淀粉、果胶、纤维素等具有氢键形成能力的物质以氢键结合，其主要结合基团为羟基、羧基、酰氨基或亚氨基等中性基团。水与溶质之间的氢键结合比水与离子之间的相互作用弱，与水分子间氢键作用力相近。因此，能与水产生氢键键合作用的溶质可以强化水的结构；但是在某些情况下，如果溶质氢键键合的位置与取向在几何构型上与正常水不同，那么这些溶质对水的正常结构也会起破坏作用，比如尿素是具有氢键形成能力的小分子溶质，由于其几何构型，对水的正常结构具有显著的破坏作用。由此可知，大多数具有氢键结合能力的溶质也均会阻碍水结冰，但是体系中增加具有氢键键合能力的溶质时，每摩尔溶液中氢键总数不会明显改变，因为断裂的水 - 水氢键会被水 - 溶质氢键所取代，因此这类溶质对于水的网状结构几乎没有影响。

氢键结合水和其邻近的水虽然数量有限，但是其作用和性质对食品质构非常重要。比如，在生物大分子的内部或者两个大分子之间可以形成由几个水分子构成的“水桥”，以维持大分子的特定构象。图 2-8 和图 2-9 分别表示木瓜蛋白酶肽链之间存在一个由 3 个水分子构成的水桥，以及水与蛋白质分子中两个功能基团形成的氢键。木瓜蛋白酶中的 3 个水分子对于维持酶的构象不可或缺，否则酶将失活。此外，许多结晶大分子的亲水基团之间的距离与纯水中最邻近两个氧原子间的距离相等。如果在水合大分子中这种间隔占优势，将会促进第一层水和第二层水之间相互形成氢键。

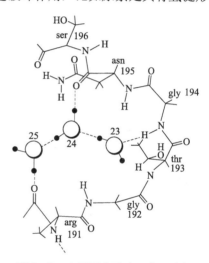

图 2-8　木瓜蛋白酶中三分子水桥

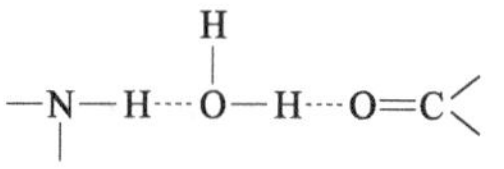

图 2-9　水与蛋白质分子中两个功能基团形成的氢键（虚线）

2.4.3　水与非极性基团的相互作用

将疏水物质（如烃类、稀有气体）以及脂肪酸、氨基酸、蛋白质的非极性基团加入水中，由于它们与水分子间会产生斥力，从而造成疏水基团附近的水分子之间氢键键合能力增强。处于这种状态的水与纯水的结构相似，甚至比纯水的结构更为有序，这个过程称为疏水水合（hydrophobic hydration，见图 2-10）。疏水水合作用会导致体系熵减小，引起热力学上不利的变化。体系为应对由疏水水合带来的热力学不利变化，会自发采用两种方式：

第一种方式是体系中的疏水基团会倾向于自发地相互聚集，藏于溶质分子内部，以减小与水的接触面积，降低界面张力（见图 2-11），使体系的熵增大，此种作用被称为疏水相互作用（hydrophobic interaction）。疏水相互作用在维持蛋白质的三级和四级结构中发挥着重要作用。

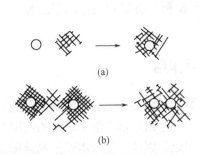

图 2-10　水在疏水基团表面的取向

图中空心圆圈代表疏水基团，背景网格代表水相

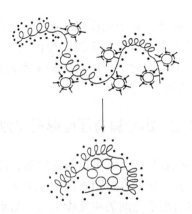

图 2-11　球状蛋白质的疏水相互作用

空心圆圈代表疏水基团，围绕空心圆圈的"L 状"分子
是疏水表面定向的水分子，小黑点代表水分子

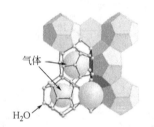

图 2-12　可燃冰的结构示意图

第二种方式是形成笼形水合物（clathrate hydrates）。笼形水合物代表着水对疏水物质的最大结构形成响应，是冰状包合物，水是主体物质，通过氢键形成了笼状结构，物理截留了另一种被称为"客体"的分子。客体分子是低分子化合物，它的大小和形状与由 20～74 个水分子组成的主体笼的大小相适应。典型的客体包括低分子量烃、稀有气体、二氧化硫、二氧化碳以及短链的伯胺、仲胺和叔胺等。水与客体之间的相互作用往往涉及范德华力，但有些情况下为静电相互作用。自然界中的可燃冰就是甲烷气体被包合在水分子搭建的笼子中（见图 2-12）。

2.4.4　水与两亲性物质的相互作用

水与两亲性物质中的亲水基作用，会导致两亲性分子的增溶。此外，两亲性分子为稳定体系，其排列如图 2-13 所示，两亲性分子在水中形成大分子聚集体，这种聚集体称为胶团。

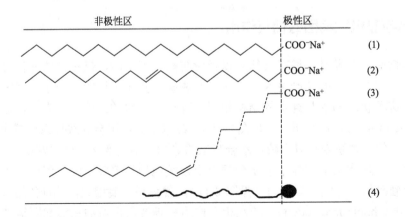

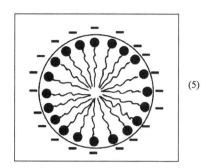

(5)

图 2-13 两亲性脂肪酸盐的各种结构（1）～（3），两亲性分子的一般结构（4），
两亲性分子在水中形成的胶团结构（5）

综上，由于水与溶质的结合力在食品中的重要作用，现将它们之间的相互作用总结见表 2-3。

表2-3 水-溶质相互作用分类

种类	实例	相互作用的强度 （与 H_2O—H_2O 氢键[①]比较）
偶极-离子	H_2O- 游离离子	较强[②]
	H_2O- 有机分子中的带电基团	
偶极-偶极	H_2O- 蛋白质 NH	接近或者相等
	H_2O- 蛋白质 CO	
	H_2O- 蛋白质侧链 OH	
疏水水合	H_2O+R[③]——→R（水合）	远小于（$\Delta G>0$）
疏水相互作用	R（水合）+R（水合）——→R_2（水合）+H_2O	不可比较[④]（$\Delta G<0$）

① 12～25kJ/mol。
② 远低于单个共价键的强度。
③ R是烷基。
④ 疏水相互作用时熵驱动，而偶极-离子和偶极-偶极相互作用是焓驱动的。

 概念检查 2.3

○ 疏水水合带来的热力学不利变化的解决对策有哪些？

2.5　食品中水的存在状态

根据水与溶质缔合程度的大小，食品中的水可以分为体相水和结合水，其缔合作用还受多种因素影响，比如非水成分的性质、盐的组成、pH、温度等。

2.5.1 结合水

结合水（bound water）是指存在于溶质或者其他非水组分附近的、与溶质分子之间通过一些作用力（例如偶极 - 离子作用、偶极 - 偶极作用）束缚的那一部分水，具有与同一体系中体相水显著不同的性质，如低流动性、-40℃不结冰等。结合水不能充当溶解溶质的溶剂，根据结合水被结合的牢固程度，可分为化合水（compound water）、邻近水（vicinal water）和多层水（multilayer water）。

2.5.1.1 化合水

化合水是指与非水物质结合得最牢固的并构成非水物质整体的那部分水，如位于蛋白质分子内空隙中的或者作为化合水合物中的水。这部分水在 -40℃不结冰，不能作为溶剂，也不能被微生物利用，在食品中仅占很少一部分。

2.5.1.2 邻近水

邻近水是处于非水组分亲水性最强的基团周围第一层位置的水，包括与离子、偶极、小毛细管（直径＜0.1μm）作用的水。这部分水在 -40℃也不结冰，也不能作为溶解溶质的溶剂。

化合水与邻近水之和也被称为单分子层水（monolayer water），在高水分食品中，单层值约为 0.5%。

2.5.1.3 多层水

多层水是指占据单分子层水剩余位置的几个水层。主要靠水 - 水和水 - 溶质氢键相互作用。虽然多层水不像邻近水结合得那么牢固，但其性质仍与纯水性质完全不同，其在 -40℃下仍不结冰，即使结冰，冰点也大大降低，且可溶解微量的溶质。

2.5.2 体相水

体相水（bulk water）是指没有被非水物质结合的水，性质类似于纯水，可以分为以下形式：

2.5.2.1 截留水

截留水也被称为滞化水（immobile water），是指被组织中的显微和亚显微结构及膜所阻留的水和被大毛细管（直径＞0.1μm）束缚住的水，其流动性受到了限制。

2.5.2.2 自由水（free water）

自由水是指食品中远离非水组分且宏观流动性不受阻碍的水。

2.5.3 结合水与体相水的比较

由于水的结构特性，很难将食品中的结合水和体相水进行定量划分，因此只能根据物理、化学性质进行定性区分（表 2-4）。

表2-4 食品中水的性质

性质	结合水	体相水
一般描述	存在于溶质或其他非水组分附近的那一部分水。包括化合水、邻近水以及几乎全部多层水	位置上远离非水组分，以水 - 水氢键存在
冰点（与纯水比较）	冰点大幅度降低，甚至在 -40℃ 不结冰	能结冰，冰点略微降低
溶剂能力	无	大
分子水平运动	显著降低	变化很小
蒸发焓（与纯水比较）	增大	几乎无变化
典型食品中比例 /%	<0.03~3	约 96

　　结合水对食品的风味起着重要的作用，当结合水被强制与食品分离时，食品的风味与质地会发生明显改变。而食品中结合水的量与食品中有机大分子的极性基团的数量有关。如每 100g 蛋白质可以结合的水平均高达 50g，每 100g 淀粉的持水能力在 30~40g 之间。

　　结合水的蒸汽压比体相水低很多，所以在一定温度下（100℃），结合水不能从食品中分离出来。此外，结合水不易结冰，所以植物的种子和微生物的孢子（几乎没有体相水）在很低的温度下能够保持生命力，而多汁的组织，如蔬菜、水果等在冰冻后细胞结构被冰晶破坏，解冻后组织不同程度地崩裂。

　　综上，结合水与体相水最本质的区别是：结合水不能被化学反应利用，因为结合水不能充当化学反应的介质即溶剂，也不能参与化学反应，例如水解反应；且结合水也不能被微生物利用。而体相水既能被微生物利用，也能被化学反应利用。因此，体相水是引起食物腐败的主要原因。

 概念检查 2.4

○ 结合水与体相水的最本质区别是什么？

2.6　水分活度与水分吸附 / 解吸等温线

2.6.1　水分活度的定义

　　一般认为，食物的腐败与食品含水量之间存在着密切的关系，但是食品的稳定性与食品的含水量并不是直接相关，最直接的例子就是，含水量大致相同的两种食品其货架期可能差别很大，这是由于食品中水与非水组分的结合强度不同，即其结合水量不同，而结合水是不能被微生物和化学反应所利用的，因此评价食品的稳定性，需要引入与其直接相关的指标——水分活度（water activity，A_w）。A_w 的严格定义式为在一定温度下，食品溶液与纯水的逸度比。即：

$$A_w = f/f_0 \qquad (2\text{-}1)$$

式中，f 是食品中水的逸度，即溶剂从溶液中逃逸的趋势；f_0 是相同条件下纯水的逸度。

但因逸度不易测量，而在低温时（如室温下），f/f_0 和 p/p_0 的差值很小（低于 1%），而压力便于测量，故 A_w 定义式亦可表述为食品溶液与纯水的压力比。

$$A_w = p/p_0 \qquad (2\text{-}2)$$

式中，p 是某种食品在密闭容器中达到平衡状态时的水蒸气分压；p_0 是相同温度下纯水的饱和蒸汽压。

p/p_0 又被称为相对蒸汽压，故式（2-2）是一个便于测定的公式。

若将纯水当做食品，其水蒸气压 p 和 p_0 值相等，故 $A_w=1$。但是一般食品不仅含有水，且含有非水组分，食品的蒸汽压小于纯水的蒸汽压，即 $p<p_0$，因此 $A_w<1$。

相对蒸汽压（p/p_0）与环境平衡相对湿度（equilibrium relative humidity，ERH）有关：

$$\frac{p}{p_0} = \frac{ERH}{100} = N = n_1/(n_1+n_2) \qquad (2\text{-}3)$$

式中，N 是溶剂（水）的摩尔分数；n_1 是溶剂的摩尔数；n_2 是溶质的摩尔数。

n_2 可以通过测定样品的冰点并按式（2-4）计算获得：

$$n_2 = G\Delta T_f/(1000\times K_f) \qquad (2\text{-}4)$$

式中，G 是样品中溶剂的质量，g；ΔT_f 是冰点下降的温度，℃；K_f 是水的摩尔冰点下降常数（1.86）。

A_w 是样品固有的性质，环境平衡相对湿度是与样品相平衡的大气性质，它们在数值上相等。必须指出少量样品（<1g）与环境之间达到平衡需要相当长的时间，而大量样品在温度低于 50℃ 时，几乎不可能与环境达到平衡。因此，利用式（2-3）测定 A_w 是有限定条件的。

2.6.2　水分活度的测定

2.6.2.1　冰点测定法

先测定样品的冰点降低和水分含量，再根据式（2-3）和式（2-4）计算 A_w。在低温下测量冰点，计算高温时的 A_w 所引起的误差是很小的（$<0.001A_w$/℃）。

2.6.2.2　相对湿度测定法

在恒定温度下，将已知水分含量的样品放在一个小的密闭室内，使其达到平衡，然后再测量样品和环境大气平衡的 ERH，即可得 A_w。

（1）恒定相对湿度平衡室法（扩散法）

将一定量准确称量的样品置于康威微量扩散皿的内室中，外室分别加入 A_w 值较高和较低的不同盐的标准饱和溶液后，密封康威皿，在恒温条件下，内外室达至扩散平衡，根据被测样品质量的增加（在较高 A_w 值标准溶液中平衡）和减少（在较低 A_w 值标准溶液中平衡）

可求出样品的 A_w 值。此法测量 A_w 耗时长，影响因素多，恒温不易控制，测定易产生误差。

（2）水分活度仪测定

利用水分活度仪测定样品的 A_w 值，其精确温度控制已达到 0.2℃，最高精确度已达到 0.0001A_w，最短测量时间仅为 5min。

2.6.3　水分活度与温度的关系

测定 A_w 时，必须标明温度，因为在 A_w 的表达式中，p、p_0 均是温度的函数，因而 A_w 会随温度的改变而改变。修改的克劳修斯 - 克拉伯龙（Clausius-Clapeyron）方程式（2-5）准确地表达了水分活度与温度的关系。

$$\frac{d(\ln A_w)}{d\left(\frac{1}{T}\right)} = -\Delta H/R \quad 或 \quad \ln A_w = -k\Delta H / \left(R \times \frac{1}{T}\right) \tag{2-5}$$

式中，R 是气体常数；T 是热力学温度；ΔH 是样品中水分的净吸收热（纯水的汽化潜热）；k 是样品中非水物质的本质和浓度的函数，同时也是温度的函数，但在样品一定和温度变化范围较窄的情况下，k 可视为常数。k 可由下式表示：

$$k = \frac{样品的热力学温度 - 纯水的蒸汽压为p时的热力学温度}{纯水的蒸汽压为p时的热力学温度} \tag{2-6}$$

由式（2-5）可见，$\ln A_w$ 对 $1/T$ 作图为直线，如图 2-14 所示，具有不同水分含量的天然马铃薯淀粉样品，在一定的温度范围内，其两者间有着良好的线性关系，且 A_w 对温度的相依性亦是含水量的函数。

在较大温度范围的 $\ln A_w$-$1/T$ 图，并非始终是一条直线；当冰开始形成时，直线将在结冰的温度处出现明显的折点，在冰点以下 $\ln A_w$ 随 $1/T$ 的变化率明显变大，并且不再受食品中非水组分的影响（图 2-15）。因为这时水的汽化潜热应由冰的升华热代替，即前述的 A_w 与温度关系的方程中的 ΔH 值大大增加了。因此，产生了这样一个问题，即"在冻

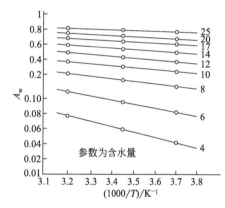

图 2-14　马铃薯淀粉的水分活度和温度的 Clausius-Clapeyron 关系

结后计算 A_w 时，分母 p_0 是用冰的蒸汽压还是过冷水的蒸汽压？"大量实验结果表明，用过冷水的蒸汽压来表示 p_0 是正确的。因为冻结后食品中有冰，食品内的蒸汽分压（分子 p）实际上就是纯冰的蒸汽压；在此情况下，如果分母 p_0 也用冰的蒸汽压，则会造成冻结后的食品在任何条件下只有一个 A_w=1 的结果，那么 A_w 值变得毫无意义，因此冻结食品的 A_w 值应按式（2-7）计算。

$$A_w = \frac{p_{(ff)}}{p_{0(scw)}} = P_{0(ice)} / p_{0(scw)} \tag{2-7}$$

式中，$p_{(ff)}$ 是未完全冷冻食品中水的蒸汽分压；$p_{0(scw)}$ 是纯过冷水的蒸汽压；$p_{0(ice)}$ 是纯冰的蒸汽压。

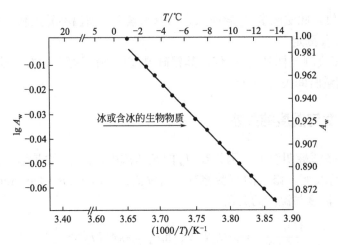

图 2-15　高于或低于冻结温度时样品的水分活度和温度之间的关系

表 2-5 列举了 0℃ 以下，纯冰和过冷水的蒸汽压以及由此求得的冻结食品在不同温度时的 A_w 值。

表 2-5　水、冰和食品在低于冰点的各个不同温度下的蒸汽压和水分活度

温度 /℃	液体水[1]的蒸汽压 /kPa	冰[2]和含冰食品的蒸汽压 /kPa	A_w
0	0.6104[2]	0.6104	1.00[4]
-5	0.4216[2]	0.4016	0.953
-10	0.2865[2]	0.2599	0.907
-15	0.1914[2]	0.1654	0.864
-20	0.1254[2]	0.1034	0.820
-25	0.0806[3]	0.0635	0.790
-30	0.0509[3]	0.0381	0.750
-40	0.0189[3]	0.0129	0.680
-50	0.0064[3]	0.0039	0.620

① 除 0℃ 外在所有温度下的过冷水。

② 观测的数据。

③ 计算的数据。

④ 仅适用于纯水。

在比较冰点以上和冰点以下的 A_w 值时，应注意两个重要区别。①在冰点以上温度时，A_w 是食品组成（溶质）和温度的函数，并以食品的组成为主；在冰点以下温度时，由于冰的存在，A_w 不再受食品中非水组分种类和数量的影响，只与温度有关。因此，食品中任何一个非水组分影响的物理、化学和生物化学变化，在食品冻结后，就不能再根据 A_w 的大小进行预测了。②在冰点以上和以下温度时，就食品稳定性而言，A_w 的意义是不同的。例如，某含水的食品在 -15℃ 时，A_w=0.86，在此低温下，微生物不能生长繁殖，化学反应也难以进行；但若在室温 25℃ 时，A_w=0.86 时，则微生物会迅速生长，化学反应速度也较快。

2.6.4　水分吸附等温线与解吸等温线

2.6.4.1　水分吸附等温线的分区与食品中水分的存在状态

在恒定温度下，以食品的水分含量（用每单位干物质质量中水的质量表示）对其 A_w 作图形成的曲线，称为水分吸附等温线（moisture sorption isotherms，MSI）。水分吸附等温线对于以下信息的收集是非常必要的：①浓缩及干燥过程中样品脱水的难易程度与相对蒸汽压之间的关系；②应当如何组合食品才能防止水分在组合食品的各配料之间的转移；③包装材料阻湿性的选择；④测定抑制微生物生长的最低水分含量；⑤预测食品的稳定性与水分含量之间的关系；⑥预测不同食品中非水组分与水结合能力的强弱。

图 2-16 所示是高含水量食品的水分吸附等温线示意图，包括了从正常到干燥状态的整个水分含量范围的情况，但此图并没有详细地表示出最有价值的低水分区域的情况。若将水分含量低的区域扩大并略去高水分区域，即可得到一张更有价值的水分吸附等温线图（图 2-17）。如图 2-18 所示，某些食品的低水分区域水分吸附等温线呈 S 形，而糖制品、含有大量糖和其他可溶性小分子的咖啡提取物以及多聚物含量不高的食品的水分吸附等温线则为 J 形。而决定水分吸附等温线形状和位置的因素包括食品的成分、食品的物理结构、食品的预处理、温度和制作等温线的方法等。

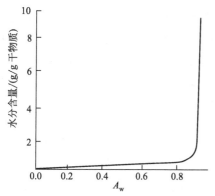

图 2-16　高含水量食品的水分吸附等温线

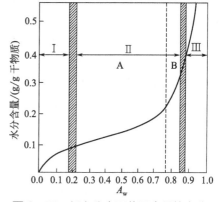

图 2-17　低水分含量范围食品的水分吸附等温线（温度 20℃）

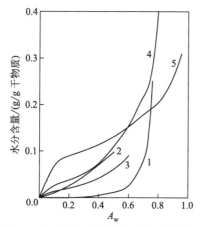

图 2-18　一些食品不同类型的水分吸附等温线

（除"1"为 40℃外，其余均为 20℃）

1—糖果（主要成分为蔗糖）；2—喷雾干燥的菊苣提取物；
3—焙烤后的咖啡；4—猪胰脏提取物；5—天然大米淀粉

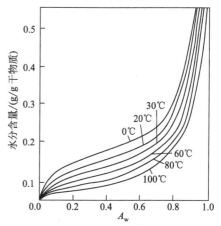

图 2-19　马铃薯在不同温度下的水分吸附等温线

A_w 与温度具有相依性，因此吸附等温线也与温度有关（见图2-19）。在一定的水分含量时，A_w 随温度的上升而增大，它与Clausius-Clapeyron方程一致，符合食品中所发生各种变化的规律。

为了深入理解水分吸附等温线的含义和实际应用，可将水分吸附等温线分为三个区段分别进行讨论（图2-17和表2-6）。

表2-6 水分吸附等温线上不同区段水分特性

特性	Ⅰ区	Ⅱ区	Ⅲ区
A_w	0~0.25	0.25~0.85	>0.85
含水量/%	0~7	7~27.5	>27.5
冻结能力	不能冻结	不能冻结	正常
溶剂能力	无	轻微至适度	正常
水分状态	单分子水层吸附，化学吸附结合水	多分子水层凝聚，物理吸附	大毛细管水或自由流动水
微生物利用性	不可利用	部分可利用	可利用

Ⅰ区：是食品中结合最牢固且最不容易移动的水，是由水分子与非水组分中的羧基和氨基等离子基团以水-离子或水-偶极相互作用而存在的，蒸发焓显著高于纯水。这部分水不能作为溶剂，在-40℃不结冰，对食品固体没有显著的增塑作用，因此可以看成是食品固形物的一部分。在区间Ⅰ的高水分末端（区间Ⅰ和区间Ⅱ的分界线）位置的这部分水相当于食品的"单分子层"水含量，即化合水与邻近水之和，这部分水可看成是在干物质可接近的强极性基团周围形成一个单分子层所需水的近似量。区间Ⅰ的水只占高水分食品中总水分含量的很小一部分，一般为0~0.07g/g干物质，A_w 一般在0~0.25之间。

Ⅱ区：是占据非水组分表面第一层的剩余位置和亲水基团（如氨基、羟基等）周围的另外几层位置，形成的多分子层结合水，主要靠水-水和水-溶质之间的氢键与邻近的分子缔合，同时还包括直径<1μm的小毛细管束缚的水。A_w 在0.25~0.85之间。从Ⅱ区的低水分端开始，水将逐渐引发溶解过程（溶解微量溶质），引起体系中反应物流动，开始加速了大多数反应的速率进程，同时还具有增塑剂的作用，促使物料骨架开始膨胀，但它们的移动性比体相水差，蒸发焓比纯水大，大部分在-40℃不结冰。

Ⅲ区：是食品中结合最不牢固和最易移动的水，即为体相水。A_w 在0.8~0.99之间。在凝胶和细胞体系中的体相水，可以以物理方式被截留，所以其宏观流动性受到了阻碍，但这部分水的蒸发焓基本上与纯水相同，既可以结冰也可作为溶剂，利于化学反应的进行和微生物的生长。

虽然等温线划分为三个区域，但其各区间分界线的位置仍不能确定，而且除化合水外，等温线区间内和区间与区间之间的水都能发生相互交换。另外，向干燥食品中增加水时，虽然能够稍微改变原来所含水的性质，如产生溶胀和溶解过程，但在区间Ⅱ增加水时，区间Ⅰ的水其性质几乎保持不变。同样，在区间Ⅲ内增加水时，区间Ⅱ的水其性质也几乎保持不变。由此可知，食品中结合得最不牢固的那部分水对食品的稳定性起着重要作用。

2.6.4.2　滞后现象

利用向干燥样品中添加水（回吸作用，即物料吸湿）的方法绘制的水分吸附等温线和按干燥过程绘制的解吸等温线并不相互重叠，即当 A_w 值一定时，回吸水量低于（滞后于）解吸水量，这种不重叠性称为滞后现象（hysteresis）（见图 2-20）。许多食品的水分吸附等温线都表现出滞后现象，滞后作用的大小、曲线的形状以及滞后环线（hysteresis loop）的起始点与终点均不相同，它们取决于食品的性质、食品加入或去除水时所产生的物理变化、温度、解吸速度以及解吸过程中被除去的水分的量等因素。由于滞后现象的存在，所以食品一旦失水，就不可能完全复水，即复水程度低于失水程度。由解吸制得的食品

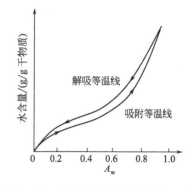

图 2-20 水分吸附等温线的滞后现象

必须保持更低的 A_w 才能与由回吸制得的食品保持相同的稳定性，而吸湿制得的食品成本比较高。在实际应用中，水分吸附等温线还可应用于吸湿制品的观察研究，而解吸等温线则可用于研究调控干燥过程。

引起食品滞后现象的原因可能是：①食品解吸过程中的一些吸水部位与非水组分作用而无法释放出水分；②食品不规则形状而产生的毛细管现象，欲填满或抽空水分需不同的蒸汽压（要抽出需 $p_内 > p_外$，要填满即回吸时则需 $p_外 > p_内$）；③解吸时使食品组织发生改变，当再回吸时就无法紧密结合水分，由此可导致较高的水分活度。然而，对吸附滞后现象目前尚无全面而确切的解释。

 概念检查 2.5

○ 水分吸附等温线的作用是什么？

 概念检查 2.6

○ 引起食品滞后现象的原因可能是什么？

2.7　水分活度与食品稳定性

2.7.1　水分活度与微生物的生长繁殖

前已叙及，A_w 是与食品稳定性密切相关的指标，食品中各种微生物的生长繁殖是由 A_w 决定的，食品的 A_w 决定了微生物在食品中萌发的时间、生长的速率及死亡率，且不同微生物在食品中繁殖时对 A_w 的要求是不同的。一般来说，细菌生长要求很高的 A_w，酵母菌次之，霉菌生长要求的 A_w 则最低（见表 2-7）。

表2-7 食品中水分活度与微生物生长的关系

A_w 范围	在此范围内的最低 A_w 值能抑制的微生物	食品
1.00~0.95	假单胞菌属、埃希氏杆菌属、变形杆菌属、志贺氏杆菌属、芽孢杆菌属、克雷伯氏菌属、梭菌属、产气芽孢杆菌、几种酵母	极易腐败的新鲜食品、水果、蔬菜、肉、鱼、乳制品、罐头、熟香肠和面包、含有约40%（质量分数）蔗糖或7%NaCl的食品
0.95~0.91	沙门氏杆菌属、副溶血弧菌、肉毒梭状芽孢杆菌、沙雷氏菌属、乳杆菌属、足球菌属、几种霉菌、酵母（红酵母属、毕赤氏酵母属）	奶酪、咸肉、一些果汁浓缩物、含有55%（质量分数）蔗糖或12%NaCl的食品
0.91~0.87	许多酵母（假丝酵母、汉逊氏酵母、球拟酵母）、微球菌属	发酵香肠、蛋糕、干奶酪、人造奶油、含有65%（质量分数）蔗糖或15%NaCl的食品
0.87~0.80	大多数霉菌（产霉菌毒素的青霉菌）、金黄色葡萄球菌、大多数酵母菌属（拜耳酵母）、德巴利氏酵母菌	大多数浓缩果汁、甜炼乳、巧克力糖、糖浆和水果糖浆、面粉、大米、含15%~17%水分的豆类及其食品、水果蛋糕、家庭自制火腿、软糖、重油蛋糕
0.80~0.75	大多数嗜盐杆菌、产霉菌毒素的曲霉菌	果酱、橘子果酱、杏仁软糖、糖渍水果、一些棉花糖
0.75~0.65	嗜干性霉菌、双孢子酵母	含10%水分的燕麦片、牛轧糖、果冻、棉花糖、某些干果、坚果
0.65~0.60	耐渗透压酵母（鲁酵母）、少数霉菌（二孢红曲霉、刺孢曲霉）	含水15%~20%的干果、某些太妃糖和焦糖、蜂蜜
0.50	微生物不增殖	水分含量约12%的面条和水分含量10%的调味品
0.40	微生物不增殖	水分含量约5%的全蛋粉
0.30	微生物不增殖	水分含量3%~5%的甜饼、脆点心和面包屑
0.20	微生物不增殖	水分含量2%~3%的全脂奶粉、水分含量5%的脱水蔬菜等

A_w 在 0.91 以上时，食品的微生物变质以细菌为主，将 A_w 控制在 0.91 以下时，即可抑制一般细菌的生长；当在食品中加入食盐、糖后，其 A_w 下降，一般细菌不能生长，但嗜盐细菌仍能生长。A_w<0.9 时，食品的微生物腐败主要是由酵母菌和霉菌所引起的，其中 A_w<0.8 的糖浆、蜂蜜和浓缩果汁的败坏主要是由酵母菌引起的。食品中有害微生物的生长最低水分活度在 0.86~0.97 之间，所以真空包装的水产和畜禽加工制品，其流通标准规定要将 A_w 控制在 0.86 以下。

降低 A_w 可以使得微生物的生长速度降低，进而降低食品的腐败速度、生物毒素以及微生物的代谢活性。但终止不同的代谢过程，其所需的 A_w 是不同的。例如，细菌形成孢子所需的 A_w 值比它们的生长所需 A_w 要高，魏氏芽孢杆菌繁殖时的 A_w 阈值为 0.96，而芽孢形成的最适宜 A_w 值为 0.993，当 A_w 值略低于 0.97 就几乎看不到芽孢的生成。毒素的产生是与人体健康最有关系的代谢活动，一般认为产毒霉菌的生长所需的 A_w 比其毒素形成所需的 A_w 值低，通过调节 A_w 来控制微生物生长的一些食品中，虽然可能有微生物的生长，但不一定有毒素的产生。例如，黄曲霉生长时所需的 A_w 阈值为 0.78~0.8，而产生毒素时要求 A_w 阈值却达 0.83。当然，A_w 不仅与引起食品腐败的有害微生物相关，而且对发酵食品所需要的有益微生物也同样有影响。在发酵食品加工中，必须将 A_w 提高到有利于有益微生物的生长、繁殖、代谢所需的 A_w 以上。

此外，微生物对水分的需要还会受到食品 pH 值、营养成分、氧气等其他因素的影响。因此可通过综合选择合适的条件（A_w 值、pH 值、湿度、保鲜剂等），来减少或杀死微生物，提高食品稳定性和安全性。

2.7.2　水分活度与酶活性

酶作用的发挥与食品的 A_w 有着密切联系。许多以酶为催化剂的酶促反应，水除了能作为底物（水解反应）外，还能作为底物与酶作用的介质，并通过水化促使酶和底物活化。当 $A_w < 0.3$ 时，大多数酶的活力就受到抑制，若 A_w 降到 0.25～0.30 时，食品中的淀粉酶、多酚氧化酶和过氧化物酶都将受到强烈抑制或失活。值得注意的是，脂肪酶是一个例外，A_w 在 0.05～0.1 时仍能保持活性。

2.7.3　水分活度与化学反应

食品中多种化学反应的反应速率与食品的组成、物理状态及结构有关，也受环境因素（氧气浓度、温度）及滞后效应的影响，其中，食品的 A_w 是影响食品中化学反应速率的关键因素。图 2-21 表示了在 25～45℃温度范围内几类重要的化学反应速率与水分活度的关系。

图 2-21（a）（d）（e）表示微生物生长、美拉德褐变及维生素 B_1 降解反应与 A_w 的关系。在中等及较高 A_w 时，无论是微生物生长、美拉德褐变还是维生素 B_1 降解反应都表现出最高的速率；而在更高的 A_w 下，反应速率反而降低，其可能是因为水是该反应的一种产物，当增加水的含量时，抑制了反应的进行，反应速率降低。此外，当样品中的水分含量使得该反应物的溶解度、表面反应位点的可接近性和扩散性不再是限制性因素时，进一步增加水会稀释反应产物，从而减缓反应速率。

图 2-21（c）表示脂类氧化速率与 A_w 之间的关系。从极低的 A_w 开始脂类的氧化速率随着水分的增加而降低，直至 A_w 接近等温线 [图 2-21（f）] 区间 I 与 II 的边界时，脂类的氧化速率达到最低。一般脂类氧化速率的最低点在 A_w 为 0.35 左右，因为十分干燥的样品中最初添加的那部分水能与氢过氧化物结合并阻止其分解，从而阻碍氧化继续进行；此外这类水能与催化氧化反应的金属离子发生水合，使催化效率明显降低。当 A_w 继续增加直至接近区间 II 与区间 III 的边界时，氧化速率不断增大，因为这个区间增加水可促使氧的溶解度增加和大分子溶胀，并且暴露更多的催化位点。当 A_w 大于 0.80 时，氧化速率缓慢，这是由于水的继续增加对体系中的催化剂产生稀释作用所致。

由图 2-21（f）可知，食品中发生化学反应时最大反应速率一般发生在具有中等水分含量的食品中，即 A_w 为 0.7～0.9；最小反应速率一般在等温线区间 I 与 II 的边界处，即 A_w 为 0.2～0.3；当 A_w 进一步降低时，除了脂质的氧化反应速率外，其他化学反应速率都维持在最小值，这是因为这时候食品中的水分含量处于单分子层水分含量水平（BET 单层）。BET 单层是由 Brunauer、Emmett 及 Teller 提出的，表示的是 I 区和 II 区的边界的水分含量，也可表示在干物质可接近的强极性基团周围形成一个单分子层所需水的近似量，用于使食品呈现最高的稳定性时，干物质能含有的最大水含量。因此可以用 BET 单层预测干燥产品具有最大稳定性时的含水量。单分子层的计算公式为：

$$\frac{A_{\mathrm{w}}}{m(1-A_{\mathrm{w}})} = \frac{1}{m_1 C} + \frac{C-1}{m_1 C} \times A_{\mathrm{w}}$$

式中，A_{w} 为水分活度；m 为水含量，g/100g 食品；m_1 为单分子层值，g/g 干物质；C 为常数。

图 2-22 是马铃薯淀粉的 BET 单层图，当 A_{w} 只约大于 0.35 时，线性关系开始出现偏差，此时单分子层可以按下式计算：

$$单分子层值(m_1) = \frac{1}{Y截距 + 斜率}$$

根据图 2-22 可知，Y 为 0.6，斜率为 10.7，因此：

$$m_1 = \frac{1}{0.6+10.7} = 0.088（\mathrm{g/g}\ 干物质）$$

在此例子中，BET 单层值相当于 A_{w}=0.2。

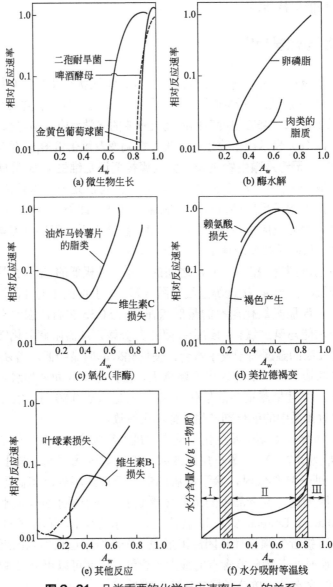

图 2-21　几类重要的化学反应速率与 A_{w} 的关系

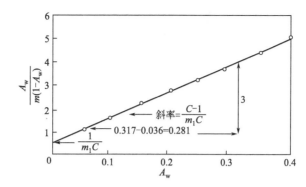

图 2-22　马铃薯淀粉的 BET 单层图（回吸温度为 20℃）

2.7.4　水分活度与食品质构

A_w 变化对于食品的质地和结构的变化有着重要的影响，特别是对干燥和半干燥食品的质地影响最大。例如，A_w 的提高可以影响饼干、油炸马铃薯片等干燥食品的脆性，也可以使得砂糖、奶粉、速溶咖啡等干燥粉末结块。硬糖是由多种糖类（碳水化合物）高度浓缩制成，在常温下是一种坚硬而易脆裂的固体物质。合格的硬糖，水分活度应控制在 0.2～0.35 之间（表 2-8）。当糖果本身 A_w 升高时，就会出现糖果表面发烊等质量问题，随后又会有随着自由水的蒸发，糖果表面蔗糖重结晶形成反砂的问题。

表 2-8　各种糖果的水分活度值

糖果	水分含量	A_w
硬糖	0.5～2.0	0.2～0.35
焦糖	5.0～8.0	0.4～0.5
软糖	7.0～10.0	0.65～0.75
翻糖	10.5～11.5	0.75～0.77
巧克力	0.1～0.5	0.4～0.5

综上，低 A_w 能够抑制食品的微生物繁殖、化学变化及质地的改变，稳定食品质量。其主要机理可总结为以下几个方面：

① 食品中微生物的生长繁殖均有一个起始 A_w 限值：大多数细菌为 0.94～0.99，大多数霉菌为 0.80～0.94，大多数耐盐细菌为 0.75，耐干燥霉菌和耐高渗透压酵母为 0.60～0.65。当 A_w 低于 0.60 时，绝大多数微生物将无法生长。

② 大多数化学反应是在水溶液中进行的，如果降低食品的 A_w，食品中水的存在状态会发生变化，结合水的比例增加，体相水的比例减少，但是结合水是基本不能作为反应溶剂的，因此降低 A_w 能使食品许多可能发生的化学反应、酶促反应受到抑制。

③ 许多化学反应属于离子反应，反应物首先必须进行离子的水合作用，而这个作用必须有足够的自由水才能进行。

④ 许多化学反应和生物化学反应常常必须有水分子参加才能进行，比如水解反应，若降低 A_w，将减少反应物（体相水）的含量，化学反应速率受到抑制。

⑤ 许多以酶为催化剂的酶促反应，水除了起着反应物的作用以外，还能作为底物向酶扩散的输送介质，并且通过水化促使酶和底物活化。

 概念检查2.7

○ 水分活度（A_w）对食品稳定性有哪些影响？

2.8　冷冻与食品稳定性

2.8.1　冰与食品稳定性

低温冻藏是保藏食品、维持食品稳定性的一个最常用的方法，其主要作用是利用了低温效应，在足够低温的环境下（-18℃）微生物的繁殖被抑制，一些化学反应速率被显著降低。必须指出，在低温冻藏提高食品稳定性的同时，也会对食品带来一些不利的影响。

2.8.1.1　体积膨胀效应

水转化为冰后，其体积相应增加9%，冰晶的膨胀会产生局部压力，使具有细胞组织结构的食品受到机械性损伤，造成解冻后汁液流失，或者使得细胞内的酶与细胞外的底物接触，造成不良化学反应的产生。

2.8.1.2　冷冻浓缩效应

由于在所采用的商业冻藏温度下，食品中仍然存在非冻结相，在非冻结相中，非水组分浓度提高，会有利于化学反应的进行，以及引起食品体系的理化性质如非冻结相的pH值、可滴定酸度、离子强度、黏度、冰点、表面和界面张力、氧化 - 还原电位等发生改变。因此，冷冻给食品带来了两个方面的影响：降低温度，减缓了反应速率；溶质浓度增加，加快了反应速率。表2-9和表2-10综合列出了它们对反应速率的影响。

在一些食品体系中，一些酶促反应在冷冻时被加快，这与冷冻浓缩效应无关，而是由于酶被激活，或是由于体积膨胀导致的酶 - 底物位移所致（见表2-11）。

表2-9　冷冻过程中温度降低和溶质浓缩对化学反应速率的最终影响

情况	化学反应速率变化		两种作用的相对影响程度	冻结对反应速率的最终影响
	温度降低（T）	溶质浓缩（S）		
1	降低	降低	协同	降低
2	降低	略有增加	T＞S	略有降低
3	降低	中等程度增加	T=S	无影响
4	降低	极大增加	T＜S	增加

表2-10 食品冷冻过程中一些变化被加速的实例

反应类型	反应物
酶催化水解反应	蔗糖
氧化反应	抗坏血酸、乳脂、油炸马铃薯食品中维生素 E、脂肪中 β-胡萝卜素与维生素 A 的氧化、牛奶
蛋白质不溶性	鱼、牛、兔的蛋白质

表2-11 冷冻过程中酶促反应被加速的例子

反应类型	食品样品	反应加速温度 /℃
糖原损失与乳酸蓄积	动物肌肉组织	-3~-2.5
磷脂水解	鳕鱼	-4
过氧化物分解	快速冷冻马铃薯和慢速冷冻豌豆中的过氧化物酶	-5~-0.8
维生素 C 氧化	草莓	-6

食品冻藏过程中冰晶的大小、数量、形状的改变同样会引起食品质量的变化，且是食品劣变最重要的原因。在冻藏过程中，温度升高，已冻结的小冰晶融化，温度再次降低，原先未冻结的水或小冰晶融化后的水扩散，并附着在大冰晶的表面，使得冰晶体积增大，对组织结构的破坏性增大，因此在食品冻藏过程中要控制温度的稳定性。

此外，冷冻的快慢对食品稳定性也有影响。速冻的肉，由于冻结速率快，形成冰晶数量多，颗粒小，在肌肉组织中均匀分布，且小冰晶的膨胀力较小，故对肌肉组织破坏较少，解冻融化后的水也可以渗透到肌肉组织内部，基本上保持着其原有的风味和营养价值；而慢冻的肉中则会因冰晶生长得过大，对食品组织造成严重的挤压损伤。速冻的肉一般采用缓慢解冻的方法，使得肌肉组织中的冰晶缓慢融化成水，然后渗透到肌肉组织内部，可尽量减少汁液流失，以保持原有的风味及营养价值。

如图 2-23 所示，一般是在刚好低于冰点温度几度时，以浓缩效应为主，化学反应速率会加快；而在正常冷冻贮藏温度（-18℃）时，则以低温效应为主，化学反应速率明显降低。这就是为何要将冰箱冷冻室的温度设置为 -18℃的缘故。

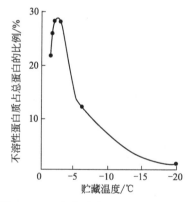

图 2-23 牛肉贮藏 30 天温度对蛋白质不溶解性的影响

2.8.2 玻璃化转变温度与食品稳定性

水的存在状态有气态、液态、固态三种，在热力学上属于稳定态，但是复杂的食品体系与生物大分子一样，是以无定形态存在的。无定形态（amorphous）是指物质处于一种非平衡、非结晶状态，当溶质达到饱和时，并且溶质保持非结晶态时，此时形成的固体就是无定形态。虽然食品处于无定形态时，其稳定性不高，但却有优良的食品品质，因此食品加工的任务就是保证食品品质的同时，使食品处于亚稳态或处于相对于其他非平衡态来说比较稳定的非平衡态。无定形态主要可分为：玻璃态、橡胶态、黏流态。

2.8.2.1　玻璃态

指既像固体一样具有一定的形状和体积，又像液体一样分子间排列只是近程有序，因此它是非晶态。处于此状态的大分子聚合物的链段运动被冻结，只允许在小尺度的空间运动，其形变很小，类似于坚固的玻璃，因此被称为玻璃态。硬糖是生活中最常见的玻璃态食品。

2.8.2.2　橡胶态

指大分子聚合物转变成柔软而具有弹性的固体时的状态，分子具有相当的形变。根据状态的不同，橡胶态的转变可以分为三个区域（图2-24）：玻璃态转变区域（b）；橡胶态平台区（c）；橡胶态流动区（d）。

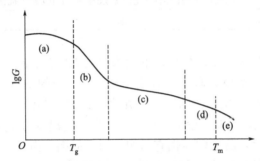

图 2-24　明胶的弹性模量在玻璃化转变过程中的变化

T_g 为玻璃化转变温度；T_m 为熔融温度

2.8.2.3　黏流态

指大分子聚合物链能自由运动，出现类似一般液体的黏性流动状态。

非晶态的食品体系从玻璃态转变为橡胶态的温度被称为玻璃化转变温度（glass transition temperature，T_g）。此外，还需要关注一个特殊的玻璃化转变温度（T_g'），是指食品体系在冰形成时具有最大冷冻浓缩效应时的玻璃化转变温度。由图2-24可知，温度由低到高变化，无定形聚合物明胶的弹性模量（G）会发生不同状态的变化。

①当 $T<T_g$ 时，大分子聚合物的分子运动能量很低，此时大分子链段不能运动，体系呈玻璃态。

②当 $T=T_g$ 时，分子热运动增加，链段运动开始被激发，玻璃态开始逐渐转变成橡胶态，此时大分子聚合物处于玻璃态转变区域。玻璃态转变发生在一个温度区间内，而不是在某个特定的温度点。发生玻璃态转变时，食品体系不放出潜热，不发生一级相变，但宏观上却表现为一系列物理性质和化学性质的变化，如食品体系的比容、比热容、膨胀系数、热导率、折射率、自由体积、介电常数、红外吸收光谱、核磁共振谱等都会发生突变或不连续变换。

③当 $T_g<T<T_m$（T_m 为熔融温度）时，分子热运动能量足以使链段自由运动，但由于邻近分子链之间存在较强的局部性的相互作用，整个分子链的运动仍受到很大抑制，此时聚合物柔软而具有弹性，黏度约为 $10^7 Pa\cdot s$，处于橡胶态平台区。橡胶态平台区的宽度取决于聚合物的分子量，分子量越大，该区域的分子范围则越宽。

④ 当 $T=T_m$ 时，分子热运动能量可使大分子聚合物整链开始滑动，此时的橡胶态开始向黏流态转变，除了具有弹性外，出现了明显的无定形流动性。此时大分子聚合物处于橡胶态流动区。

⑤当 $T>T_m$ 时，大分子聚合物链能自由运动，出现类似一般流体的黏性流动，大分子聚合物处于黏流态。

通常以水和食品中占支配地位的溶质为二元物质体系，绘制食品的状态图，因为在经典物理化学中，体系处于平衡，绘制的是物质的相图，但在真实的食品体系中，由于同时存在非平衡态、亚稳态等，所以用体系的状态图更为合适，可以看作是相图的补充。由图2-25 所示，在恒压下，以溶质含量为横坐标、以温度为纵坐标作二元体系的状态图，由融化平衡曲线 T_m^L 可见，食品在低温冷冻过程中，随着冰晶的不断析出，未冻结相溶质的浓度不断提高，冰点逐渐降低，直到食品中非水组分也开始结晶（此时的温度称为共晶温度 T_E），形成共晶物后，冷冻浓缩也就终止。由于大多数食品的组成非常复杂，其共晶温度低于起始冰结晶温度，所以其未冻结相随着温度的降低可以维持较长时间的黏稠液体过饱和状态，黏度未明显增加，即所谓的橡胶态，此时，物理、化学及生物化学反应依然存在，并终将导致食品腐败。继续降低温度，未冻结相的高浓度溶质的黏度开始显著增加，并限制了溶质晶核的分子移动与水分的扩散，食品体系将从未冻结的橡胶态转变成玻璃态，对应的温度为 T_g。

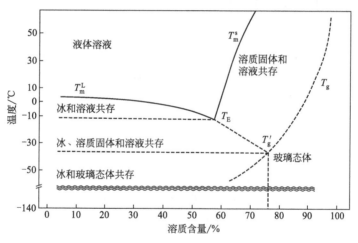

图 2-25　二元体系的状态图

假设：最大冷冻浓缩、无溶质结晶、恒压、无时间依赖性

T_m^L—融化平衡曲线；T_E—共晶温度；T_m^s—溶解度曲线；T_g—玻璃化转变温度曲线；T_g'—特定溶质的最大冷冻浓缩的玻璃化转变温度；粗虚线—亚稳态平衡条件；所有其他的线—平衡条件

玻璃态下的未冻结的水不是按照氢键方式结合的，其分子被束缚在由极高溶质浓度所产生的具有极高黏度的玻璃态下，这种水分不具有反应活性，整个食品体系以不具有反应活性的非结晶性固体形式存在。因此，在 T_g 下，食品具有高度的稳定性，故低温冷冻食品的稳定性可以用该食品的储藏温度 t 与 T_g 的差（$t-T_g$）来决定，差值越大，食品的稳定性越差。

大多数食品均具有 T_g，食品中的溶质在温度下降时一般不会结晶，持续的降温会使其转化为玻璃态。水、溶质对食品 T_g 有影响，一般情况下，增加水的含量，由于增加了分子运动的自由体积，T_g 会下降。一般而言，每增加 1% 的水，T_g 会降低 5~10℃。食品的 T_g

随着溶质分子量的增加而成比例增高，但当溶质分子量大于 3000Da 时，T_g 就不再依赖其分子量了。不同种类的淀粉，支链淀粉侧链越短，数量越多，T_g 就相应越低。食品中蛋白质的 T_g 都相对较高，不会对食品的加工贮藏产生影响。虽然 T_g 强烈依赖溶质类别与水含量，但 T_g' 却只依赖于溶质种类。

食品中 T_g 的测定方法主要有：差示扫描量热法（DSC）、热差法（DTA）、热膨胀计法、折射系数法、动力学分析法（DMA）、热力学分析法（DMTA）、核磁共振（NMR）、弛豫图谱分析。由于 T_g 值与测定时的条件和所用的方法有很大的关系，所以在研究玻璃态转变的 T_g 时，一般可采用不同的方法进行研究。需要指出的是，复杂体系的 T_g 很难测定，只有简单体系的 T_g 较容易测定。

概念检查 2.8

○ 冷冻对食品带来的不利影响有哪些？

2.9　水分转移与食品稳定性

食品中的水分转移可分为两种情况：①水分在同一食品的不同部位或在不同食品之间发生位转移，导致了原来水分分布状况的改变；②食品水分的相转移，特别是气相和液相水的互相转移，导致了食品含水量的改变，这对食品的储藏性、加工性和商品价值都有极大影响。

2.9.1　食品中水分的位转移

根据热力学有关定律，食品中水分的化学势（μ）可以表示为：

$$\mu = \mu_0(T, p) + RT \ln A_w \tag{2-8}$$

式中，$\mu_0(T, p)$ 为一定温度（T）、压力（p）下纯水的化学势；R 为气体常数。

由式（2-8）可看出，如果不同食品或者食品不同部位的 T 或 A_w 不同，则水的化学势就不同，水分要沿着化学势由高到低的方向移动，因此会造成食品中水分转移。从理论上来说，水分的位转移的终止以食品中各部位水的化学势完全相等为标志，即达到热力学平衡。

此外，水分转移也可由温差引起，食品中的水分从高温区域沿着温度降低的方向移动，最后进入低温区域，这个过程可在同一食品中发生，也可以在不同的食品间发生，但必须借助空气介质，故是一个缓慢的过程。

A_w 不同也可引起水分的转移，是水分从 A_w 高的区域自动地向 A_w 低的区域转移。如果将 A_w 不同的两样食物放在同一环境中，例如高 A_w 的蛋糕和低 A_w 的饼干，则蛋糕里的水分会逐渐转移到饼干里，最终两者食物品质都会发生变化。

2.9.2　食品中水分的相转移

在一定温度、湿度等外界条件下，食品的平衡水分含量被称为食品的含水量。若外界条件发生变化，如温度升高或湿度降低，食品的水分含量也相应发生变化。食品中水分相转移的主要形式有水分蒸发（evaporation）和水蒸气凝结（condensing）。

2.9.2.1　水分蒸发

食品的水分蒸发是指食品中的水分由液相转变为气相而散失的现象，其对食品质量有重要影响。食品加工常常利用水分的蒸发来进行食品干燥或浓缩，这样制得的干燥食品或半干燥食品具有较低的 A_w。但对于新鲜的水果、蔬菜、肉禽等许多食品，水分蒸发会对其食品品质造成不良的且不可逆的影响，如外观萎蔫皱缩、脆度变化等，丧失商品价值。此外，由于水分蒸发，食品中物质浓度增加，水解酶的活力增强，高分子物质会发生水解，食品品质降低，货架期缩短。

从热力学角度来看，食品水分的蒸发过程是食品中水溶液形成的水蒸气和空气中的水蒸气发生转移 - 平衡的过程。由于食品的温度与环境温度、食品水蒸气压与环境水蒸气压不一定相同，因此两相间水分的化学势有差异，其差值为：

$$\Delta\mu=\mu_F-\mu_E=R(T_F \ln p_F-T_E \ln p_E) \tag{2-9}$$

式中，μ 为水蒸气的化学势；p 为水蒸气压；T 为温度；角标 F、E 分别表示食品、环境。

所以 $\Delta\mu$ 是食品中水蒸气与空气中水蒸气的化学势之差。据此可得出以下结论：

① 若 $\Delta\mu>0$，食品中的水蒸气向外界转移是自发过程。食品水溶液上方的水蒸气压力会下降，原来食品水溶液与其上方水蒸气达成的平衡状态遭到破坏。为了达到新的平衡状态，食品中的水溶液中就有部分水分会被蒸发，直到 $\Delta\mu=0$ 为止。对于敞开的、无包装的食品，尤其是在空气相对湿度较低时，$\Delta\mu$ 很难为 0，所以食品中水分的蒸发就会不断进行，食品的品质会受到严重损坏。

② 若 $\Delta\mu=0$，即食品水溶液的水蒸气与空气中水蒸气处于动态平衡状态。食品既不蒸发水分，也不吸收水分，是保持食品货架期的理想环境，特别是对于糖果类食品。

③ 若 $\Delta\mu<0$，则空气中的水蒸气向食品转移是自发过程。这时食品会吸收空气中的水蒸气而变潮，食品的稳定性会降低。

水分蒸发主要与空气湿度与饱和湿度差有关。饱和湿度差是指在同一温度下，空气的饱和湿度与空气中的绝对湿度之差。若饱和湿度差越大，则空气要达到饱和状态所能容纳的水蒸气量就越多，从而食品水分的蒸发量就大；反之，则蒸发量小。影响饱和湿度差的因素主要有空气温度、绝对湿度和空气流速等。空气的饱和湿度随着温度的变化而改变，温度升高，空气的饱和湿度也随之升高。当相对湿度一定时，温度升高，饱和湿度差变大，食品水分的蒸发量增大。在绝对湿度一定时，若温度升高，饱和湿度也随之增大，故饱和湿度差也加大，相对湿度会降低，食品水分的蒸发量加大。若温度不变，绝对湿度改变，则饱和湿度差也随之改变；如果绝对湿度增大，温度不变，则相对湿度也增大，饱和湿度差减少，食品的水分蒸发量减少。空气的流动可以从食品周围的空气中带走较多的水蒸气，从而降低了这部分空气的水蒸气压，加大了饱和湿度差，因而能加快食品水分的蒸发，使食品的表面干燥。

2.9.2.2　水蒸气凝结

　　水蒸气的凝结即空气中的水蒸气在食品表面凝结成液体水的现象。单位体积的空气所能容纳水蒸气的最大数量，会随着温度的下降而减少，当空气的温度不断下降时，不饱和的空气会向饱和的或过饱和状态转变，此时，若与食品表面、食品包装容器表面等接触时，则饱和或过饱和水蒸气可能会在其表面凝结成液态水。如果食品表面含有较多亲水性物质，则水蒸气凝聚后，会在表面铺展与之融合，如糖果表面发烊；但是如果食品表面疏水性物质较多时，如鸡蛋的表面和水果表面的蜡质层，水蒸气凝聚后会收缩成小水珠。

2.10　分子移动性与食品稳定性

2.10.1　分子移动性

　　分子移动性（molecular mobility，Mm）也被称为分子淌度，是分子的旋转移动和平动移动的总度量，但不包括分子振动。当物质处于完全而平整的结晶状态下其 Mm 为 0；物质处于完全的玻璃态（无定形态）时，其 Mm 值也几乎为 0；其他情况下，Mm 值大于 0。

　　用 Mm 预测食品体系的化学反应速率有时是合适的，包括酶催化反应、蛋白质的折叠变化、质子转移变化、自由基结合反应等。根据化学反应理论，一个化学反应的速率由三个方面控制：扩散系数 D（一个反应要发生，首先反应物间必须能相互接触）、碰撞频率因子 A（在单位时间内的碰撞次数）和反应活化能 E_a（两个适当定向的反应物发生碰撞时有效能量必须超过活化能才能导致反应的发生）。如果 D 对反应的限制性大于 A 和 E_a，那么反应就是扩散限制反应（即扩散主导的反应）；在一般条件下，不是扩散限制的反应，在 A_w 或体系温度降低时，也可促使其成为扩散限制反应，这是因为水分降低导致了食品体系黏度的增加，或是温度的降低减少了分子的运动性所致。因此用 Mm 预测具有扩散限制反应的速率时是非常有用的，而对那些不受扩散限制的反应和变化，应用 Mm 则是不恰当的，比如微生物的生长。

2.10.2　分子移动性与食品品质

　　决定食品 Mm 值的主要成分是水和在食品中占优势的非水组分。水分子体积小，常温下为液态，黏度也很低，所以在食品体系温度处于 T_g 时，水分子仍然可以转动和移动，而作为食品主要成分的蛋白质、碳水化合物等大分子聚合物，不仅是食品品质的决定因素，还影响着食品的黏度、扩散性质，从而决定着食品的 Mm，故绝大多数食品的 Mm 值不等于 0。

　　同样地，大多数食品都是以亚稳态或者非平衡状态存在的，其中大多数物理变化和一部分化学变化是由 Mm 控制的。因为 Mm 关系到许多食品的扩散限制性质，这部分食品包括淀粉类食品、以蛋白质为基料的食品、中等水分食品、干燥或冷冻干燥食品。Mm 对食品性质和变化的影响详见表 2-12。

表2-12　分子移动性对食品品质的影响

干燥或半干燥食品	冷冻食品
流动性质和黏性	水分迁移（冰的结晶作用）
结晶和再结晶过程	乳糖的结晶（冷甜食品中出现砂状结晶）
巧克力表面起糖霜	酶活力在冷冻时留存，有时表现出提高
食品干燥时爆裂	在冷冻干燥初级阶段发生无定形区结构塌陷
干燥或中等水分食品的质构	食品体积收缩（冷冻甜食中泡沫样结构部分塌陷）
在冷冻干燥中发生的食品结构塌陷	
以胶囊化方式包埋的挥发性物质的逃逸	
酶的活性	
美拉德反应	
淀粉的糊化	
由淀粉老化引起的烘焙食品变陈	
焙烤食品在冷却时碎裂	
微生物孢子热失活	

不宜用 Mm 预测食品稳定性的有如下情形：①转化速率不是显著受扩散反应影响的化学反应；②可通过特定的化学作用（如改变 pH 值或者氧分压）达到需宜或不需宜的效应；③试样 Mm 是根据聚合物组分（聚合物的 T_g）估计的，而实际上渗透到聚合物中的小分子才是决定产品重要性质的因素；④微生物的营养细胞生长（此时 A_w 是比 Mm 更可靠的估计指标）。

2.10.3　水分活度、分子移动性和玻璃化转变温度预测食品稳定性

水分活度（A_w）、分子移动性（Mm）和玻璃化转变温度（T_g）是研究食品稳定性的三个互补的方法：水分活度（A_w）主要研究食品中水的有效性（可利用性），比如水作为溶剂的潜在能力；分子移动性（Mm）主要研究食品的微观黏度和化学组分的扩散能力，它也取决于水的性质；玻璃化转变温度（T_g）主要研究食品物理特性的变化，从而评估食品的稳定性。

大多数食品具有 T_g，在生物体系中，溶质很少在干燥或冷却时结晶，所以常以无定形和玻璃态存在。可以从 Mm 和 T_g 的关系估计这类物质的扩散限制性质的稳度性。在食品保藏温度低于 T_g 时，Mm 和所有扩散限制的变化，包括许多变质反应，都会受到很好的限制。在 T_m～T_g 温度范围时，随着温度的下降，Mm 减小而黏度提高，食品在此范围内的稳定性依赖于温度，且与 t-T_g 成反比。

在估计由扩散限制的性质，像冷冻食品的物理性质，冷冻干燥的最佳条件和包括结晶作用、凝胶作用和淀粉老化等物理变化时，用 Mm 的方法更加有效；而 A_w 在指示冷冻食品的物理和化学性质的变化时，则是无用的。

在估计食品保藏在接近室温时导致的结块、黏结和脆性等物理变化时，Mm 方法和 A_w 方法有大致相同的结果。

在估计不含冰的产品中微生物的生长和非扩散限制的化学反应速率（如高活化能反应和在较低黏度介质中的反应）时，Mm 方法的实用性明显不可靠，A_w 方法则更加有效。

必须指出，在快速、准确和经济地测定 Mm 和 T_g 的技术没有完善之前，Mm 和 T_g 的方法不能在实用上达到或超过 A_w 方法的水平。

综上，如何将水分活度（A_w）、分子移动性（Mm）和玻璃化转变温度（T_g）这些重要的临界参数有效地应用于各类食品的加工和贮藏中，以及推进 Mm 和 T_g 测定技术的完善是食品科学中重要的研究课题。

 概念检查 2.9

○ 水分活度、分子移动性和玻璃化转变温度预测食品稳定性的偏重点有何区别？

2.11 前沿导读——高密度铁电新冰相

因为水分子之间存在氢键，而氢键的强度和位形可以在很大范围内变动，所以水呈现出极其丰富的相图。目前，实验室中已经发现的不同温度和压强条件下的冰相多达 17 种。我们可以回顾一下人类在实验室中发现十六种冰相的百年简史：冰 II 和冰 III 相是 1900 年在德国发现的；冰 IV～VII 相是 1912～1937 年间在美国发现的；冰 VIII 相是 1966～1968 年间在加拿大发现的；冰 IX 相是 1984 年在德国发现的；冰 X 相是 1984 年在日本发现的；冰 XI 相是 1993 年在英国发现的；冰 XII～XV 相是 1998～2009 年间在英国发现的；冰 XVI 相是 2014 年在德国发现的；最近的冰 XVII 相是 2016 年在意大利发现的。到目前为止，尚没有中国发现的冰相。

由于水分子具有偶极矩，多个水分子聚集时偶极矩可以叠加或抵消，因此有可能存在铁电性的冰。人们已经证实冰 XI 相是具有较大偶极矩的铁电相，而且认为它存在于天王星和海王星表面。然而，如果掺杂催化剂，普通结构的冰转变成铁电冰大约需要一万年，因此铁电冰相在自然界中是极为罕见的。2019 年，中国科学家理论预测了一个新的高密度铁电新冰相，通过计算机模拟发现，室温时，在高压和高电场强度条件下，液态水可以自发形成一种高密度（1.27g/cm³）的新型铁电冰晶体——"冰 χ 相"。自由能计算表明，在水相图上的一个高压低温区，冰 χ 相是最稳定的结构。它位于冰 II 相和冰 VI 相之间，与冰 V 相接邻。在这个意义上，冰 χ 相是一个"被遗漏"的冰相。对此的一个可能的解释是：冰 χ相的成核/生长需要非常高强度的电场。

铁电冰 χ 相的预言不仅丰富了水在高压区域的相图，而且为寻找稀有的铁电冰结构提供了理论指导。如果未来在实验室中确实观察到这种铁电性冰 χ 相，不仅将增加人们对水科学的浓厚兴趣，而且冰 χ 相将有可能成为冰 XVIII 相，从而填补中国发现冰相历史中的空白。

总结

水和冰的结构和性质

○ 水分子的结构：sp^3杂化；"V"字形。

○ 水分子的缔合作用。

○ 水的结构模型：混合结构模型、连续结构模型、填隙结构模型。

○ 冰的结构：六方型冰晶、不规则树枝状结晶、粗糙的球状结晶、易消失的球状结晶及各种中间体，其中六方型冰晶最稳定。

○ 冰的结晶缺陷：方向型缺陷、离子型缺陷。

水与溶质之间的相互作用

○ 水与离子或离子基团之间的相互作用。

○ 水与具有氢键形成能力的中性基团的相互作用。

○ 水与非极性物质之间的相互作用：疏水相互作用；笼形水合物。

○ 水与两亲性分子间的相互作用。

○ 水分子簇。

食品中水的存在状态

○ 结合水（bound water）：指存在于溶质或者其他非水组分附近的、与溶质分子之间通过一些作用力（例如偶极-离子作用、偶极-偶极作用）束缚的那一部分水。结合水不能充当溶解溶质的溶剂。根据结合水被结合的牢固程度，可分为化合水（compound water）、邻近水（vicinal water）和多层水（multilayer water）。

○ 化合水：指与非水物质结合得最牢固并构成非水物质整体的那部分水。

○ 邻近水：处于非水组分亲水性最强的基团周围第一层位置的水，包括与离子、偶极、小毛细管（直径<0.1μm）作用的水。

○ 多层水：指占据单分子层水剩余位置的几个水层。主要靠水-水和水-溶质氢键相互作用。

○ 体相水：体相水（bulk water）是指没有被非水物质结合的水，性质类似于纯水。体相水可以分为：①截留水，也被称为滞化水（immobile water），是指被组织中的显微和亚显微结构及膜所阻留的水和被大毛细管（直径>0.1μm）束缚住的水，其流动性受到了限制；②自由水（free water），是指食品中远离非水组分且宏观流动性不受阻碍的水。

水分活度与水分吸附/解吸等温线

○ 定义：指在一定温度下，食品溶液与纯水的逸度比。

○ 水分吸附等温线：在恒定温度下，以食品的水分含量（用每单位干物质质量中水的质量表示）对其A_w作图形成的曲线，称为水分吸附等温线（moisture sorption isotherms，MSI）。

○ 等温线的滞后现象：采用向干燥样品中添加水（回吸作用，即物料吸湿）的方法绘制的水分吸附等温线和按干燥过程绘制的解吸等温线并不相互重叠，即当A_w值一定时，回吸水量低于（滞后于）解吸水量，这种不重叠性称为滞后现象（hysteresis）。

水分活度与食品稳定性

- 水分活度与油脂氧化：①A_w从0→0.33，由于水合作用使有效的金属离子浓度降低，催化作用减弱；自由基被猝灭；水与氢过氧化物以氢键结合，抑制ROOH的分解，氧化速率降低。②A_w从0.33→0.8，大分子物质溶胀，活性位点暴露；溶解氧含量上升，加快氧气与金属离子的流动性，氧化速率升高。③A_w>0.8，稀释了催化剂的浓度，氧化速率降低。
- 降低水分活度提高食品稳定性的机理。

冷冻与食品稳定性

- 体积膨胀效应：水转化为冰后，其体积相应增加9%，冰晶的膨胀会产生局部压力，使具有细胞组织结构的食品受到机械性损伤，造成解冻后汁液流失，或者使得细胞内的酶与细胞外的底物接触，造成不良化学反应的发生。
- 冷冻浓缩效应：由于在所采用的商业冻藏温度下，食品中仍然存在非冻结相，在非冻结相中，非水组分浓度提高，会有利于化学反应的进行，以及引起食品体系的理化性质如非冻结相的pH值、可滴定酸度、离子强度、黏度、冰点、表面和界面张力、氧化-还原电位等发生改变。因此，冷冻给食品带来了两个方面的影响：降低温度，减缓了反应速度；溶质浓度增加，加快了反应速度。
- 玻璃化转变温度：非晶态的食品体系从玻璃态转变为橡胶态的温度被称为玻璃化转变温度（glass transition temperature，T_g）。

分子移动性

- 分子移动性（molecular mobility，Mm），也被称为分子淌度，是分子的旋转移动和平动移动的总度量，但不包括分子振动。当物质处于结晶状态下其Mm为0；物质处于完全的玻璃态（无定形态）时，其Mm值也几乎为0；其他情况下，Mm值大于0。
- 分子移动性的局限性，在以下情况下不能使用分子移动性：①反应速率没有显著受扩散影响的化学反应（如脂肪氧化反应）；②微生物细胞的生长；③试样的Mm是根据聚合物组分（聚合物的T_g）估计的，而实际上渗透到聚合物中的小分子才是决定产品重要性质的因素。

📝 课后练习

1. 名词解释
（1）水分活度　　（2）滞后效应　　（3）疏水相互作用　　（4）离子型缺陷
（5）方向型缺陷　　（6）玻璃化转变温度　　（7）分子移动性　　（8）笼形水合物
2. 水有哪些异常的物理性质？请从理论上加以解释。
3. 为什么超低温（-80℃）冰箱贮存食品保质期比普通冰箱（-18℃）更长？
4. 什么是水分吸附等温线？各区有何特点？
5. 水与溶质间的相互作用有哪几种类型？
6. 冰对食品稳定性有何影响？
7. 食品中水分转移发生的原因是什么？其对食品品质会产生什么影响？

题 1 答案	题 2 答案	题 3 答案	题 4 答案
题 5 答案	题 6 答案	题 7 答案	

 设计问题

1. 举例说明离子是如何影响纯水结构的。

2. 冰点以上和以下，A_w 有什么区别？

3. 如何综合使用 A_w 和 Mm 来研究食品稳定性？

（www.cipedu.com.cn）

第3章　糖类

图 3-1 糖类参与生产色香俱全的美食

　　糖类（saccharides）又称碳水化合物（carbohydrate），是人类每日摄入量最大的营养素，它不仅提供能量，而且参与各种反应，赋予食物色、香、味、形。例如图 3-1 所示，拔丝香蕉上那层金黄色、香气四溢的浓浓糖汁就利用了糖类在高温下的焦糖化反应；制作北京烤鸭和烘焙面包之前常在其表面刷一层蜂蜜或蛋清，焙烤时使其表面产生诱人的色泽和香气，就是利用了蛋白质与糖类化合物发生的美拉德反应；还有咖啡的烘焙及红茶的炒制都涉及糖类的各种反应。此外，加工过程中小分子糖类可作为甜味剂（入味），大分子糖类可作为增稠剂、稳定剂、胶凝剂（赋形）等对食品的色香味形等感官品质产生重要影响，这其中所蕴含的科学原理可以从本章的学习中找到答案。

✿ 为什么要学习糖类?

糖类是植物、动物和人类的主要能量来源。植物通过光合作用合成单糖,然后将其储存在一种称为淀粉的聚合物中;当需要提供能量时,淀粉被分解成单个的葡萄糖。从营养学上讲,糖类提供了我们日常所需要的大部分热量,更重要的是葡萄糖是我们大脑能量的主要来源。最近的研究表明,糖类作为益生元,能促进肠道益生菌的生长,维持肠道微环境健康。作为六大营养素之一,糖类不仅提供营养、能量,而且对食品感官品质有重要贡献,它提供了适宜的质地、口感和风味。例如麦芽糊精可作增稠剂、稳定剂;卡拉胶赋予了果冻凝胶口感;蔗糖热裂解产生焦糖色素和焦糖香气。另外,糖类的种类繁多,不同种类的物化性质不尽相同,可利用这些独特的性质指导食品生产。例如利用淀粉的糊化特性生产方便米饭、八宝粥、米粉等;利用果糖优良的吸湿性和保湿性生产软糖、糕点等;利用美拉德和焦糖化反应生产制作面包、咖啡、红茶、啤酒及酱油等。因此,只有系统学习了不同种类的糖类的结构、物化性质、相关反应及其影响因素,才能在生产和生活中合理地利用和控制,并预防有毒有害反应物质产生,确保食品的安全、营养和美味可口,维护人类的健康。

◉ 学习目标

○ 掌握糖的定义、分类及其在食品中的作用。
○ 掌握几种重要的单糖、低聚糖、糖苷的结构。
○ 掌握单糖和低聚糖的物理和功能性质(旋光性、甜度、吸湿性和保湿性、结晶性、提高渗透压、降低冰点、与风味结合),以及其在食品加工中的应用;了解糖苷的一般性质。
○ 掌握美拉德反应、焦糖化反应及其影响因素。
○ 掌握糖类化合物在碱性、酸性条件下发生的化学变化;氧化或还原反应。
○ 掌握多糖的结构和一般性质(溶解性、黏性、胶凝性、流变性、水解性)。
○ 掌握淀粉的结构、糊化和老化性质及其应用;了解抗性淀粉、淀粉的改性。
○ 掌握果胶的结构、分类和果胶的胶凝机制。
○ 了解其他几种重要食品多糖的结构和特性(纤维素及羧甲基纤维素钠、酵母多糖、壳聚糖、卡拉胶)。

3.1　概述

3.1.1　糖类的定义

糖类是自然界中分布广泛、含量最大的一类化合物,是绿色植物光合作用的主要产物，在植物中含量可达干重的 80% 以上，其中纤维素、淀粉的含量最高；占动物干重 2% 左右的肝糖原、血糖也属于糖类。糖类是生物体维持生命活动所需能量的主要来源，是合成其他化合物的基本原料，同时也是生物体的主要结构成分，是人类及动物的生命源泉。

糖类的分子组成通常可用 $C_n(H_2O)_m$ 通式表示，但后来发现有些糖如鼠李糖（$C_6H_{12}O_5$）和脱氧核糖（$C_5H_{10}O_4$）并不符合上述通式，而且有些糖如壳聚糖、卡拉胶还含有氮、硫、磷等成分，显然碳水化合物的名称已经不恰当，但由于沿用已久，至今还在使用这个名词。依据糖类的化学结构特征，糖类的定义应是多羟基醛或多羟基酮及其衍生物和缩合物。

3.1.2　糖类的分类

根据聚合程度，糖类分为单糖、寡糖和多糖三大类。

单糖（monosaccharides）是结构最简单的糖类，是不能再被水解的最小糖单位。根据单糖分子中碳原子数目的多少，可将单糖分为丙糖、丁糖、戊糖、己糖等；根据其单糖分子中所含羰基的特点又可分为醛糖（aldose）和酮糖（ketose）。自然界中最重要也最常见的单糖是葡萄糖（glucose）和果糖（fructose）。

寡糖（oligosaccharides）又称为低聚糖，一般由 2~20 个单糖分子缩合而成，水解后产生单糖。按水解后所生成单糖分子的数目，寡糖可分为二糖、三糖、四糖、五糖等，其中二糖如蔗糖（sucrose）、乳糖（lactose）、麦芽糖（maltose）等在食品工业中最为重要。

多糖（polysaccharides）又称为多聚糖，是由大于 10 个单糖分子缩合而成的聚合糖类，如淀粉（starch）、纤维素（cellulose）、果胶（pectin）、糖原（glycogen）等。根据组成不同，多糖可以分为同聚多糖和杂聚多糖两类。同聚多糖是指由相同的单糖组成的多糖，如纤维素、淀粉；杂聚多糖是指由两种或多种不同的单糖组成的多糖，如半纤维素、果胶、黏多糖等。此外，根据功能的不同，多糖可分为结构多糖、贮存多糖、抗原多糖。根据来源不同，还可将多糖分为植物多糖、动物多糖、微生物多糖等。

3.1.3　食品中的糖类及其作用

糖类占植物干物质的 75% 以上。单糖和寡糖通常存在于蔬菜和水果中。多糖主要存在于种子、根、茎植物中。表 3-1 列出了食品中的糖含量。

谷物只含少量的游离糖，大部分游离糖被输送至种子中并转变为淀粉。玉米粒含 0.2%~0.5% 的 D-葡萄糖、0.1%~0.4% 的 D-果糖和 1%~2% 的蔗糖；小麦粒中这几种糖的含量分别小于 0.1%、0.1% 和 1%。

淀粉是植物中最普通的糖类，甚至树木的木质部分也含有淀粉，而以种子、根和块茎中含量最为丰富。天然淀粉的结构紧密，在低相对湿度的环境中容易干燥，同水接触又很快变软，并且能够水解生成葡萄糖、麦芽糖和糊精。

动物产品所含的糖类比其他食品少，肌肉和肝脏中的糖原是一种葡聚糖，结构与支链淀粉相似，与淀粉代谢方式相同。乳糖存在于乳汁中，牛奶中含 4.8%，人乳中含 6.7%，市售液体乳清中含 5%。工业上常采用结晶的方法从乳清中制备乳糖。

表3-1 食品中的糖含量（以鲜重计）　　　　　　　　　　　　　　　　　　单位：%

食品	总糖	单糖		双糖	多糖	
		D-葡萄糖	D-果糖	蔗糖	淀粉	纤维素
苹果	14.5	1.17	6.04	3.78	1.5	1.0
葡萄	17.3	6.86	7.84	2.25	—	0.6
胡萝卜	9.7	0.85	0.85	4.24	7.8	1.0
甜玉米	22.1	0.34	0.31	3.03	12.7	0.7
甘薯	26.3	0.33	0.30	3.37	14.65	0.7
青豌豆	/	0.32	0.23	5.27	/	/
肉	0.5	0.1	—	—	0.1（糖原）	—

注：—低于检测线；/未检测。

在食品中，糖类除具有营养价值外，在食品生产中低分子糖类还可作为甜味剂，大分子糖类可作为增稠剂和稳定剂。此外，糖类还是食品加工过程中产生香味和色泽的前体物质，对食品营养及感官品质产生以下重要作用：①提供热量；②提供需宜的质地和口感；③产生需宜的色泽和风味；④提供膳食纤维，促进消化，维持肠道健康。

 概念检查 3.1

○ 糖类化合物有哪些种类？各种类的结构有何特点？

3.2　单糖、低聚糖及糖苷

3.2.1　单糖、低聚糖及糖苷的结构

3.2.1.1　单糖结构

糖类分子中含有手性碳原子，即不对称碳原子，它连接 4 个不同的原子或基团，在空间形成两种不同的差向异构体即 D 型和 L 型异构体，立体构型呈镜面对称。D 型和 L 型由羰基碳最远的碳原子上 OH 的构型来判断，以葡萄糖为例，其 D 型和 L 型的链式结构可用 Fisher 式表示（见图3-2）。

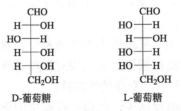

图3-2　D-和L-葡萄糖的链式结构（Fisher 表示法）

除链式结构外，单糖还存在环状结构，可用 Haworth 式表示。源于单糖分子中的羰基可以与其本身的一个醇基反应，形成半缩醛或半缩酮，形成五元呋喃糖环或更稳定的六元吡喃糖环［见图 3-3（a）］。例如，葡萄糖分子的 C1 羰基和 C5 羟基发生亲核加成反应，C5 旋转 180°使氧原子位于环的主平面，C6 处于平面的上方，形成半缩醛。此时 C1 成为半缩醛结构中的成分，它连接 4 个不同的基团，为手性碳原子，可形成 α 和 β 两种异头构型。C1 连接的羟基为半缩醛羟基（新生成的活泼羟基），当它与 C5 位的羟甲基在环平面的异侧时，为 α 型，同侧时为 β 型［图 3-3（b）］。

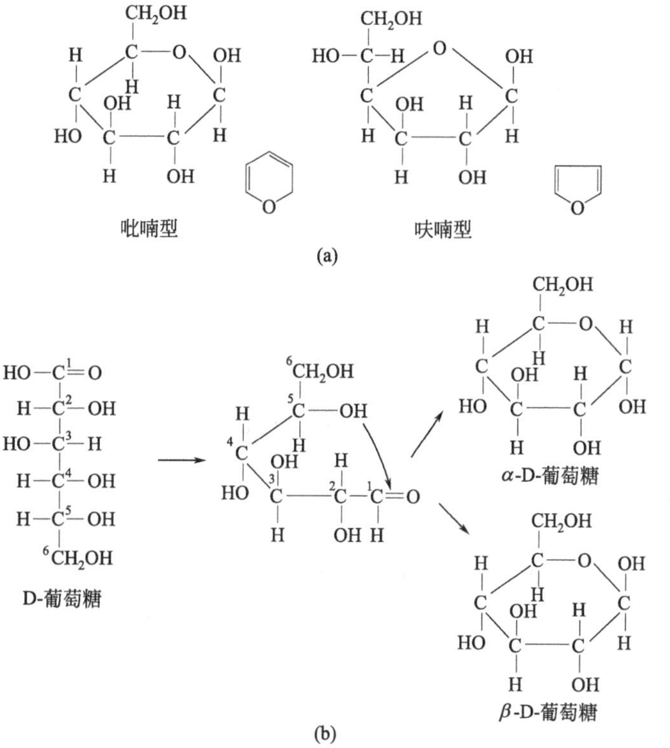

吡喃型　　　　　　　　　　呋喃型

(a)

α-D-葡萄糖

D-葡萄糖

β-D-葡萄糖

(b)

图 3-3　D-葡萄糖的环状结构及 α 和 β 异头构型（Haworth 表示法）

除 C1 外的任何一种手性构型有差别的糖均称为差向异构体，例如 D-甘露糖是 D-葡萄糖的 C2 差向异构体、D-半乳糖为 D-葡萄糖的 C4 差向异构体（见图 3-4）。因此，一个 6 碳醛糖有 16 种异构体，其中 D 型、L 型异构体各 8 种。在自然界中 D 型糖比 L 型糖多很多，但 L 型糖具有重要的生化作用。L-阿拉伯糖和 L-半乳糖是食品中存在的两种 L 型糖，是一些多糖的组成单元。

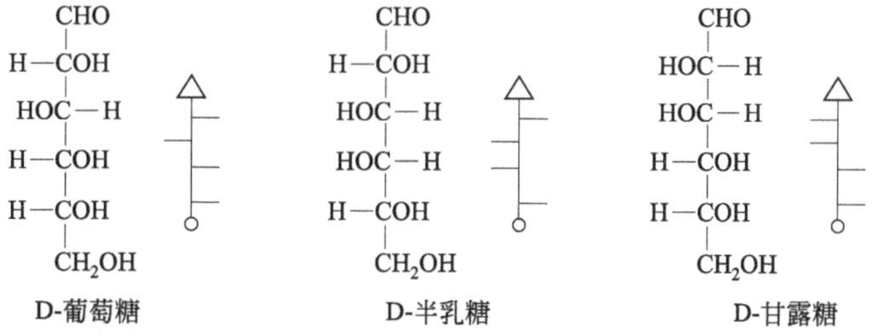

D-葡萄糖　　　　　　D-半乳糖　　　　　　D-甘露糖

图 3-4　D-葡萄糖、D-半乳糖和 D-甘露糖的链式结构（Fisher 表示法）

天然存在的糖环结构实际上并不像 Haworth 式表示的投影平面图，吡喃糖有椅式和船式两种不同构象［图3-5（a）］，椅式的构象更稳定。以葡萄糖为例，其链式结构、环状结构、α 和 β 异头构型及椅式构象如图3-5（b）所示。

图 3-5 葡萄糖的链式结构、环状结构、α 和 β 异头构型及椅式构象

3.2.1.2 低聚糖结构

低聚糖是由 2～20 个单糖分子以糖苷键结合而构成的糖类，可溶于水，普遍存在于自然界。天然低聚糖是通过糖基衍生物的缩合反应生成，或在酶的作用下，使多糖水解产生。天然存在的低聚糖聚合度一般不超过 6，其中主要是双糖和三糖。低聚糖的糖基组成相同的为均低聚糖，不同的为杂低聚糖。

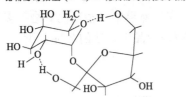

O-α-D-吡喃葡萄糖基-(1→4)-D-吡喃葡萄糖(麦芽糖)

O-α-D-吡喃葡萄糖基-(1→2)-β-D-呋喃果糖(蔗糖)

O-β-D-吡喃半乳糖基-(1→4)-D-吡喃葡萄糖(乳糖)

图 3-6 三种常见低聚糖的结构式

低聚糖命名通常采用系统命名法，用规定的符号 D 或 L、α 或 β 分别表示单糖基的构型和糖苷键的构型，用阿拉伯数字和箭头（→）表示糖苷键连接的碳原子位置和连接方向，用"O"表示取代位置在羟基氧上。例如，蔗糖系统名称为 O-α-D- 吡喃葡萄糖基-(1→2)-β-D-呋喃果糖；麦芽糖的系统名称为 O-α-D- 吡喃葡萄糖基-(1→4)-D- 吡喃葡萄糖；乳糖的系统名称为 O-β-D- 吡喃半乳糖基-(1→4)-D-吡喃葡萄糖（见图 3-6）。此外，习惯名称如蔗糖、乳糖、麦芽糖、海藻糖、棉子糖、水苏四糖等也经常使用。

低聚糖的糖基单位几乎都是己糖，除果糖为呋喃环结构外，葡萄糖、甘露糖和半乳糖等均为吡喃环结构。

低聚糖构象的稳定主要靠氢键维持。麦芽糖、蔗糖和乳糖的构象及形成的氢键见图 3-6。

3.2.1.3　糖苷结构

糖苷是由单糖或低聚糖的半缩醛羟基与另一个分子中的—OH、—NH$_2$、—SH 等发生缩合反应而得到的化合物。糖苷中的糖部分称为糖基，非糖部分称为配基（苷元）。反应式见图 3-7。

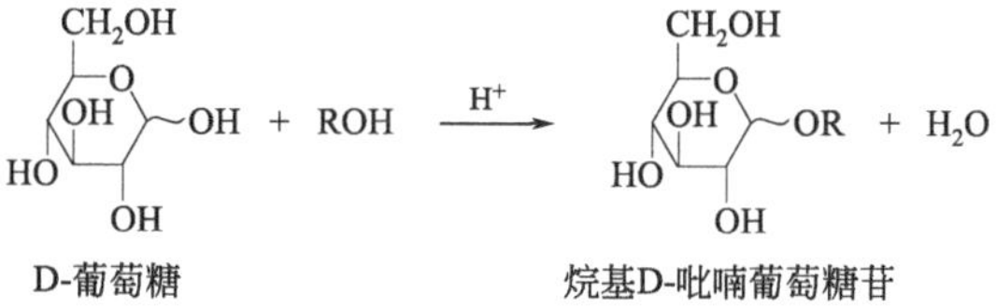

D-葡萄糖　　　　　　　　　　　　烷基D-吡喃葡萄糖苷

图 3-7　生成糖苷的反应式

糖苷通常包含一个吡喃糖环或一个呋喃糖环，新形成的手性中心有 α 或 β 型两种。因此，D-吡喃葡萄糖应看成是 α-D-和 β-D-异头体的混合物，形成的糖苷也是 α-D-和 β-D-吡喃葡萄糖苷的混合物。

糖苷根据苷原子不同，分为氧苷、氮苷、硫苷。根据苷元不同，分为黄酮苷、蒽醌、香豆素、强心苷、皂苷等。还可根据苷键不同，分为醇苷、酚苷、酯苷、氰苷。糖苷无变旋现象，也无还原性，在酸性条件下会发生水解，而碱性条件下可稳定存在，且吡喃糖苷环比呋喃糖苷环稳定。

3.2.2　单糖和低聚糖的物理及功能性质

3.2.2.1　旋光性

旋光性（rotation）是指一种物质使直线偏振光的振动平面发生向左或向右旋转的特性，右旋即为 +，左旋即为 −。除丙酮糖外，其余单糖分子结构中均含有手性碳原子，故皆具有旋光性，因此旋光性是鉴定单糖的一个重要指标。通常用 1dm 长的旋光管，待测物质的浓度为 1g/mL，在波长 589nm 的钠光（D 线）条件下，所测得的偏振光旋光的角度，称为比旋光度，用 $[\alpha]_\lambda^t$ 表示。其中，t 为温度，λ 为偏振光的波长。表 3-2 列出几种单糖的比旋光度。糖出现变旋现象是指其溶液放置一段时间后的旋光值与最初的旋光值不同，这源于糖发生了构象转变，从 α 型变为 β 型或由 β 型变为 α 型。一切单糖都有变旋现象，无 α 型、β 型的糖类即无变旋性。因此，在测定具有变旋光性糖的比旋光度时，必须使糖溶液静置一段时间后（24h）再测定。

表3-2　几种单糖在20℃（钠光）时的比旋光度数值

单糖	比旋光度 $[\alpha]_D^{20}/(°)$
D-葡萄糖	+52.2
D-果糖	−92.4
D-半乳糖	+80.2
D-甘露糖	+14.2
L-阿拉伯糖	+104.5
D-阿拉伯糖	−105.0
D-木糖	+18.8

3.2.2.2 甜度

单糖和低聚糖通常都具有甜味,其强弱可用甜度来表示。甜度目前采用感官比较法确定,通常以蔗糖为基准物,以 10% 或 15% 的蔗糖水溶液在 20℃时的甜度为 1.0,其他糖的甜度则与之相比较而得,例如果糖的甜度为 1.5,葡萄糖的甜度为 0.7。由于这种甜度是相对的,所以又称为比甜度。表 3-3 列出了一些糖的比甜度。甜度大小依次为:果糖>蔗糖>葡萄糖>麦芽糖>乳糖>半乳糖。蜂蜜和大多数果实的甜味主要取决于蔗糖、D-果糖、D-葡萄糖的含量。

表3-3　糖和糖醇的比甜度

名称	比甜度
β-D-果糖	1.0~1.5
α-D-葡萄糖	0.4~0.79
β-D-葡萄糖	0.27~0.53
α-D-半乳糖	0.27
蔗糖	1.0
乳糖	0.40
麦芽糖	0.50
海藻糖	0.45
棉子糖	0.23
木糖醇	0.90
山梨醇	0.63
麦芽糖醇	0.68
乳糖醇	0.35

糖甜度的高低与糖的分子结构、分子量、分子存在状态及环境因素有关。分子量越小,溶解度越高,则甜度越大。糖的 α 型和 β 型也影响糖的甜度,例如 α-D-葡萄糖的甜度高于 β 型的甜度。结晶的糖的甜度与溶解的糖的甜度也有所不同,例如结晶葡萄糖是 α 型,溶于水以后一部分转为 β 型,甜度下降。果糖与葡萄糖相反,β 型的甜度为 1.5,而 α 型果糖的甜度是 0.5;结晶的果糖是 β 型,溶于水后一部分变为 α 型,其甜度下降。

甜味纯正,甜度适中,呈甜味快,消失也迅速是优质糖的特点。常用的几种单糖基本上都有此特点,但也有差别。例如,与蔗糖相比,果糖呈甜味快,很快达到最高甜味,但持续时间短;而葡萄糖呈甜味慢,缓慢达到最高甜味,甜度较低,但具有凉爽的感觉。

不同种类的糖混合时,对其甜度有协同增效作用。例如,葡萄糖溶液的甜度仅为同浓度蔗糖溶液甜度的 1/2,但若配成 5% 葡萄糖与 10% 蔗糖的混合溶液,则甜度相当于 15% 蔗糖溶液的甜度。

低聚糖除蔗糖、麦芽糖外,其他低聚糖可作为一类低热值低甜度的甜味剂,在食品中广泛使用。例如海藻糖(trehalose,$C_{12}H_{22}O_{11} \cdot 2H_2O$)是由 2 个吡喃型葡萄糖经 1,1-糖苷键连接而成的二糖,因无半缩醛的羟基,故无还原性,广泛存在于藻类、菇类、酵母、细菌及一些昆虫、无脊椎动物中。海藻糖具有低热值、低甜味、保湿、不易致龋齿等特点,还能保护生物组织和生物大分子,如抑制蛋白质冷冻变性、淀粉老化、脂类酸败分解等,因此广泛应用于烘烤制品、糖果、水果、速冻食品、海鲜及饮料中。糖醇也可用作甜味剂。例如山梨糖醇无毒安全，有轻微的甜味与良好的保湿、吸湿性，甜度为蔗糖的 50%，可用作食品（糕点、糖果及调味品）、化妆品和药物的保湿剂，亦可用于制造抗坏血酸。木糖醇的甜度为蔗糖的 70%，木糖醇不致龋齿，代谢不依赖于胰岛素，可以代替蔗糖作为糖尿病患者的甜味剂或者抗龋齿口香糖的甜味剂，目前木糖醇已被广泛运用于制造糖果、果酱、饮料和口香糖等食品中。麦芽糖醇是无热量甜味剂。

3.2.2.3　吸湿性和保湿性

糖类化合物含众多亲水性羟基，因此具有很强的亲水功能，赋予其良好的溶解性、吸湿性和保湿性。吸湿性是指糖在较高空气湿度下吸收水分的性能。糖的吸湿性大小顺序为：果糖＞转化糖＞麦芽糖＞葡萄糖＞蔗糖＞无水乳糖。其中转化糖是指蔗糖水解生成等量的葡萄糖和果糖的混合物。保湿性是指糖在较高空气湿度下吸水后，在较低空气湿度下保持水分不让其散失的性能，果糖均有良好的吸湿性和保湿性。吸湿性和保湿性对于食品加工及贮藏都有重要意义。不同的糖吸湿性不一样，果糖的吸湿性最强，葡萄糖次之，所以果糖或果葡糖浆适合用于生产需要良好吸湿性的面包、糕点、软糖等食品，而不适合用于生产硬糖、酥糖及酥性饼干等要求吸湿性小的食品。

糖对水的结合速率和结合量与糖类的结构有关。如 D-果糖和 D-葡萄糖的羟基数目相同，但 D-果糖的吸湿性比 D-葡萄糖要大得多。蔗糖和麦芽糖在 100% 相对湿度下的吸水量相同，而乳糖所能结合的水则很少。纯度高且结晶完整的糖完全不吸湿，这是因为其大多数氢键键合位点已经形成了糖-糖氢键。不纯的糖吸湿性高，吸湿速率也快，当杂质是糖的异头物时吸湿现象明显；有少量的低聚糖存在时吸湿更为明显，如饴糖、玉米糖浆中存在的麦芽低聚糖。杂质会破坏有序糖分子间的糖-糖氢键，使糖的羟基更易与周围的水分子发生氢键键合。

3.2.2.4　结晶性

糖具有结晶性。蔗糖和葡萄糖易结晶，但蔗糖晶体粗大，葡萄糖晶体细小；乳糖易结晶，故在冰激凌中用量受到限制；果糖及果葡糖浆难以结晶；糖的纯度下降，可干扰糖结晶，如淀粉糖浆是葡萄糖、低聚糖和糊精的混合物，自身不能结晶，还可防止蔗糖结晶；糖与风味物质共结晶时，有风味包含作用。在糖果生产中，充分利用了糖结晶性的差别。例如生产硬糖时，宜用蔗糖（低吸湿性）加适量淀粉糖浆，因为蔗糖易结晶、碎裂而得不到透明坚韧的硬糖产品，添加适量的淀粉糖浆，可抑制蔗糖结晶，同时因为淀粉糖浆不含果糖，吸湿性较小，利于保存。生产软糖时，宜用转化糖（或果葡糖浆），其难结晶，且保湿性好。此外，在糖果制作过程中加入其他物质，如牛奶、明胶等，也可阻止蔗糖结晶。

3.2.2.5　提高渗透压

单糖的水溶液具有高渗透压的特点。糖溶液的渗透压与其浓度和分子量有关，即渗透压与糖的物质的量浓度成正比，与糖的分子量成反比；如在相同浓度下，单糖的渗透压为双糖的 2 倍；低聚糖由于其分子量较大，且水溶性较小，所以其渗透压也较小。高浓度的果糖或果葡糖浆具有高渗透压特性，故其抑菌效果较好，糖浓度50%可抑制酵母菌，65%可抑制霉菌，70%~80%可抑制细菌。

3.2.2.6　降低冰点

单糖和低聚糖的水溶液具有冰点降低的特点。糖溶液冰点降低的程度取决于其浓度和分子量大小，即溶液浓度越高，分子量越小，冰点降低越多。制作雪糕时，宜使用低转化度的淀粉糖浆，可使冰点降低减小，节约能源，且使冰粒细腻，黏稠度高，甜味温和。糖类可以作为低温保护剂（也称抗冻剂），防止体系结冰引起的体积膨胀进而导致食品结构和质地的破坏。

3.2.2.7　与风味结合

在喷雾或冷冻干燥脱水的食品中，糖类对于保持食品的色泽和挥发性风味成分起着重要作用，它可以使糖-水的相互作用转变成糖-风味剂的相互作用。反应如下：

$$糖-水+风味剂 \rightleftharpoons 糖-风味剂+水$$

食品中的双糖比单糖能更有效地保留挥发性风味成分，如多种羰基化合物（醛和酮）和羧酸衍生物（主要是酯类）等。双糖和分子量较大的低聚糖是有效的风味结合剂。环状糊精因其具有能形成包合物的结构，所以能有效地截留风味成分和其他小分子。环状糊精是由 α-D-葡萄糖以 α-1,4-糖苷键结合而成的闭环结构的低聚糖，聚合度分别为6、7、8个葡萄糖单位，依次称为 α-、β-、γ-环状糊精。图3-8为 β-环状糊精的结构图。

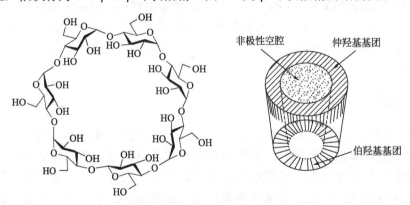

图3-8　β-环状糊精的结构图

环状糊精结构具有高度对称性，呈圆筒形立体结构，空腔深度和内径均为0.7~0.8nm；分子中糖苷氧原子是共平面的，分子上的亲水基葡萄糖残基C6上的伯醇羟基均排列在环的外侧，而疏水基C—H键则排列在圆筒内壁，使中间的空穴呈疏水性。鉴于此结构特点，环状糊精具有一定的两亲性，很容易在其疏水空腔中包合脂溶性物质如风味物（香精油）、色素等及易氧化降解的物质，因此可作为微胶囊化的壁材充当易挥发香气成分（如香精、茴香脑等）和光热敏感易氧化物质（如虾青素、姜黄素）的保护剂，以及不良气味（鱼腥味、豆腥味、羊膻味、苦味）的修饰包埋剂等，能起到保香、保色、防氧化、提高光热稳定性、除异味等作用。其中，以 β-环状糊精的应用效果最佳。此外，环状糊精还可用作增稠剂、稳定剂、保水剂等。

3.2.3　新型（功能性）低聚糖

新型低聚糖是由 2~10 个单糖通过糖苷键聚合而成，可代替蔗糖，但不被人体的胃酸、胃酶水解，不被小肠吸收，直接进入大肠的低聚糖。是一类具有抗龋齿、双歧杆菌增殖作用、难消化性（低热量）、胰岛素非依赖性、改善脂质代谢、防止便秘等保健作用的低聚糖。

3.2.3.1　低聚木糖

低聚木糖（xylooligosaccharide）是由 2~7 个木糖分子经 β-1,4-糖苷键连接而成的低聚糖，其结构如图 3-9 所示，其中以木二糖和木三糖为主。低聚木糖由木聚糖经酸或碱水解，或酶解制得，自然界中富含木聚糖的玉米芯、甘蔗等植物可作为制备低聚木糖的原料。

低聚木糖为乳白色或淡黄色粉末，具有独特的耐酸、耐热、不易分解、低热量等性能，如在 pH 2.5~8.0 的环境下，120℃加热 1h 对其几乎没有任何影响。低聚木糖的黏度低，且随温度的升高而迅速降低，常应用于高温低黏的食品体系。低聚木糖的甜度为蔗糖的 40% 左右，能作为甜味剂代替部分蔗糖。虽然低聚木糖着色性比蔗糖要弱一些（低聚木糖焦糖化反应弱），但当有氨基酸存在，加热时其着色性比蔗糖要好（低聚木糖美拉德反应强）。木二糖能够降低体系的水分活度，具有很强的抗冻性。此外，低聚木糖是一种功能性低聚糖，能够选择性地促进双歧杆菌在肠道内的增殖，其双歧因子性能是其他低聚糖的 10~20 倍。因此低聚木糖被广泛用于食品工业中。

3.2.3.2　低聚果糖

低聚果糖（fructooligosaccharide）是在蔗糖的果糖基上经 β-2,1-糖苷键连接 1~3 个果糖基而成的蔗果三糖、蔗果四糖、蔗果五糖的混合物。其中蔗果三糖的结构如图 3-10 所示。低聚果糖甜度较蔗糖低，甜味清爽，味道纯净，无任何后味。在 0~70℃的温度范围内，其黏度与玉米高果糖浆相似，且随温度上升而下降。体内测量的低聚果糖热值仅为 2.276kJ/g，热值极低。低聚果糖在 pH 中性、120℃的条件下相当稳定；在 pH 为 3 时，温度达 70℃以上，其易分解。另外，低聚果糖还具有良好的溶解性、耐碱性、赋形性、非着色性、抗老化性等特性。

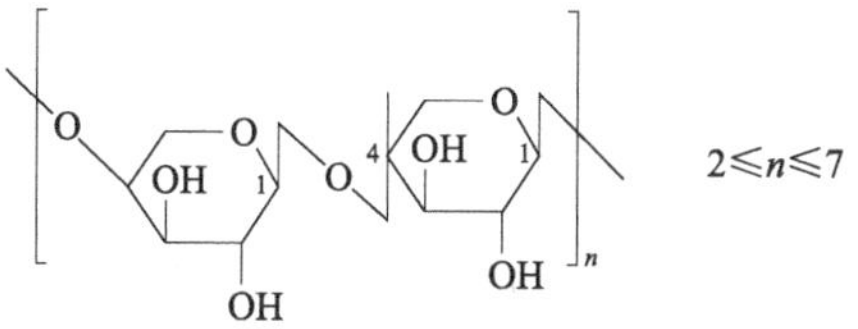

图 3-9　低聚木糖的结构

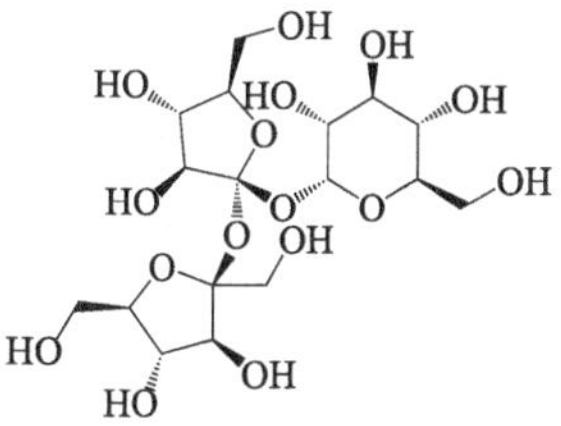

图 3-10　蔗果三糖的结构

低聚果糖是一种益生元，是双歧杆菌的有效增殖因子，能改善肠道环境，在烘烤制品、乳品和饮料等食品中得到广泛应用。此外，低聚果糖还具有优良的溶解性、赋形性等特性，可应用于口香糖、花生软糖等糖果的生产中。目前，添加有低聚果糖的功能性饮品已开发出来，如营养性饮料、运动饮料、低热量饮料等。

3.2.4　糖苷的一般性质

糖苷无半缩醛羟基，故无还原性，无变旋现象。氧糖苷在中性或碱性条件下稳定，但在酸或酶的作用下则易水解。在酸催化下生成糖苷的反应是可逆的，若要获得高产率糖苷，必须除去反应中生成的水。由于吡喃糖苷比呋喃糖苷稳定，所以自然界中的糖苷产物以吡喃糖苷为主。植物中形成糖苷有利于不溶解的配基在水介质中的运输。许多糖苷有重要的生物活性，如大豆、葛根中的黄豆苷（图3-11）属于异黄酮苷，可以促进血液循环，提高脑血流量，对心血管疾病如冠心病、脑血栓有显著疗效；银杏中的银杏黄酮醇苷，具有扩张冠状血管、改善血液循环的作用。但有些糖苷却具有毒性，如生氰糖苷在体内转化为氢氰酸，产生毒性。杏仁、木薯、利马豆、高粱等食材中存在的苦杏仁苷（图3-12），在酶作用下水解成氢氰酸等，使人中毒；摄入体内少量的生氰糖苷是通过硫氰酸酶的作用，使之生成无毒的硫氰酸盐而解毒，但若大量摄入生氰糖苷则会中毒。此外，食品中重要的含硫、含氮糖苷对风味有贡献作用，如对风味有贡献的硫糖苷——黑芥子硫苷酸钾（图3-13），但研究也发现硫糖苷及其分解产物也是食品天然毒素来源之一。此外，含氮糖苷，如肌苷酸、鸟苷酸等是食品中常见的鲜味剂。

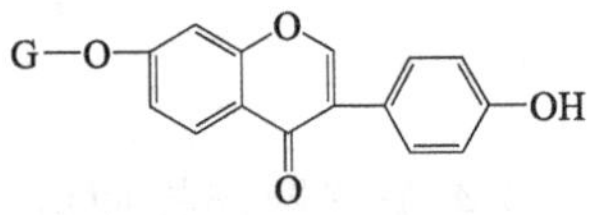

图3-11　黄豆苷的结构

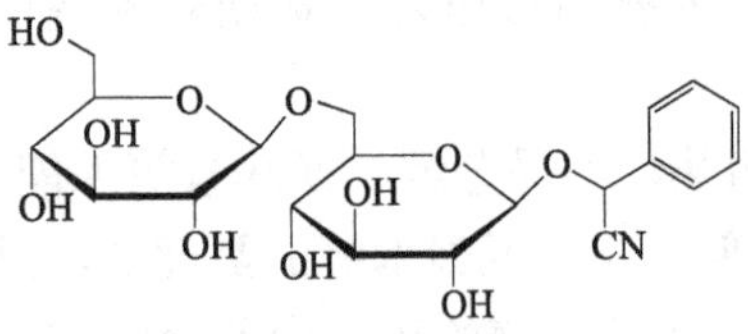

图3-12　苦杏仁苷的结构

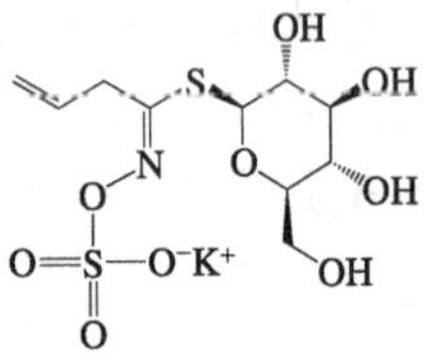

图3-13　黑芥子硫苷酸钾的结构

3.2.5　单糖和低聚糖的化学反应

由于单糖和大多数低聚糖分子中具有羰基和羟基，因此具有醇羟基的成酯、成醚、成缩醛等反应和羰基的加成缩合反应以及一些特殊反应。几种与食品有关的重要反应如下。

3.2.5.1　美拉德反应

美拉德反应（Maillard reaction）又称为羰氨反应，是指羰基化合物和氨基化合物在少量水存在下，生成褐色色素（类黑精）和风味物质的一类反应。反应中的羰基化合物包括还原糖、醛和酮（来源包括油脂氧化酸败产物、焦糖化中间产物以及维生素C氧化降解产物等），氨基化合物包括胺、氨基酸、肽、蛋白质等。

（1）反应历程

美拉德反应是食品在加热或长期贮存后发生褐变的主要原因，反应历程分为三个阶段，分别是初期、中期和末期阶段，每个阶段包括若干个反应。

①初期阶段　初期阶段包括羰氨缩合和分子重排两种反应。

a. 羰氨缩合　羰氨反应的第一步是氨基化合物中的游离氨基与羰基化合物的游离羰基之间的缩合反应（包括亲核加成和脱水），最初生成不稳定的亚胺衍生物，称为席夫碱（Schiff base），随后环化为 *N*-葡萄糖基胺（图3-14）。

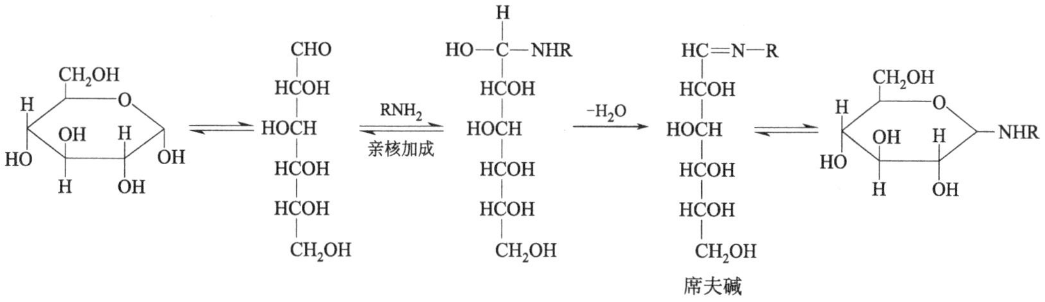

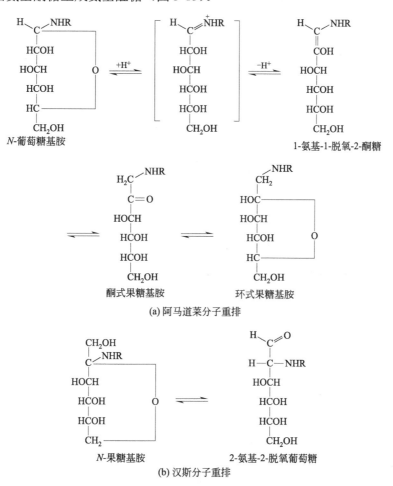

图 3-14　羰氨缩合反应式

羰氨缩合反应是可逆的，在稀酸条件下，反应产物极易水解。羰氨缩合反应过程中由于游离氨基逐渐减少，使反应体系的 pH 值下降，所以在碱性条件下有利于开环和羰氨反应。

b. 分子重排　*N*- 葡萄糖基胺在酸催化下经过阿马道莱（Amadori）分子重排，生成*N*- 果糖基胺，实质是由氨基醛糖变为氨基酮糖。如果反应物是酮糖，则进行汉斯（Heyns）分子重排，由氨基酮糖生成氨基醛糖（图 3-15）。

图 3-15　糖基胺的分子重排反应

② 中期阶段　分子重排产物的进一步降解可能有以下几种途径。

a. 果糖基胺脱水生成羟甲基糠醛（hydroxymethylfurfural，HMF）　这一过程是在酸性条件下进行的，果糖基胺进行 1,2- 烯醇化反应，再经过脱水、脱氨，最后生成羟甲基糠醛（图 3-16）。HMF 的积累与褐变速率密切相关，HMF 是中间产物，是中间阶段的重要标志物，开始其量会增加，随着反应深入进行，作为中间产物的 HMF 进一步发生缩合聚合生成褐色色素。因此可以用分光光度计测定 HMF 的积累量来评估褐变反应进行的情况。

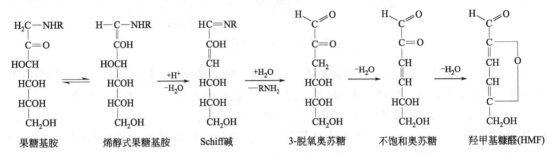

图 3-16　果糖基胺脱水生成羟甲基糠醛的反应

b. 果糖基胺脱去氨基重排生成还原酮　在碱性条件下，果糖基胺进行 2,3- 烯醇化反应，经过脱氨后生成还原酮类和二羰基化合物（图 3-17）。还原酮（烯醇化的双羰基化合物）类化学性质活泼，可进一步脱水，再与胺类缩合；或者本身裂解生成小分子化合物，如二乙酰、乙酸、丙酮醛等。

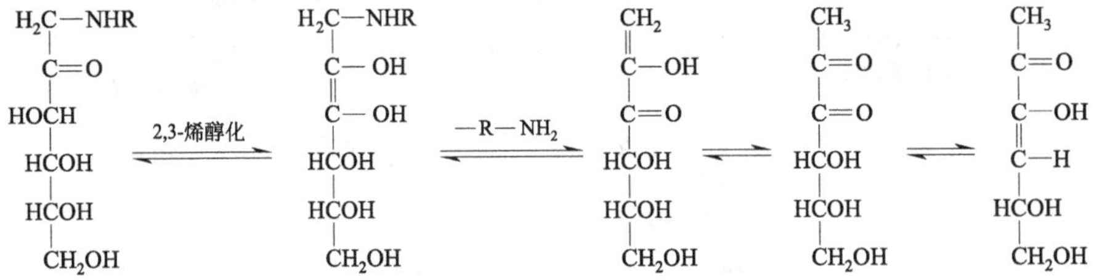

图 3-17　果糖基胺重排反应式

c. 氨基酸与二羰基化合物的反应（Strecker 降解反应）　氨基酸与二羰基化合物发生脱羧、脱氨反应，成为少一个碳的醛，氨基转移到二羰基化合物上，并进一步缩合生成风味物质如吡嗪、醛类等。这一反应称为斯特勒克（Strecker）降解反应（图 3-18），这一反应既是美拉德反应风味物质产生，也是二氧化碳产生的主要途径。

d. 果糖基胺的其他反应产物的生成　美拉德反应中间阶段，果糖基胺除生成还原酮等化合物外，还通过其他途径发生一系列复杂的反应生成吡啶、苯并吡啶、苯并吡嗪、呋喃类化合物等各种杂环化合物。

此外，Amadori 产物还可以被氧化裂解，生成有氨基取代的羧酸化合物。如 ε- 羧甲基赖氨酸常作为该反应体系中美拉德反应进程的一个重要标志物。

③ 末期阶段　包括醇醛缩合反应和生成类黑精的聚合反应。

a. 醇醛缩合反应　两分子醛缩合、脱水生成更稳定的不饱和醛的反应（图 3-19）。

b. 生成类黑精的聚合反应　中期阶段生成的产物如葡萄糖醛酮（己糖醛酮）、二羰基化合物、糠醛（furfural）及其衍生物、还原酮类及不饱和亚胺类等物质经过进一步缩合、聚合，形成复杂的黑褐色类黑精素（melanoidin）。

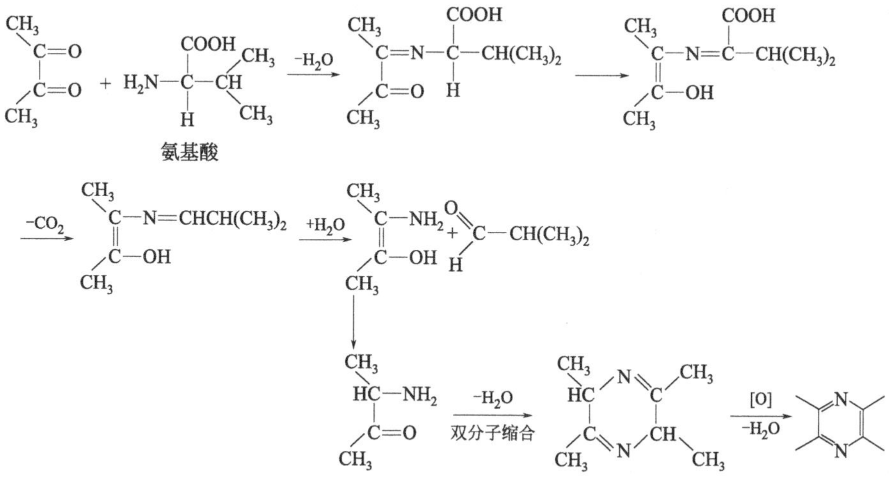

图 3-18　斯特勒克（Strecker）降解反应

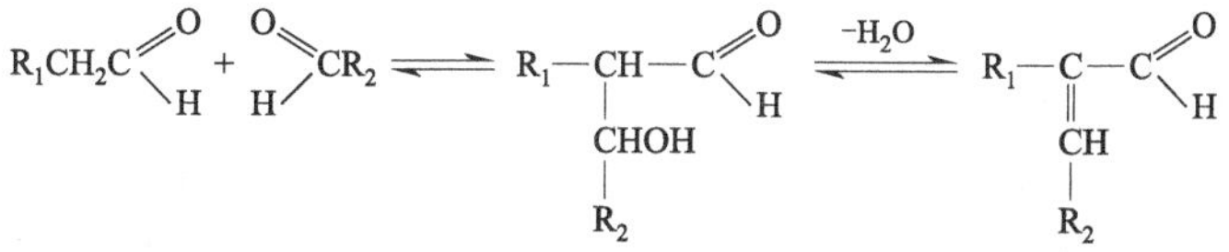

图 3-19　醇醛缩合反应

食品体系中美拉德反应的产物众多，对食品的风味、色泽等方面产生重要的影响。美拉德反应导致食品色泽加深，同时产生挥发性的醇类、醛类及酮类化合物，构成食品独特的香气，例如烤面包的金黄色、烤肉的棕红色的形成，烤面包和烤肉的特征风味的产生等。对于很多食品，为了增加色泽和香味，在加工时适当利用美拉德反应是十分必要的，例如茶叶的制作，可可豆、咖啡的烘焙，酱油的生产等。然而对于某些食品，由于褐变反应可引起其色泽劣变，则要严格控制，例如乳制品的喷雾干燥制备奶粉、植物蛋白饮料的高温灭菌。

（2）影响美拉德反应的因素

① 底物的影响　不同羰基化合物发生美拉德反应的速率不同。在五碳糖中：核糖＞阿拉伯糖＞木糖。在六碳糖中：半乳糖＞甘露糖＞葡萄糖。一般而言，五碳糖＞六碳糖，醛糖＞酮糖，单糖＞二糖。一些不饱和羰基化合物（如 2-己烯醛）、α-二羰基化合物（如乙二醛）等的反应活性比还原糖更高。

氨基在美拉德反应中扮演亲核试剂的作用，氨基化合物的结构也影响美拉德反应的速率。一般而言，胺＞氨基酸＞多肽＞蛋白质。在氨基酸中，含 S—S、S—H 的氨基酸不易褐变；含有吲哚、苯环的氨基酸易褐变；碱性氨基酸易褐变，且氨基在末端的或 ε-位的氨基酸（如赖氨酸）＞氨基在 α-位的氨基酸；对于 α-氨基酸，碳链长度越短反应性越强。

② 温度　温度显著影响美拉德反应速率，温度越高褐变越快，温度增加 $10\,^{\circ}\!\mathrm{C}$，褐变速度提高 3～5 倍。故生产加工中应尽量避免长时高温，且容易褐变的食品应该在低温条件下贮藏。

③ 水分　水分参与美拉德反应，因此对反应速率有较大影响。在绝对干燥的条件下，美拉德反应难以进行，这是因为氨基化合物和羰基化合物在没有介质水的情况下无法运动；水分含量在 10%～35% 时，尤其是在 30% 时，易褐变；水分含量很高时，由于反应物浓度

很低，美拉德反应也难以发生。此外，褐变还与脂肪有关，当水分含量超过 5% 时，脂肪氧化速度加快，褐变也加快。

④ pH 值   羰氨缩合是一个可逆的反应，在稀酸条件下羰氨缩合产物很容易水解；且酸性条件下氢质子可以封闭氨基上的孤对电子，可阻止羰氨亲核加成反应的进行，因此碱性条件更有利于羰氨反应。美拉德反应在酸、碱性环境中均可发生，但在 pH 6 以上，其反应速度随 pH 值的升高而快速增加。因此升高 pH 促进美拉德反应，反之则抑制美拉德反应。在蛋粉制作前，通常会加酸下调 pH，而在蛋粉复溶时再加碳酸钠恢复 pH，可有效抑制加工过程中蛋粉的褐变。

⑤ 金属离子   铁和铜可以促进美拉德反应发生，在生产加工中应避免与此类金属离子接触；钙可同氨基酸结合生成不溶性化合物，抑制美拉德反应；Mn^{2+}、Sn^{2+} 等也可抑制美拉德反应，其他金属离子影响不大。

⑥ 空气   真空或充入惰性气体可降低脂肪等的氧化和羰基化合物的生成，减少了它们与氨基酸的反应。氧气虽然不影响美拉德反应早期的羰氨反应，但是会加速反应后期色素物质的生成。

⑦ 二氧化硫和亚硫酸盐   在稀酸条件下，羰氨缩合产物易水解，若加入二氧化硫或亚硫酸盐，亚硫酸根可以与羰基化合物加成，形成的产物能与 RNH_2 缩合，但缩合产物不再进一步生成席夫碱和 N-葡萄糖基胺（图 3-20）。因此，二氧化硫和亚硫酸盐可以与初始阶段的羰基化合物以及中间阶段的 HMF 反应，抑制美拉德褐变反应，但却不能完全阻止氨基酸受损，所以要尽早加入。

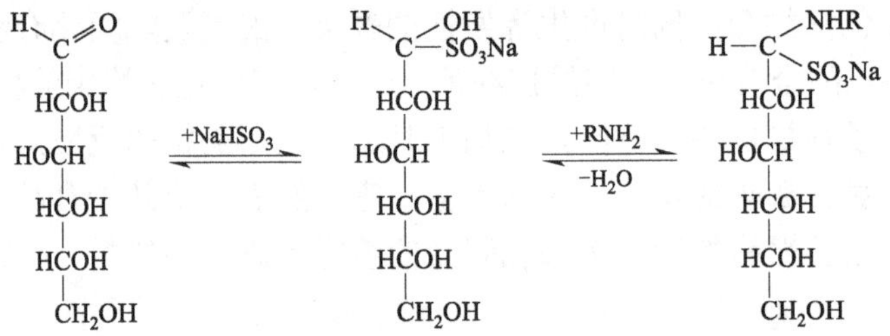

图 3-20 亚硫酸根与醛的加成反应式

此外，亚硫酸根还能与中间产物的羰基化合物加成，形成的加成化合物的褐变活性远低于氨基化合物所形成的中间产物的褐变活性，使得后面生成类黑精色素的反应难以发生（图 3-21）。

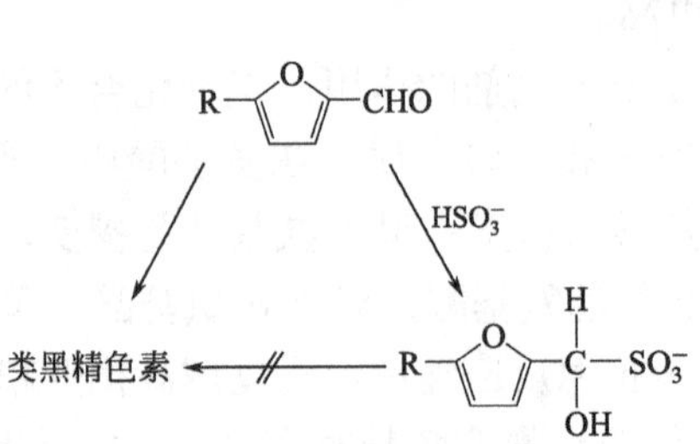

图 3-21 亚硫酸根与中间产物糠醛加成防止褐变

（3）美拉德反应在食品加工中的应用与控制

美拉德反应产生的还原酮、醛和杂环化合物以及类黑精色素等，是食品风味和色泽的重要来源，因此美拉德反应与现代食品工业密不可分，在食品烘焙、咖啡加工、肉类加工、香精生产、制酒酿造等领域应用广泛。然而对于某些食品，由于褐变反应可引起其色泽劣变或者产生有毒物质，则需要严格控制。

① 美拉德反应对食品品质的影响

a. 色泽改变：因原料、加工方法、温度等的不同，美拉德反应会产生从浅黄色、金黄色、浅褐色、红棕色直至深棕黑色等色泽，呈色成分种类繁多且复杂。

b. 风味产生：美拉德反应会产生大量的风味成分，糖类热解产物（麦芽酚和异麦芽酚）具有强烈焦糖香气，同时也是香味、甜味增强剂；糖的热降解产物还包括吡喃酮、呋喃酮、呋喃、酯类和羰基化合物等。糖胺褐变反应主要产生吡嗪、吡啶、咪唑和吡咯等风味物质。

c. 产生二氧化碳（Strecker 反应），引起袋装和罐头食品的胀袋、胀罐。

d. 抗氧化作用：美拉德反应会生成还原性物质，它们具有一定的抗氧化性。例如美拉德反应的终产物——类黑精具有很强的消除活性氧的能力，中间体——还原酮化合物通过供氢作用终止自由基的链反应、络合金属离子和还原过氧化物，呈现较强的抗氧化效果。

e. 营养性降低：当一种氨基酸或蛋白质参与美拉德反应时，会造成氨基酸的损失，尤其是赖氨酸（碱性氨基酸，在谷物中常常为缺乏性氨基酸）、缬氨酸的损失。可溶性糖及维生素 C 的大量损失导致人体对氮源和碳源以及维生素 C 的利用率也随之降低。蛋白质上氨基如果参与了美拉德反应，其溶解度也会降低；若蛋白质与糖结合，结合产物不易被酶利用，营养成分不被消化。

f. 产生有害成分：晚期糖基化终末产物（advanced glycation end products，AGEs）能够与身体的组织细胞相结合，使之破坏，加速人体的衰老，导致很多慢性退化型疾病的发生。食物中氨基酸和蛋白质生成了能引起突变和致畸的杂环胺物质。美拉德反应产生的典型产物 D- 糖胺可以损伤 DNA；美拉德反应对胶原蛋白的结构有负面作用，将影响到人体的老化和糖尿病的形成。

② 利用美拉德反应　在食品烘焙、咖啡、红茶、肉类、香精、啤酒、酱油的生产加工中，可以通过控制原材料、温度及加工方式，产生各种不同风味的香味物质。例如葡萄糖分别与甘氨酸、缬氨酸、谷氨酰胺混合加热至 100℃时，分别产生焦糖香味、黑麦面包香味和巧克力香味。葡萄糖与缬氨酸混合加热至 100℃时产生的是黑麦面包香味，而当温度升到 180℃时，则有巧克力香味。木糖和酵母水解蛋白混合加热至 90℃时，产生饼干香味，而当温度升到 160℃时，则有酱肉的香味。土豆和大麦在水煮加工中分别产生 125 种和 75 种香气成分，烘烤时则产生更多的香气成分（250 种和 150 种）。

③ 抑制美拉德反应　某些食品加工中不希望发生美拉德褐变，可采用不易褐变的食品原料、控制水分含量、降低 pH、加钙盐及褐变抑制剂等措施来抑制美拉德褐变。例如薯片选料时，选用氨基酸、还原糖含量少的马铃薯品种。在选择糖原料时，选用非还原性的蔗糖。蔬菜干制品密封贮藏时，放入二氧化硅等干燥剂，高效除水，使干制蔬菜保持低水分含量。也可预先采用二氧化硫或亚硫酸盐处理，抑制非酶褐变（包括美拉德褐变）的同时，也能防止酶促褐变。常加酸如柠檬酸、苹果酸降低 pH，抑制美拉德褐变。通过热水烫漂除去部分可溶性固形物，降低还原糖含量；全蛋粉干燥前添加葡萄糖氧化物，使葡萄糖氧化降解，这些均可有效去除美拉德褐变的底物。此外，马铃薯淀粉加工中，加氢氧化钙可以提高产品白度。

3.2.5.2　焦糖化反应

焦糖化反应（caramelization）是指糖类尤其是单糖在没有氨基化合物存在的情况下，加热到熔点以上的高温（一般 140～170℃或以上），发生脱水、降解、缩合及聚合等反应，最终产生褐色色素和风味物质的反应。

（1）焦糖化反应的过程

焦糖化反应主要有两类产物：糖的脱水产物——焦糖（又称酱色，caramel）和糖的裂解产物——挥发性醛、酮类等，这些裂解产物会进行复杂的缩合、聚合反应，形成深色物质。

① 焦糖的形成　糖类在无水条件下加热到 150～200℃，或者在高浓度时用稀酸处理，可发生焦糖化反应。焦糖形成的过程可分为 3 个阶段。

第一阶段：加热至蔗糖熔融后继续加热，当温度达到约 200℃时，经约 35min 的起泡，蔗糖失去一分子水，生成异蔗糖酐（isosaccharosan），无甜味而具有温和的苦味，起泡暂时停止。

$$C_{12}H_{22}O_{11} \longrightarrow C_{12}H_{20}O_{10} + H_2O$$
异蔗糖酐

第二阶段：继续加热，二次起泡。持续时间约为 55min，在此期间失水量达 9%，异蔗糖酐脱去一分子水后缩合，即两个蔗糖分子缩合，脱去 4 个水分子，形成浅褐色的焦糖酐（caramelan），熔点为 138℃，可溶于水及乙醇，味苦。

$$2C_{12}H_{22}O_{11} \longrightarrow C_{24}H_{36}O_{18} + 4H_2O$$
焦糖酐

第三阶段：焦糖酐进一步脱水形成焦糖烯（caramel），熔点 154℃，可溶于水，味苦。

$$3C_{12}H_{22}O_{11} \longrightarrow C_{36}H_{50}O_{25} + 8H_2O$$
焦糖烯

若继续加热，焦糖烯失水，则生成高分子量的深色难溶的物质，称为焦糖素（caramelin，$C_{125}H_{188}O_{80}$）。这些复杂色素的结构目前尚不清楚，但具有羰基、羧基、羟基和酚羟基等官能团。焦糖化反应生成的焦糖是一种黑褐色胶态物质，具有高黏度（100～3000cP[●]），等电点 pI 在 pH 3.0～6.9 之间，有时甚至低于 pH 3，它在 pH 2.6～5.6 的范围应用较好，因此常用于可乐碳酸饮料的着色。

② 糠醛和其他醛的形成　糖在强热下的另一类反应是脱水、裂解等，形成醛类物质。如单糖在酸性条件下加热，主要发生脱水，形成糠醛或其衍生物，它们经聚合或与胺类反应，可生成深褐色的色素。单糖在碱性条件下加热，首先通过互变异构作用，生成烯醇糖，然后断裂生成甲醛、五碳糖、乙醇醛、四碳糖、甘油醛、丙酮醛等。这些醛类经过复杂缩合、聚合反应或发生羰氨反应，均可生成黑褐色的物质。

生产焦糖色素的原料一般为蔗糖、葡萄糖、麦芽糖或糖蜜。高温和弱碱性条件可促进焦糖化反应，催化剂可以加速反应，并可生产不同类型的焦糖色素。目前市场上有四种焦糖色素。第一种是由亚硫酸氢铵催化蔗糖生产的耐酸焦糖色素，酸性盐催化蔗糖糖苷键裂解，铵离子参与 Amadori 重排。这种色素的溶液是酸性的（pH 2～4.5），可应用于可乐饮

[●] 1cP = 10^{-3}Pa·s。

料、其他碳酸饮料、烘焙食品、糖浆、糖果以及调味料中。第二种是由铵盐催化糖热裂解，产生红棕色并带正电荷的胶体粒子的焦糖色素，其水溶液的pH为 4.2～4.8，用于烘焙食品、糖浆以及布丁等。第三种是由亚硫酸盐催化蔗糖热裂解，产生红棕色并带少量负电荷的胶体粒子的焦糖色素，其水溶液的 pH 为 3～4，应用于啤酒和其他含醇饮料。第四种是在无催化剂（铵离子和亚硫酸根离子）的情况下，直接加热蔗糖生成的焦糖色素。拔丝香蕉的烹饪过程中，将蔗糖加少量水熬制成金黄、黏稠糖汁，就是第四种焦糖色素的制作。加入铵盐作为催化剂生产出的焦糖色素色泽好、收率高，而且加工方便，但缺点是在高温下会形成 4- 甲基咪唑，其会损伤神经系统。此外，焦糖色素的等电点在食品的加工过程中有重要意义。例如，在一种 pH 值为 4～5 的饮料中应选用等电点 pI 为 3.5 的焦糖色素，而不能选择等电点 pI 为 4.6 的焦糖色素，否则会发生凝絮、混浊乃至沉淀。

（2）影响焦糖化反应的因素

① 糖熔点　糖熔点越低，焦糖化反应越快。

② 温度　温度越高，焦糖化反应越快。

③ 糖液 pH 值　弱碱性条件可提高焦糖化反应，如在 pH 值为 8 时要比 pH 值为 5.9 时快 10 倍。

④ 催化剂　磷酸盐、无机酸、碱、柠檬酸、延胡索酸、酒石酸和苹果酸等均能催化焦糖色的形成。

3.2.5.3　糖类化合物在碱性条件下发生的化学变化

单糖在碱性溶液中不稳定，易发生异构化和分解等反应。碱性溶液中单糖的稳定性与温度关系密切，在温度较低时还是相当稳定的，而温度升高，单糖会很快发生异构化和分解反应，并且这些反应发生的程度和形成的产物受单糖的种类和结构、碱的种类和浓度、作用的温度和时间等的影响。

（1）异构化作用

醛糖和酮糖在稀碱溶液中会发生变旋现象，稀碱催化 D-葡萄糖变旋（端基异构化），如图 3-22 所示，α、β 型和呋喃、吡喃糖环的比旋光度不同。

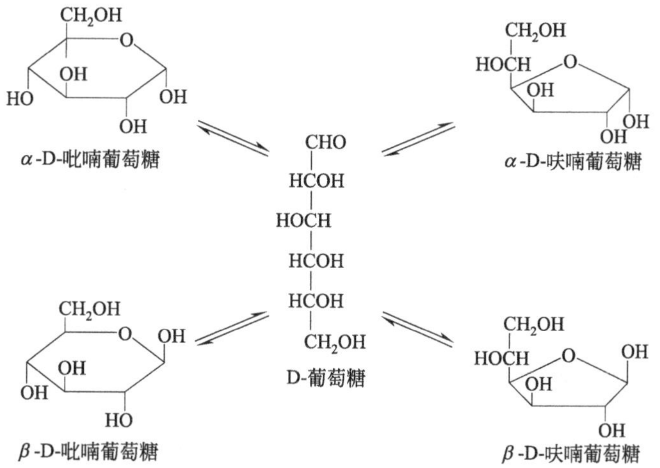

图 3-22　稀碱催化 D- 葡萄糖变旋

D-葡萄糖在稀碱作用下，由原来的醛转变为烯二醇，烯二醇再差向异构化为D-葡萄糖、

D-甘露糖和 D-果糖，形成三种物质平衡的混合物（图 3-23）。

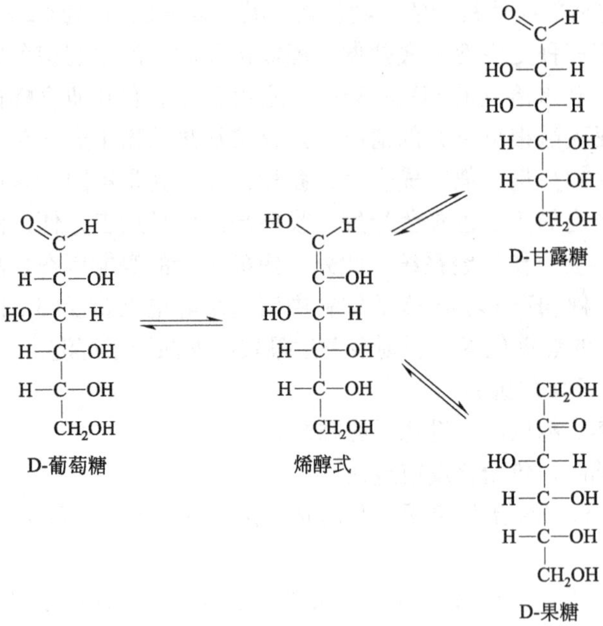

图 3-23　葡萄糖的差向异构化反应

（2）糖精酸的生成

随碱浓度的增加、加热温度的提高或加热时间的延长，单糖发生分子内氧化还原反应与重排，生成羧酸类化合物，又称为糖精酸类化合物（图 3-24）。稀碱条件下生成糖精酸，浓碱下生成异糖精酸和间糖精酸。

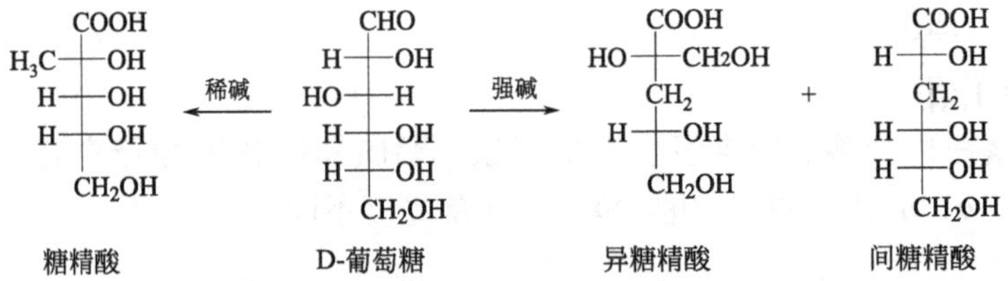

图 3-24　糖精酸类化合物的生成反应

（3）降解反应

在浓碱条件下，糖降解产生较小分子的糖、酸、醇和醛等化合物（图 3-25）。降解反应分为有氧降解和无氧降解。在有氧化剂存在时，糖在碱性条件下先发生连续烯醇化，然后在氧化剂作用下从双键处裂开，生成含 1、2、3、4 和 5 个碳原子的分解产物。无氧化剂存在时，双键本身强度较高，并增加了邻位单键的强度，下一个单键的强度则降低，因而断裂发生在下一个单键上，即 C_α、C_β 之间。

3.2.5.4　糖类化合物在酸性条件下的化学反应

在酸性条件下，糖类化合物会发生水解反应、复合反应、脱水反应以及热降解反应。

（1）水解反应

低聚糖、糖苷及多糖在酸或酶的作用下，可水解生成单糖或低聚糖，该反应称为水解

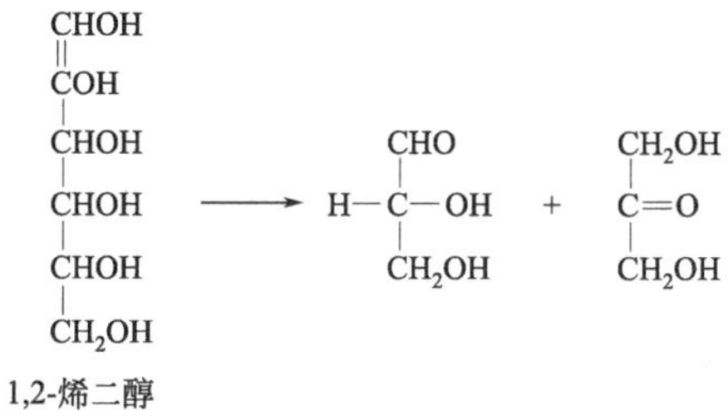

1,2-烯二醇

图 3-25 无氧化条件下单糖的降解反应

反应。解析多糖结构时，通常需要将其水解，获得单糖组分或寡糖片段，酸水解是进行单糖组成分析的首要步骤。影响水解反应的因素主要有多糖结构、反应时间、温度（温度提高，水解速度急剧加快）、酸度（糖苷在碱性介质中相当稳定，但在酸性介质中易降解）等。

（2）复合反应

在室温下，稀酸对单糖稳定性并无影响，但在较高温度下，单糖受酸和热的作用，会分子间脱水缩合形成糖苷键，获得二糖及其他低聚糖，这种反应称为复合反应，是水解反应的逆反应。

（3）脱水反应

糖的脱水与热降解反应是食品中的重要反应，其中很多属于 β- 消去反应。糖和强酸共热会脱水生成糠醛，例如在浓度大于 12% 的浓盐酸以及热的作用下，戊糖和己糖分别生成糠醛（图 3-26）和 5-羟甲基糠醛。这些初级脱水产物水解可产生其他化合物，如乙酰丙酸、甲酸、丙酮醇、二乙酰、乳酸和乙酸等，或聚合成有色物质。这些降解产物有些具有强烈的气味，产生需宜或非需宜的风味。这类反应在高温下容易发生，例如热加工的果汁中可形成 2-呋喃醛和 5-羟甲基-2-呋喃醛。动物试验发现 2-呋喃醛的毒性比 5-羟甲基-2-呋喃醛的更强。

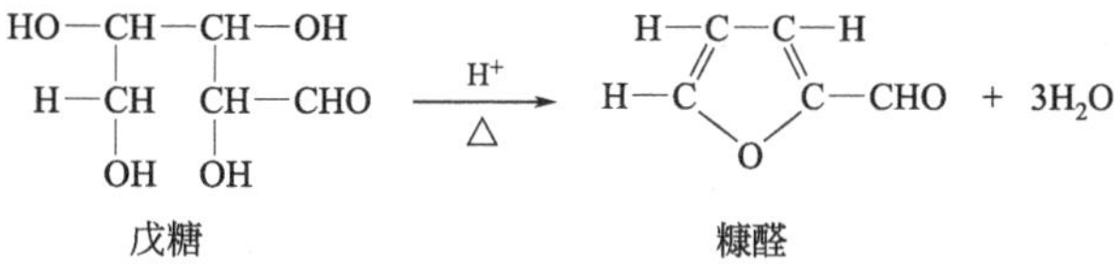

戊糖　　　　　　　　糠醛

图 3-26 戊糖脱水生成糠醛

糖的脱水反应与 pH 有关，实验证明 pH 值为 3.0 时，5-羟甲基糠醛的生成量和有色物质的生成量均较低，但随反应时间延长和温度的增高而增加。糠醛和 5-羟甲基糠醛能与某些酚类物质作用生成有色的缩合物，利用这个性质可以鉴定糖类。如间苯二酚加盐酸遇酮糖呈红色，而遇醛糖是很浅的颜色，该反应称为西利万诺夫实验（Sellwaneffs's test），可用于鉴别酮糖和醛糖。

（4）热降解反应

热降解反应是指糖类化合物碳碳键断裂，形成挥发性酸、醛、酮、二酮、呋喃、醇、芳香族化合物、一氧化碳和二氧化碳等产物的反应。上述反应产物可以利用气相色谱（GC）或气相 - 质谱联用仪（GC-MS）进行鉴定。糖的热降解反应主要与温度、反应时间有关。该反应会产生有害化合物，如香精中的单糖在高温条件下降解形成具有致癌风险的氯丙醇。

3.2.5.5 氧化或还原反应

单糖含有游离羰基，即醛基或酮基，而酮基在稀碱溶液中能互变为醛基，因此，单糖具有醛的通性，既可被氧化为酸又可被还原为醇。

（1）氧化反应

① 土伦试剂、斐林试剂氧化（碱性氧化） 醛糖与酮糖都能被像土伦试剂或斐林试剂这样的弱氧化剂氧化（oxidation），前者产生银镜，后者生成氧化亚铜的砖红色沉淀，糖分子的醛基被氧化为羧基。

$$\underset{\text{葡萄糖或果糖}}{C_6H_{12}O_6} + Ag(NH_3)_2 + OH^- \longrightarrow \underset{\text{葡萄糖酸}}{C_6H_{12}O_7} + Ag\downarrow$$

$$C_6H_{12}O_6 + Cu(OH)_2 \longrightarrow C_6H_{12}O_7 + \underset{\text{砖红色沉淀}}{Cu_2O\downarrow}$$

② 溴水氧化（酸性氧化） 溴水能将醛糖氧化生成糖酸，糖酸加热很容易失水得到 γ-和 δ-内酯（lactone）（图 3-27）。例如 D-葡萄糖被溴水氧化生成 D-葡萄糖酸和 D-葡萄糖酸-δ-内酯（GDL），后者是一种温和的酸味剂，适用于肉制品与乳制品。而葡萄糖酸还可与钙离子生成葡萄糖酸钙，它是口服钙制剂。但酮糖不能被溴水氧化。因为酸性条件下，不会引起糖分子的异构化，所以可用此反应来区别醛糖和酮糖。

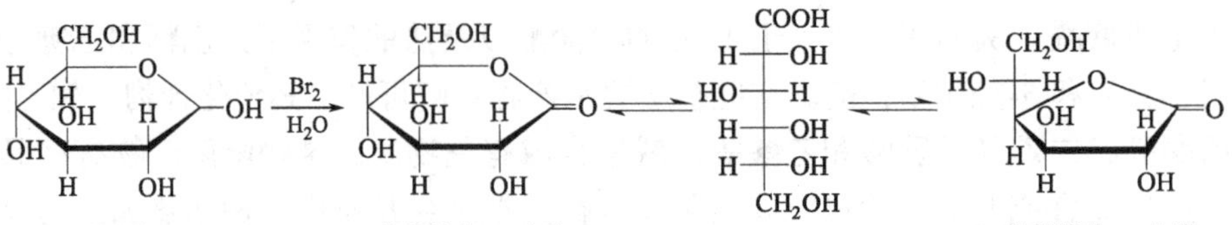

D-葡萄糖 D-葡萄糖酸-δ-内酯 D-葡萄糖酸-γ-内酯

图 3-27 溴水氧化反应过程

③ 硝酸氧化 稀硝酸的氧化作用比溴水强，它能将醛糖的醛基和伯醇基都氧化，生成具有相同碳原子数的二元酸（图 3-28）。

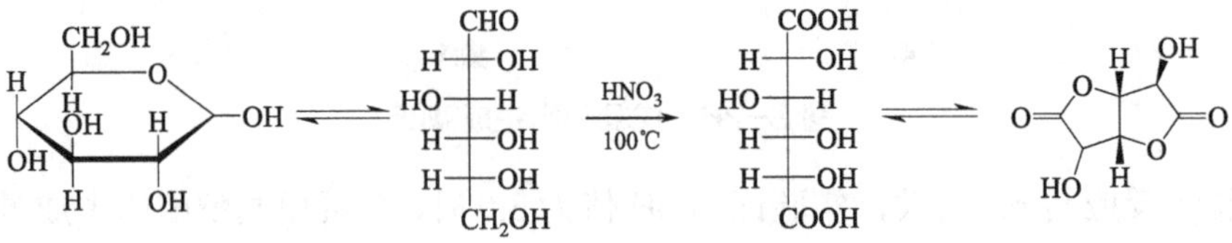

D-葡萄糖 D-葡萄糖二酸 内酯

图 3-28 硝酸氧化反应过程

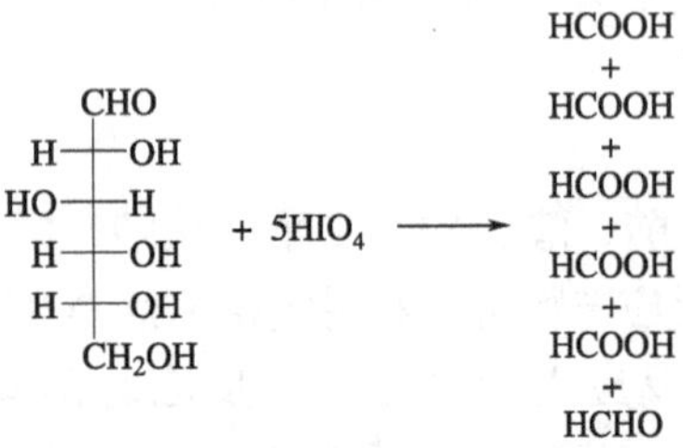

图 3-29 高碘酸氧化反应

例如半乳糖氧化后生成半乳糖二酸，半乳糖二酸不溶于酸性溶液，而其他己醛糖氧化后生成的二元酸都能溶于酸性溶液，利用这个反应可以鉴定半乳糖和其他己醛糖。

④ 高碘酸氧化 糖类和其他有两个或以上的邻羟基或羰基的化合物一样，也能被高碘酸氧化，发生碳碳键断裂（图 3-29）。该反应是定量的，每断裂 1 个碳碳键就

消耗 1mol 的高碘酸，故此反应是研究糖类结构的重要方法之一。

⑤ 其他　酮糖在强氧化剂的作用下，在酮基处裂解，生成草酸和酒石酸。单糖与强氧化剂反应还可生成二氧化碳和水。葡萄糖在氧化酶的作用下，可以保持醛基不被氧化，仅第六个碳原子上的伯醇被氧化成羧基而形成葡萄糖醛酸。葡萄糖醛酸具有重要的生理意义，它可和人体中的某些有毒化合物结合形成葡萄糖醛酸结合物，随尿液排出体外，从而起到解毒的作用。

（2）还原反应

分子中含有自由醛基或半缩醛/酮羟基的糖均能还原斐林试剂，故被称为还原糖（reducing sugar）。单糖与部分寡糖是还原糖。单糖中的醛或酮能被还原成多元醇，常用的还原剂有钠汞齐（NaHg）和硼氢化钠（$NaBH_4$）。例如，D-葡萄糖被还原为山梨糖醇（sorbitol），木糖被还原为木糖醇（xylitol），D-果糖被还原为甘露醇和山梨醇的混合物。

 概念检查 3.2

○ 美拉德反应分哪几个阶段？每个阶段的反应物和产物是什么？

 概念检查 3.3

○ 在冷冻鱼糜的生产中，为什么常加入蔗糖？

3.3　多糖

多糖（polysaccharide）又称为多聚糖，通常指单糖聚合度大于 10 的糖类。据估计，自然界中超过 90% 的糖类是多糖。多糖广泛分布于自然界，食品中的多糖主要有淀粉、糖原、纤维素、半纤维素、果胶等。

3.3.1　多糖的结构

多糖是由单糖分子脱水缩合而成，常见的糖苷键类型有 1,4-糖苷键、1,6-糖苷键和 1,3-糖苷键等。在自然界中多糖的聚合度多在 100 以上，大多数多糖的聚合度为 200～3000，其中纤维素的聚合度最大，约为 7000～15000。

与大多数寡糖一样，多糖中的单糖通过糖苷键以头到尾的方式连接在一起，呈现直链或支链状。因此，所有多糖均具有一个且只有一个还原端。支链多糖还具有多个非还原末端。

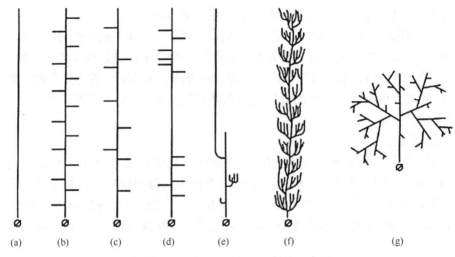

图 3-30 多糖小分子片段结构示意图

图 3-30 是多糖小分子片段结构示意图，∅ 表示还原端；（a）是直链分子；（b）～（d）是具有单糖、二糖或三糖单元短分支的分子，它们沿主链均匀分布（b）、随机分布（c）或成簇（d）；（f）是支链淀粉中发现的支链的簇类型；（g）是分支状的灌木状结构，如阿拉伯胶。后者的结构在主链上也包含短分支。虽然结构（b）～（e）的分子是有分支的，但它们的行为类似于线性聚合物。

与蛋白质一样，多糖分子结构也可分为一级、二级、三级和四级结构层次。多糖的一级结构是指多糖线性链中糖苷键所连接的单糖残基序列。多糖的二级结构是指多糖骨架链间以氢键结合所形成的各种聚合体，只关系到多糖分子主链的构象，不涉及侧链的空间排布。多糖在一级结构和二级结构的基础上形成的有规则而粗大的空间构象就是多糖的三级结构。值得注意的是，在多糖的一级结构和二级结构中不规则的以及较大的分支结构都会阻碍三级结构的形成，而外在的干扰如溶液温度和离子强度等改变也会影响多糖的三级结构。多糖的四级结构是指多糖链间以非共价键结合而形成的聚集体。这种聚集行为在相同、不同的多糖链之间皆可发生。

3.3.2　多糖的一般性质

多糖的物理性质在很大程度上取决于其分子形状。多糖的形状又取决于其化学结构（如结构单元，不同结构单元的排列顺序，结构单元之间的连接方式，分支度等）及其环境。

3.3.2.1　溶解性

多糖由己糖基和戊糖基构成，每个糖基大多数平均含 3 个羟基，有多个氢键结合位点，每个羟基均可以与一个或者多个水分子形成氢键。环上的氧以及糖苷键上的氧原子也可与水形成氢键，因而多糖具有较强的持水能力和亲水性。在食品体系中，多糖具有控制水分移动的能力，同时水分也是影响多糖物理和功能性质的重要因素。因此，食品的许多功能性质均与多糖和水分有关。

大多数多糖不能像小分子糖那样形成真正的溶液，而是形成分子分散体即溶胶，在许多情况下，每个水合分子大到足以成为胶体颗粒。除了高度有序具有结晶性的多糖不溶于水外，大多数多糖不结晶，非常容易水合。在食品工业和其他工业中使用的水溶性多糖和改性多糖被称为胶或亲水胶体。所以多糖溶液不是真正的溶液，而是溶胶。

　　结晶态糖通过从晶体表面溶解到完全溶解，使晶体变得越来越小并最终消失。相反，胶体通过颗粒溶胀"溶解"，随后在一定程度上溶胀颗粒破裂，直到形成理想的单个水合分子的分散体，颗粒水合速率可以控制。胶体的溶解度和溶解速度受其性质（化学结构、黏度、粒径等）的影响，也受共存离子的类型和数量（例如阴离子胶体）、体系的性质（温度、pH、其他溶质的存在）以及分散方式等影响。

　　多糖的分子量较大，既不能增加渗透压，也不会显著降低冰点，因此是一种冷冻稳定剂，非冷冻保护剂。例如，淀粉溶液冷冻时，形成两相体系，一相是结晶水（冰），另一相是由 70% 淀粉分子与 30% 非冷冻水组成的玻璃体。高浓度的多糖溶液由于黏度很高，水分子的运动受到限制。此外，多糖在低温的冷冻浓缩效应，不仅使水分子的运动受到了极大的限制，而且水分子不能吸附到晶核或结晶增长的活性位置，进而抑制了冰晶的长大，发挥了冷冻稳定作用，有效保护食品的结构与质地不被破坏，从而提高产品的质量与贮藏稳定性。

3.3.2.2　黏性

　　多糖（亲水胶体或胶）具有增稠和胶凝的功能，此外还能控制流体食品与饮料的流动性质、质地以及改变半固体食品的变形特性等。它们通常以 0.1%～2.0% 的浓度应用于食品中，表现出很高的黏度和形成凝胶的能力。

　　大分子溶液的黏度与其分子大小、形状、所带净电荷、在溶液中的构象及溶剂种类有关。多糖分子一般在溶液中呈无规则线团状态，但实际上大多数多糖的状态与严格的无规则线团存在偏差，有些线团是紧密的，有些是伸展的；有些是刚性的，有些是柔顺的。线团的性质与单糖的组成、连接方式、链长等有关。

　　对于一种带电荷的直链多糖（一般是带负电荷，如羧基、硫酸半酯基或磷酸基），由于同种电荷产生静电斥力，引起链伸展，使链长增加，高聚物体积增大，因而溶液的黏度大大增加。而一般情况下，不带电的直链多糖分子倾向于缔合和形成部分结晶，这是因为不带电的多糖分子链段相互碰撞易形成分子间键力，从而产生缔合和部分形成结晶。

　　多糖溶液一般具有两类流动性质，一类是假塑性（剪切稀化），另一类是胀塑性（剪切增稠）。除了生淀粉溶液是胀塑性流体外，大多数高聚物分子溶液是假塑性流体。一般来说分子量越高的胶体，假塑性越大。假塑性大的称为"短流"，其口感是不黏的；假塑性小的称为"长流"，其口感是黏稠的。

　　多糖水合或溶解的体系也影响其流体力学体积和溶液黏度。在良好溶剂（通常是纯水）中的线性多糖分子倾向于扩展，聚合物与水最大化接触。在较差溶剂中，相同多糖分子将具有更多的聚合物 - 聚合物接触。在此情况下，分子可能自缠结，形成分子内氢键，减少聚合物与溶剂的接触，黏度下降；或通过分子间键聚集，更大程度减少聚合物与溶剂的接触，但黏度增加。与同浓度的线性分子相比，高度支化的分子发生碰撞的频率更低，链缠结的概率更低，则产生的黏度更小。

3.3.2.3　胶凝性

　　凝胶是黏弹性的半固体，有一定的形状，也会在应力作用下变形，并且需要一定的时间才能对施加的应力做出反应。在食品中，一些高聚物分子（如多糖或蛋白质）能形成海绵状的三维网状凝胶结构，高聚物分子通过氢键、疏水相互作用、范德华引力、离子桥联、缠结或共价键形成网络，网孔中充满了溶解的低分子量溶质和少量高聚物组成的液体。凝胶网络在整个三维空间是连续的，网络的交联可以发生在聚合物分子与聚合物分子、颗粒与颗粒或聚合物分子与颗粒之间。在多数食品中，多糖分子主要通过非共价作用，包括氢键、疏水相互作用、范德华引力、离子桥联以及链的缠结形成凝胶网络。

凝胶（gel）既具有固体性质呈现弹性，也具有液体性质呈现黏性，从而使其成为具有黏弹性的半固体。虽然某些多糖凝胶只含有 1% 多糖，含有 99% 水分，但能形成很强的凝胶，如果冻、甜食凝胶等。凝胶的选择标准取决于所期望的功能特性如黏度、凝胶强度、流变性质等，此外体系的 pH 值、加工温度、与其他配料的相互作用等均影响凝胶的形成。

从多糖溶液或凝胶中除去部分水可形成干凝胶，当将其置于水中后，可吸收其质量数倍的水量，重新形成凝胶，并可膨胀至干体积的数百倍而不会崩解。

亲水胶体具有多种用途，它可以作为增稠剂、结晶抑制剂、成膜剂、脂肪代用品、絮凝剂、泡沫稳定剂、缓释剂、悬浮稳定剂、吸水膨胀剂、乳状液稳定剂以及胶囊剂等。

3.3.2.4 流变性

物质的流变性包括流动和变形两种行为。不同类型的食物系统的流变特性可以用应力和应变的相关性来描述。应力是作用在物体上力的强度，用每单位面积力的单位表示。应变是指物体的大小或形状随施加力而变化，它是无量纲参数，用相对于原始尺寸（或形状）的比率变化表示。

研究多糖的流动行为，需要有关黏度或剪切应力与剪切速率函数的信息。低于临界交叠浓度 c^* 时，聚合物单链彼此不发生相互作用，多糖溶液几乎类似于牛顿型流体。在 c^* 以上，多糖链彼此相互作用并缠结。因此，黏度随着浓度的增加而快速上升。大多数多糖溶液在 c^* 以上的浓度下都表现出剪切稀化行为。

由于多糖种类繁多，结构复杂，有的溶于水，有的则只能溶于酸或碱液中，这就决定了多糖流变行为的多样性。迄今，多糖流变行为的研究主要集中在黏度与其分子量的关系，以及黏度对其加工成型的影响（包括甲壳素、壳聚糖、纤维素产品的加工）。据报道，多糖溶液具有以下流变行为：①牛顿型流体，剪切应力与剪切速率成正比的流体，例如多糖极稀溶液；②假塑性流体，表观黏度随剪切速率增加而减小的流体，即剪切稀化，例如大多数多糖浓溶液或溶胶；③胀塑性流体，表观黏度随剪切速率增加而增大的流体，即剪切增稠，例如生淀粉糊；④塑性流体，存在屈服应力，即物体发生流动的最小应力，例如融化的巧克力；⑤触变性流体，在恒定的剪切速率下，表观黏度随时间的增加而降低的流体，即黏度不仅与剪切速率有关，而且与剪切时间有关，例如番茄酱、炼乳；⑥流凝性流体，表观黏度随剪切速率、剪切时间增加而增大的流体，例如糖浆。

3.3.2.5 水解性

多糖水解首先产生寡糖，最后生成单糖。多糖和寡糖中连接单糖单元的糖苷键的水解可通过酸性溶液加热或酶催化。

在酸的作用下，多糖的糖苷键水解，将伴随着黏度下降。水解程度取决于酸的强度或酶的活力、温度和反应时间以及多糖的结构。在热加工过程中最容易发生水解，因为许多食品是酸性的，随着温度的提高，酸催化的糖苷水解速率大大增加。单糖在pH 3～7范围内稳定，糖苷在碱性介质中相当稳定，在酸性介质中容易断裂（图3-31）。糖的聚合度（DP）提高，水解速度降低。呋喃糖苷水解速度＞吡喃糖苷水解速度。α-D-糖苷水解速度＞β-D-糖苷水解速度。糖苷键的连接：α-D水解速度为1→6＜1→2＜1→4＜1→3；β-D水解速度为1→6＜1→4＜1→3＜1→2。

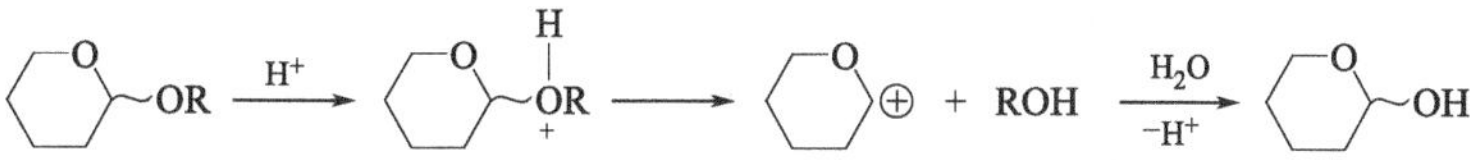

图 3-31 糖苷在酸性条件下的水解

3.3.3　几种重要食品多糖的结构和特性

3.3.3.1　淀粉

（1）淀粉的链结构

淀粉是由D-葡萄糖通过α-1,4-糖苷键和α-1,6-糖苷键结合而成的高聚物，可分为直链淀粉（amylose）和支链淀粉（amylopectin）。在天然淀粉颗粒中，这两种淀粉同时存在，相对含量因淀粉的生物来源不同或生物来源相同而组织部位不同而异。一般而言，天然淀粉中直链淀粉的比例为15%～30%，但在糯米淀粉中其比例不超过1%，在高直链淀粉中其比例大于70%。

直链淀粉（图3-32）是D-葡萄糖通过α-1,4-糖苷键连接而形成的长链线状聚合物。其聚合度取决于淀粉的生物来源，例如大米淀粉的聚合度为900～1100，玉米淀粉的聚合度为900～1300，而薯类淀粉如马铃薯及木薯淀粉，其聚合度较高，通常为2500～5000。随着研究的深入，发现直链淀粉并非完全线性，还存在部分分支，但α-1,6-糖苷键的占比仅为0.3%～0.5%。直链淀粉分子并不是完全伸直的线性分子，而是由分子内羟基间的氢键作用使整个链分子蜷曲成以每6个葡萄糖残基为1个螺旋节距的螺旋结构。

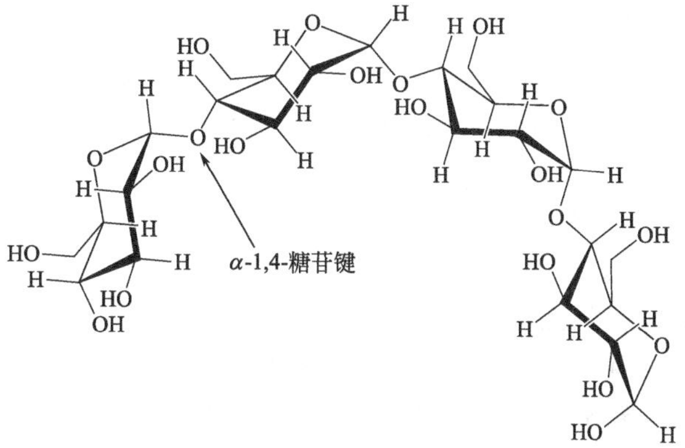

图 3-32 直链淀粉分子结构示意图

支链淀粉（图3-33）是由D-葡萄糖通过约95%的α-1,4-糖苷键和约5%的α-1,6-糖苷键连接而形成的高度分支聚合物。其聚合度为 700～26500，一般在 6000 以上，比直链淀粉分子的聚合度大得多，是最大的天然化合物之一。α-1,4-糖苷键连接葡萄糖单元形成一条长主链，α-1,6-糖苷键将分支链连接在主链上，分支链卷曲成螺旋结构并在富集区形成簇，构成结晶区域。最为广泛接受的支链淀粉簇结构模型如图 3-34 所示。支链淀粉分子中所有分支链包含了 A 链、B 链和 C 链三种类型，这三种链本身均由 α-1,4-糖苷键连接而形成。其中，A 链为最短链，聚合度为 6～12，经 α-1,6- 糖苷键与 B 链连接。B 链为支撑 A 链或 B 链的其他链段，依据其各自的长度以及所跨越簇的数量可进一步分为 B_1、B_2、B_3 等链段。其中，B_1 链是短链，聚合度为 13～24，仅跨过一个簇结构；而 B_2 链及 B_3 链等则是长链，聚合度分别为 35～36 及 >37，分别跨过 2 个、3 个及多个簇结构。B 链又经 α-1,6-糖苷键与 C 链连接，且只有 C 链上有一个还原性末端。根据不同分支链在簇中的位置可以进一步分类，外链指从最外面的分支点延伸到非还原端的部分，即所有的 A 链均为外链，而部分 B 链也属于外链，其他 B 链总称为内链。

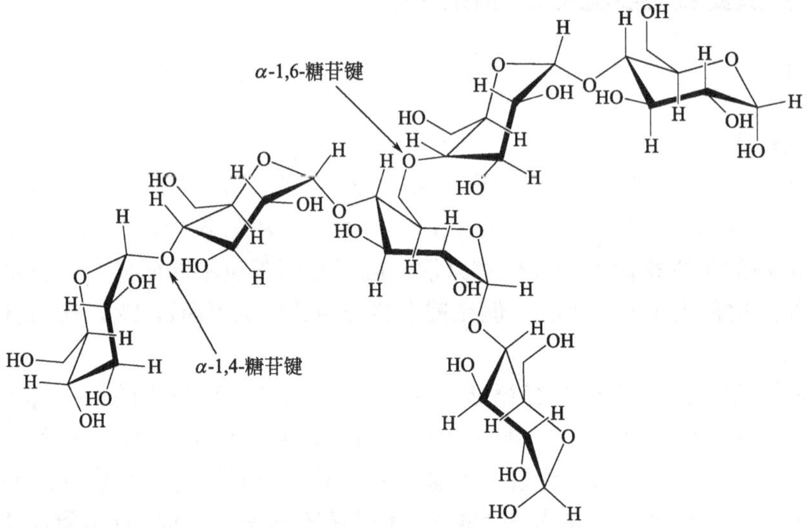

图 3-33 支链淀粉分子结构示意图

（2）淀粉的半结晶结构

淀粉颗粒主要是由结晶区和无定形区交替组成的半结晶结构，支链淀粉的相邻分支链形成双螺旋链，多条双螺旋链靠氢键缔合平行排列，进而堆积形成簇，最终构成有序的结晶区；支链淀粉的分支点及直链淀粉则构成无序的无定形区。结晶区构成了淀粉颗粒的紧密层，无定形区构成了淀粉颗粒的稀疏层，因此亦可称淀粉颗粒是由紧密层与稀疏层交替排列而形成的。结晶结构在淀粉颗粒中只占小部分，大部分则是无定形结构。根据其生物来源和组成（直链淀粉/支链淀粉的比例，支链淀粉分支链长度等）的不同主要有三种结晶形态，即 A、B、C 型（但当淀粉与有机化合物形成复合物后，将以 V 型结构存在）。A 型结晶主要存在于谷物淀粉中，其 X 射线衍射图谱在 2θ 为 15°、17°、18° 及 23° 处出现强衍射峰，其中 17° 和 18° 为重叠峰；B 型结晶主要存在于根茎类或高直链淀粉中，其 X 射线衍射图谱在 2θ 为 17° 处出现强衍射峰，在 5°、20°、22° 和 23° 处出现小衍射峰；而 C 型结晶介于 A 型和 B 型之间，即在 A 型结晶中 18° 处的衍射峰变为肩型，并在 5° 处出现 B 型结晶的特征峰。

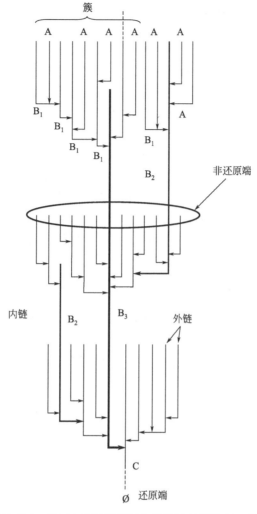

图 3-34　基于支链淀粉簇结构模型的单元链段示意图

　　由于淀粉分子在结晶区的有序排列和在无定形区的无序排列，淀粉颗粒通常存在各向异性现象。在偏振光显微镜下观察淀粉颗粒，可看到黑色的偏光十字或称马耳他十字（图 3-35），将淀粉颗粒分成 4 个白色的区域，偏光十字的交叉点位于淀粉颗粒的粒心（脐点），这种现象称作双折射性（birefringence）。双折射强度由颗粒大小、相对结晶度和微晶取向决定。

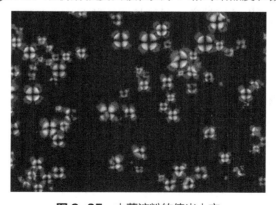

图 3-35　木薯淀粉的偏光十字

（3）淀粉的糊化（gelatinization）

生淀粉分子靠大量的分子间氢键排列得很紧密，具有完整有序的半结晶结构，即使水这样的小分子也难以渗透进去，因此生淀粉在冷水中的溶解度很小，不超过1%。当淀粉颗粒在大量水的环境下加热时，淀粉分子的振动加剧，维持淀粉颗粒完整性的分子间氢键断裂，使得淀粉分子转而与水分子氢键缔合，进而使得更多和更长的淀粉分子链分离，导致结构的混乱度增大，同时结晶体的数目及结晶度均减小，继续加热淀粉发生不可逆溶胀并伴随着直链淀粉的溢出。此时支链淀粉由于水合作用而出现无规卷曲，淀粉分子的有序结构遭到破坏最后完全趋于无序化，双折射和结晶结构也完全消失，最终形成黏稠糊状物，淀粉的这个过程称为糊化。溢出的直链淀粉及一些支链淀粉外链组成这种黏性糊状物的连续相，膨胀颗粒及其碎片组成淀粉糊的非连续相，连续相和非连续相共同导致淀粉糊产生黏度。淀粉溶胀到最大程度时，各淀粉颗粒像蜂窝一样紧密地相互推挤，此时淀粉溶胀的颗粒流动受阻，溢出的直链淀粉链互相缠结，共同导致糊峰值黏度的产生；当在95℃恒定一段时间后，溶胀的淀粉颗粒崩解，黏度则急剧下降（图3-36）。淀粉糊冷却时，一些淀粉分子重新缔合形成不可逆的黏弹性刚性凝胶。

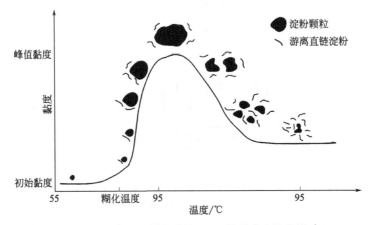

图3-36　淀粉颗粒悬浮液加热到95℃并恒定在95℃的黏度变化曲线（Brabender黏度图）

淀粉糊化一般有一个温度范围，双折射开始消失时的温度为糊化点或糊化初始温度，双折射完全消失的温度为糊化末端温度或糊化完全温度。淀粉糊化、淀粉溶液黏度和淀粉凝胶的性质等，不仅取决于淀粉的生物来源、加热温度，还取决于其他共存组分的种类和数量，如糖、蛋白质、脂肪、有机酸、水以及盐等物质。各种淀粉的糊化特性不同：直链淀粉含量越高的淀粉，糊化温度越高；即使是同一种淀粉，其粒径的不同也会导致糊化温度的不同，一般来说，小颗粒淀粉的糊化温度高于大颗粒淀粉的糊化温度。淀粉浆的含水量越充分，糊化程度越高。在高浓度的糖分子共存的情况下，淀粉糊化受到抑制。高浓度盐的共存会抑制淀粉糊化，而低浓度盐的共存对淀粉糊化几乎无影响，但对马铃薯淀粉例外，因为它含有磷酸基团，低浓度的盐影响其电荷效应。糊化前添加脂类物质（尤其是脂肪酸），其可与淀粉形成复合物，从而抑制淀粉糊化，若糊化点后添加脂类物质可使产生最大黏度的温度降低。pH<4时，淀粉水解为糊精，淀粉黏度降低，故高酸食品的增稠需用交联淀粉；pH为4~7时，几乎无影响；pH=10时，糊化速度迅速加快，但在食品中意义不大。在糊化初期，淀粉酶尚未被钝化前，可使淀粉降解，使淀粉糊化加

速，故淀粉酶活性高的新米比陈米更易煮烂。现有研究认为淀粉级分的组成以及支链淀粉分子的分支链结构、淀粉颗粒结晶片层中葡聚糖链的组织排列对淀粉的糊化特性起关键作用。

淀粉糊化无论是在食品工业还是在日常生活中均有广泛应用。糊化的淀粉因破坏了天然淀粉的结晶结构而变得松弛无序，有利于淀粉酶的作用，因而可提高其在人体中的消化吸收率。一般含有淀粉的食材需要通过烹饪使淀粉糊化后方能食用。许多方便食品，如"方便米饭""八宝粥"及"方便面"均是利用了淀粉糊化，以赋予产品可口的口感并提高消化率。在烹调之前，将食材如鲜肉片与淀粉充分拌匀，在烹饪过程中原料表面的淀粉形成一层淀粉糊，可有效防止肉片中水分的损失并保持其鲜嫩多汁的口感。

（4）淀粉的老化（retrogradation）

糊化淀粉在室温或低于室温下放置后，会变得不透明甚至凝结而沉淀，这种现象称为老化。淀粉老化的实质是糊化后的淀粉分子在低温下重新自动排列成序，淀粉分子间的氢键逐步恢复而形成高度致密的、结晶化的、不溶解性分子微晶，微观结构从无序变为有序。因此，老化可看成是糊化的逆过程，但老化不能使淀粉彻底复原到生淀粉的结构状态，结晶度比生淀粉低。老化后的淀粉与水失去亲和力且不易与淀粉酶作用，因此不易被人体消化吸收，并产生回生的口感，严重影响了食品的质地与感观，如面包的陈化（staling）、米汤的黏度下降或产生沉淀均是淀粉老化所致。因此，在食品工业中应严格控制淀粉的老化。

不同生物来源的淀粉，老化难易程度并不相同。直链淀粉易老化，支链淀粉由于分支结构妨碍了微晶氢键的形成几乎不发生老化，因此不同生物来源淀粉中所含直链淀粉及支链淀粉的比例的不同会影响淀粉老化的难易程度，直链淀粉含量越高的淀粉更易于老化。中等聚合度的淀粉易老化。淀粉通过改性提高不对称性后，不易老化。当温度处于 2~4℃时，淀粉易老化；当温度大于 60℃或小于 -20℃时，淀粉不易发生老化。当淀粉糊的含水量为 30%~60% 时，淀粉易老化，含水量过低或过高均不利于淀粉老化。脂类、乳化剂、多糖（果胶例外）、蛋白质等亲水大分子与淀粉共存时，可与淀粉竞争水分子并干扰淀粉分子有序排列，有抗老化作用。

在食品工业中，有时候要严格控制好淀粉类食品的老化，有时候也要利用好淀粉的老化。粉条、粉皮及龙虾片即利用了淀粉的老化。选用含直链淀粉多的绿豆淀粉，糊化后使其在 4℃左右冷却，促使老化发生，老化后随即干燥，可制得成品。寿司在制作过程中利用淀粉的老化，从而赋予其特殊的质地、口感和外观。

（5）抗消化淀粉

小肠是淀粉在人体中消化吸收最主要的部位，淀粉经过口腔、胃、十二指肠后的前期水解物在小肠中被葡萄糖淀粉酶、麦芽糖酶等进一步水解为葡萄糖被人体吸收。其中一些在小肠内未被消化吸收的淀粉则进入大肠，大肠内含有大量微生物，可以将这些抗消化淀粉（resistant starch，RS）进行发酵产生部分短链脂肪酸，从而对稳定血糖水平和抑制肝脏内胆固醇的合成有极大益处，其代谢特性类似膳食纤维。欧洲抗消化淀粉协会（FURESTA）1992 年则将抗消化淀粉定义为"不被健康正常人体小肠所消化吸收的淀粉及其降解产物的总称"。Englyst 根据淀粉在小肠内的消化速率和消化程度对其进行了新的分类，将体外消化 120min 后仍不被 α- 淀粉酶和葡萄糖淀粉酶消化的淀粉称为抗消化淀粉。另外两类分别是快消化淀粉（ready digestible starch，RDS）和慢消化淀粉（slowly digestible starch，SDS）。RDS 指摄入后能够快速消化并引起血糖浓度增加的淀粉，这部分组分在体外消化实验中可在 20min 内被 α-淀粉酶和葡萄糖淀粉酶消化。SDS 指消化速度非常慢但是能够在小肠内被完全消化的淀粉。这部分淀粉在体外消化模型中可在 20～120min 内被 α-淀粉酶和葡萄糖淀粉酶消化。SDS 对于稳定体内血糖水平、糖尿病管理、维持饱腹感等大有裨益。

目前国内外多数学者根据抗消化淀粉的形态及物理化学性质，将抗消化淀粉分为 4 种（表3-4），即 RS_1、RS_2、RS_3、RS_4。

表3-4 抗消化淀粉的分类、食物来源以及影响抗消化淀粉的因素

类型	描述	食物来源	减小抗性
RS_1	物理包埋淀粉	整粒、轻度碾磨谷物、种子和豆类	球磨、咀嚼
RS_2	未糊化的 β 型结晶颗粒、α-淀粉酶缓慢水解	生马铃薯、绿香蕉、一些豆类和高直链玉米	食品加工或烹饪
RS_3	老化淀粉	加工后冷却的马铃薯、面包、玉米片和湿热处理的食品	加工条件
RS_4	化学试剂交联改性淀粉	使用改性淀粉的食物如面包、蛋糕	极少受体外消化的影响

RS_1 称为物理包埋淀粉，指那些被蛋白质或植物细胞包裹而不能被酶所接近的淀粉，加工时的粉碎及碾磨、摄食时的咀嚼等物理动作可改变其含量。常见于轻度碾磨的谷类、豆类等食品中。

RS_2 指颗粒形式的抗酶解淀粉，生淀粉颗粒结构紧密呈放射状且含水量相对较低，这种结构对酶具有高度抗性。经加工或烹饪后可改变其含量。该类抗性淀粉常见于生的薯类和香蕉中。

RS_3 为老化淀粉，主要为糊化淀粉经冷却后形成的，是抗性最强的淀粉，常见于湿热处理的食物、煮熟再放冷的米饭、面包、油炸土豆片等食品中。

RS_4 为化学试剂交联改性淀粉，经生物技术或化学方法引起的分子结构变化以及一些新的化学官能团的引入而产生的抗酶解性，如乙酰基淀粉、羟丙基淀粉、热变性淀粉以及磷酸化淀粉等。

（6）淀粉的改性

天然淀粉存在其固有的缺陷，如溶解度低、黏度高、易回生、不耐极端条件（高温、冻融、强酸、强碱）等，不利于淀粉在工业化生产中的应用。为了提高淀粉的工业应用价值，常通过物理、化学、酶法和生物技术等方法对淀粉进行改性，不同的改性手段可以达到不同的改性目的，以针对性地适应某一项加工需要，获得改（变）性淀粉（modified starches）。

① 物理改性 物理改性方法由于操作简便、高效、环境友好及可持续等优点，近年来颇受广大学者的关注。

a. 热处理改性 最常见的物理改性方式是热处理。干热加工能够生成耐酸、耐剪切力

和耐高温的改性淀粉，达到化学交联的作用效果。水热加工能够增强淀粉双螺旋的流动性，改善晶格排列，修复微晶缺陷，促进淀粉链重结晶，使淀粉的结晶结构更加完美。对于无定形区，水热加工促进淀粉链的迁移率、水合作用以及结构重排，提高结构稳定性。水热处理对淀粉的结构和品质功能的影响取决于淀粉的生物来源和加工参数。

b. 球磨处理改性　利用高能球磨仪的摩擦、碰撞、撞击、剪切等机械作用，可将淀粉粒径降低到纳米级，同时改变淀粉的物化特性，如降低颗粒结晶度、淀粉糊化温度和加热过程中的糊黏度及提高淀粉的冷水溶解率。球磨改性后的纳米淀粉颗粒潜在的应用包括乳液稳定剂、纳米复合材料、营养递送剂、药物载体等。

c. 微波场改性　适当的微波条件能够改性天然淀粉并促进抗性淀粉的形成。将淀粉浆经高温处理使淀粉分子链充分伸展并进行水合反应后，再在微波场的高频振荡中进一步极化极性基团，然后低温处理进行淀粉构象的重组与稳定，经酶解纯化后最终可获得高抗性淀粉产品，抗性淀粉含量高达 75%。

d. 脉冲电场改性　采用一种非热加工技术——脉冲电场技术对淀粉进行改性后，淀粉分子发生重排，淀粉的糊化特性、黏度和结晶度均下降，并且暴露时间越长，下降越明显。

② 化学改性　淀粉的结构中有大量羟基，这是对其进行化学改性的前提。简单来说，化学改性就是在淀粉分子上引入一些新的官能团，以赋予其相应的性能，一般包括氧化、交联、接枝、酯化、醚化以及复合改性等手段。然而，由于化学改性引起有关消费者和环境方面的问题，目前还缺乏创新及安全的化学改性方法。

a. 酸碱改性　是经过轻度酸或碱处理的淀粉。生产可溶性淀粉的一般方法是在 25～55℃的温度下（低于糊化温度），用盐酸或硫酸作用于 40% 玉米淀粉浆，处理的时间可由黏度降低来决定（6～24h），用纯碱或者稀 NaOH 中和水解物，再经过滤和干燥，即得到可溶性淀粉。可溶性淀粉用于制造胶姆糖和糖果。

b. 酯化改性　淀粉的糖基单体含有 3 个游离羟基，能与酸或酸酐形成酯化淀粉，其取代度能从 0 变化到 3，取代度与改性后的淀粉性质息息相关。常见的有淀粉醋酸酯、淀粉硝酸酯、淀粉磷酸酯和淀粉黄原酸酯等。工业上淀粉醋酸酯是用醋酸酐或乙酰氯在碱性条件下作用于淀粉乳制备而成。乙酰基的引入促使淀粉分子之间相互排斥，增加空间位阻，抑制淀粉链之间的缔合，减少氢键的形成。此外，由于羟基被取代，淀粉的疏水性增强。低取代度的淀粉醋酸酯（取代度<0.2）糊不易老化，稳定性高，且剩余的羟基仍可通过氢键形成有序的结晶结构，但结晶峰的强度变弱。低取代度的淀粉醋酸酯已获得美国食品与药品管理局（FDA）的许可，应用于食品工业生产中，作为增稠剂、黏合剂、稳定剂和成膜剂等。淀粉三醋酸酯（含乙酰基 44.8%）能溶于醋酸、氯仿和其他氯烷烃溶剂中，其中氯仿溶液常用于测定其黏度、渗透压和旋光度等。而中取代度（0.2～1.5）或高取代度（1.5～3）的淀粉醋酸酯可溶于有机溶剂（如醋酸、丙酮和氯仿），热稳定性和疏水性强，可用于制备热塑性以及疏水性材料。用亚硝酸酐（N_2O_3）在含有氟化钠的氯仿中氧化淀粉能得到完全取代的淀粉硝酸酯，为工业上很早生产的淀粉酯衍生物，可用于炸药。用正磷酸钠（Na_3PO_4）和三聚磷酸钠（$Na_5P_3O_{10}$）与淀粉作用进行酯化，得淀粉磷酸一酯，可用于改善某些食品的抗冻结 - 解冻化性能，降低冻结解冻过程中水分的离析。用三氯氧磷（$POCl_3$）进行酯化时，可得淀粉磷酸一酯和交联的淀粉磷酸二酯、淀粉磷酸三酯混合物。交联淀粉颗粒的溶胀受到抑制，糊化困难，黏度和黏度稳定性均增高。利用二硫化碳

（CS$_2$）改性淀粉制备淀粉黄原酸酯，可用于除去工业废水中的铜、铬、锌和其他多种重金属离子，效果很好。

c. 醚化改性　淀粉糖基单体上的游离羟基可被醚化而得醚化淀粉（etherized starch）。低取代度甲基淀粉醚具有较低的糊化温度、较高的水溶解度和较低的凝沉性。取代度1.0的甲基淀粉醚能溶于冷水，但不溶于氯仿。随取代度进一步提高，其水溶性降低，氯仿溶解度增加。羟丙基淀粉是原淀粉与环氧丙烷在强碱条件下醚化而成的一种非离子型的变性淀粉，由于羟丙基的空间位阻作用，抑制淀粉链之间的缔合，不利于淀粉老化，将其添加到鱼丸中，鱼丸的口感和稳定性均得到改善。

d. 氧化改性　工业上将淀粉用次氯酸钠（NaClO）处理，即可得到氧化淀粉（oxidized starch）。由于直链淀粉被氧化后，链成为扭曲状，因而不易引起老化。氧化淀粉的糊黏度较低，但稳定性高，透明度较高，成膜性能好，因此在食品加工中可形成稳定溶液，常用作分散剂或乳化剂。但次氯酸钠在氧化淀粉的过程中会产生很多次氯酸盐残留物，相反，臭氧是一种清洁而强大的氧化剂，在对淀粉进行氧化处理之后不会有任何残留物。臭氧氧化过程中，羧基和羰基的含量随臭氧暴露时间的延长而增加，且氨基酸的存在有利于淀粉的臭氧氧化。臭氧氧化的淀粉可用作增稠剂和软糖成型剂。

e. 交联改性　用具有多元官能团的试剂，如甲醛、环氧氯丙烷、三氯氧磷、三聚磷酸盐等作用于淀粉颗粒，能将不同淀粉分子经"交联键"结合生成更大的淀粉分子，即交联淀粉（crosslinked starch）。一些交联淀粉亦是酯化淀粉或醚化淀粉。交联淀粉具有良好的机械性能，并且耐热、耐酸碱等极端条件。随着交联度增加，甚至在高温受热下也不糊化。在食品工业中，交联淀粉可用作增稠剂和赋形剂。

随着研究的深入，越来越多的酶被用于淀粉的改性。利用麦芽糖转葡糖基酶（EC 2.4.1.25）所改性的淀粉有望在食品产业中成为明胶的替代品。该酶主要来源于真核生物、细菌、古细菌。利用麦芽糖转葡糖基酶还能将直链淀粉原有的 α-1,4-糖苷键打断而生成一些直链短链，这些直链短链与支链淀粉各分支末端以全新的 α-1,4-糖苷键相连接，导致改性淀粉的支链链长增加，凝胶结构增强，且几乎不发生回生。该酶改性淀粉在食品中应用广泛，可作为脂肪替代品和酸奶乳脂状的增强剂。一种来自嗜碱芽孢杆菌的环麦芽糖糊精酶，可将大米原淀粉改性成直链含量低的产品，而淀粉的支链长度却无明显变化，在4℃下贮藏7天，老化程度很小。有学者还发现环糊精葡糖基转移酶及异淀粉酶和糯玉米一起反应后，环麦芽糊精会生成并保留在淀粉颗粒中，同时具有淀粉颗粒和环状糊精的性质，从而引领了一种新型材料的产生。淀粉结合环状糊精后，使淀粉颗粒具有光热氧稳定性，可用于气味和风味的缓释。同时酶法改性也可用于制备抗消化淀粉。

近年来，随着基因工程技术的进步，可通过靶向修饰淀粉生物合成途径的酶来实现淀粉的基因改性，极大地减少或消除了化学改性对环境造成的不利影响。淀粉基因改性技术通过影响淀粉的物化特性、功能特性、在食品加工和食品应用中的适用性，从而为"利基"产品创造市场。淀粉的基因改性可以通过传统的植物育种技术或生物技术而实现。

3.3.3.2　果胶

（1）果胶的结构及分类
果胶（pectins）类物质是植物细胞壁成分之一，是一种复杂的多糖，在果蔬中含量丰富。

果胶是以均匀区（即 α-D-吡喃型半乳糖醛酸通过 α-1,4-糖苷键连接成主链）和毛发区（即高度支化的 α-L-鼠李糖吡喃糖基为侧链）构成的多糖（图 3-37）。果胶链上的基团常发生取代反应，产生不同取代度的产物，例如半乳糖醛酸（Gal A）残基的 C6 羧酸会发生部分的甲基化，称为甲酯化。果胶酯化度是指甲酯化的 Gal A 残基占总的 Gal A 残基的百分比值，即果胶中平均每 100 Gal A 残基 C6 位上的羧基以酯化形式（—COOCH$_3$）存在的百分数称为果胶的酯化度，即 DM 值。酯化度 50% 的果胶物质的局部结构见图 3-38。

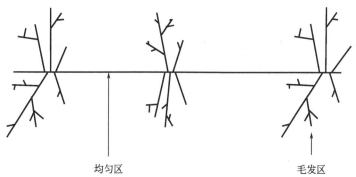

图 3-37　果胶分子结构示意图

图 3-38　酯化度 50% 的果胶物质的局部结构

在果蔬细胞组织内，果胶主要存在以下三种形态：原果胶、果胶和果胶酸。它们的差别在于甲氧基含量即酯化度不同，植物成熟时甲氧基或酯化度会减少。原果胶是未成熟的果实、蔬菜中高度甲酯化且不溶于水的一类果胶，它使果实、蔬菜具有较硬的质地。相比于原果胶，果胶的甲酯化程度下降，是存在于成熟果蔬的细胞汁液中部分甲酯化果胶。果胶酸是完全去甲酯化的一类，在过熟、软疡的果实中含量较高。

根据果胶酯化程度的不同分为高甲氧基果胶（DM＞50%，high methoxyl pectin，HMP）和低甲氧基果胶（DM≤50%，low methoxyl pectin，LMP）。HMP 主要通过氢键和疏水相互作用形成凝胶，其胶凝条件为可溶性固形物含量大于 60%、pH 小于 3.4。因此在高甲氧基果胶胶凝时通常要加入脱水剂（大多使用糖，如蔗糖、葡萄糖、果糖、麦芽糖），脱除果胶分子周围的水化层，使果胶分子间易于结合而产生链状胶束。高度失水能加快胶束的凝聚，并相互交织、无定向地形成三维网状结构。LMP 的凝胶机理与 HMP 不同，因为 LMP 中—COO$^-$ 较多，分子间的排斥作用大，难以通过自身结合，必须在其中加入 Ca^{2+} 等交联剂，通过静电相互作用与带负电的羧基结合，形成钙桥，从而胶凝。

（2）影响果胶凝胶强度的因素

① 酯化度　果胶的凝胶强度与其酯化度成正比。因为凝胶网络结构形成时的结晶中心位于酯基团，同时果胶的凝胶速度也随酯化度增加而增大（表 3-5）。

表3-5　果胶酯化度对凝胶形成的影响

名称	酯化度	形成凝胶的条件	凝胶速度
全甲酯化果胶	100%	只需脱水剂	超快速形成
速凝果胶	70%～100%	加糖，加酸（pH 3.0～3.4）	快速形成
慢凝果胶	50%～70%	加糖，加酸（pH 2.8～3.2）	慢速形成
低甲氧基果胶	≤ 50%	加羧基交联剂（如 Ca^{2+}）	快速形成

注：酯化度 = 甲酯化的D-半乳糖醛酸残基数/D-半乳糖醛酸残基总数×100。

当酯化度为 100% 时，为全甲酯化果胶，只需脱水剂就能短时间内形成凝胶。当酯化度为 70%～100% 时，为速凝果胶，加糖、加酸（pH 3.0～3.4）后，在加热后稍冷即可形成凝胶。在"蜜饯型"果酱中，速凝果胶可防止果肉块的浮起或下沉。当酯化度为 50%～70% 时，为慢凝果胶，加糖、加酸至更低的 pH（2.8～3.2）后，在较低温度下可缓慢形成凝胶。慢凝果胶用于果冻、果酱、点心等生产，也可作为增稠剂、乳化剂用于汁液类食品。当酯化度小于 50% 时，为低甲氧基果胶，加糖、加酸无法形成凝胶，但其羧基能与多价离子（常用 Ca^{2+}）形成盐桥，使果胶分子间交联，导致凝胶形成。同时，Ca^{2+} 的存在会使果胶凝胶的质地硬化、口感变脆，这就是果蔬加工中首先用钙盐前处理的原因。这类果胶的凝胶强度受酯化度的影响大于分子量的影响。

②分子量　果胶的凝胶强度与分子量成正比。如果果胶分子链降解，则形成的凝胶强度会减弱。

③pH 值　适当的 pH 值有助于果胶 - 糖凝胶体系的形成，不同类型的果胶胶凝时 pH 值不同，如 LMP 对 pH 值的敏感性差，能在较宽的 pH 2.5～6.5 范围内形成凝胶，而 HMP 仅在 pH 2.8～3.4 范围内形成凝胶。不适当的 pH 值，尤其是 HMP 在强碱或强酸条件下，会导致其水解或酸降解，降低凝胶强度。

④脱水剂浓度　LMP 在不加脱水剂的情况下也可形成凝胶，但加入 10%～20% 的蔗糖等脱水剂，则可得到质地更佳的凝胶。

⑤温度　当脱水剂的添加量和 pH 值适当时，在 0～50℃范围，果胶凝胶强度受温度的影响不大。但温度过高或加热时间过长，果胶会降解，蔗糖也发生焦糖化反应，从而影响其凝胶强度。

近年来，多项研究证实了果胶对人体产生有益作用，例如降低肝脂、血脂、总胆固醇等。果胶还可降低摄入糖类餐后的血糖，并对分泌胰腺激素和酶产生积极影响。果胶能降低某些癌症和心血管疾病的风险，并减少血糖指数。此外，还能通过乳化剂或水凝胶用于外源性保健食品或药物，是高效的递送载体。果胶作为一种高档的天然食品添加剂和保健品，可广泛应用于食品、医药保健品和一些化妆品中。商业化生产果胶的原料主要是柑橘皮及苹果皮。国内果胶资源丰富，但加工利用率低，大部分原料都被直接丢弃，如能加以综合利用，将会带来巨大的经济效应。

3.3.3.3　纤维素及羧甲基纤维素钠

（1）纤维素

纤维素是高等植物细胞壁的主要结构组分，通常与半纤维素、果胶和木质素结合在一起，其结合方式和程度对植物性食品的质地影响很大。纤维素是由 β-1,4-D-吡喃葡萄糖单位构成的线性同聚多糖，纤维素由无定形区和结晶区构成。

纤维素的线形构象使分子容易按平行并排的方式牢固缔合，形成单斜棒状结晶，链按平行纤维的方向取向，并略微折叠，以便在 O4 和 O6 以及 O3 和 O5 之间形成链内氢键。虽然氢键的键能较一般化学键的键能小得多，但由于纤维素微晶之间氢键很多，所以微晶束结合得很牢固，导致纤维素的化学性质非常稳定，如纤维素不溶于水，对稀酸和稀碱特别稳定，在一般食品加工条件下不被破坏。但是在高温、高压和酸作用下，能分解为 β- 葡萄糖。

人体消化道不存在纤维素酶，纤维素连同某些其他惰性多糖构成植物性食物，如蔬菜、水果和谷物中的不可消化的糖类和木质素被称为膳食纤维。除草食动物能消化纤维素外，其他动物的消化道内无纤维素酶。膳食纤维在人类营养中的重要性主要是维持肠道蠕动。

纤维素可用于造纸、纺织品、化学合成物、炸药、胶卷、医药和食品包装、发酵（酒精）、饲料生产（酵母蛋白和脂肪）、吸附剂和澄清剂等。纯化的纤维素常作为配料添加到面包中，增加持水力和延长货架期，使之为低热量食品。

（2）羧甲基纤维素钠

纤维素经化学改性，可制成纤维素基食物胶。最广泛应用的纤维素衍生物是羧甲基纤维素钠（CMC-Na），它是用氢氧化钠 - 氯乙酸处理纤维素制成的，一般产物的取代度（DS）为 0.3～0.9，聚合度为 500～2000。其反应如图 3-39 所示。

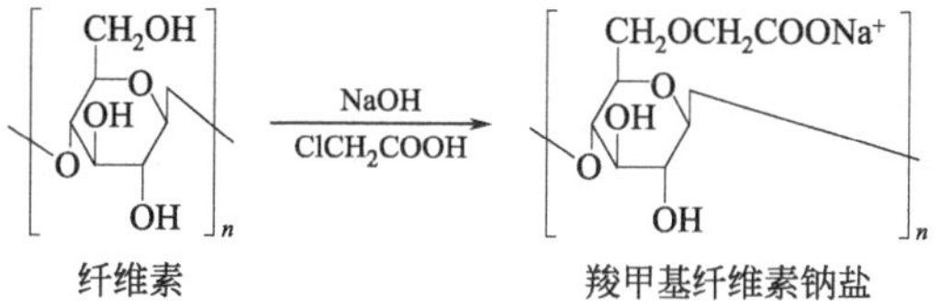

图 3-39 改性纤维素反应

CMC-Na 分子链长具有刚性、带负电，在溶液中因静电斥力作用而具有高黏性和稳定性，它的这些性质与取代度和聚合度相关。低取代度（DS≤0.3）的产物不溶于水而溶于碱性溶液；高取代度（DS＞0.4）的产物易溶于水。此外，溶解度和黏度还取决于溶液的 pH 值。

取代度为 0.7～1.0 的 CMC-Na 易溶于水，形成非牛顿型流体，其黏度随温度升高而降低，溶液在 pH 值为 5～10 时稳定，在 pH 值为 7～9 时有最高的稳定性，并且当 pH 值为 7 时，黏度最大。羧甲基纤维素与一价阳离子形成可溶性盐，但当有二价离子存在时，则溶解度降低并生成悬浊液，三价阳离子可使之形成胶凝或沉淀。

CMC-Na 在食品工业中应用广泛。我国规定其可用于速煮面和罐头，最大用量为 5.0g/kg；用于果汁、牛乳时的最大用量为 1.2g/kg；用于冰棍、雪糕、冰激凌、糕点、饼干、果冻、膨化食品时，则可按正常生产需要量使用。

CMC-Na 可与蛋白质形成复合物，提高乳制品稳定性以防止酪蛋白沉淀。在馅饼、牛奶和布丁中，CMC-Na 作增稠剂，使其组织柔软细腻。在面包和蛋糕中添加 CMC-Na，可增加食品的体积，防止淀粉的老化，延长食品的货架期。在冰激凌和其他冷冻食品中加入

CMC-Na，可阻止冰晶的形成，使食品有良好的口感。CMC-Na 也可防止糖果中产生糖结晶。CMC-Na 因其价格低廉、溶解性好且保水作用较强，故常与其他乳化剂并用，以降低成本。

3.3.3.4　酵母多糖

酵母多糖（yeast polysaccharide）又称酵母聚糖，是酵母细胞壁或酵母细胞中存在的一种富含葡萄糖、甘露糖的多糖。酵母多糖为淡灰色粉末，几乎不溶于水，但可在水中分散形成悬浊液。酵母聚糖可通过分子内和分子间相互作用形成三螺旋状聚集体结构，这种特殊的结构使其能形成分子量各不相同的聚集体而不溶于水。酵母细胞壁主要由三部分组成：最外层为甘露聚糖，中间一层为蛋白质，最内层为酵母 β-葡聚糖。酵母 β-葡聚糖是酵母细胞壁的重要组成部分（50%～60%），是由 β-(1→3)-D-吡喃葡萄糖基形成主链，并带有 β-(1→6)-D-吡喃葡萄糖基侧链的一种支化多糖（图 3-40）。

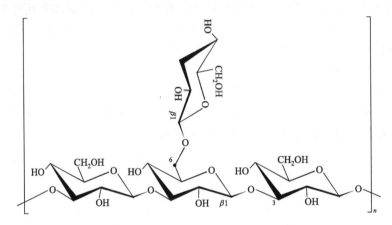

图 3-40　具有 β-（1,3）主链及 β-（1,6）支链的酵母 β-葡聚糖

酵母 β-葡聚糖无味无臭，不溶于水、乙醇、丙酮等有机溶剂。同时，由于动物一般不能自身合成 β-葡聚糖酶，因此摄入的酵母 β-葡聚糖不能被分解，只能以营养纤维的形式被动物体吸收，这些被吸收的纤维具有降血脂、降胆固醇的功效。酵母 β-葡聚糖可使肠道黏度增加，进而减少了机体对胆固醇的吸收，并促进其排泄。酵母 β-葡聚糖具有的特殊空间结构可以促进脂蛋白、脂肪酸的释放，使血液中大分子脂类分解为小分子，有利于胆固醇的降低和血液澄清。酵母 β-葡聚糖在不影响有益菌生长的情况下，可改善肠道菌群结构，加速肠道蠕动，从而起到通便作用。酵母 β-D-葡聚糖还可显著促进脾淋巴细胞增殖，与 Dectin-1 等免疫受体结合导致吞噬作用的激活，并刺激杀真菌和促炎介质或抗炎介质的产生，包括活性氧（ROS）、细胞因子（如 IL-1β、TNF 等）和趋化因子。此外，酵母 β-葡聚糖还具有显著的抗肿瘤功效，通过激活先天免疫细胞，例如巨噬细胞和 NK 细胞，抑制肿瘤转移、癌细胞增殖和代谢、肿瘤生长。酵母 β-葡聚糖已被广泛用于食品和医疗领域，如利用其成膜性用作封装益生菌的材料，以及承担生物制药、药物递送、天然包衣材料、纳米级支架等用途。同时也可用于设计蔬果保鲜可生物相容的功能纳米材料。

3.3.3.5　壳聚糖

壳聚糖（chitosan）是 D-氨基葡萄糖以 β-1,4-糖苷键连接起来的无分支的线性高聚物。壳聚糖是甲壳素（chitin）脱乙酰后的产物。甲壳素是 N-乙酰氨基葡萄糖以 β-1,4-糖苷键连接的线性高聚物，广泛存在于甲壳类（虾、蟹）动物和节肢动物的外壳中，以及某些低等植物（如真菌、藻类）的细胞壁中。壳聚糖和甲壳素结构如图 3-41 所示。

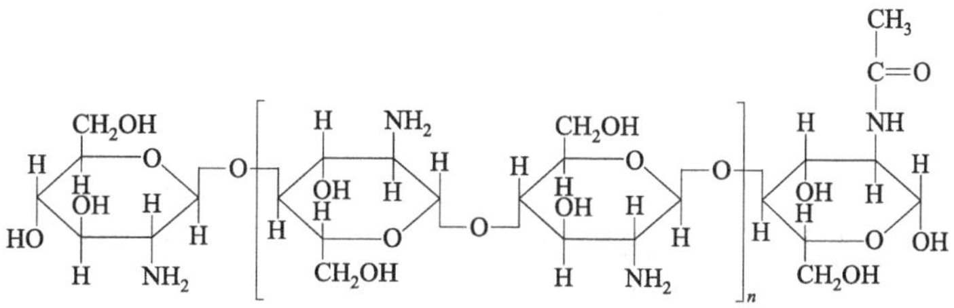

图 3-41　壳聚糖和甲壳素的结构

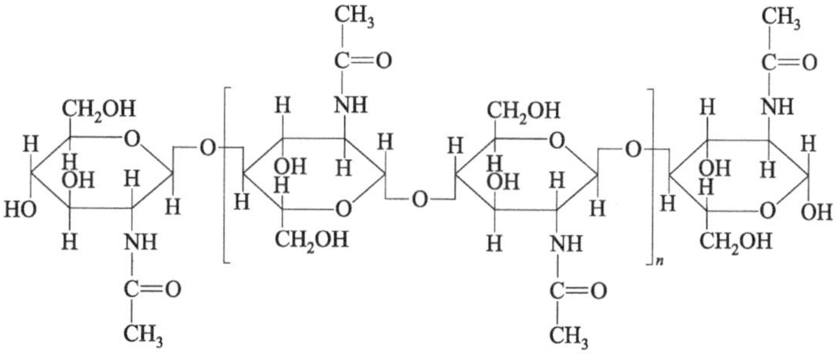

纯品的壳聚糖是带有珍珠光泽的白色片状或粉末状固体，无味、无臭、无毒性，分子量因原料不同而从数十万到数百万。几乎不溶于水和碱溶液，但溶于甲酸、乙酸、苯甲酸和环烷酸等有机酸以及稀盐酸、硝酸等无机酸，在酸性溶液中易成盐，呈阳离子性质。

壳聚糖作为自然界中唯一一种天然碱性多糖，具有游离的碱性氨基，这赋予它很多独特的生物、生理特性，故被广泛应用于食品、医药、农业、日化、水处理等领域。壳聚糖在食品工业中可作为抑菌剂、天然保鲜剂、澄清剂、黏结剂、保湿剂、填充剂、乳化剂、上光剂、增稠剂、被膜剂等。由于壳聚糖所带的正电荷可与细菌细胞表面的负电荷相互作用，扰乱细胞膜结构或改变膜的通透性和完整性，导致其屏障功能的丧失，造成细菌细胞内容物外泄，从而起到抗菌的作用。壳聚糖成膜机械强度高，阻隔性能好，是非常理想的天然涂膜材料，已广泛应用于食品保鲜中。利用壳聚糖的絮凝作用，可作为许多液体产品或半成品的除杂剂，例如用于糖汁澄清可达到很好的效果。

壳聚糖因分子量较大，不溶于水，且易发生酸催化水解反应，因此限制了其应用。目前，壳聚糖产品的开发研究主要集中在：壳聚糖降解制备壳寡糖，制备甲壳素 / 壳聚糖的衍生物等。一般可采用化学方法（酸降解法、氧化降解法）、物理方法（超声波降解、微波

降解和 γ 射线辐射降解）以及生物方法（酶降解法、糖基转移法）来降解壳聚糖制备壳寡糖，或经化学修饰制备衍生物。壳聚糖衍生物和壳寡糖具有很好的水溶性，其抗菌、抑菌、保湿性能也大大提高，在食品、医学、生化等方面有更广泛的应用。

3.3.3.6　卡拉胶

卡拉胶（garagenan），又称为鹿角藻胶，以红藻为原料通过热破分离提取制得的非均一多糖。卡拉胶是由 D-半乳糖和 3,6-脱水半乳糖残基以 1→3 和 1→4 键交替连接，部分糖残基的 C2、C4 和 C6 羟基被硫酸酯化形成硫酸单酯和 2,6-二硫酸酯。多糖中硫酸酯含量为 15%～40%。卡拉胶是一种结构复杂的混合物，根据半乳糖上半酯式硫酸基的连接位置以及是否含有 3,6-内醚半乳糖，可将卡拉胶分为 κ-族（κ-、υ-、μ-、ι-类型）、λ-族（λ-、ε-、θ-类型），ω-卡拉胶是一种新型的卡拉胶。目前工业上主要生产和使用的卡拉胶为 κ-、ι- 和 λ-卡拉胶三种。具体的卡拉胶的化学结构与分类见表 3-6。

表3-6　卡拉胶的化学结构与分类

族	类型	结构单元	结构式
κ-	κ-	β-(1,3)-D-半乳糖-4-硫酸基 α-(1,4)-3,6-内醚-D-半乳糖	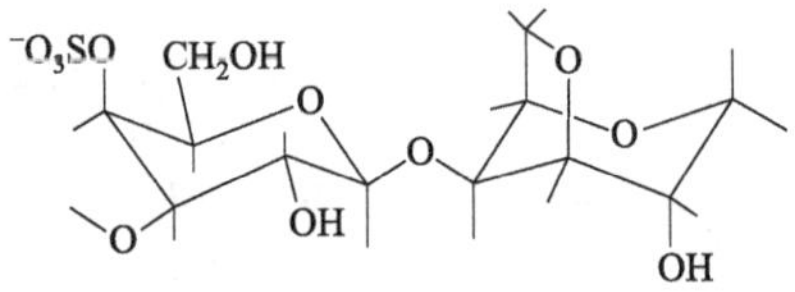
	ι-	β-(1,3)-D-半乳糖-4-硫酸基 α-(1,4)-3,6-内醚-D-半乳糖-2-硫酸基	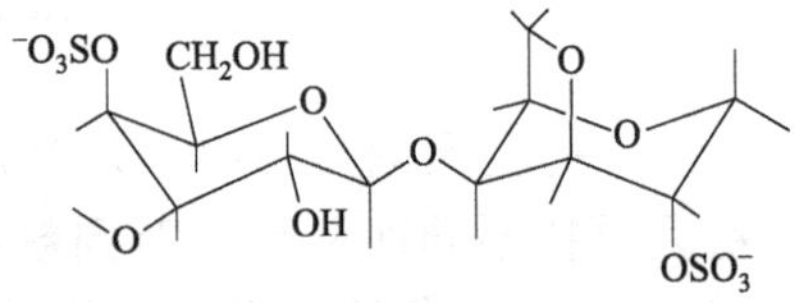
	μ-	β-(1,3)-D-半乳糖-4-硫酸基 α-(1,4)-3,6-内醚-D-半乳糖-6-硫酸基	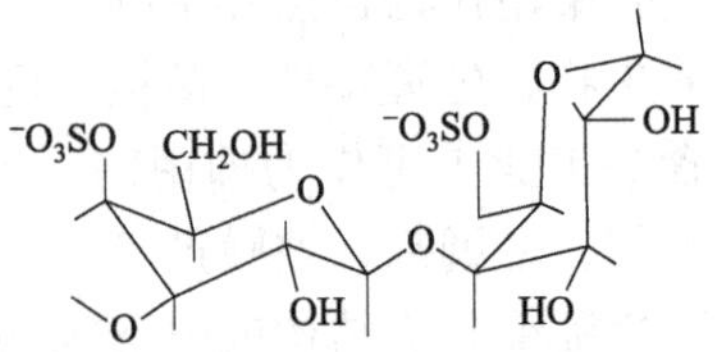
	υ-	β-(1,3)-D-半乳糖-4-硫酸基 α-(1,4)-D-半乳糖-2,6-硫酸基	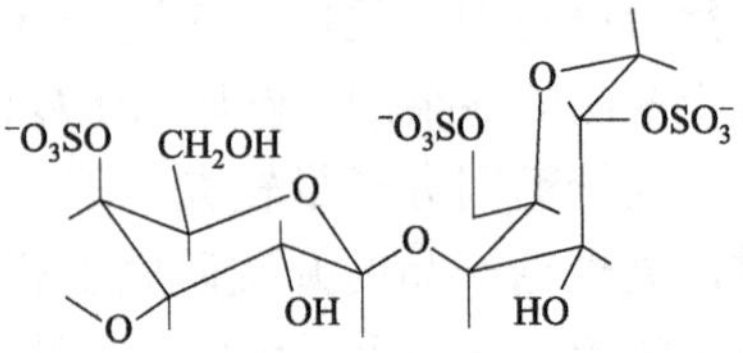

续表

族	类型	结构单元	结构式
λ-	λ-	β-(1,3)-D-半乳糖-2-硫酸基 α-(1,4)-D-半乳糖-2,6-硫酸基	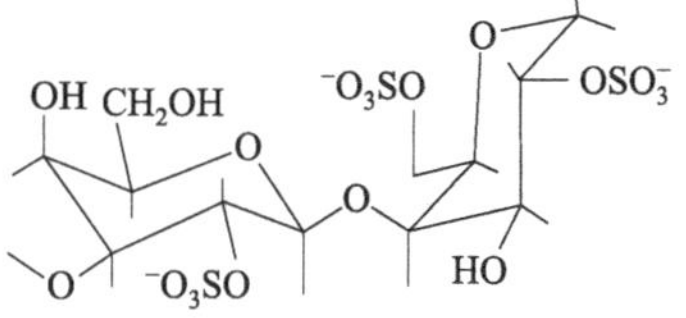
	θ-	β-(1,3)-D-半乳糖-2-硫酸基 α-(1,4)-3,6-内醚-D-半乳糖-2-硫酸基	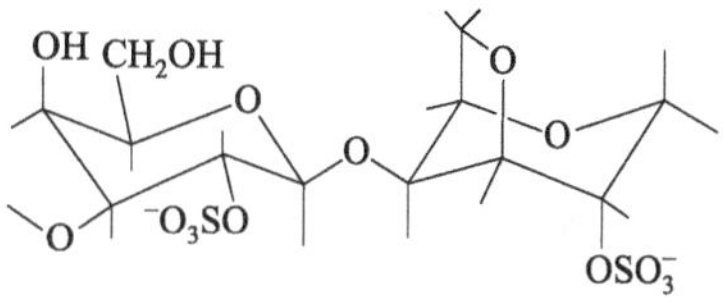
	ε-	β-(1,3)-D-半乳糖-2-硫酸基 α-(1,4)-D-半乳糖-2-硫酸基	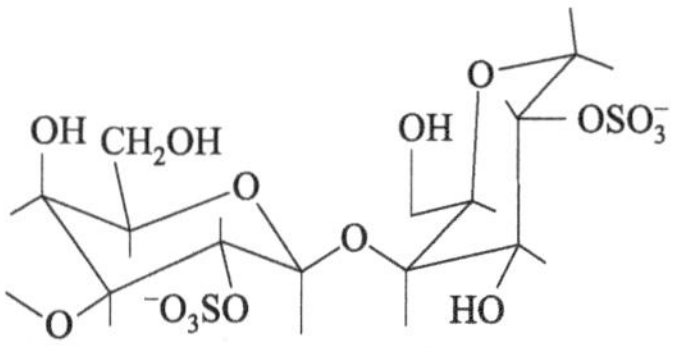
新型	ω-	β-(1,3)-D-半乳糖-6-硫酸基 α-(1,4)-3,6-内醚-D-半乳糖	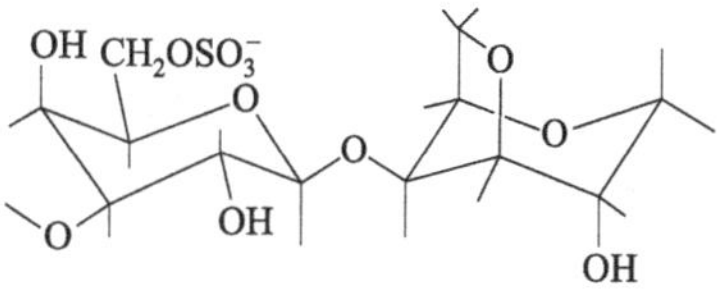

　　卡拉胶硫酸酯聚合物同所有其他带电荷的线形大分子一样，具有较高的黏度，溶液的黏度随着浓度增大呈指数增加，且在较大的 pH 范围内都很稳定。卡拉胶的性质与其硫酸酯的含量和位置以及被结合的阳离子密切相关，例如 κ-、ι-卡拉胶，与 K^+ 和 Ca^{2+} 结合，可通过双螺旋交联形成三维网络结构的热可塑性凝胶，这种凝胶有着较高的浓度和稳定性，即使聚合物浓度低于 0.5%，也能产生胶凝作用。

　　卡拉胶因含有硫酸酯阴离子，当结合钠离子时，聚合物可溶于冷水，但并不发生胶凝。卡拉胶能和许多其他食用树胶产生协同效应，能增加黏度、凝胶强度和凝胶的弹性，特别是角豆胶，这种协同效应与浓度有关。在高浓度时，卡拉胶能提高瓜尔豆胶凝胶的强度；低浓度时仅增加黏度，但可使茄替胶（ghatti）、黄芪胶、海藻酸盐和果胶溶液黏度降低。卡拉胶在以水或牛奶为基料的食品中可以对悬浮体起到稳定作用。λ-卡拉胶的所有盐都是可溶性的，但不能形成凝胶。商业上的卡拉胶是混合物，含大约 60% κ-卡拉胶（胶凝）和 40% λ-卡拉胶（非胶凝）。卡拉胶在 pH>7 时是稳定的，在 pH 5～7 时发生降解，pH 5 以下则迅速降解。κ-卡拉胶的钾盐是最好的胶凝剂，但生成的凝胶易碎裂并容易脱水收缩，添加少量角豆胶可以降低易碎裂性，但不能与瓜尔豆胶产生增效作用。

卡拉胶是一种在食品中应用非常广泛的亲水胶体。它具有优良的热可逆性、抗蛋白质凝结性、形成凝胶所需浓度低等优点，在溶液中表现出优异的凝胶特性和流变特性，可被当做稳定剂广泛应用于乳制品、果蔬饮料、冰激凌、面包、果冻、乳化香肠、罐头食品等产品的加工中。

 概念检查 3.4

○ 何谓淀粉糊化？影响淀粉糊化的因素有哪些？举例说明利用了
淀粉糊化的食品。

 概念检查 3.5

○ 果胶物质有哪几种形态？随着果实不断成熟，哪几种物质不断增多？
硬度如何变化？

3.4　前沿导读——淀粉的多层次结构

天然淀粉中直链淀粉和支链淀粉分子并不是以松散的个体形式存在，而是通过分子链内和链间的氢键连接形成高度有组织的颗粒结构。淀粉颗粒内部链的排列与堆积形成了不同尺度水平（范围从 nm 到 mm）的复杂层次结构（complex hierarchical structure）。近年来，淀粉领域的学者们在对淀粉结构不断完善的认识过程中将谷物类淀粉颗粒的多尺度结构（multi-scaled structure）描述为六个层次，如图 3-42 所示。

结构层次 1　为单独的分支链（individual branches），即仅由 α-1,4-糖苷键连接葡萄糖单元形成的线性链，它可能属于支链淀粉的分支链或直链淀粉的线性链。层次 1 主要以分支链的链长分布或聚合度来进行描述，其链结构的尺度为 0.1～1nm。

结构层次 2　为全淀粉分子（whole starch molecules），即线性葡聚糖链（层次 1）其分支点通过 α-1,6-糖苷键连接形成完整的单个葡聚糖大分子，主要包括含有极少量分支、几乎线性的直链分子和高度支化、含有约 5% 分支点及大量分支链的支链分子。

结构层次 3　为层状（或片层）结构（lamellar structure），即半结晶结构，其尺度为 9～10nm。

结构层次 4　为生长环结构（growth ring structure），包括无定形生长环和半结晶生长环。无定形生长环即无定形背景，半结晶生长环是指结晶片层与无定形片层（层次 3）以 9～10nm 的周期性距离径向交替形成的同心圆环（concentric shells），其厚度为 100～400nm，所围绕的生长中心点被称为淀粉颗粒的脐点（hilum）。

结构层次 5　为淀粉颗粒（starch granules），即由多个无定形生长环与半结晶生长环交替构成的同心环结构，相应的尺度为 1～100μm。淀粉颗粒的形状一般分为圆形、多角形和

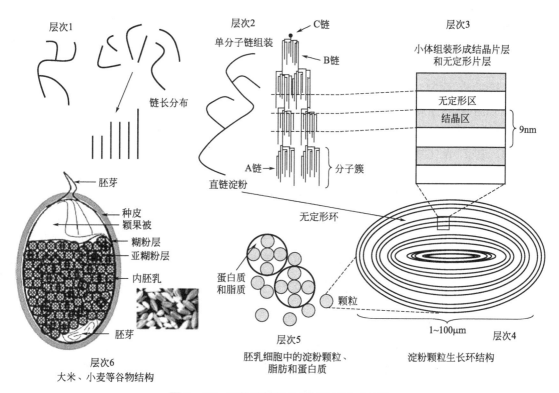

层次1

链长分布

层次2

单分子链组装

C链

B链

A链

分子簇

直链淀粉

层次3

小体组装形成结晶片层
和无定形片层

无定形区

结晶区

9nm

无定形环

胚芽

种皮
颖果被

糊粉层

亚糊粉层

内胚乳

胚芽

层次6
大米、小麦等谷物结构

蛋白质
和脂质

层次5
胚乳细胞中的淀粉颗粒、
脂肪和蛋白质

颗粒

1~100μm

层次4
淀粉颗粒生长环结构

图 3-42　谷物淀粉超分子结构的六个层次

卵形（椭圆形）三种，随来源不同而呈现差异。

结构层次 6　为整个谷物籽粒（whole grain），主要包括淀粉颗粒与蛋白质、脂类、非淀粉多糖等成分以及谷物的外层和外壳。

结构层次 6 是最宏观的层次，即整个谷粒，如肉眼可见的稻米、小麦、玉米粒等。通常需要经过酸碱或酶处理将蛋白质、脂类及非淀粉多糖等杂质去除后才可得到纯淀粉。淀粉经加工、改性等处理后，其多层次结构均会发生不同程度的改变。例如，淀粉颗粒在加热烹煮后吸水膨胀，其粒径（结构层次 5）显著增大，半结晶结构（结构层次 3）由于水分的进入被破坏，结晶度大幅下降，直链淀粉分子（结构层次 2）从膨胀或破裂颗粒中逸出，这个过程即为淀粉糊化。糊化的淀粉进入人体后更容易与酶结合，易于消化，为人体提供能量。再例如，淀粉经高能湿法球磨改性后，粒径从微米级下降到纳米级，分形结构（结构层次 4）由表面分形转变成质量分形，在机械力作用下支链淀粉分子（结构层次 2）的部分分支断裂（结构层次 1），直链淀粉分子（结构层次 2）断裂成分子量更小的线性链（结构层次 1），进而导致淀粉冷水溶解度及分散液稳定性的增加。

　总结

本章基本概念

○ 糖类、单糖、低聚糖、糖苷、多糖、还原糖、甜度、美拉德反应、焦糖化反应、淀粉糊化、淀粉老化、淀粉改性、抗性淀粉、高甲氧基果胶、低甲氧基果胶。

本章关键词

- 单糖；低聚糖；多糖；糖苷；链式结构Fisher式；环状结构Haworth式；差向异构；α、β 构型；吡喃、呋喃型构象；还原糖；半缩醛羟基；葡萄糖；果糖；蔗糖；麦芽糖；乳糖；环状糊精；甜度；吸湿性；保湿性；结晶性；非酶褐变；美拉德（Maillard）反应；斯特勒克（Strecker）降解反应；焦糖化（caramelization）反应；焦糖色素；水解反应；脱水反应；氧化反应；还原反应；直链淀粉；支链淀粉；淀粉糊化；淀粉老化；淀粉改性；抗性淀粉；果胶；酯化度；纤维素；羧甲基纤维素钠；酵母多糖；壳聚糖；卡拉胶。

糖类的定义和分类

- 糖类是多羟基醛或多羟基酮及其衍生物和缩合物。
- 根据聚合程度，糖类分为单糖、寡糖和多糖三大类。单糖是结构最简单的糖类，是不能再被水解的最小糖单位；寡糖又称低聚糖，一般由2~10个单糖分子缩合而成，水解后产生单糖；多糖又称多聚糖，是由大于10个单糖分子缩合而成的聚合糖类。糖苷是由单糖或低聚糖的半缩醛羟基和另一个分子中的—OH、—NH_2、—SH等发生缩合反应而得到的化合物。

单糖、低聚糖及糖苷的结构

- 单糖存在D型和L型两种差向异构体。单糖既有链式结构，也有环状结构。单糖在成环时，分子中的羰基与其本身的醇基发生亲核加成反应，形成半缩醛或半缩酮。单糖还存在α和β两种异头构型，以及椅式和船式构象。
- 低聚糖命名通常采用系统命名法，用规定的符号D或L、α或β分别表示单糖基的构型和糖苷键的构型，用阿拉伯数字和箭头（→）表示糖苷键连接的碳原子位置和连接方向，用"O"表示取代位置在羟基氧上。例如，蔗糖系统名称为O-α-D-吡喃葡萄糖基-（1→2）-β-D-呋喃果糖。
- 糖苷中的糖部分称为糖基，非糖部分称为配基。

单糖和低聚糖的物理及功能性质

- 甜度：通常以蔗糖为基准物，以10%或15%的蔗糖水溶液在20℃时的甜度为1.0，其他糖的甜度则与之相比较而得。
- 吸湿性、保湿性：面包、糕点、软糖应选吸湿性大的果糖或果葡糖浆；糖霜粉、硬糖、酥糖及酥性饼干应选吸湿性小的葡萄糖。
- 结晶性：制硬糖宜用淀粉糖浆（适量）和蔗糖，其具有低吸湿性、防止结晶的特点；制软糖宜用果糖（或转化糖）和葡萄糖，其吸湿性和保湿性好。
- 提高渗透压：分子量越小，分子数目越多，渗透压越大。
- 降低冰点：制作雪糕时，宜使用低转化度的淀粉糖浆，可使冰点降低减小，节约能源，且使冰点粒细腻，黏稠度高。
- 与风味结合：环状糊精的疏水空腔易包合脂溶性物质，起到保香、保色、防氧化、提高光热稳定性、除异味等作用。

美拉德反应

- 定义：羰基化合物和氨基化合物在少量水存在的条件下，生成褐色色素（类黑精）和风味物质的一类反应。

○ 反应历程：（1）初期阶段，羰氨缩合和分子重排。（2）中期阶段，果糖基胺脱水生成羟甲基糠醛；果糖基胺脱去氨基重排生成还原酮；氨基酸与二羰基化合物的反应（Strecker降解反应）；果糖基胺的其他反应产物的生成。（3）末期阶段，醇醛缩合反应和生成类黑精的聚合反应。

○ 影响美拉德反应的因素：底物结构、温度、水分、pH值、金属离子、空气、二氧化硫及亚硫酸盐。

○ 美拉德反应在食品加工中的应用与控制。

焦糖化反应

○ 定义：糖类尤其是单糖在无氨基化合物的情况下，加热到高温（一般140~170℃或以上），发生脱水、降解、缩合及聚合等反应，最终产生褐色色素和风味物质的反应。

○ 反应特点：焦糖色素的形成、糠醛和其他醛的形成、糖热解产生风味。

○ 四种焦糖色素：亚硫酸氢铵催化的耐酸焦糖色素，用于可乐饮料等酸性饮料；铵盐催化的用于烘烤食品、糖浆及布丁；亚硫酸盐催化的用于啤酒和其他含酒精饮料；蔗糖直接热裂解产生焦糖色素。铵盐催化生产的焦糖色素不宜大量使用，会产生有害物4-甲基咪唑，损害神经。

○ 影响焦糖化反应的因素：单糖熔点、温度、pH值、催化剂（酸、碱、盐）。

其他化学反应

○ 碱性条件下的化学反应：单糖在碱性溶液中易发生异构化和降解等反应，以及生成糖精酸。

○ 酸性条件下的化学反应：单糖在酸性溶液中易发生水解、复合、脱水及热降解反应。

○ 氧化反应：斐林试剂氧化、溴水氧化、硝酸氧化、高碘酸氧化反应。

○ 还原反应：醛糖和酮糖在还原剂如钠汞齐和硼氢化钠作用下，被还原成多元醇。

多糖的一般性质

○ 多糖无还原性、无甜味，一般具有溶解性、黏性、胶凝性、流变性、水解性。

淀粉

○ 淀粉的结构：分为直链淀粉和支链淀粉，结晶区由支链淀粉形成，无定形区主要由直链淀粉形成。

○ 淀粉的糊化：淀粉粒在适当温度（一般50~80℃）下，在水中溶胀、分裂，形成均匀的糊状溶液的过程。

○ 影响淀粉糊化的因素：

（1）结构：直链淀粉比支链淀粉难糊化；小颗粒淀粉比大颗粒淀粉的糊化温度高。

（2）A_w：A_w越高，糊化程度越大。

（3）糖：高浓度的糖抑制淀粉糊化。

（4）盐：高浓度的盐，抑制淀粉糊化；低浓度的盐对糊化几乎无影响。但含有磷酸基团的马铃薯淀粉例外，低浓度的盐影响它的电荷效应。

（5）脂类：糊化前添加脂类物质（尤其是脂肪酸），其可与淀粉形成复合物，从而抑制淀粉糊化；糊化后添加，可使产生最大黏度的温度降低。

（6）pH：pH<4时，淀粉水解为糊精，黏度降低，故高酸食品的增稠需用交联淀粉；pH

4~7时，几乎无影响；pH=10时，糊化速度迅速加快，但在食品中意义不大。

（7）淀粉酶：糊化初期，淀粉酶尚未被钝化前可使淀粉降解，使淀粉糊化加速，故新米比陈米更易煮烂。

○ 淀粉的老化：糊化淀粉在室温或低于室温放置后，会变为不透明甚至产生沉淀。

○ 影响淀粉老化的因素：

（1）结构：直链淀粉比支链淀粉易老化（粉丝）；聚合度中等的淀粉易老化；淀粉改性后，不对称性提高，不易老化。

（2）温度：2~4℃，淀粉易老化；>60℃或<-20℃，不易发生老化。

（3）含水量：30%~60%，易老化；过低（10%）或过高均不易老化。

（4）共存物：脂类、乳化剂、多糖（果胶除外）、蛋白质等亲水大分子，干扰淀粉分子平行组装，有抗老化作用。

○ 抗性淀粉：不被健康正常人体小肠所消化吸收的淀粉及其降解产物的总称。抗性淀粉包括：物理包埋淀粉（如谷物、豆粒）；未经糊化的生淀粉；老化淀粉（冷米饭、冷面包）；化学改性淀粉（乙酰基、羟丙基、磷酸化淀粉）。

○ 淀粉的改性

（1）物理改性：热处理、球磨、微波场、脉冲电场。

（2）化学改性：酸碱处理、酯化、醚化、氧化、交联、接枝。

果胶

○ 在果蔬细胞组织内，果胶主要存在原果胶、果胶和果胶酸三种形态，它们的差别在于甲酯化程度依次下降。

○ 果胶凝胶形成机制：全甲酯化果胶，只需脱水剂就能形成凝胶。当酯化度>70%时，为速凝果胶，加糖、加酸（pH3.0~3.4）后，在加热后稍冷即可形成凝胶。当酯化度50%~70%时，为慢凝果胶，加糖、加酸至更低的pH（2.8~3.2）后，在较低温度下可缓慢形成凝胶。当酯化度<50%时，为低甲氧基果胶，加糖、加酸无法形成凝胶，但加Ca^{2+}交联剂，形成凝胶。

○ 影响果胶凝胶强度的因素：酯化度、分子量、pH值、脱水剂浓度、温度。

其他几种食品多糖

○ 纤维素、羧甲基纤维素钠、酵母多糖、壳聚糖、卡拉胶。

✐ 课后练习

1.名词解释

（1）单糖　（2）低聚糖　（3）甜度　（4）美拉德反应　（5）焦糖化反应

（6）淀粉糊化　（7）淀粉老化

2.比较葡萄糖、果糖、蔗糖、淀粉糖浆的吸湿性和保湿性，简述在制作硬糖和软糖时，应该选择何种糖，并阐述理由。

3.影响美拉德反应的因素有哪些？

4.何谓抗性淀粉？抗性淀粉的种类有哪些？

5.试述高甲氧基果胶和低甲氧基果胶的胶凝机制。

6. 影响淀粉老化的因素有哪些？如何在食品加工中防止淀粉老化？

7. 试述甲壳素和壳聚糖的结构差异。

8. 试述贮存葡萄糖溶液时，为什么采用高浓条件？

| 题 1 答案 | 题 2 答案 | 题 3 答案 | 题 4 答案 |

| 题 5 答案 | 题 6 答案 | 题 7 答案 | 题 8 答案 |

 设计问题

1. 制作拔丝香蕉利用了何种反应？该反应主要产物是什么？

2. 生产雪糕、冰激凌等冷饮时加入一定量的淀粉糖浆替代蔗糖，这样做有何好处，为什么？

3. 在熬制薏仁米粥时，应该先加盐还是后加盐？并阐述理由。

4. 为什么新鲜苹果吃起来比较脆，放久了吃就变软塌了？

（www.cipedu.com.cn）

第4章 脂质

图 4-1 利用脂肪特性加工的各类美食

　　近年来，由于能量摄入过多或不均衡引发的肥胖和代谢紊乱已成为当今全球普遍的健康问题之一，因此很多人会"谈脂色变"。然而，脂肪是人体不可或缺的营养素之一，除提供能量外，还提供必需脂肪酸，维持人体正常的新陈代谢和生长发育。因此，摄入合适类型和合理比例的膳食脂肪对维持机体健康至关重要。此外，利用脂肪诸多重要的理化性质，可以生产出各类诱人的食物，例如图 4-1 所示的香甜可口、口感细腻的蛋糕和巧克力就利用了脂肪的结晶性和同质多晶性质；在油炸过程中油脂发生的一系列化学反应可赋予油炸食品诱人的色泽和香气；此外，脂肪与水互不相溶，乳状液的稳定及稳态化技术对于维持含脂食品的稳定性十分重要。同时，不当的加工条件和方式也会使脂肪及含脂食品产生自由基、脂质过氧化物和反式脂肪酸等有毒有害产物，严重影响机体健康。如何合理地摄入脂肪保持健康，并利用脂肪的性质制造出各色美食？又如何在加工和贮藏过程中规避潜在的风险？这其中蕴含的科学原理和方法你可以从本章的学习中找到答案。

✿ 为什么要学习脂质?

脂肪不仅是食品中最重要的三大营养素之一，而且与其他两大营养素相比，脂肪的化学性质最活泼，最容易引起食品品质变化，例如脂肪氧化可通过自动氧化、光敏氧化及酶促氧化等多种途径发生而引起含脂食品的品质劣变，甚至产生致癌致突变的有害产物。只有系统学习了其结构、氧化机理及其影响因素，才能在生产实际中对其进行合理地控制或利用，同时规避有毒有害物质产生，保证食品品质和安全。同理，对脂类的其他物化性质的应用都有赖于对其科学原理的理解和掌握。对不同结构和不同类型脂肪酸与人体健康关系的学习也有利于优化膳食脂肪的类型，合理选择膳食脂肪比例，保护机体健康。

◉ 学习目标

○ 写出亚油酸、亚麻酸的结构并按四种方法命名。
○ 定义同质多晶，并举例说明油脂的同质多晶在食品工业中的应用。
○ 指出影响油脂塑性的因素。
○ 指出脂肪在加工和贮藏过程中发生的主要化学变化。
○ 简述油脂的自动氧化和光敏氧化的机理及区别。
○ 举例说明脂肪在加工和贮藏过程中发生的水解、氧化、热降解等变化对食品品质和安全性的影响。
○ 简述油脂精炼的步骤、原理及目的。
○ 指出油脂改性的方法。
○ 简述各类食用脂肪与人体健康的关系。

4.1 概述

4.1.1 脂质的定义及功能

脂质（lipids）是生物体内不溶于水而溶于有机溶剂的一大类疏水性物质的总称，其中约99%是脂肪酸甘油酯，即我们俗称的脂肪。习惯上将室温呈固态的称为脂（fat），呈液态的称为油（oil）。

脂肪是食品的主要组分之一，是生物体不可或缺的营养素。除提供能量外，脂肪还可提供必需脂肪酸、充当脂溶性维生素的载体、赋予食品光润的外观及润滑的口感和良好的风味。许多脂肪还具有很好的加工特性如塑性、起酥性、酪化性等，对很多含脂食品的加工至关重要。在食品烹饪和加工中，脂肪还是一种传热介质。此外，脂肪也是生物体细胞膜的主要组成成分之一，对维持细胞结构和功能至关重要，同时在生物体中还具有润滑、保护、保温、贮能等多种功能。

4.1.2　油脂的分类

按其结构和组成，脂质可以分为简单脂质、复合脂质和衍生脂质（表4-1）。

表4-1　脂质的分类

主类	亚类	组成
简单脂质	酰基甘油酯类	甘油 + 脂肪酸
	蜡	长链脂肪醇 + 长链脂肪酸
复合脂质	磷酸酰基甘油磷脂类	甘油 + 脂肪酸 + 磷酸盐 + 含氮基团
	鞘磷脂类	鞘氨醇 + 脂肪酸 + 磷酸盐 + 胆碱
	脑苷脂类	鞘氨醇 + 脂肪酸 + 糖
	神经节苷脂类	鞘氨醇 + 脂肪酸 + 碳水化合物
衍生脂质		类胡萝卜素、类固醇、脂溶性维生素等

从表4-1中可以看出脂类化合物种类繁多，结构各异，故有些脂质并不完全符合4.1.1节里脂质的定义，如卵磷脂微溶于水而不溶于丙酮，脑苷脂和鞘磷脂不溶于乙醚。但脂类化合物一般都具有以下共性：①不溶于水而溶于乙醚、石油醚、氯仿、丙酮等有机溶剂；②大多具有酯的结构，其中以脂肪酸形式的酯最多；③均由生物体产生，并能被生物体利用（区别于矿物油）。

 概念检查 4.1

○ 何谓脂质？食品脂质有何特点？

4.2　脂肪的结构和命名

4.2.1　脂肪酸的结构

按照天然脂肪酸碳原子的饱和程度，脂肪酸分为饱和脂肪酸和不饱和脂肪酸；按照脂肪酸碳原子个数，脂肪酸分为长链脂肪酸、中链脂肪酸和短链脂肪酸；按照双键的构型，不饱和脂肪酸又可以分为顺式脂肪酸和反式脂肪酸。

天然脂肪酸大多具有以下特点：①绝大多数天然脂肪酸具有偶数碳原子，而且为直链，极少数为奇数碳原子和支链脂肪酸；②天然不饱和脂肪酸多为顺式结构；③多不饱和脂肪酸多为非共轭的五碳双烯（—CH＝CH—CH$_2$—CH＝CH—）结构。

4.2.2　脂肪酸的命名

① 系统命名法：以含羧基的最长碳链为主链，若为不饱和脂肪酸，则主链必须包含双键，从羧基端开始编号，并标出双键的位置。

例：$CH_3(CH_2)_{16}COOH$　　十八碳酸

$CH_3(CH_2)_4CH\!=\!CH\!-\!CH_2\!-\!CH\!=\!CH(CH_2)_7COOH$　　9,12-十八碳二烯酸

② 数字命名法：$n:m$（n 为碳原子个数，m 为双键数）。

例：$CH_3(CH_2)_{16}COOH$　18:0

$CH_3(CH_2)_4CH\!=\!CH\!-\!CH_2\!-\!CH\!=\!CH(CH_2)_7COOH$　　18:2

对于不饱和脂肪酸，采用数字命名时还需标出双键的顺反结构和位置，c 表示顺式，t 表示反式，如 $CH_3(CH_2)_4CH\!=\!CH\!-\!CH_2\!-\!CH\!=\!CH(CH_2)_7COOH$ 命名为 9t,12c-18:2（从羧基端开始编号）；也可以从甲基端开始编号，记作"ω 数字"或"n-数字"，该数字为编号最小的双键碳原子位次，例如 18:3ω3。ω 或 n 法仅限于双键为顺式，如有多个双键则必须为五碳双烯型（$-CH\!=\!CHCH_2CH\!=\!CH-$）、直链不饱和脂肪酸。

③ 俗名或普通名：如油酸、亚油酸、月桂酸等。

④ 英文缩写：如油酸 O，硬脂酸 St，详见表 4-2。

表4-2　一些常见脂肪酸的命名

数字命名	系统命名	俗名或普通名	英文缩写
4:0	丁酸	酪酸（butyric acid）	B
6:0	己酸	己酸（caproic acid）	H
8:0	辛酸	辛酸（caprylic acid）	Oc
10:0	癸酸	癸酸（capric acid）	D
12:0	十二酸	月桂酸（lauric acid）	La
14:0	十四酸	肉豆蔻酸（myristic acid）	M
16:0	十六酸	棕榈酸（palmtic acid）	P
16:1	9-十六烯酸	棕榈油酸（palmitoleic acid）	Po
18:0	十八酸	硬脂酸（stearic acid）	St
18:1ω9	9-十八烯酸	油酸（oleic acid）	O
18:2ω6	9,12-十八二烯酸	亚油酸（linoleic acid）	L
18:3ω3	9,12,15-十八三烯酸	α-亚麻酸（linolenic acid）	α-Ln
18:3ω6	6,9,12-十八三烯酸	γ-亚麻酸（linolenic acid）	γ-Ln
20:0	二十酸	花生酸（arachidic acid）	Ad
20:4ω6	5,8,11,14-二十碳四烯酸	花生四烯酸（arachidonic acid）	An
20:5ω3	5,8,11,14,17-二十碳五烯酸	（eicosapentanoic acid）	EPA
22:1ω9	13-二十二烯酸	芥酸（erucic acid）	E
22:6ω3	4,7,10,13,16,19-二十二碳六烯酸	（docosahexanoic acid）	DHA

4.2.3　脂肪的结构

脂肪主要是脂肪酸与甘油形成的三酯，即三酰基甘油（triacylglycerol，TG），又称甘油三酯。

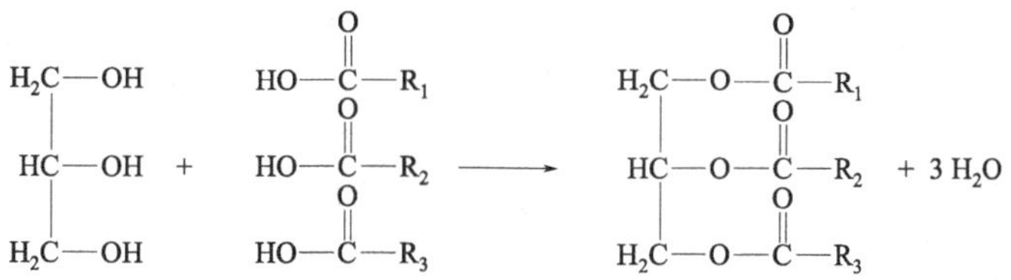

若 R₁=R₂=R₃，则为单纯甘油酯；R_i 不完全相同时，则为混合甘油酯，天然油脂多为混合甘油酯。当 R₁≠R₃ 时，C2 原子有手性，天然油脂多为 L 型。天然油脂碳原子数多为偶数，且多为直链脂肪酸，奇数碳原子、支链或环状结构的脂肪酸极少见。

4.2.4　三酰基甘油的命名

三酰基甘油的命名有赫尔斯曼（Hirschmann）提出的立体有择位次编排命名法（stereospecific numbering，Sn）和坎恩（Cahn）提出的 R/S 系统命名法，由于后者应用有限（不适用于甘油 C1 和 C3 上脂肪酸相同的脂肪），故甘油酯命名多采用 Sn 命名法。此法规定采用甘油的 Fisher 投影式，碳原子编号自上而下为 1～3，C2 的羟基位于中心碳的左边，C1 和 C3 的羟基位于碳原子的右边，见下图：

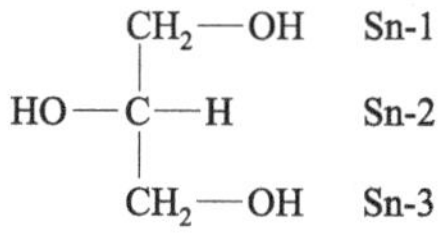

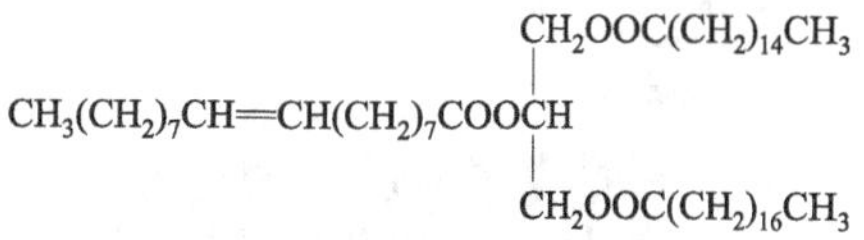

① 数字命名：Sn-16:0-18:1(c9)-18:0
② 英文缩写命名：Sn-POSt
③ 中文命名：Sn-1-棕榈酸-2-油酸-3-硬脂酸甘油酯

4.3　天然油脂中脂肪酸的分布

4.3.1　动物脂中脂肪酸的分布

乳脂主要含短链脂肪酸（C₄～C₁₂），少量的支链、奇数碳脂肪酸。高等陆生动物脂中饱和脂肪酸含量高，且含有较多的 C₁₆ 和 C₁₈ 脂肪酸，其中不饱和脂肪酸多为油酸和亚油酸，因此熔点较高。水产动物油脂含有较多的不饱和脂肪酸。而两栖类、爬行类、鸟类和啮齿动物脂肪酸组成则介于水产动物和高等陆生动物之间。主要动物脂肪的组成如图 4-2 所示。

4.3.2　植物油中脂肪酸的分布

植物油含有较多的不饱和脂肪酸，果仁油及种子油中含有较多的棕榈酸、油酸、亚油酸。后者还含有较多的亚麻酸。芥酸仅存在于十字花科植物种子中。几种常见植物油中脂肪酸的组成见图 4-3。

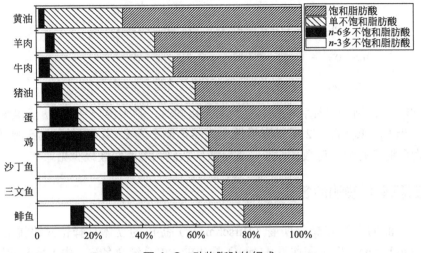

图 4-2 动物脂肪的组成

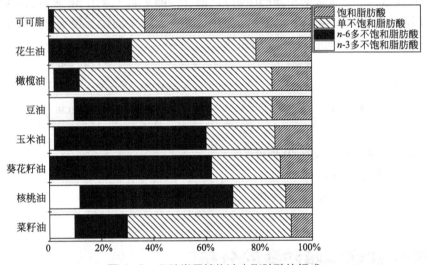

图 4-3 几种常见植物油中脂肪酸的组成

4.4 油脂的物理性质

4.4.1 色泽和气味

纯净的脂肪是无色无味的，天然油脂所带的黄色或黄绿色是由所含的脂溶性色素如类胡萝卜素、叶绿素等所致，油脂精炼脱色后颜色变浅。特定油脂的特征气味是由其所含的非脂气味成分所致，如芝麻油的香味是由乙酰吡嗪引起，椰子油的气味源于壬基甲酮，黑芥子苷受热分解产生的刺激性气味贡献了菜籽油的特征风味。

乙酰吡嗪   壬基甲酮   黑芥子苷

4.4.2 熔点、沸点及烟点、闪点和着火点

油脂的熔点（melting point，mp）是指油脂由固态转变成液态的温度，沸点（boiling point，bp）是指油脂沸腾的温度。由于天然油脂都为混合物，所以没有敏锐的 mp 和 bp。油脂的 mp 一般在 4～55℃之间，碳链越长，饱和度越高，则 mp 越高。共轭脂肪酸熔点较非共轭脂肪酸熔点高，反式构型脂肪酸比相同碳原子数和双键数的天然顺式脂肪酸 mp 高很多。油脂的 bp 一般在 180～200℃之间，bp 随碳链增长而增高，相同碳原子数的油脂沸点与饱和度关系不大。

油脂的烟点、闪点和着火点能反映油脂接触空气加热时的稳定性。烟点是指在不通风的情况下加热油样发烟时的温度，一般为 240℃；闪点是指油脂中的挥发性物质能被点燃而不能维持燃烧的温度，一般为 340℃；着火点是指油脂中的挥发性物质能被点燃且能维持燃烧时间不少于 5s 的温度，一般为 370℃。油脂的纯度越高，其烟点、闪点及着火点越高。

4.4.3 结晶特性

4.4.3.1 同质多晶

X 射线衍射测定结果表明，固体脂微观上呈高度有序的晶体结构，其结构可用一个基本的结构单元（晶胞）在三维空间周期性排列得到。液态脂肪在冷却过程中会释放潜热，分子运动降低，分子紧密接触，其非极性脂肪酸通过强疏水作用排列形成有序的晶体结构。甘油主链上脂肪酸类型高度影响所形成的晶体的结构和性质。一般而言，单纯甘油酯相互作用强，易堆积形成结构紧密的晶体；混合甘油酯作用较弱，堆积较少，易形成较多结构疏松的晶体。依条件不同，油脂在结晶过程中能形成不同的晶型，即同质多晶现象。所谓同质多晶是指化学组成相同而晶体结构不同，但熔化时可生成相同的液相的一类化合物。

油脂的不同的同质多晶体具有不同的稳定性，在大多数情况下，多种晶型可以同时存在，一般亚稳态的同质多晶体在未熔化时可自发地单向转变成稳定的晶型；稳态的同质多晶体间在一定条件下也可发生双向转化。

4.4.3.2 脂肪酸的同质多晶

长碳链化合物的同质多晶与烃链的不同堆积排列方式或不同的倾斜角有关，可用晶胞内沿链轴方向重复的最小单元亚晶胞亚乙基（—CH_2—CH_2—）来表示堆积方式（图 4-4），甲基和羧基并不是亚晶胞的组成部分。

已经发现烃类亚晶胞有 7 种堆积方式，其中最常见的有三种，即三斜堆积（T∥）、正交堆积（O）和六方形堆积（H），见图 4-5 所示。

三斜堆积（T∥）：也称 β 型，其中两个亚甲基单位连在一起组成乙烯的重复单位，每个亚晶胞中有一个乙烯，所有的曲折平面都是平行的。由于亚晶胞的位向是一致的，故在这三种结构中最稳定。

正交堆积（O）：也称 β′ 型，每个亚晶胞中有两个乙烯单位，交替平面与它们相邻平面互相垂直。在此种堆积方式中位于中心的亚晶胞位向与 4 个顶点的亚晶胞位向不同，所以稳定性不如 β 型。

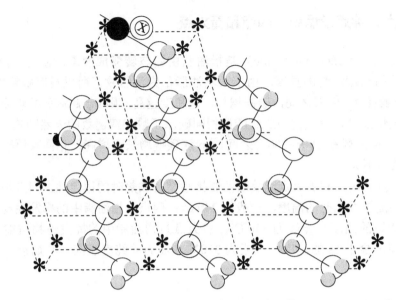

图4-4　脂肪酸晶体中的亚晶胞晶格

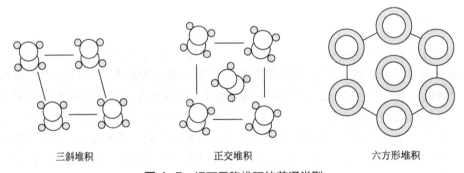

三斜堆积　　　　　　　正交堆积　　　　　　六方形堆积

图4-5　烃亚晶胞堆积的普通类型

六方形堆积（H）：称为α型，在快速冷却过程中，烃链随机定向，并围绕它们的长垂直轴旋转，形成无序的、不稳定的晶体。

4.4.3.3　三酰基甘油的同质多晶

三酰基甘油的分子链较长，具有许多烃类的特点，但其同质多晶现象受三个酰基的影响，比较复杂。由于三酰基甘油的Sn-1、Sn-3位于Sn-2位上脂肪酸的反方向，在晶格中三酰基甘油分子排列成椅式。并且在三酰基甘油的β晶型排列方式中，脂肪酸可以两种方式交错排列，一种是2倍碳链长的方式（DCL），另一种是3倍碳链长的方式（TCL），如图4-6所示，分别记作β-2和β-3。在单纯甘油酯的晶格中，分子倾向于呈DCL的椅式结构排列，形成最稳定的β晶型（β-2）。而混合型甘油酯由于含有不同链长的脂肪酸，不同的链排列产生不同的结构，因此晶体中分子的排列更为复杂，易停留在β′阶段，以TCL方式排列，即β′-3。在此基础上根据长间距不同还可细分为多种类型，用Ⅰ、Ⅱ、Ⅲ、Ⅳ、Ⅴ等罗马数字表示，如可可脂可形成α-2、β′-2、β-3Ⅴ、β-3Ⅵ等晶型。三月桂酸甘油酯分子排列见图4-7。三酰基甘油三种同质多晶体的示意图和特性见图4-8和表4-3。

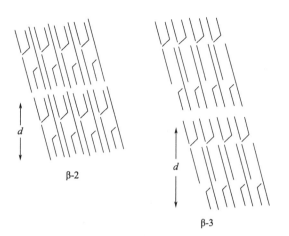

图 4-6　三酰基甘油 β 型的排列方式（β-2: DCL；β-3: TCL）

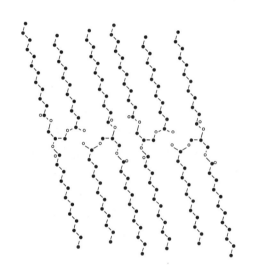

图 4-7　三月桂酸甘油酯分子排列

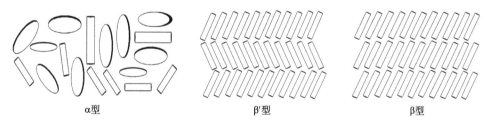

图 4-8　三酰基甘油三种同质多晶体的示意图

表4-3　三酰基甘油三种同质多晶型的特性

特征	α晶型	β′晶型	β晶型
短间距 /nm	0.42	0.42，0.38	0.46，0.39，0.37
尺寸	<1μm	/	25～45μm
外观口感	细腻光滑、有光泽、纹理细密	针状结晶，纹理细密	大的粗晶体，颗粒状纹理

续表

特征	α 晶型	β′ 晶型	β 晶型
红外特征吸收 /cm^{-1}	720	727，719	717
密度	最小	中间	最大
熔点	最低	中间	最高
链堆积	六方形	正交	三斜

脂肪形成的同质多晶晶型首先取决于三酰基甘油中脂肪酸的组成以及位置分布。一般均匀组成的脂肪（三酰基甘油分子中三个脂肪酸分子相同或相近）倾向于迅速转变成稳定的 β 型，如大豆油、花生油、玉米油、橄榄油、可可脂、猪油等；而非均匀组成的脂肪倾向于缓慢地转变成 β′ 型，如棉子油、棕榈油、菜油、乳脂、牛脂等。因此，在实际生产中，应根据产品的需要选择合适的原料。如在制备起酥油、人造奶油以及焙烤产品时，希望得到持续时间长、有助于并入大量空气气泡，形成具有良好塑性或口感细腻的 β′ 型产品，应该选择非均匀组成的脂肪为主要原料。

其次，油脂的晶型还取决于熔融状态的油脂冷却时的温度和速度。因此，在实际应用中，若期望得到某种晶型的产品，还可通过控制结晶温度、时间和加热及冷却速率等来达到目的，此种加工手段称为"调温"，即通过控制加工条件，利用结晶方式改变油脂的性质，使得到理想的同质多晶型和物理状态，以增加油脂的利用性和应用范围。例如在巧克力的生产过程中，由于其主要原料可可脂中含有三种主要甘油酯：Sn-POSt（40%）、Sn-StOSt（30%）、Sn-POP（15%），能形成几种同质多晶晶型，不同晶型的熔点和口感均不同，其中 α-2 型熔点为 23.3℃，β′-2 型熔点为 27.5℃，β-3 V 型熔点为 33.8℃（期望的晶型，稳定，可使巧克力表面具有光泽，口感丝滑，入口即化），β-3 VI 型熔点为 36.2℃，因此在加工过程中可通过调温，使形成 β-3 V 型结晶。由于油脂的不同同质多晶晶型在一定条件可以发生转化（亚稳态→稳态，稳态↔稳态），因此巧克力在贮藏过程中如果贮藏条件不适宜，可能会使 β-3 V 转变成 β-3 VI 晶型，导致巧克力表面起"白霜"，同时口感变粗糙。实际生产过程中，可通过添加低浓度的表面活性剂如山梨醇硬脂酸一酯和三酯抑制巧克力起霜。

可可脂的调温过程：

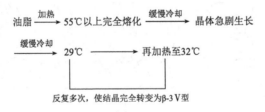

油脂 —加热→ 55℃以上完全熔化 —缓慢冷却→ 晶体急剧生长
—缓慢冷却→ 29℃ —→ 再加热至32℃
反复多次，使结晶完全转变为 β-3 V 型

 概念检查 4.2

○ 何谓同质多晶？举例说明同质多晶在食品工业中的应用。

4.4.4　熔融特性

固体脂肪在加热时吸收热量，晶体结构被熔化破坏，变成液态的过程称为熔融。由于天然脂肪均为混合物，熔化时不是一特定温度，而是在一定的温度范围，称为熔程。脂肪的熔化过程实际上是一系列不同稳定性的晶体相继熔化的过程。

　　组成均匀的同酸甘油酯熔化得到的热焓熔化曲线如图 4-9 所示。β 型同质多晶的热焓随温度的升高而增加（相变膨胀），在熔点时吸收热量（熔化热），但温度保持不变，直到全部固体转变为液态时（B 点）温度才开始继续上升。另外，不稳定的同质多晶型 α 型晶体全部转变为稳定的同质多晶型晶体时（从 E 点开始，并与 ABC 曲线相交），伴随有热量放出。

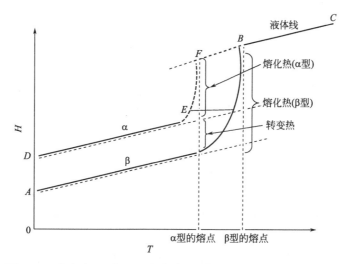

图 4-9　稳定（β 型）和不稳定（α 型）多晶型物的热焓熔化曲线

　　油脂熔化时，除热焓值变化外，体积也会膨胀。但当固体脂中不稳定的同质多晶型转变为稳定的同质多晶型晶体时，体积会收缩（因为后者堆积更紧密，密度更大），因此可以通过膨胀计测定液态油与固体脂的比体积随温度的变化，得到如图 4-10 的热焓或膨胀率曲线，此曲线与热焓温度曲线完全相似，因此可用简单的膨胀计测定脂肪的熔化性质。

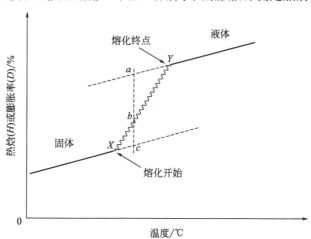

图 4-10　甘油酯混合物热焓（H）或膨胀率（D）曲线

　　图 4-10 中曲线 XY 代表体系中固体组分逐渐熔化的过程，固体脂在 X 点处开始熔化，Y 点处全部变成液体油，在 XY 间的任一位置（b 点），均是固液混合物，混合物中固体脂所

占的比例为 ab/ac，液体油所占的比例为 bc/ac。将一定温度下固液比 ab/bc 定义为固体脂肪指数（solid fat index，SFI），它与脂肪在食品中的加工特性密切相关。

4.4.5　油脂的塑性

在室温下表现为固体的脂肪实际上也是固体脂和液体油的混合物，两者交织在一起，用一般的方法无法将其分开，故此赋予了脂肪可塑造性，即油脂的塑性，是指在一定外力下，表观固体脂肪具有的抗变形的能力。油脂的塑性取决于以下因素：

① SFI 适当：固脂过多，则油脂过硬，塑性不好；液油过多，则油脂太软，塑性也不佳。SFI 与食品中脂肪的加工特性密切相关，如果固脂含量少，脂肪非常容易熔化，固脂含量高，脂肪变脆，一般 SFI 值为 10～30 的油脂塑性较好。

② 脂肪的晶型：当脂肪为 β′ 晶型时，可塑性最强。因为 β′ 型结晶在形成时可将大量小气泡并入产品，赋予产品很好的塑性和奶油的凝聚性质，而 β 型结晶所包含的气泡数量少且大，塑性差。

③ 熔化温度范围（熔程）：从熔化开始到熔化结束之间的熔程越宽则脂肪的塑性越大。

塑性油脂一般具有良好的涂抹性和可塑性，同时在焙烤食品中还具有起酥性。在面团调制过程中加入塑性油脂（plastic fats），可形成较大面积的薄膜，使面团延伸性增强，油膜的阻隔作用还可以阻止面筋颗粒间彼此黏合形成大面筋块，降低了面筋的弹性和韧性，同时降低面团的吸水率，使制品酥脆。

塑性油脂还可以使面团在调制时包含和保留一定的气体，使面团体积增加。在面包、饼干、糕点加工中专用的结构稳定的塑性油脂称为起酥油（shortening），具有在 40℃不变软，在低温下不太硬以及不易氧化的特性，能使制品质地变得酥脆。

 概念检查 4.3　　　　　　　　　　　　　　　　　　　

○ 何谓油脂的塑性？举例说明塑性脂肪在食品加工中的应用。

4.4.6　液晶态

油脂中除存在固态和液态的油脂外，还有一种物理特性介于固态和液态之间的相态，被称为液晶态或介晶态。

油脂的液晶态结构中存在非极性的烃链，烃链之间仅存在较弱的范德华力。加热未到熔点时，烃区便被熔化，而油脂中的极性基团（如酯基、羧基）间存在范德华力、诱导力、取向力、氢键等作用力，加热未到熔点时，极性区不熔化，故形成液晶相。乳化剂是典型的两亲物质，易形成液晶相。

在脂-水体系中，液晶相结构主要有三种（见图 4-11），即层状结构、六方结构及立方结构。层状结构类似生物膜双层膜，有序排列的两层脂中夹一层水。当层状液晶被加热时，可转变成立方或六方Ⅱ型液晶。在六方Ⅰ型结构中非极性基团在六方柱内部，极性基团在六方柱外部，水处在六方柱之间。而在六方Ⅱ型液晶结构中水被包裹在六方柱内部，非极性基团朝向六方柱外部。在立方结构中也是如此。在生物体内，液晶相影响生物膜的可渗透性。

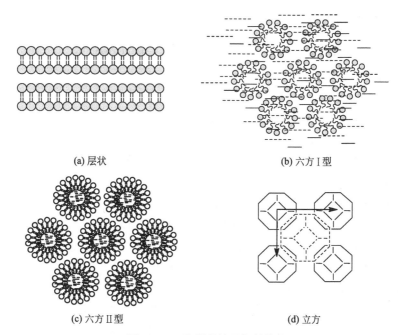

(a) 层状　　　　　　　　　　　　　　　(b) 六方Ⅰ型

(c) 六方Ⅱ型　　　　　　　　　　　　　(d) 立方

图 4-11　脂类的液晶相结构

4.4.7　油脂的乳化及乳化剂

尽管油水互不相溶，但在一定条件下，其中一相能以直径 0.1～50μm 的小液滴分散在另一相中，形成介稳态（metastable）的乳浊液。其中前者被称为内相或分散相，后者被称为外相或连续相。乳浊液可分为水包油型（O/W，连续相为水）和油包水型（W/O，连续相为油）。牛乳是典型的 O/W 型乳浊液，而奶油则是典型的 W/O 型乳浊液。

 概念检查 4.4

○ 何谓乳状液？蛋黄酱是属于哪类乳状液？

4.4.7.1　乳状液的失稳机制

乳状液为热力学上的不稳定体系，在一定条件下会出现分层、絮凝、聚结等现象，最终导致乳状液失稳。乳状液的失稳机制主要有：

① 分层或沉降：在重力作用下，密度不同的相产生沉降或分层。油滴半径越大，两相密度差越大，沉降速度越快。

② 絮凝：乳状液保持稳定取决于乳状液小液滴的表面电荷的排斥作用。分散相颗粒间存在范德华吸引力和静电排斥力，当分散相液滴表面电荷不足时，液滴之间的排斥作用力不足，引力作用导致液滴与液滴相互接近，发生絮凝，但液滴间的界面膜尚未破裂。

③ 聚结：当发生絮凝的液滴之间界面膜破裂，液滴与液滴相互结合，小液滴变成大液滴即为发生聚结，此时界面面积急剧减小，严重时甚至会发生相分离。这是乳状液失稳的重要机制。

4.4.7.2 乳化剂的乳化作用

针对乳状液的失稳机制，乳化剂可通过以下途径发挥乳化作用：

（1）减小两相间的界面张力

大多数乳化剂是两亲化合物，当其浓集在油 - 水界面时，可明显降低界面张力，减少形成乳状液所需的能量，因而可提高乳状液的稳定性。

（2）增大分散相之间的静电斥力

离子型表面活性剂可在含油的水相中建立双电层，增大小液滴之间的斥力，使小液滴不发生絮凝而保持稳定，这类乳化剂适用于 O/W 型乳状液。

（3）增大连续相的黏度或生成有弹性的厚膜

当连续相黏度增大时可明显减缓或推迟液滴间的沉降和絮凝，利于乳状液稳定。许多多糖和蛋白质能增加水相黏度，有些蛋白质还能在分散相周围形成具有黏弹性的厚膜，抑制分散相分层、絮凝和聚结，对于 O/W 型乳状液保持稳定极为有利。

（4）微小的固体粉末的稳定作用

比分散相尺寸小且能被两相润湿的固体粉末，吸附在分散相界面时可在分散相液滴间形成物理垒，阻止液滴的絮凝和聚结，起到稳定乳化的作用。具有这种作用的固体粉末有粉末状硅胶、各种黏土、碱金属盐和植物细胞碎片等，形成的乳液被称为皮克林乳液。

（5）形成液晶相

部分乳化剂可在液滴周围形成液晶多分子层，这种作用使得液滴之间的范德华引力减弱，抑制液滴的絮凝和聚结，使乳状液保持稳定。当液晶黏度比水相黏度大得多时，这种稳定作用更加明显。

4.4.7.3 食品乳化剂的选择方法

不同类型的乳浊液中乳化剂的选择一般根据亲水 - 亲油平衡（hydrophilic-lipophilic balance，HLB）值进行选择。HLB 值表示乳化剂的亲水 - 亲油能力，可通过实验或计算得到。通常 HLB 值在 3～6 范围有利于形成 W/O 型乳化剂，HLB 值在 8～18 之间则有利于形成 O/W 型乳化剂。表 4-4 列出了 HLB 值及其适用性。

表4-4 HLB值及其适用性

HLB 值	适用性
1.5～3	消泡剂
3.5～6	W/O 型乳化剂
7～9	湿润剂
8～18	O/W 型乳化剂
13～15	洗涤剂
15～18	溶化剂

用于计算 HLB 值的基团数见表 4-5。乳化剂 HLB 值的计算可采用以下几种方法：

（1）Griffim 法

$$非离子型表面活性剂的HLB值 = \frac{亲水基部分的摩尔质量}{表面活性剂的摩尔质量} \times \frac{100}{5}$$

$$= \frac{亲水基质量}{憎水性质量 + 亲水基质量} \times \frac{100}{5}$$

$$= 亲水基质量分数 \times \frac{1}{5}$$

（2）David 法

$$HLB = \Sigma(亲水基团HLB) + \Sigma(亲油基团HLB) + 7$$

表4-5　用于计算HLB值的基团数

亲水基团	基团数	亲油基团	基团数
—SO$_4$Na	38.7	—CH—	0.475
—SO$_3$Na	37.4	—CH$_2$—	0.475
—COOK	21.1	—CH$_3$	0.475
—COONa	19.3	＝CH—	0.475
—N＝	9.4	—CH$_2$—CH$_2$—CH$_2$—O—	0.15
酯（失水山梨醇环）	6.8	—CH—CH$_2$—O— / CH$_3$	0.15
酯（自由）	2.4		
—COOH	2.1	—CH$_2$—CH—O— / CH$_3$	0.15
—OH（自由）	1.9		
—O—	1.3	—CF$_2$—	0.870
—OH（失水山梨醇环）	0.5	—CF$_3$	0.870
—(CH$_2$CH$_2$O)—	0.33	苯环	1.662

　　通常混合型乳化剂的乳化性比相同 HLB 值的单一乳化剂乳化效果好，因此食品工业中常用混合乳化剂，混合乳化剂的 HLB 值具有代数加和性，通常采用代数加权法计算而得。

4.4.7.4　食品中常见的乳化剂简介

（1）甘油酯及其衍生物

　　甘油酯是一类在食品工业中被广泛应用的非离子型乳化剂，具有乳化能力的主要是甘油一酯（HLB 2～3），甘油二酯乳化能力差，甘油三酯完全无乳化能力。目前常用的有单双混合酯和甘油一酯（图 4-12），通常用于加工人造黄油、快餐食品、低热量涂布料、冷冻甜点等。为了改善甘油一酯的性能，还可以将其制成衍生物。

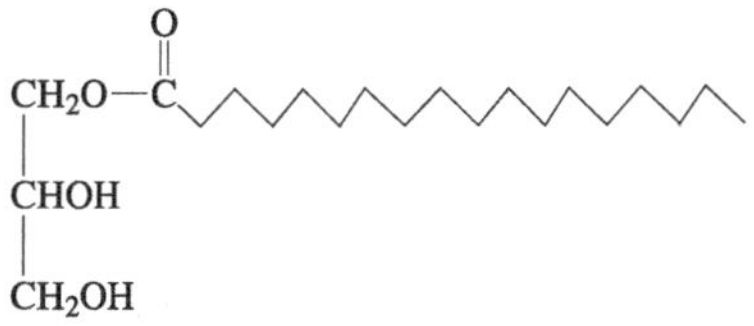

图 4-12　甘油一酯结构

（2）蔗糖脂肪酸酯

　　蔗糖脂肪酸酯 HLB 值为 3～15，单酯含量越多，HLB 值越大。单酯和双酯的产品亲水性强，适用于 O/W 型体系，如速溶饮品、巧克力分散剂等。蔗糖脂肪酸酯（图 4-13）具有表面活性，能降低表面张力，因此乳化性能良好，常用于面制品中，除乳化作用外，还具有使面包体积增大、抗老化等功能。此外，蔗糖脂肪酸酯是非常安全的乳化剂，在体内分解成蔗糖和脂肪酸，但在制备过程中会使用催化剂，可能存在二甲基甲酰胺残留，需严格遵守其最大使用量。

（3）山梨醇酐脂肪酸酯及其衍生物

山梨醇酐脂肪酸酯是一类被称为斯盘（Span）的产品，HLB 值为 4～8。山梨醇酐脂肪酸酯（图 4-14）与环氧乙烷加成可得亲水性好的吐温（Tween）类乳化剂，HLB 值为 16～18，但产品有不良气味，用量较大时会使口感发苦。

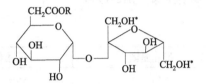

图 4-13 蔗糖脂肪酸酯结构
R 是脂肪酸的烃基，* 表示能与脂肪酸结合形成二酯或三酯的羟基位置

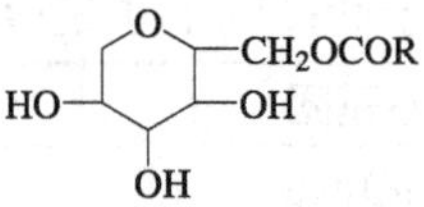

图 4-14 山梨醇酐脂肪酸酯结构
COR 为脂肪酸残基

（4）大豆磷脂

大豆磷脂是大豆加工的副产物，是一种天然的食品乳化剂，是多种磷脂的混合物（图 4-15），主要包含磷脂酰胆碱（卵磷脂，PC，约为 34.2%）、磷脂酰乙醇胺（脑磷脂，PE，约为 19.7%）、磷脂酰肌醇（PI，约为 16.0%）、磷脂酰丝氨酸（PS，约为 15.8%）、磷脂酸（约为 3.6%）及其他磷脂（约为 10.7%）。卵磷脂主要形成 O/W 型乳状液，可用于饮料、奶油浓汤、蛋黄酱、色拉调味汁、蛋糕乳状液、低脂色拉酱等的乳化稳定。

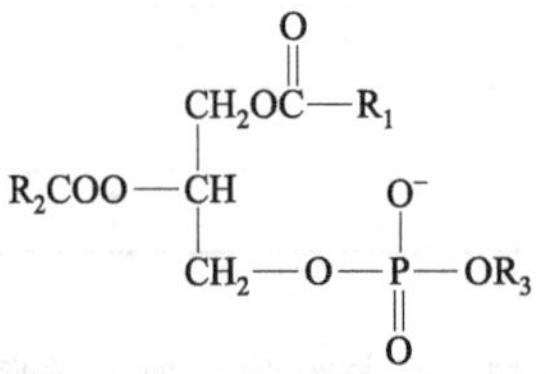

$R_3 = —CH_2CH_2N^+(CH_3)_3$ 为磷脂酰胆碱(phosphatidyl choline, PC)

$R_3 = —CH_2CH_2NH_2$ 为磷脂酰乙醇胺(phosphatidyl ethanolamine, PE)

$R_3 = —CH_2CH(NH_2)COOH$ 为磷脂酰丝氨酸(phosphatidyl serine, PS)

$R_3 = $ 为磷脂酰肌醇(phosphatidyl inositol, PI)

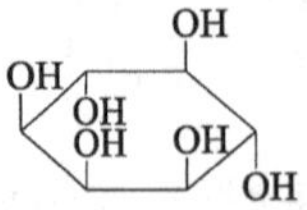

$R_3 = H$ 为磷脂酸(phosphatidyl acid)

图 4-15 大豆磷脂结构

除乳化作用外，乳化剂在食品加工中还具有润湿、分散、抑制冰晶形成、减少气泡、赋予冰激凌细腻爽滑的口感、抑制巧克力制品"起霜"、增大面制品体积、抑制淀粉老化等多种作用。此外，有些乳化剂还具有重要的生理功能，如大豆磷脂在促进体内脂肪代谢、肌肉生长、神经系统发育和体内抗氧化损伤等方面发挥很重要的作用。

4.5　油脂的化学性质

4.5.1　油脂的脂解反应

在适当条件下（酶、酸、碱、加热、催化剂等），油脂能发生水解反应，生成游离脂肪酸和甘油，这是油脂化学中一个重要的反应。水解反应是分步进行的，依次生成甘油二酯、甘油一酯，最后水解生成甘油和脂肪酸（图 4-16）。

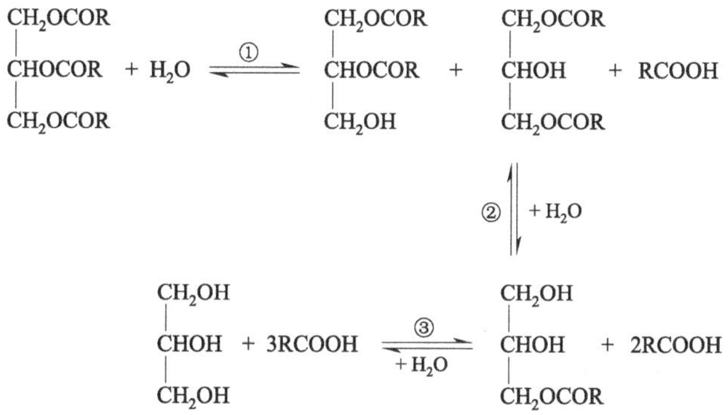

$$\begin{array}{c}\text{CH}_2\text{OCOR}\\ \text{CHOCOR}\\ \text{CH}_2\text{OCOR}\end{array} + \text{H}_2\text{O} \xrightleftharpoons{①} \begin{array}{c}\text{CH}_2\text{OCOR}\\ \text{CHOCOR}\\ \text{CH}_2\text{OH}\end{array} + \begin{array}{c}\text{CH}_2\text{OCOR}\\ \text{CHOH}\\ \text{CH}_2\text{OCOR}\end{array} + \text{RCOOH}$$

$$②\Big\downarrow + \text{H}_2\text{O}$$

$$\begin{array}{c}\text{CH}_2\text{OH}\\ \text{CHOH}\\ \text{CH}_2\text{OH}\end{array} + 3\text{RCOOH} \xrightleftharpoons[+\text{H}_2\text{O}]{③} \begin{array}{c}\text{CH}_2\text{OH}\\ \text{CHOH}\\ \text{CH}_2\text{OCOR}\end{array} + 2\text{RCOOH}$$

图 4-16　油脂水解反应方程式

水解反应的特点是第一步反应速度缓慢，第二步速度很快，第三步反应速度又降低。这是由于开始水解时，水在油脂中的溶解度很低，同时反应物和生成物之间很容易达到平衡所致（可逆反应）。水解反应是酯化反应的逆反应，反应速度较慢，需要在高温、高压或催化剂存在下进行，酸、碱、脂肪酶、高温等都可以加速水解反应。动物宰后或油料作物种子采后贮藏过程中因内源性脂肪酶的作用会产生大量的游离脂肪酸，对油品品质不利，因此在后续的处理过程中往往需要采用碱中和，以除去游离脂肪酸。

由于食品中存在大量水分，在深度油炸过程中，在高温条件下，水解是一个主要反应。油炸过程中产生的大量游离脂肪酸使油的发烟点下降。此外，游离脂肪酸比甘油酯更易氧化，因此在食品贮藏和加工过程中，一般要避免脂肪水解，因为水解既影响油的品质，又会产生不良风味（水解产物中某些短链脂肪酸会使鲜乳有哈喇味，油脂氧化也会产生哈喇味）。然而某些食品加工也需利用水解反应，如干酪生产就是通过添加特定微生物和乳脂酶水解产生典型的干酪味；生产酸奶和面包时，也可通过控制水解来产生特有的风味。

在有碱存在的条件下，油脂完全水解生成甘油和脂肪酸盐的反应即为皂化反应。这是工业上制取肥皂的理论基础。

4.5.2　油脂的氧化反应

油脂氧化（oxidation）是油脂和含脂食品在贮藏和加工过程中发生品质劣变的主要原因。油脂和含脂食品在贮藏和加工过程中，在空气中的氧气、光照、金属离子、微生物或酶的作用下，发生氧化，产生不良风味和气味（哈喇味或者酸败味）、苦涩味和一些有毒化合物的反应，统称油脂的氧化或酸败（oxidation 或 rancidity）。油脂氧化不仅会导致食品的外观、质地、营养质量及风味变劣，还会产生致突变的物质。此外，其氧化产物过氧化脂质几乎可与人体内所有分子或细胞反应，破坏 DNA 和细胞结构。因此，油脂的氧化对食品工业至关重要。

油脂氧化的初级产物是氢过氧化物（hydroperoxide，ROOH），按照形成 ROOH 的途径不同，油脂氧化分成自动氧化（autoxidation）、光敏氧化（photooxidation）和酶促氧化（enzymatic oxidation）。形成 ROOH 后其进一步分解，产生一系列挥发性的小分子化合物，许多具有不良风味。ROOH 或其分解形成的小分子化合物还可发生聚合反应，生成非自由基物质（图 4-17）。

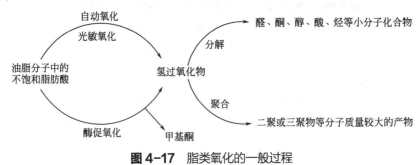

图 4-17 脂类氧化的一般过程

4.5.2.1 油脂自动氧化反应机制

（1）油脂的自动氧化（autoxidation）

油脂的自动氧化是指活化的含烯底物（不饱和脂肪酸）与空气中的氧（基态氧）之间发生自由基链式反应，包括链引发（initation）、链传递（propagation）和链终止（termination）三个阶段，其示意图如图 4-18 所示。

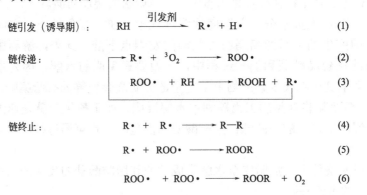

图 4-18 脂类自动氧化的三个阶段

在开始阶段，不饱和脂肪酸和甘油三酯（RH）在金属离子、光、热等引发剂的诱导下，与双键相邻的 α-亚甲基受到双键的活化而脱氢，形成烷基自由基（R·），然后氧加成在 R· 上形成过氧化自由基（ROO·），ROO· 又从其他 RH 分子的 α-亚甲基上夺取氢，生成氢过氧化物（ROOH）以及新的自由基 R·，新的 R· 又与氧反应，重复上述步骤。在链终止阶段，各种自由基和过氧化自由基相互结合，形成非自由基的物质（图 4-19）。

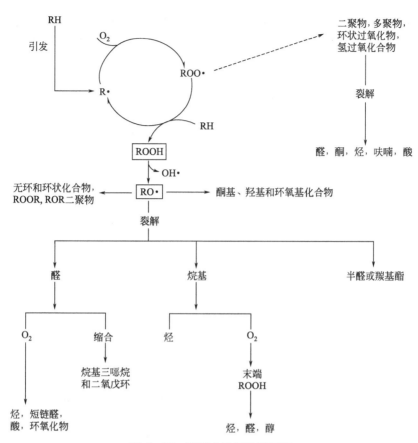

图 4-19　脂类自动氧化的图解

　　油脂的自动氧化无需加热，也无需添加特殊的催化剂，但热和金属催化剂存在的条件下诱导期可变短，其遵循自由基机制，具有如下特点：①为典型的自由基反应，凡能抑制自由基的物质均能抑制脂类的自动氧化，光和产生自由基的物质及过渡金属离子对反应有催化作用；②其初级产物为氢过氧化物；③在高氧压时，反应速度与氧气浓度无关，在低氧压时，反应速度与氧气浓度成正比。

（2）油脂自动氧化形成 ROOH 的机制

　　形成中间产物 ROOH 的途径不同是自动氧化区别于油脂其他氧化途径的主要特征，现以不同双键数的不饱和脂肪酸（油酸、亚油酸和亚麻酸）为例，说明油脂自动氧化的机制。

　　① 油酸（18:1）　油酸（18:1）自动氧化时首先与双键相连的 α- 亚甲基 C8 和 C11 处被活化，脱去一个 H 质子分别形成 C8、C11 自由基，C8、C11 自由基又可通过共振平衡，分别异构化形成 C10、C9 自由基，同时双键发生位移；所形成的四种自由基（C8、C9、C10、C11）与空气中基态氧反应，形成对应的过氧化自由基（ROO·）；ROO·进一步夺取其他 RH 分子中 α- 亚甲基上的氢，形成四种氢过氧化物（ROOH）（图 4-20）。GC-MS 分析表明，四种氢过氧化物含量相差不大，C8 和 C11 氢过氧化物比其异构体 C10、C9 氢过氧化物含量稍多，但反式异构物占 70%，顺式异构物占 30%。

　　② 亚油酸（18:2）　亚油酸含有戊二烯结构，α-C11 同时受到两侧双键的双重激活，更为活泼，很容易脱氢形成 C11 自由基，因此亚油酸的自动氧化速度比油酸快 10～40 倍。C11 自由基也可通过共振平衡异构化，同时双键发生位移，最终生成的两种自由基（C9、

C13）再与空气中基态氧反应，形成对应的过氧化自由基（ROO·），ROO·进一步夺取其他 RH 分子中 α-亚甲基上的氢，形成两种氢过氧化物（ROOH）（图 4-21）。

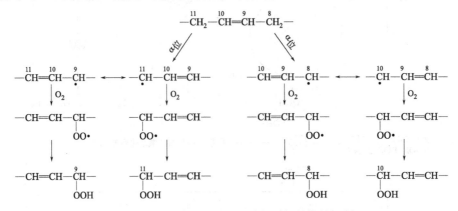

图 4-20 油酸自动氧化形成氢过氧化物的机制

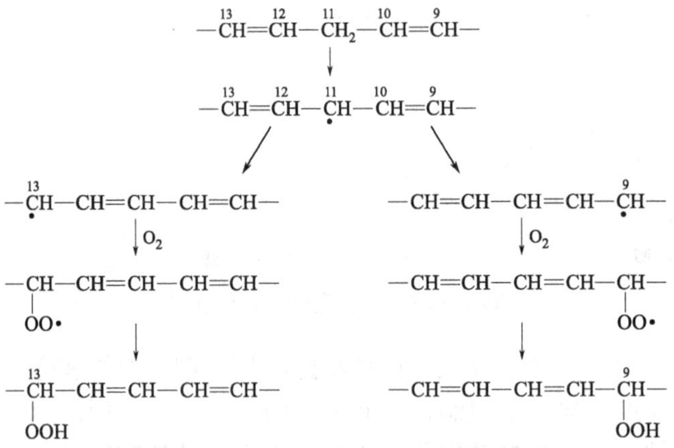

图 4-21 亚油酸自动氧化形成氢过氧化物的机制

尽管 C8 和 C14 亦为 α-亚甲基 C，但它们只受到一个相邻双键的激活，所以反应活性较 α-C11 低得多，所以形成的氢过氧化物含量极少，可以忽略。此外，在低温时氧化，所形成的氢过氧化物中顺反异构体均存在，但是在较高温下反应，产物主要以反式异构体为主，这是由于反式构型在高温下比较稳定，与氧气接触所受的空间位阻较小所致。

③ 亚麻酸（18:3） 亚麻酸由于含有两个戊二烯结构，分子中含有 α-C11 和 α-C14 两个活泼的亚甲基，所以其反应速度比亚油酸要快 2～4 倍。与亚油酸机理类似，亚麻酸最终形成四种 ROOH 的途径如图 4-22 所示。

在所形成的四种 ROOH 中，9-OOH 和 16-OOH 含量相当，占总量的 80% 左右；12-OOH 和 13-OOH 含量相当，占总量的 20% 左右。亚麻酸酯的氧化产物中各有三个双键，未共轭的一个双键为顺式，而共轭的两个双键均为顺反结构，生成的这种含共轭双键的三烯结构的 ROOH 极不稳定，很容易继续氧化生成二级氧化产物或氧化聚合物。

总之，油脂自动氧化形成 ROOH 的历程主要是先在不饱和脂肪酸双键的 α-C 处引发自由基，自由基共振稳定，双键可位移。参与反应的是基态氧（$^3O_2$），生成的 ROOH 的种数为：2×参与反应的 α-亚甲基数。不同结构的脂肪酸在 25℃时的诱导期和相对氧化速率见表 4-6。

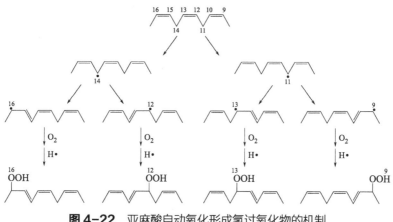

图 4-22　亚麻酸自动氧化形成氢过氧化物的机制

表4-6　脂肪酸在25℃时的诱导期和相对氧化速率

脂肪酸	双键数	诱导期 /h	相对氧化速率
18:0	0		1
18:1（9）	1	82	100
18:2（9，12）	2	19	1200
18:3（9，12，15）	3	1.34	2500

 概念检查 4.5

○ 何谓油脂的自动氧化？举例说明自动氧化对含脂食品品质的影响。

4.5.2.2　油脂光敏氧化反应机制

（1）空气中氧气的存在状态

　　氧分子中含有两个氧原子，共有 12 个价电子，根据保利不相容原理和洪特规则，这 12 个价电子分别填充在 10 个分子轨道（5 个成键轨道和 5 个反键轨道）中，其中有 2 个未成对电子分别填充在 $\pi 2p_y^*$ 和 $\pi 2p_z^*$ 分子轨道中，组成了两个自旋平行且不成对的单电子轨道（图 4-23）。由于电子带电荷，不同取向的电子犹如不同取向的磁体。原子中电子的总角动量为 $2S+1$，当两个电子的自旋方向平行时，其自旋量子数（S）等于 +1，即（1/2+1/2）=1；若两个电子的自旋方向反平行时，则 S=1/2-1/2=0。因此，上述两种情况时，其总角动量分别为 3 和 1，分别称为三重态氧（$^3O_2$，基态）和单重态氧（$^1O_2$，激发态）。$^3O_2$ 最外层电子服从保利不相容原理排布于不同的轨道，自旋方向相同，静电斥力很小，能量最低，处于基态；而 $^1O_2$ 中两个电子不服从保利不相容原理，自旋方向相反，能量高，处于激发态。两种类型的氧分子最外层电子排布及能级示意图如图 4-23 所示。

　　$^1O_2$ 比 $^3O_2$ 亲电能力更强，因此能迅速和高电子云密度部分（如—C═C—）发生反应（反应速度约为 $^3O_2$ 的 1500 倍），形成 ROOH。

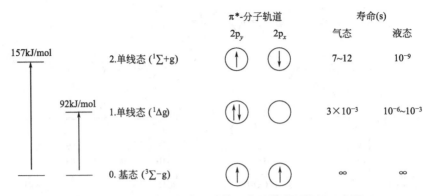

图4-23 两种类型氧分子最外层电子排布及能级示意图

（2）¹O₂ 的形成途径

$^1O_2$ 可通过多种途径产生，最重要的是通过食品中的天然色素的光敏作用，因此 $^1O_2$ 引起的脂类氧化称为光敏氧化。已知有两种光敏氧化途径：一种是吸收光后，敏化剂（Sens）变成激发态（Sens*），然后与底物（Substrate）反应形成中间产物（m），然后 m 和 $^3O_2$ 反应生成 $^1O_2$；第二种是激发态的敏化剂直接与 $^3O_2$ 反应形成 $^1O_2$。示意图如下：

$$Sens \xrightarrow{h\nu} Sens*$$

途径一：

$$Sens* + Substrate \longrightarrow Sens\text{-}Substrate*$$
$$Sens\text{-}Substrate* + {}^3O_2 \longrightarrow Sens + {}^1O_2$$

途径二：

$$Sens* + {}^3O_2 \longrightarrow Sens + {}^1O_2$$

（3）油脂光敏氧化形成 ROOH 的机制

以亚油酸为例，高亲电性的 $^1O_2$ 直接进攻双键上的任意碳原子，形成六元过渡态，同时双键位移，形成反式构型的 ROOH（见图4-24）。生成的 ROOH 种数为 2×双键数，光敏氧化的速度约为自动氧化的 1500 倍。

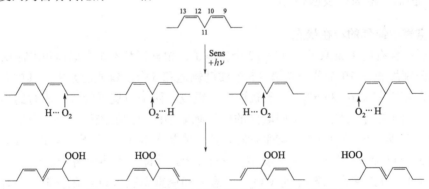

图4-24 亚油酸光敏氧化形成氢过氧化物的机制

 概念检查4.6

○ 何谓油脂的光敏氧化？光敏氧化有何特点？

4.5.2.3　油脂酶促氧化形成 ROOH 的机制

脂肪在酶的作用下发生的氧化称为酶促氧化（enzyme-induced oxidation）。氧化脂肪的酶有两种，一种是脂肪氧合酶，另一种是加速分解 ROOH 的脂肪氢过氧化物酶。脂肪氧合酶（lipoxygenase，Lox）专一性地作用于具有 1,4- 顺，顺 - 戊二烯结构的不饱和脂肪酸，在 1,4-戊二烯中心的亚甲基处脱氢形成自由基，然后异构化使双键移位，同时生成反式构型具有共轭双键的 $\omega6$ 和 $\omega10$ 氢过氧化物（图 4-25）。

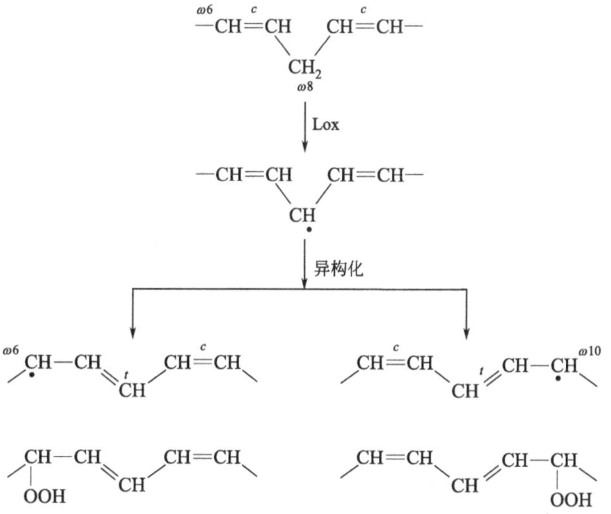

图 4-25　脂肪氧合酶酶促氧化形成氢过氧化物的机制

此外，某些微生物繁殖所产生的酶（如脱氢酶、脱羧酶、水合酶）也可导致饱和脂肪酸（SFA）氧化。该氧化反应多发生在饱和脂肪酸的 α- 和 β- 碳位之间，因此也称为 β-氧化作用。由于所产生的产物如酮酸、甲基酮具有令人不愉快的气味，故又被称为酮型酸败（图 4-26）。

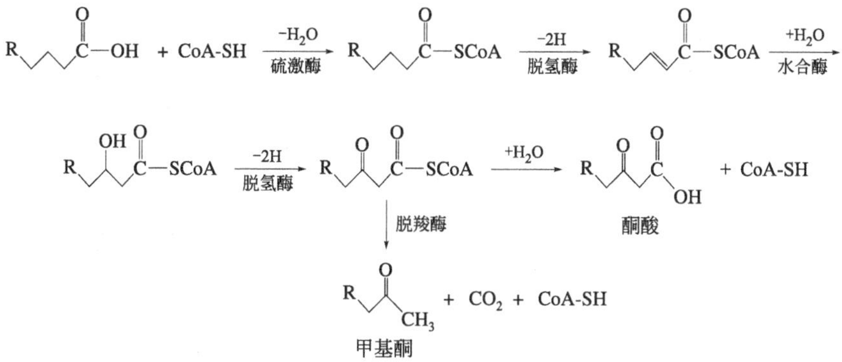

图 4-26　酮型酸败过程

4.5.2.4　ROOH 的分解与聚合

ROOH 是油脂氧化的初级产物，不稳定，可通过下列几种方式裂解产生一系列分解产物。

① ROOH 首先发生 O—O 断裂，产生烷氧自由基和羟基自由基。

$$R_1-CH-R_2COOH \longrightarrow R_1-CH-R_2COOH + \cdot OH$$

② ROOH 再发生 C—C 断裂，产生醛、酸、烃等化合物。

$$R_1-CH-R_2COOH \left\{ \begin{array}{l} R_1-C-H + \cdot R_2COOH \longrightarrow 醛 + 酸 \\ R_1\cdot + H-C-R_2COOH \longrightarrow 烃 + 含氧酸 \end{array} \right.$$

生成的烷氧自由基还可以通过以下途径生成酮、醇：

$$R_1-CH-R_2COOH \left\{ \begin{array}{l} R_3O\cdot \; R_1-C-R_2COOH + R_3OH \\ R_4H \; R_1-CH-R_2COOH \\ \qquad\qquad OH \end{array} \right.$$

ROOH 分解产生的小分子醛、酮、醇、酸等很多具有令人不愉快的气味即酸败味。油脂氧化产生的氧化产物还可以通过聚合反应，产生有强烈臭味的环状化合物，可使油脂黏度增大。

$$3C_5H_{11}CHO \longrightarrow C_5H_{11} \cdots C_5H_{11}$$

4.5.2.5　影响油脂氧化的因素

（1）脂肪酸的组成和结构

油脂氧化的速率与脂肪酸的不饱和度、双键数目、双键位置、双键构型等多种因素有关。在室温下，饱和脂肪酸很难发生氧化，所以室温下油脂的氧化通常是由不饱和脂肪酸引起的。一般而言，随着脂肪酸和甘油酯不饱和度增加，其氧化速度增加；双键数增加，氧化速度加快；共轭双键比非共轭双键更易氧化；游离脂肪酸因空间位阻小于甘油酯，因此氧化速度比甘油酯略高；顺式双键比反式双键更易氧化。

（2）氧气

$^1O_2$ 的氧化速度约为 $^3O_2$ 的 1500 倍。当氧压较低时氧化速度与氧气浓度成正比，当氧压较高时，氧化速度与氧压无关。故食品工业上常采用低透气性材料或真空和充氮包装，阻止油脂氧化。

（3）温度

油脂氧化速度与温度密切相关。温度升高，油脂氧化速度加快。一般温度每上升 10～16℃，氧化速度约增加一倍。例如在高于 60℃ 条件下贮存，纯油酸甲酯温度每升高 11℃，其氧化速度增加一倍。纯大豆油在 15～75℃ 之间，每升高 12℃，氧化速度也提高一倍。因此，低温贮存是降低油脂氧化速度的有效方法。

饱和脂肪酸在室温下稳定，高温下也会显著氧化。如猪油虽然饱和脂肪酸含量比植物油高，但货架期往往比植物油短，主要是因为猪油一般经高温熬制，同时含有血红素等光敏化剂和金属离子等催化剂，在高温过程中容易引发自由基所致。

（4）水分

油脂氧化速度与水分活度的关系密切。如图 4-27 所示，A_w 从 0→0.33 时，随着 A_w 增加，脂肪氧化速度降低，在 A_w 为 0.33 左右时，氧化速度最低。这是因为往完全干燥的食品中添加少量水时，所添加的水既能与金属催化剂水合，降低其催化效率，又能与生成的 ROOH 结合，阻止其分解，因此降低了氧化速度。A_w 从 0.33→0.73 时，随着 A_w 增大，催化剂的流动性增加，水中溶解氧增加，脂肪分子还会发生溶胀，暴露更多的催化位点，因而氧化速度增加。当 $A_w > 0.73$ 时，随着水量继续增加，催化剂和反应物均被稀释，氧化速度降低。

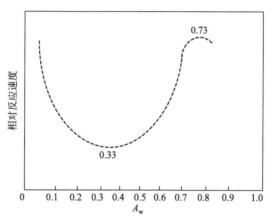

图 4-27　水分活度与脂肪氧化速度的关系

（5）表面积

一般而言，油脂与空气的接触面积越大，氧化速度越快。因此贮藏过程中经常采用真空包装或充氮包装、选用低透气性材料包装来减缓油脂的氧化。

（6）光和射线

可见光、紫外线以及射线均会加速油脂氧化。因为射线不仅会加速 ROOH 的分解，还能引发自由基。光的波长越短（能量越高），油脂吸收光的程度越强，其促进油脂氧化的速度越快，因此避光保存可有效延缓油脂氧化。

（7）助氧化剂

能加速油脂氧化的物质统称为助氧化剂。一些具有适合氧化 - 还原电位的二价或多价金属如铅、铜、铁、铝，即使在浓度很低（<0.1mg/kg）时，也可通过以下途径加速油脂的氧化。

① 促进 ROOH 分解：

$$M^{n+} + ROOH \begin{array}{c} \nearrow M^{(n+1)+} + OH^- + RO \cdot \\ \searrow M^{(n-1)+} + H^+ + ROO \cdot \end{array}$$

② 直接与未氧化的物质反应，诱导自由基产生，促进氧化：

$$M^{n+} + RH \longrightarrow M^{(n-1)+} + H^+ + R \cdot$$

③ 使基态氧分子活化，产生单线态氧和过氧化氢自由基，促进氧化：

$$M^{n+} + {}^3O_2 \longrightarrow M^{(n+1)+} + O_2^- \begin{array}{c} \xrightarrow{-e} {}^1O_2 \\ \xrightarrow{+H^+} HO_2\cdot \end{array}$$

此外，一些光敏化剂如叶绿素、血红素和某些氧化酶类均属助氧化剂，能加速油脂的氧化。所以为延长货架期，熬制猪油前要尽量去除血丝，植物油要精炼脱色。

（8）抗氧化剂

能延缓和减慢油脂氧化的物质统称抗氧化剂（antioxidant）。按其作用机理不同，抗氧化剂可分为自由基清除剂、${}^1O_2$ 猝灭剂、ROOH 分解剂、金属螯合剂、酶抗氧化剂、氧清除剂、紫外线吸收剂。

① 自由基清除剂（氢供体） 酚类化合物（AH_2）作为氢供体，是自由基清除剂的典型代表。一般分子结构中酚羟基越多，其抗氧化能力越强。其发挥抗氧化作用的过程如下：

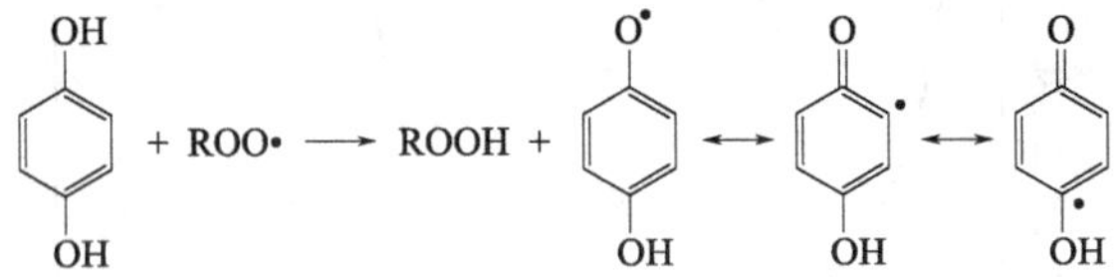

酚类抗氧化剂是优良的氢供体，可清除脂质氧化产生的自由基，同时生成比较稳定的自由基中间体。新生成的自由基氧原子上的单电子可与苯环共振，使之较为稳定。当酚羟基相邻的位置有叔丁基时，由于空间位阻的存在可阻断氧分子的攻击，故叔丁基的存在减少了烷氧自由基进一步引发连锁反应的可能。

此外，还有些供电子的化合物，也表现出较弱的抗氧化性，如：

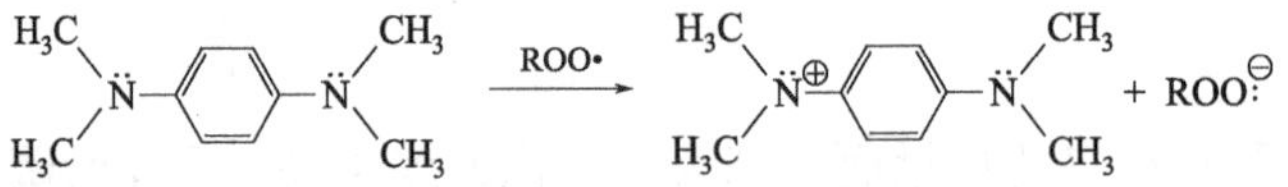

在这个反应中，油脂的过氧化自由基 ROO· 从 *N*- 四甲基对苯二胺的 N 原子的未成对电子中夺取 1 个电子，成为稳定的阳离子，再与 ROO:⊖ 形成稳定的复合物。属于这类的抗氧化剂一般抗氧化作用较弱，实用性不强。

② 单线态氧猝灭剂 ${}^1O_2$ 易与同属单重态的双键作用，转变成三重态氧，所以含有多个双键的类胡萝卜素是很好的 ${}^1O_2$ 猝灭剂。其作用机制是激发态的 ${}^1O_2$ 将能量转移到类胡萝卜素上，使类胡萝卜素由基态转变为激发态，而后者可以直接放出能量回到基态。

$${}^1O_2 + 类胡萝卜素（基态）\longrightarrow {}^3O_2 + 类胡萝卜素（激发态）$$

$$类胡萝卜素（激发态）\longrightarrow 类胡萝卜素（基态）$$

③ ROOH 分解剂 有些化合物如硫代二丙酸盐（thiodipropionic acid）或其月桂酸及硬脂酸形成的酯（用 R_2S 表示）可将脂质连锁反应中的 ROOH 转变为非活性物质，从而抑制油脂氧化。其机制为：

$$ROOH \longrightarrow ROH$$

$$R_2'S + ROOH \longrightarrow R_2'S{=}O + ROH$$

$$R_2'S{=}O + ROOH \longrightarrow R_2'SO_2 + ROH$$

④ 金属螯合剂 柠檬酸、酒石酸、抗坏血酸等能与油脂助氧化剂过渡金属离子螯合而使之钝化，从而抑制油脂的氧化。

　　⑤ 氧清除剂　抗坏血酸除了能螯合过渡金属离子阻止氧化外，还是有效的氧清除剂，通过除去食品环境中的氧，从而起到抗氧化作用。

　　⑥ 酶抗氧化剂　超氧化物歧化酶（SOD）可将超氧阴离子自由基（$O_2^- \cdot$）转变成三重态氧和过氧化氢，后者在过氧化氢酶的作用下转化为水和三重态氧，从而抑制氧化。此外，谷胱甘肽过氧化酶（glutathione peroxidase，GSH-peroxidase）、过氧化氢酶（catalase）、葡萄糖氧化酶（glucose oxidase）等均属于酶抗氧化剂。

$$2O_2^- \cdot + 2H^+ \xrightarrow{\text{SOD}} {}^3O_2 + H_2O_2$$

$$2H_2O_2 \xrightarrow{\text{过氧化氢酶}} 2H_2O + {}^3O_2$$

（9）协同作用和增效剂

　　混合使用几种抗氧化剂其效果好于单独使用一种抗氧化剂，这种协同效应称为增效作用（synergism）。协同增效剂的作用机制有以下两种：

　　① 再生主抗氧化剂　增效剂分子与抗氧化剂自由基反应，使抗氧化剂自由基还原成分子，自身变成反应活性很低的增效剂自由基，使主抗氧化剂再生，减缓主抗氧化剂的损耗，从而延长其使用寿命，增强其抗氧化效果。例如同属于酚类的抗氧化剂 BHA 和 BHT，前者为主抗氧化剂，它首先作为氢供体与自由基反应，而 BHT 由于空间位阻，只能缓慢地与 ROO· 反应，因此 BHT 的主要作用是使 BHA 再生，对 BHA 起增效作用（图 4-28）。

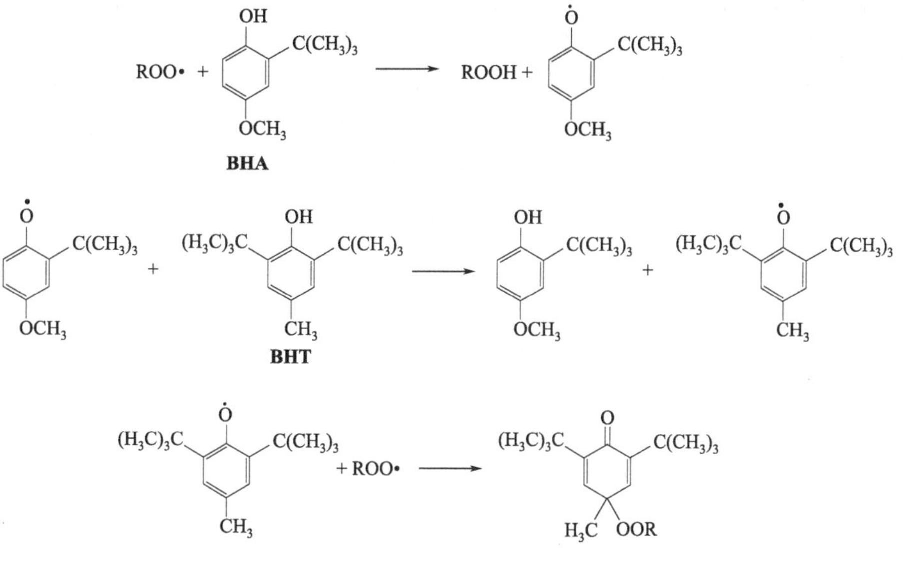

图 4-28　BHT 对 BHA 的增效作用

　　② 金属离子螯合剂　有些不同的抗氧化剂联合使用时，其中一种可以通过螯合金属离子使其催化活性降低，从而使主抗氧化剂的抗氧化性能大大提高。如酚类与柠檬酸联用时，酚类是主抗氧化剂，柠檬酸一方面可以螯合金属离子，另一方面可以提供酸性环境保持酚类抗氧化剂结构的稳定，因而大大提高酚类抗氧化剂的作用。

4.5.2.6　常用抗氧化剂简介

　　食品抗氧化剂按来源可以分为天然抗氧化剂和人工合成抗氧化剂两类。常用于食品的天然抗氧化剂有维生素 E、茶多酚、抗坏血酸、类胡萝卜素、芝麻酚、迷迭香酸、类黄酮、谷胱甘肽等。天然抗氧化剂因其安全性高，越来越受到大众的青睐。而人工合成抗氧化剂因为价格低廉，性质较稳定，且抗氧化效果好，目前仍被广泛使用。食品中常用的人工合成抗氧化剂有没食子酸丙酯、2-叔丁基对苯二酚、2,4,5-三羟基苯丁酮等。

（1）天然抗氧化剂

① 生育酚   生育酚（tocopherols，维生素E）是一种在自然界中分布最广泛的天然脂溶性抗氧化剂，通过作为氢供体，清除自由基发挥抗氧化作用，是植物油的主要抗氧化剂。生育酚有多种结构，如图4-29所示。

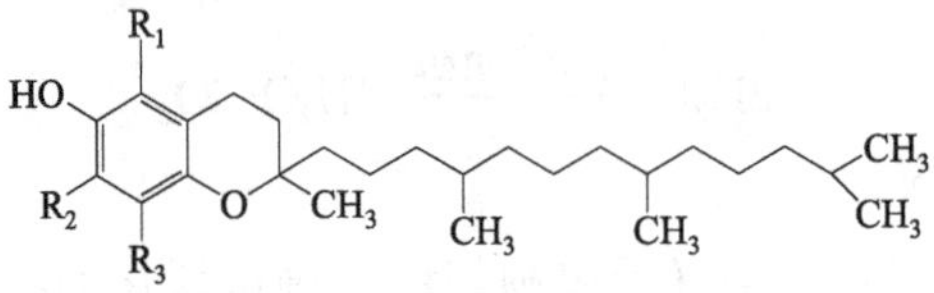

	R_1	R_2	R_3
α	CH_3	CH_3	CH_3
β	CH_3	H	CH_3
γ	H	CH_3	CH_3
δ	H	H	CH_3

图4-29   生育酚的结构式

其中α、γ和δ在植物油中含量最多。几种异构体的抗氧化活性顺序为：δ＞γ＞β＞α。生育酚具有耐热、耐光和安全性高等特点，可用在油炸油、婴儿食品中。

② 茶多酚   茶多酚是茶叶中的一类多酚类化合物的总称，主要包括表没食子儿茶素没食子酸酯（EGCG）、表没食子儿茶素（EGC）、表儿茶素没食子酸酯（ECG）和表儿茶素（EC），见图4-30。其中EGCG的抗氧化效果最为显著。与生育酚类似，其主要机制是氢供体，清除自由基，还可螯合金属离子。广泛用于油炸油、猪肉、奶酪、土豆片等食品中。

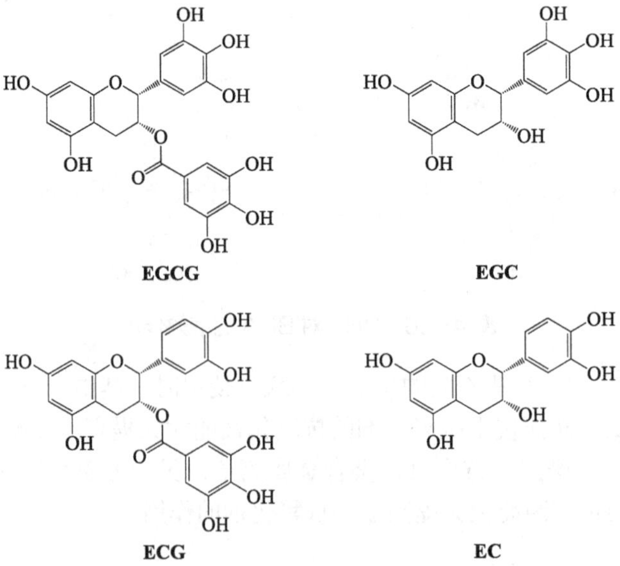

EGCG   EGC

ECG   EC

图4-30   茶多酚的四个单体的结构式

③ L-抗坏血酸（L-ascorbic acid）   L-抗坏血酸是广泛存在于果蔬中的天然水溶性抗氧

化剂，也可以人工合成。可通过以下途径发挥抗氧化作用：清除氧，如抑制果蔬的酶促褐变；螯合金属离子，常作为酚类抗氧化剂的增效剂使用；还原某些氧化产物，如在腌肉制品中作为发色助剂使用；保护蛋白质巯基不被氧化。

④ 类胡萝卜素　β- 胡萝卜素是一种有效的单重态氧的猝灭剂，在含脂食品中能有效抗氧化。

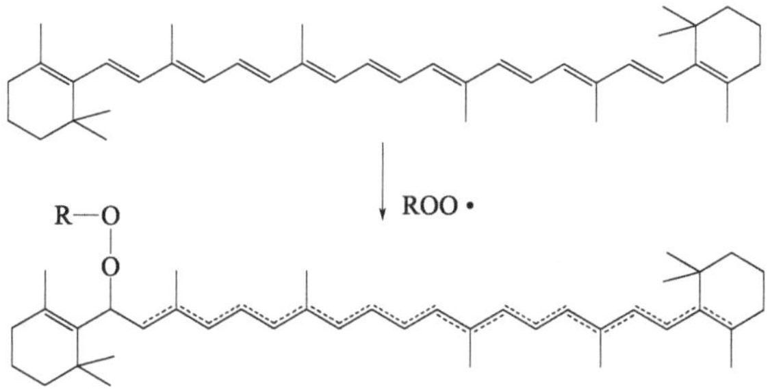

（2）人工合成抗氧化剂

目前几种最常用于食品的人工合成抗氧化剂主要有叔丁基茴香醚（BHA）、2,6- 二叔丁基对甲基苯（BHT）、没食子酸丙酯（PG）、2- 叔丁基对苯二酚（TBHQ）、2,4,5- 三羟基苯丁酮（THBP），其结构如下：

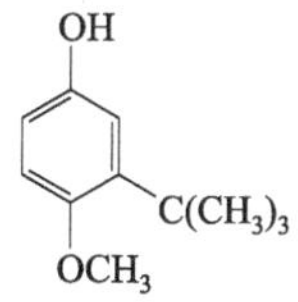

3-BHA

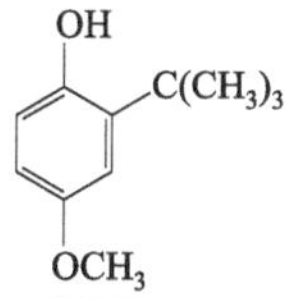

2-BHA

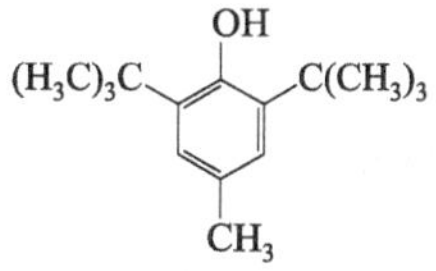

BHT

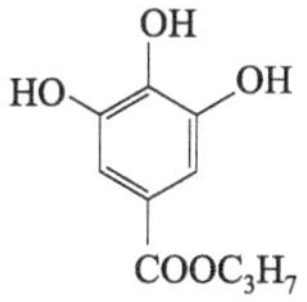

PG

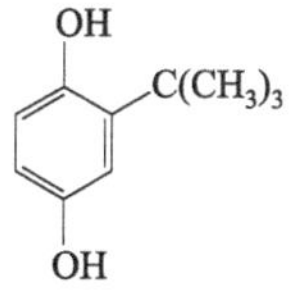

TBHQ

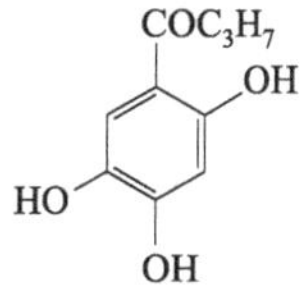

THBP

这些抗氧化剂都属于酚类抗氧化剂，主要通过氢供体清除自由基，发挥其抗氧化作用，但由于结构不同，其抗氧化特点和适用条件也有差别。BHA 为脂溶性抗氧化剂，具有耐热、遇金属离子不着色、能抗微生物等优点；但有酚的不良气味，也有一定的毒性。BHT 无 BHA 那种异味，价廉，抗氧化能力强；但在高温下不稳定，遇金属离子易着色。PG 抗氧化性能优于 BHT 和 BHA，但口感不好，遇金属离子易着色。TBHQ 稳定性好，一般遇金属离子不变色，常用于煎炸油的抗氧化。

（3）抗氧化剂使用注意事项

① 要注意其溶解性：根据食品体系的特点选择溶解性合适的抗氧化剂，添加时必须将其十分均匀地分散在食品中，使其充分发挥作用。

② 抗氧化剂应尽早加入：抗氧化剂只能阻碍或延缓食品的氧化，所以需在食品保持新鲜状态和未发生氧化变质之前使用。同时为了提高效果，通常需要将几种抗氧化剂合用。

③ 要严格控制其使用剂量：使用时不能超出其允许的安全剂量，同时有些抗氧化剂用量与抗氧化性能并不完全是正相关关系，有时用量不当，反而起到促氧化作用。如低浓度酚可通过以下途径清除自由基，起抗氧化作用：

$$ROO\cdot + AH_2 \longrightarrow ROOH + AH\cdot （清除ROO\cdot）$$
$$ROO\cdot + AH\cdot \longrightarrow ROOH + A（氧化）$$
$$AH\cdot + AH\cdot \longrightarrow AA（偶合）$$
$$AH\cdot + AH\cdot \longrightarrow AH_2 + A（歧化）$$
$$ROO\cdot + AH\cdot \longrightarrow ROOA$$

而高浓度酚有促氧化作用：

$$ROOH + AH \longrightarrow ROO\cdot + AH_2$$

α-、β-生育酚在高浓度时均有促氧化现象。

④ 添加后注意控制食品贮藏条件：光、热、氧、金属离子等会使抗氧化剂迅速氧化而失去作用。因此，添加了抗氧化剂后在食品加工和贮藏中，仍应注意控制加工和贮藏条件，使抗氧化剂更好地发挥作用。

 概念检查4.7

○ 何谓抗氧化剂？举例说明增效作用在食品加工中的应用。

4.5.3 油脂的热分解

油脂在高温下会发生热分解、热聚合、热氧化聚合、缩合、水解、氧化等多种反应，导致油品黏度升高、碘值下降、酸价升高、烟点降低、泡沫量增多，油脂品质劣化。

饱和脂肪和不饱和脂肪在高温下均可以发生热分解反应，根据有无氧气参与，可分为氧化热分解和非氧化热分解（图4-31）。

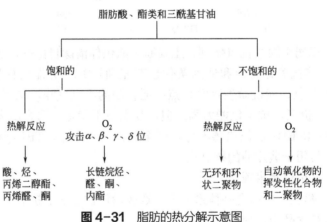

图4-31 脂肪的热分解示意图

4.5.3.1 饱和脂肪的非氧化热分解

饱和油脂在室温下很稳定，但在高温下加热（>150℃），饱和脂肪也会发生显著的非氧化热分解反应。金属离子对反应有催化作用，其分解反应如图4-32所示。

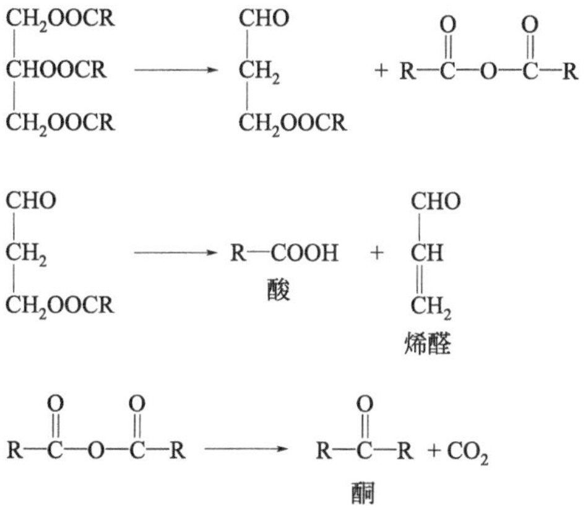

图 4-32　饱和脂肪的非氧化热分解

4.5.3.2　饱和脂肪的氧化热分解

饱和脂肪在有氧气存在的条件下会发生氧化热分解，这种模式比非氧化模式分解更加复杂。首先在羧基或酯基的 α- 或 β-碳原子上形成 ROOH，ROOH 再进一步分解形成烷烃、烷酮、烷醛和内酯等化合物，如图 4-33 所示。

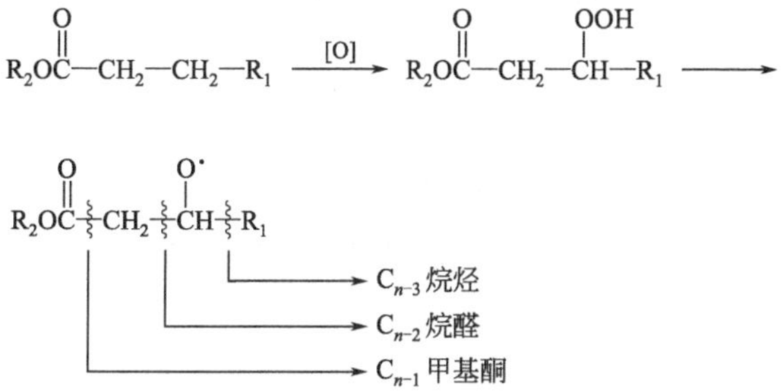

图 4-33　饱和脂肪的氧化热分解

4.5.3.3　不饱和脂肪的非氧化热分解

不饱和脂肪在无氧的条件下加热主要生成一些低分子量的物质，此外还有无环或环状二聚体。

4.5.3.4　不饱和脂肪的氧化热分解

不饱和脂肪的氧化热分解与低温下的自动氧化途径相同，因此可以根据双键的位置预测 ROOH 的形成情况，但 ROOH 在高温下的分解速度更快。

4.5.4　油脂的热聚合

油脂在高温下可发生氧化热聚合和非氧化热聚合。聚合反应是导致油炸用油黏度增加、泡沫量增大的主要原因。在无氧条件下的油脂非氧化热聚合主要是多烯化合物之间通过 Diels-Alder 反应，生成环烯实现的，该反应既可以发生在不同的分子之间，也可以发生在同一分子内部，见图 4-34 所示。

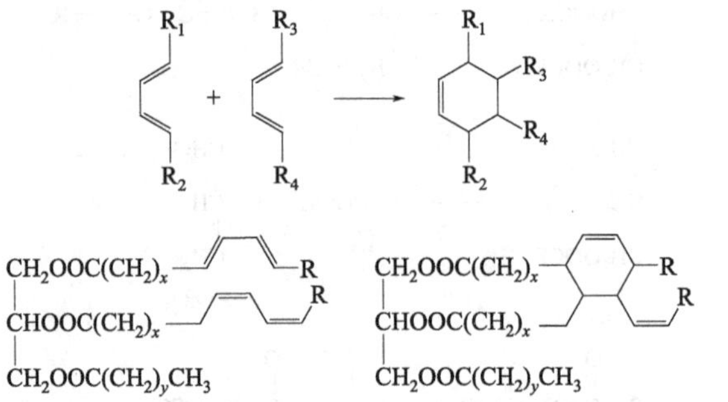

图 4-34　分子间和分子内的 Diels-Alder 反应

在有氧条件下的热聚合反应首先是在甘油酯分子 α- 碳上均裂产生自由基，自由基间聚合成二聚体（图 4-35），有些二聚体有毒性，与酶结合导致生理异常。

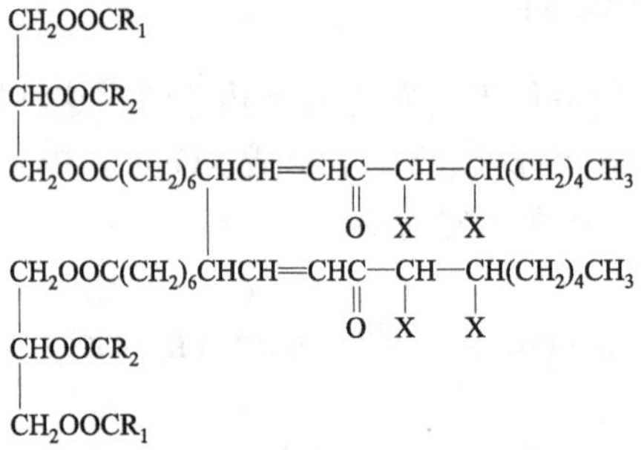

X＝OH或环氧化合物

图 4-35　油脂的有氧热聚合反应

4.5.5　油脂的热缩合

油脂在高温油炸时，食品中的水进入到油中，类似于水蒸气蒸馏，油中的挥发性氧化产物挥发，同时油脂发生部分水解，然后再缩合成分子量较大的环氧化合物，如图 4-36 所示。

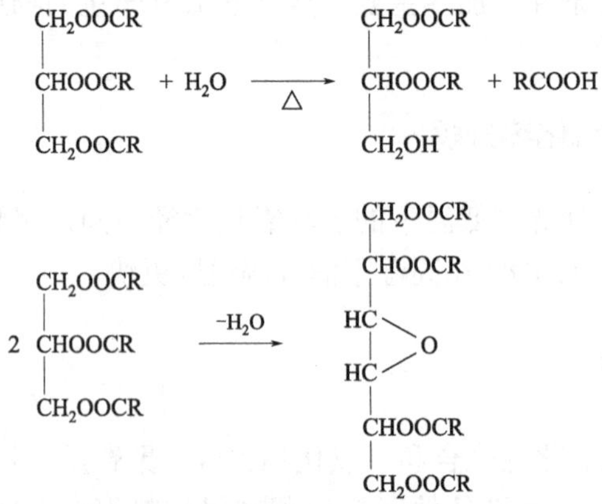

图 4-36　油脂的热缩合反应

　　油脂在高温下发生的这些化学反应并非都是不利的，比如油炸食品一般具有诱人的香气，这些香气物质的形成与油脂在高温下的某些反应密切相关。但油脂在高温过度反应，则是十分不利的，不仅会导致油品品质劣变，而且还会产生有毒有害的产物。所以加工中宜控制 $t<150℃$，也不能反复油炸和长时间油炸，避免有毒有害产物的形成及累积。

4.5.6　油脂的辐解反应

　　辐照（irradiation）作为一种食品杀菌方法可有效延长食品的货架期，但其也可能诱导食品发生化学变化，一般辐射剂量越大，辐照时间越长，影响越显著。在辐照处理过程中油脂吸收辐射能后，可形成离子或激化分子，激化分子可以进一步降解形成自由基。在有氧气存在时，辐射还可以加速油脂的自动氧化，同时抗氧化剂被破坏，因此最好在隔绝空气的情况下进行辐射。辐照和加热生成的降解产物有些相似，但后者分解产物更多。一般按巴氏灭菌剂量辐照含脂肪食品，不会有毒性危险。油脂的辐解反应见图4-37。

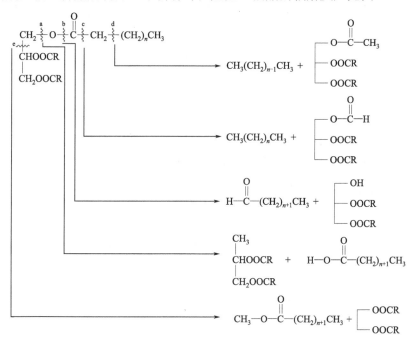

图 4-37　油脂的辐解反应

4.6　油脂的特征值及质量评价方法

　　脂肪氧化反应十分复杂，产物众多，而且很多中间产物并不稳定，易分解，因此目前没有一种简单的方法进行油脂氧化程度的评价，因为没有一种方法能测定所有的氧化产物。故常常需要测定几种代表性的指标，进行综合评价，方可正确判断。其中，过氧化值、酸价、皂化值、碘值、硫代巴比妥酸值、石油醚不溶物等特征值是常用的测定指标。

4.6.1　油脂的特征值

4.6.1.1　过氧化值（peroxidation value，POV）

是指 1kg 油脂中所含 ROOH 的毫物质的量，是衡量油脂氧化初期氧化程度的指标。

4.6.1.2　碘值（iodine value，IV）

是指 100g 油脂吸收碘的质量（g），是衡量油脂中双键数的指标。碘值下降，说明双键减少，表明油脂发生了氧化。

4.6.1.3　硫代巴比妥酸值（thiobarbituric acid，TBA）

不饱和脂肪酸发生氧化产生的脂质过氧化物进一步分解，可以形成小分子的醛类化合物，这些醛类化合物可与 TBA 反应，产生有色化合物，在可见光区有吸收。如丙二醛的有色物在 530nm 处有最大吸收，其他醛的有色物最大吸收在 450nm 处，故需要同时测定这两个波长下有色产物的吸光度来衡量油脂氧化后期的氧化程度。

4.6.1.4　石油醚不溶物

油脂本身为非极性的，氧化后会有很多小分子极性化合物产生，因此石油醚不溶物含量会增加。一般油炸后的油脂如果石油醚不溶物 ≥ 0.7% 和发烟点低于 170℃，或者石油醚不溶物 ≥ 1.0%，无论其发烟点是否改变，均可认为其已经变质。

4.6.1.5　酸价（acid value，AV）

指中和 1g 油脂中游离脂肪酸所需的 KOH 的质量（mg）。可用于衡量油脂中游离脂肪酸的含量，代表油脂被水解的程度，与油脂的发烟点密切相关，也反映油脂的品质。当油脂的 AV>5 时，则不能食用了。

4.6.1.6　皂化值（saponification value，SV）

指皂化 1g 油脂中全部脂肪酸所需的 KOH 的质量（mg）。皂化值不能用于衡量油脂的氧化程度。SV 的大小与油脂的平均分子量成反比，一般油脂的 SV 在 200 左右，SV 高的油脂熔点低，易消化。

4.6.2　油脂质量评价方法

4.6.2.1　碘值的测定

测定 IV 时主要利用双键的加成反应。由于碘直接与双键加成反应速度很慢，一般先将碘转化成溴化碘或氯化碘再反应，析出的碘用 $Na_2S_2O_3$ 溶液滴定，即可测得碘值。反应如下：

$$I_2+Br_2 \longrightarrow 2\,IBr$$

$$—CH=CH—+IBr \longrightarrow \underset{\underset{\text{Br}}{|}}{—}\underset{\underset{\text{I}}{|}}{C}H—CH—$$

$$IBr +KI \longrightarrow I_2+KBr$$

$$I_2+2Na_2S_2O_3 \longrightarrow 2NaI+Na_2S_4O_6$$

4.6.2.2　POV 值的测定

ROOH 是油脂氧化的主要初级产物，在油脂氧化初期，POV 随着油脂氧化程度增加而增多，而当油脂重度氧化时，ROOH 的分解速度超过了其生成速度，此时 POV 值会降低，所以 POV 只适用于评价油脂氧化初期的程度，常用碘量法测定。反应式如下：

$$ROOH+2KI \longrightarrow ROH+I_2+K_2O$$

$$I_2+2Na_2S_2O_3 \longrightarrow 2NaI+Na_2S_4O_6$$

4.6.2.3　TBA 值的测定

测定油脂与 TBA 在 530nm 和 450nm 这两个波长下有色产物的吸光度值，可以衡量油脂氧化后期的氧化程度。值得注意的是，并非所有的脂质氧化体系均有丙二醛等产物的存在，此外有些非脂质氧化产物，如蛋白质也可以与 TBA 反应，故此法不宜评价不同体系的氧化情况，一般用于比较单一物质在不同氧化阶段的氧化情况。

4.6.2.4　活性氧法（AOM）

这是一种广泛采用的检验方法，油脂试样保持在 98℃ 条件下，不断通入恒定流速空气，然后测定油脂达到一定 POV 所需的时间。此法常用于比较不同抗氧化剂的抗氧化活性大小，但与油脂的实际贮藏期限不能完全对应。

4.6.2.5　吸氧法

根据密闭容器内出现一定的压力降所需的时间测定油脂试样的吸氧量，或在一定氧化条件下测定油脂吸收预先确定的氧量的时间，作为衡量油脂稳定性的方法。这种方法特别适用于抗氧化剂的活性研究。

4.6.2.6　史卡尔（Schaal）烘箱试验法

置油脂试样于 65℃ 左右的烘箱内，定期取样检验，直至出现氧化性酸败为止。也可以采用感官检验或测定过氧化值的方法判断油脂是否已经酸败。

 概念检查 4.8

○ 油脂的质量评价有哪些方法？

4.7　油脂的加工化学

4.7.1　油脂的提取

油脂按来源可分为植物油脂和动物油脂。植物油脂提取方法主要有浸出法和压榨法，动物油脂提取方法主要有熔炼法和提炼法。

4.7.1.1　植物油脂的提取

植物油压榨包括冷榨、热榨两种方式。一般冷榨法在低于 60℃ 的环境下进行加工，油料压榨前不经加热或在低温状态下送入榨油机压榨，榨出的油温度较低，酸价也较低，并且其中各种成分保持较为完整，但香味不突出，出油率不高，只有热榨法的一半。热榨是先将油料原料经过清选、破碎后进行高温加热处理，使油料内部发生一系列变化（破坏油料细胞、促使蛋白质变性、降低油脂黏度等），以便于压榨取油和提高出油率。热榨油气味特香，但颜色较深、酸价升高，因此必须精炼后才能食用。

相对于压榨法，浸出法是依据萃取原理，选用符合国家相关标准的溶剂，利用油脂与所选定溶剂的互溶性质，将其萃取溶解出来，并用严格的工艺脱除油脂中的溶剂，可分成间歇式浸出和连续式浸出。与压榨法相比，浸出法制油粕中残油少，出油率更高，加工成本低，油料资源利用充分。

4.7.1.2　动物油脂的提取

动物油脂熔炼过程为原料经加热熔炼，脂肪组织被破坏，油脂流出获得成品。工艺流程包括备料、切块、熔炼、捞渣、过滤、沉淀等步骤。

提炼法则是选用某种能够溶解油脂的有机溶剂，经过与油料接触（浸泡或喷淋），使油料中的油脂被萃取出来的一种提取油的方法。工艺流程是：将油料坯浸于特定的溶剂中，使油脂溶解在溶剂内（组成混合油），然后将混合油与固体残渣（粕）分离，混合油再按不同的沸点进行蒸发、汽提，使溶剂汽化变成蒸气与油分离，从而获得动物油——提炼毛油。

4.7.2　油脂的精炼

经过压榨、熔炼或浸提、萃取得到的植物或动物油脂属于粗油，含有机械杂质、水分、磷脂和蛋白质等胶状杂质、色素、矿物质等杂质，甚至有毒成分。无论是外观、风味还是油品质和稳定性均不能满足食用或加工的需要，因此必须对其进行精炼处理。油脂精炼（refining）是指采用物理、化学或物理化学的方法除去油脂中所含固体杂质、游离脂肪酸、磷脂、胶质、蜡、色素、异味等的一系列工艺过程。主要包含沉降、脱胶、脱酸、脱色和脱臭等过程。

4.7.2.1　沉降（settling）

采用静置沉降、离心或过滤的方法除去油脂中不溶性杂质的过程。

4.7.2.2　脱胶（degumming）

应用物理、化学或物理化学方法将粗油中胶溶性杂质脱除的工艺过程称为脱胶。油脂中的胶状杂质主要包括磷脂、蛋白质等。若油脂中磷脂含量高，加热时易起泡、冒烟、有臭味，且磷脂在高温下因氧化而使油脂呈焦褐色，影响煎炸食品的风味和外观。脱胶就是依据磷脂及部分蛋白质在无水状态下溶于油，一旦与水形成水合物后，则不再溶于油的原理，向粗油中加入热水或通入水蒸气，加热油脂至 50℃温度下搅拌混合，然后静置分层，分离水相，即可除去磷脂和部分蛋白质。

4.7.2.3　脱酸（deacidification）

游离脂肪酸影响油脂的稳定性和风味，可采用加碱中和的方法除去游离脂肪酸，称为脱酸，又称为碱炼。

4.7.2.4　脱色（bleaching）

粗油中含有叶绿素、类胡萝卜素等色素，叶绿素是光敏化剂，影响油脂的稳定性，而其他色素影响油脂的外观，可用吸附剂如活性炭或白土除去。

4.7.2.5　脱臭（deodorization）

油脂中存在一些非需宜的异味物质，主要源于油脂氧化产物。一般采用减压蒸馏的方法除去。由于蒸馏温度高，为避免油脂氧化，常常添加柠檬酸，螯合过渡金属离子，抑制氧化。

精炼后油的品质提高，颜色变浅，稳定性提高，但会造成脂溶性维生素和类胡萝卜素等的损失。

概念检查 4.9

○ 油脂精炼包含哪些工艺过程？各步的目的是什么？

4.7.3　油脂的改性

通过物理、化学等方法对油脂的组成或结构进行改造，使油脂获得不同的物理和化学性质，从而满足一些特定的加工要求，称为油脂的改性。油脂的改性主要有三大技术，分别是油脂氢化、油脂分提和油脂酯交换。

4.7.3.1　油脂氢化（hydrogenation）

油脂氢化是指在催化剂的作用下，油脂的不饱和双键与氢气发生加成反应的过程。油脂加氢氢化是目前最为成熟、工业化应用最为成功的油脂改性技术。油脂经催化加氢后，熔点提高，塑性改变，稳定性提高，并能防止回味。油脂氢化拓宽了油脂的使用领域，提高了油脂的使用价值，目前生产人造奶油的基料油脂基本都是氢化油脂。

（1）油脂氢化的机理

氢化中最常用到的催化剂是金属镍，尽管有些贵金属如铂的催化效率高于镍，但是由于价格昂贵使其在生产过程中应用受限。金属铜对于豆油中亚麻酸的氢化有很高的选择性，但易产生催化剂中毒，且反应完毕后难以除去。

氢化反应的机理如图 4-38 所示：液态油和氢气均被吸附于催化剂的表面，首先是油中的烯键两端任一端与金属形成碳 - 金属复合物（a），碳 - 金属复合物（a）再与吸附在催化剂表面的氢相互作用，形成一个不稳定的半氢化合物（b）或（c）。由于此时只有一个氢原子被接在催化剂上，故可自由旋转。半氢化合物（b）或（c）既可以再接受一个氢，形成饱和产品，也可失去一个氢重新生成双键。双键可处在原位，也可发生位移，生成产物（e）和（f），新生成的双键有顺式和反式两种异构体。

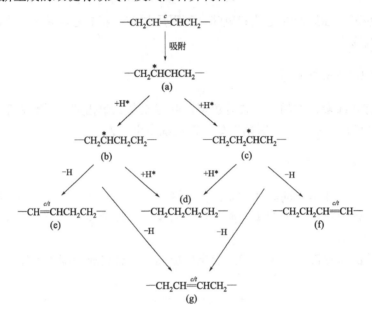

图 4-38 油脂的氢化反应机理

（2）油脂氢化的选择性

氢化反应产物十分复杂，反应物双键越多，产物也越多。例如含有三个双键的三烯氢化后可转变成二烯，二烯进一步转化成一烯，甚至饱和。

$$三烯 \xrightarrow{K_3} 二烯 \xrightarrow{K_2} 一烯 \xrightarrow{K_1} 饱和$$

生成某种产物的选择性，可用两步氢化反应的氢化速率比 $S_{ij}=K_i/K_j$ 来衡量。如：

$$亚麻酸 \xrightarrow{K_3} 亚油酸 \xrightarrow{K_2} 油酸 \xrightarrow{K_1} 硬脂酸$$

$$S_{21}=K_2/K_1=0.159/0.013=12.2$$

此数值表示亚麻酸氢化成油酸的速率为油酸氢化形成硬脂酸的速率的 12.2 倍。各步反应 K 值的大小与催化剂种类及反应条件有关，选择合适的催化剂及反应条件，可提高反应的选择性，得到期望的产物。食品行业中通常需要的是部分氢化产品，而不是饱和产品。

油脂氢化后稳定性增加、颜色变浅、风味改变，便于运输和贮存，适于制造起酥油、人造奶油等。但也会导致多不饱和脂肪酸含量下降，脂溶性维生素被破坏使营养价值降低，同时产生有毒有害的反式脂肪酸。

4.7.3.2　油脂分提（fractionation）

油脂分提是指在一定温度下利用构成油脂中的各种甘油三酯的熔点及溶解度的不同，将油脂分成固、液两部分。根据分离出的组分性质的不同，可满足不同的加工需要。油脂分提工艺有干法分提、表面活性剂分提和溶剂分提等方法。

（1）干法分提

在不添加其他成分的条件下，将液态的油脂缓慢冷却到一定程度，分离析出结晶固体脂的方法称为干法分提。干法分提适用于产品在有机溶剂中溶解度相近的脂肪酸甘油三酯的分离，待分离组分结晶大，可以借助压滤或离心进行分离。干法分提包括冬化（一种晶析分离的方法，是将油脂冷却，使凝固点较高的甘油酯等结晶析出，从而使油和固体脂肪分离的过程）、脱蜡、液压及分级等方法。

（2）表面活性剂分提

表面活性剂分提是指油脂冷却结晶后，添加表面活性剂的水溶液，改善液体油与固体脂的界面张力，借助固体脂与表面活性剂间的亲和力，形成固体脂在表面活性剂水溶液中的悬浮液，促进固体晶体离析的分提工艺。这种分提可迅速分离液体油与固体脂，容易得到固体脂，但分提工艺成本高，且产品容易受表面活性剂污染，因此一些国家禁止表面活性剂分提用于食用植物油的生产。目前表面活性剂分提在国内有一定的发展，但工业化应用不多。

（3）溶剂分提

溶剂分提是指在油脂中按比例加入某一种溶剂，构成黏度较低的混合油体系，然后进行冷却结晶的一种分提工艺。溶剂分提的特点是分提效率高、固体脂组分质量好。但它的投资成本大、生产费用高，用作溶剂的己烷、丙酮、异丙醇等易燃，要求车间设计、生产时提供额外的安全保障。因此，溶剂分提仅用于生产附加值较高的产品。

4.7.3.3　油脂酯交换（interesterification）

如前所述，甘油酯中脂肪酸的分布模式对油脂的许多物理性质，如结晶性、熔点等影响显著，进而限制了其在食品加工中的应用。油脂酯交换是通过改变甘油三酯中脂肪酸的分布以改变油脂的性质，尤其是使油脂的结晶及熔化特征发生改变，进而改变油脂加工特性的结构修饰方法。酯交换是指在酶或化学催化剂的催化下，酯和酸（酸解）、酯和醇（醇解）或酯和酯（酯基转移作用）之间发生的酰基交换反应，既可以是分子内酯交换，也可以是分子间酯交换：

（1）酶法酯交换

酶法酯交换是利用酶作为催化剂的酯交换反应。酶按其来源可分为动物酶、植物酶、微生物酶等。酶法酯交换特点如下：①专一性强（包括脂肪酸专一性、底物专一性和位置专一性）；②反应条件温和，环境友好，安全性好；③催化活性高，反应速度快；④产物与催化剂易分离，且催化剂可重复利用。酶法酯交换被广泛用于油脂改性制备类可可脂、人乳脂代用品、改性磷脂、脂肪酸烷基酯、低热量油脂和结构甘油酯等。随着基因等生物技术的发展，人们已能利用基因技术工业化生产比动物酶专一性更强的微生物酶，这为酶法酯交换工业化提供了广阔的发展前景。

（2）化学酯交换

化学酯交换是利用碱金属、碱金属氢氧化物、碱金属烷氧化物等作为催化剂的酯交换反应。与酶催化剂相比，化学催化剂具有价格低廉、反应容易控制等优点。目前使用最为广泛的催化剂是钠烷氧基化合物，如甲醇钠，其次是钠、钾、钾 - 钠合金及氢氧化钠 - 甘油等。化学酯交换又分为随机酯交换和定向酯交换。

目前认为化学酯交换反应机制有两种，一是催化剂甲醇钠夺取某一脂肪酸碳链 α-H 产生烯醇式酯离子，然后进行分子内或分子间羰基加成的酯交换：

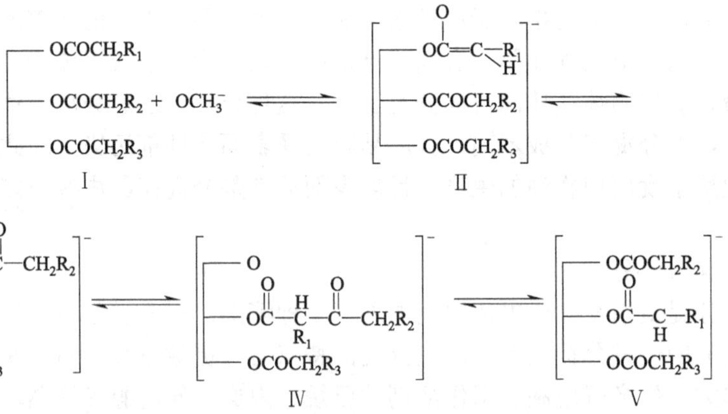

另一种是催化剂甲醇钠烷氧基激化甘油三酯的羰基，通过反应生成中间体甘油二酯钠，甘油二酯钠又与别的甘油三酯反应，一边夺取脂肪酸，一边又生成新的甘油二酯钠：

$$U_3+NaOCH_3 \longrightarrow U_2ONa+UCH_3$$

$$S_3+U_2ONa \longrightarrow SU_2+S_2ONa$$

① 随机酯交换（random interesterification） 当酯化反应在高于油脂熔点进行时，脂肪酸的重排是随机的，这种酯交换反应称为随机酯交换。此时产物种类多，各种不同脂肪酸发生交换的概率是相等的，如：

StStSt ＋ OOO
（50%）（50%）

$\downarrow$ $NaOCH_3$

StStSt	StOSt	OStSt	StOO	OStO	OOO
（12.5%）	（12.5%）	（25%）	（25%）	（12.5%）	（12.5%）

随机酯交换反应常被用来改善油脂的结晶性和稠度，如利用此反应改变猪油的结构，增强其塑性和起酥性，利于其更好地用于焙烤食品中。

② 定向酯交换（directed interesterification） 当酯化反应在低于油脂的熔点进行时，脂肪酸的重排是定向的，称为定向酯交换。因为反应中形成的高熔点的三饱和脂肪酸酯会不断地结晶析出，不断移除三饱和脂肪酸酯则有利于形成更多的三饱和脂肪酸酯，直至饱和脂肪全部生成三饱和脂肪酸酯，实现定向酯交换。混合甘油酯发生定向酯交换后，主要生成高熔点的三饱和脂肪酸酯（S_3）和低熔点的三不饱和脂肪酸酯（U_3）：

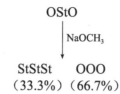

定向酯交换适用于含饱和脂肪酸的液态油如棉子油、花生油，使其熔点提高，稠度改善。部分氢化棕榈油酯交换前后熔点及脂肪酸分布变化如表4-7所示。

表4-7 部分氢化棕榈油酯交换前后熔点及脂肪酸分布变化

项目		酯交换前	随机酯交换	定向酯交换
熔点/℃		41	47	52
三酰基甘油的摩尔分数/%	S_3	7	13	32
	S_2U	49	38	13
	SU_2	38	37	31
	U_3	6	12	24

注：S表示饱和（saturated）脂肪酸，U表示不饱和（unsaturated）脂肪酸。

（3）酯交换技术的发展趋势

经过多年的发展，化学酯交换工艺技术日臻完善。相对而言，酶法酯交换发展较晚，酶法酯交换具有明显的优势，但酶的价格比较高，限制了其工业化应用。随着蛋白质工程与基因工程的迅猛发展，获得性能优良、价格便宜的脂肪酶已成为可能，这给油脂酶法酯交换带来了新的契机。酶法酯交换研究至今，无论是在理论上还是在实际应用中都取得了巨大进步。现在研究开发的固定化酶应用范围广、活性高，转化为实际应用的潜力很大。但是，脂肪酶在酯交换中催化机理方面的研究还落后于其他酶。由于酶法酯交换比较复杂，在实际应用中尚存在一些问题，如用于酶反应器设计、动力学过程的研究、最佳反应条件的确定等。目前，酶反应器的研究与应用已进入一个新的时期，各种反应器脱颖而出，但各种反应器对于酶的催化性质的影响还有待进一步研究。在结合油脂功能与营养的基础上，酶法改性制备功能性油脂制品已成为油脂酯交换发展的新趋势。

 概念检查4.10

○ 油脂的改性有哪些方法？各有何作用？

4.8　复合脂质和衍生脂质

除甘油酯外，复合脂质和衍生脂质也属于脂类（表4-1）。由于此两类脂质种类也很多，本节主要介绍食品中较重要的卵磷脂和甾醇。

4.8.1　磷脂的结构和功能

磷脂是含有磷酸的脂质，按照组成磷脂的多元醇结构不同，可以分为三类：第一类是甘油磷脂，主要包括磷脂酰胆碱（卵磷脂，PC）、磷脂酰乙醇胺（脑磷脂，PE）、磷脂酰丝氨酸（PS）、缩醛磷脂、溶血磷脂以及磷脂酸；第二类是神经鞘磷脂，主要以神经鞘氨醇为骨架，神经鞘氨醇的第二位碳原子上的氨基与长链脂肪酸形成神经酰胺，再与磷酸和胆碱式乙醇胺连接形成鞘脂；第三类多羟基醇是肌醇，它是形成磷脂酰肌醇（肌醇磷脂）的基础。几种典型磷脂的结构如图4-39所示。

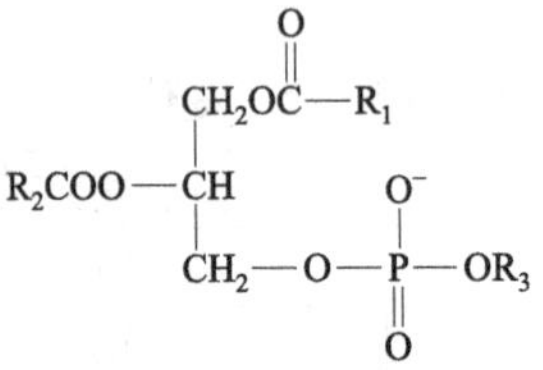

R_1, R_2 为脂肪酸，通常R_1为饱和脂肪酸，R_2为不饱和脂肪酸

$R_3 = H$ 为磷脂酸（phosphatidyl acid）

$R_3 = —CH_2CH_2N^+(CH_3)_3$ 为磷脂酰胆碱(phosphatidyl choline, PC)

$R_3 = —CH_2CH_2NH_2$ 为磷脂酰乙醇胺(phosphatidyl ethanolamine, PE)

$R_3 = —CH_2CH(NH_2)COOH$ 为磷脂酰丝氨酸(phosphatidyl serine, PS)

$R_3 =$ 为磷脂酰肌醇(phosphatidyl inositol, PI)

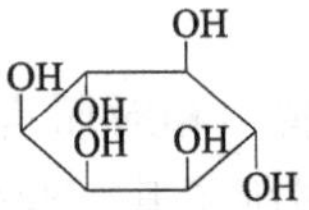

$R_3 =$ 甘油，则为磷脂酰甘油(phosphatidyl glycerol, PG)

图4-39　几种典型磷脂的结构

卵磷脂在生物体和食品中都具有重要的功能，它们是构成生物膜的成分，参与脂肪的代谢，具有健脑、增强记忆力的作用。卵磷脂还具有乳化作用，还可以使中性脂肪和血管中沉积的胆固醇乳化为对人体无害的微粒，溶于水中而排出体外，同时阻止多余脂肪在血管壁沉积，被认为是"血管清道夫"；可促进脂肪代谢，防止发生脂肪肝；还具有降低血清胆固醇、改善血液循环、预防心血管疾病的作用。

卵磷脂在食品中常用作乳化剂、抗氧化剂，用于乳品和速溶食品中，可提高其速溶性能；用于冰激凌的生产中，可提高其乳化性，防止冰晶生成；用于巧克力制品中，具有降低黏度、抗氧化、抗出油和防止同质多晶间的非需宜转变等功能；用于烘焙食品中，具有提高产品的保水性作用；其还具有增加蛋糕糖霜质地及伸展性、改善面团品质、抗老化、延长食品的保鲜期等作用。

4.8.2　甾醇的结构和功能

以环戊烷多氢菲为骨架的物质，称为类固醇 / 甾醇（steroids）。按其来源主要分为植物甾醇（包括麦角甾醇、豆甾醇、谷甾醇）和动物固醇（胆固醇）。甾醇结构通式见图 4-40。动植物油脂中主要甾醇的结构见图 4-41。

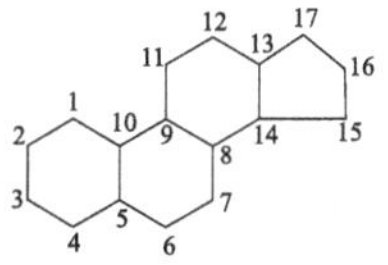

环戊烷多氢菲

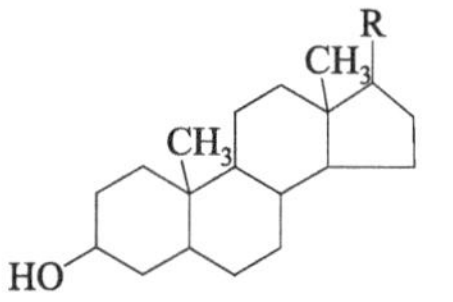

甾醇通式

图 4-40　甾醇结构通式

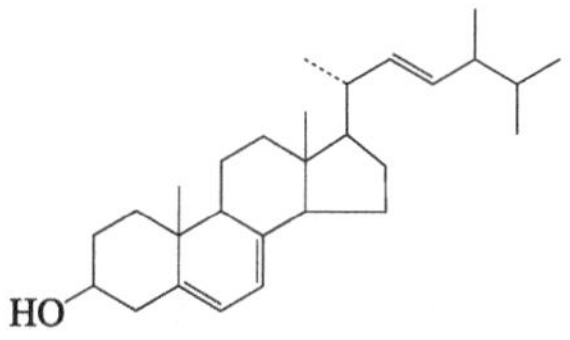

麦角甾醇(ergosterol)

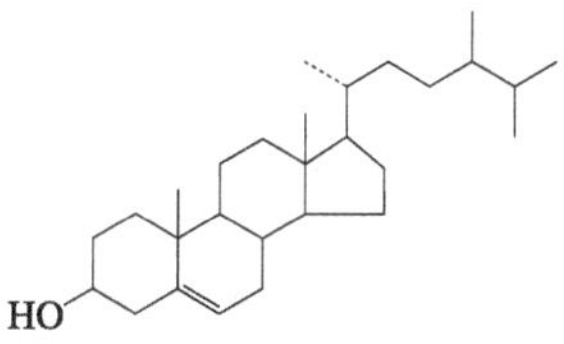

胆固醇(cholesterol)

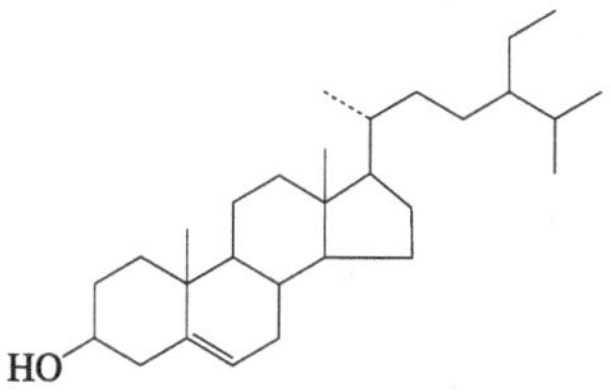

β-谷甾醇(β-sitosterol)

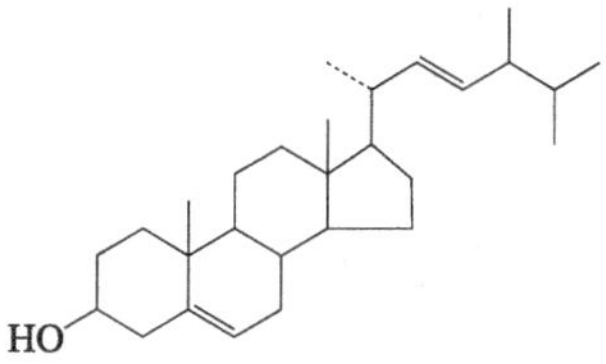

菜油甾醇(campesterol)

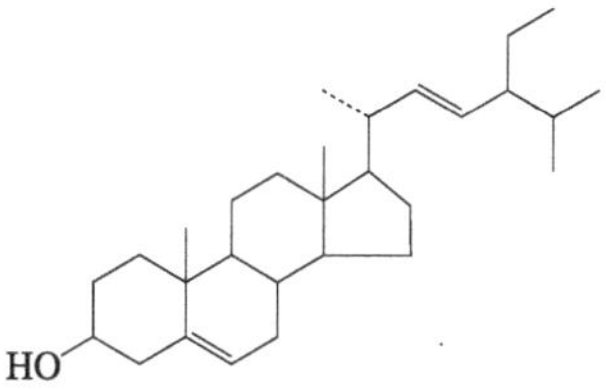

豆甾醇(stigmasterol)

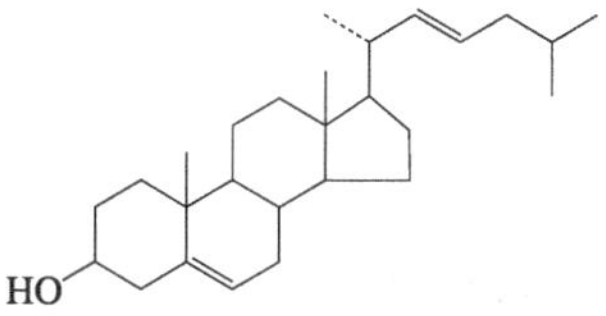

菜籽甾醇(brassicasterol)

图 4-41　动植物油脂中主要甾醇的结构

4.8.2.1　胆固醇

胆固醇又称胆甾醇，广泛存在于动物体内，尤以脑及神经组织中最为丰富，在肾、脾、皮肤、肝和胆汁中含量也较高。其溶解性与脂肪类似，不溶于水，易溶于乙醚、氯仿等溶剂。胆固醇是动物组织细胞所不可缺少的重要物质，它不仅参与形成细胞膜，而且是合成胆汁酸、维生素 D 以及甾体激素的原料。胆固醇经代谢后还能转化为胆汁酸、类固醇激素、7- 脱氢胆固醇，并且 7- 脱氢胆固醇经紫外线照射后，会转变为维生素 D_3，所以胆固醇并非是对人体有害的物质。胆固醇是生物体形成胆酸的原料，胆固醇也是构成细胞膜的重要组成成分，细胞膜包围在人体每一细胞外，胆固醇为它的基本组成成分，占质膜脂类的 20%

以上。有人曾发现给动物喂食缺乏胆固醇的食物,动物的红细胞脆性增加,容易引起细胞的破裂。研究表明,温度高时,胆固醇能阻止双分子层的无序化;温度低时又可干扰其有序化,阻止液晶的形成,保持其流动性。因此,没有胆固醇,细胞就无法维持正常的生理功能。此外,胆固醇还是人体很多激素,如皮质醇、醛固酮、睾酮、雌二醇以及维生素 D 的前体物质,这些激素是协调多细胞机体中不同细胞代谢作用的化学信使,参与机体内各种物质的代谢,包括糖、蛋白质、脂肪、水、电解质和矿物质等的代谢,对维持人体正常的生理功能十分重要。

但膳食胆固醇摄入过多又容易诱发心、脑血管等疾病。因此,要正确认识食物胆固醇的作用,既不能过分忌食这类食物,引起营养失衡,导致贫血和其他疾病的发生,也不能过多摄入,以防止高胆固醇血症、动脉粥样硬化和血栓等的形成。胆固醇含量多的食物有:蛋黄、动物脑、动物肝肾、墨斗鱼(乌贼)、蟹黄、蟹膏等。

4.8.2.2　植物甾醇

植物油是植物甾醇含量较为丰富的食品之一,而其中玉米油中的植物甾醇含量较高。本品为白色粉末,也可有脂状溶于油脂。植物甾醇分为 4-无甲基甾醇、4-甲基甾醇和 4,4′-二甲基甾醇三类。无甲基甾醇主要有 β-谷甾醇、豆甾醇、菜油甾醇和菜籽甾醇等,主要存在于植物的种子中。植物甾醇的结构与动物甾醇的结构基本相似,唯一不同之处是 C4 位所连甲基数目及 C11 位侧链的差异,正是这些侧链上的微小不同致使其具有不同生理功能。

植物甾醇具有良好的抗氧性,可作食品添加剂(抗氧化剂、营养添加剂);也可作为动物生长剂原料,促进动物生长,增进动物健康。植物甾醇对人体还具有较强的抗炎作用,能够抑制人体对胆固醇的吸收、促进胆固醇的降解代谢、抑制胆固醇的生化合成,可作为胆结石形成的阻止剂,可用于预防冠状动脉粥样硬化类疾病。植物甾醇也是重要的甾体药物和维生素 D_3 的生产原料,被科学家们誉为"生命的钥匙",世界心脏组织、美国心脏协会等均推荐将其应用于食品领域。毛玉米油是植物甾醇颇为丰富的食品之一,但经过精炼后,会有一定的损失。

4.9　脂肪代用品

脂肪是人体不可或缺的营养素,但摄入过多有诱发肥胖和心血管疾病的风险,为减少脂肪的摄入,开发低热量或无热量的脂肪替代物一度受到食品企业和消费者的青睐。脂肪代用品是一类加入低脂或无脂食品中,使它们具有与同类全脂食品相同或相近感官效果的物质。其具有两个特征:热量低于脂肪;能充分再现脂肪在食品中的各种性状。脂肪代用品可以分为脂肪替代品和脂肪模拟品两类。

4.9.1　脂肪替代品(fat substitute)

脂肪替代品是一类物理化学性质与天然脂肪类似的物质,一般利用酶法对天然脂肪进行改性得到或化学合成,也可采用脂肪的重构技术制造脂肪替代品。由于这些替代品通常难以被人体消化酶消化，所以不提供能量或提供的能量很低。脂肪替代品主要有以下两类：用合适的多元醇或糖替换甘油三酯中的部分甘油；改变脂肪酸和甘油的酯键，将部分甘油的酯键转变成醚键。目前美国、日本以及欧洲等国家已经开发出了一些商品化的脂肪替代品。如以脂质和合成脂肪酸酯为基质的替代品蔗糖脂肪酸聚酯（蔗糖与 6～8 个脂肪酸通过酯基团转移或交酯化形成的蔗糖酯的混合物，商品名为 Olestra）、山梨醇聚酯（山梨醇与脂肪酸形成的三、四及五酯），而酯键数量多可抵抗酯酶的消化作用。采用脂肪重构技术在甘油分子 β-位上连接长链脂肪酸，α-位上连接短链或中链脂肪酸。重构脂肪热量较低的原因在于单位质量短链脂肪酸的能量低于长链脂肪酸，且脂肪酸的位置可影响其在人体中的吸收。另外，中链脂肪酸代谢迅速，不会在人体内以脂肪的形式储备。

4.9.2　脂肪模拟品（fat mimetic）

脂肪模拟品通常是以蛋白质（鸡蛋、牛奶、大豆蛋白、乳清蛋白等）和多糖（如三仙胶、红藻胶、果胶、葡聚糖、淀粉等）为基质，经过微粒化、高速剪切等处理，得到具有类似脂肪口感的组织特性的脂肪模拟物。例如商品化的 Simplesse 是由乳清蛋白浓缩物经过湿热、微粒化等一系列处理制成的具有脂肪口感的脂肪模拟物。类似的产品还有 Dairylo、Traiblazer、Lita、Finesse 等。以植物胶如黄原胶、卡拉胶、果胶等以及纤维素、改性淀粉、葡萄糖聚合物等糖类化合物为基质，通过形成凝胶状的基质稳定相当数量的水，使产品具有脂肪类似的润滑性、流动性，同时黏度和体积增加，也可以提供类似脂肪的口感及组织特性。脂肪模拟品可部分代替脂肪用于甜食、冰激凌、乳制品、色拉调味料以及焙烤食品中，可以保证口感，并降低能量。

4.10　食用脂肪与人体健康

食用脂肪除了有改善食品的味道、质地、口感等功能外，在生物体内还发挥着供能、提供必需脂肪酸、促进脂溶性维生素的消化和吸收、充当多种激素的前体等不可或缺的重要功能。由于过量摄入脂肪会导致肥胖，引起心脑血管疾病、代谢综合征等一系列疾病。因此，2005 年的美国膳食指南曾经建议每人每日摄入来自脂肪的热量不宜超过 30%，饱和脂肪不宜超过 10%。

4.10.1　饱和脂肪酸与健康

研究表明，不同种类的膳食脂肪酸对于人体健康具有不同的效应。以往一般认为饱和脂肪酸将提高人体血液胆固醇浓度，从而增加心血管疾病的发生风险。值得注意的是，饱和脂肪酸对血清胆固醇的影响取决于其碳链长度。膳食中含量较多的饱和脂肪酸有月桂酸（12:0）、肉豆蔻酸（14:0）、棕榈酸（16:0）和硬脂酸（18:0）。不同种类的饱和脂肪酸并不是等效地升高血清胆固醇的浓度，比如硬脂酸和 12 碳以下的饱和脂肪酸对于提高血清胆固醇的作用甚微，是健康的中性脂肪酸。而月桂酸（12:0）、肉豆蔻酸（14:0）和棕榈酸（16:0）却具有显著提升血清胆固醇的能力，且三者作用大小顺序为：肉豆蔻酸＞棕榈酸＞月桂酸。

4.10.2 　不饱和脂肪酸与健康

研究显示，橄榄油中的单不饱和脂肪酸——油酸能够促进心血管系统中保护因子——高密度脂蛋白升高的作用。包括亚油酸、α- 亚麻酸、二十碳五烯酸（EPA）和二十二碳六烯酸（DHA）等在内的多不饱和脂肪酸（PUFA）对维持机体功能不可缺少，但机体不能合成，必须由食物提供，这类脂肪酸被称为必需脂肪酸（essential fatty acid）。此外，越来越多的研究证实，不饱和脂肪酸特别是 $\omega3$ 和 $\omega6$ 的多不饱和脂肪酸如 EPA 和 DHA 等具有降低冠心病、血清甘油三酯、血压和心血管疾病的发生率以及减轻炎症等多种功效。因此关于饮食中饱和脂肪酸是否应该被不饱和脂肪酸取代仍不清楚，且存在较大的争论。但是，需要注意的是，由于多不饱和脂肪酸极易氧化，摄入多不饱和脂肪酸时若抗氧化剂摄入不足，患动脉粥样硬化的风险性会更大。同时，前已述及，胆固醇对维持人体正常的新陈代谢不可或缺，但过量的胆固醇会引发高胆固醇血症，且胆固醇氧化物是引起动脉粥样硬化的首要原因。因此，对于膳食脂肪引发心脑血管疾病的风险应具有正确的观念，不可因噎废食。

4.10.3 　反式脂肪酸与健康

在食品加工中产生的反式脂肪酸对健康的危害如增加心脑血管疾病的患病风险、扰乱脂肪酸在人体内的正常代谢等危害是不容忽视的。反式脂肪酸导致心血管疾病的概率是饱和脂肪酸的 3～5 倍。反式脂肪酸还会增加人体血液的黏稠度，易导致血栓形成。此外，反式脂肪酸还会诱发肿瘤、哮喘、Ⅱ型糖尿病、过敏等病症。反式脂肪酸对生长发育期的婴幼儿和成长中的青少年也有不良影响。反式脂肪酸主要存在于奶油类、煎炸类、烘烤类和速溶类等食品中，如炸薯条、炸猪排、烤面包、西式奶油糕点及饼干等食品。

4.10.4 　健康膳食中不同脂肪合理的摄入比例

2015 年，美国膳食指南咨询委员会（DGAC）对 2005 版膳食指南进行了修订。在新修订的指南中，既没有将总脂肪列为营养不良因素，也未建议限制其摄入量，同时也取消了对胆固醇摄入的限制。以往指南对总脂肪摄入量和胆固醇摄入上限设置的主要依据是通过限制总脂肪的摄入减少饱和脂肪和胆固醇的摄入，二者被认为可增加心血管疾病风险。而最新的研究显示，用糖类代替饱和脂肪不仅不会降低心血管疾病风险，还不可避免地减少了对健康有益的不饱和脂肪酸的摄入。且最新研究表明，在健康人群中，胆固醇的摄入量与血浆胆固醇水平或临床心血管事件并无明显相关性。但是取消脂肪摄入量不代表取消饱和脂肪的摄入，更不代表不限制一天的总热量，它仅仅表示可以在保证脂肪类型及比例合理的前提下可以提高其一天的热量占比（比如由之前的 30% 变成 40%，但总热量不能变）。基于最新研究成果和 DGAC 报告，需要将重点放在优化膳食脂肪的类型和合理比例的选择上。因此，健康膳食的不同脂肪合理的比例为：①饱和脂肪酸：多不饱和脂肪酸：单不饱和脂肪酸 =1：1：1；② $\omega6$ 脂肪酸：$\omega3$ 脂肪酸 =（4～6）：1。根据这一原则，可减少饱和脂肪的摄入，例如减少一些红肉、加工肉、蛋糕等食品的摄入；增加不饱和脂肪酸尤其是 $\omega3$ 脂肪酸的摄入，比如增加深海鱼类、坚果类、亚麻籽油等食品的摄入；摄入更多的蔬菜、水果、全谷食物、海产品、豆类和奶制品，并减少含糖食物或饮料以及细粮的摄入。

概念检查 4.11

○ 健康膳食选择脂肪的原则有哪些?

4.11　前沿导读——多不饱和脂肪酸与肠道菌群和肥胖

　　肥胖和糖脂代谢综合征已成为当今全球普遍的主要健康问题之一，越来越多的研究表明膳食脂肪酸和肠道菌群对这些健康问题有重要影响。肠道微生物的功能就像一个代谢"器官"，影响营养物质的吸收和能量平衡，并最终控制体重。此外，肠道菌群的改变也会引发肠道内的微生物屏障、机械屏障、免疫屏障等一系列改变，进而影响肥胖和相关的慢性代谢疾病的发展。膳食脂肪酸通过影响肠道微生物系统，从而影响全身的能量代谢，控制脂肪堆积和肥胖。

　　（1）肠道菌群概述

　　人体肠道中的微生物菌群含量数以亿计，构成了一个十分庞大而复杂的生态系统。一般正常的成年人都拥有超过 1000 种肠道菌群的类型，其中，厚壁菌门（Firmicutes）和拟杆菌门（Bacteroidetes）丰度最高，占人体肠道菌群丰度的 98% 以上。此外，放线菌门（Actinobacteria）、变形菌门（Proteobacteria）、疣微菌门（Verrucomicrobia）和梭杆菌门（Fusobacteria）等均以不同的丰度存在于人体肠道的不同部位。肠道菌群中每个菌门都有各自的优势菌属，其中梭菌属（*Clostridium*）、栖粪杆菌属（*Faecalibacterium*）、瘤胃球菌属（*Ruminococus*）和罗斯氏菌属（*Roseburia*）等是厚壁菌门的主要优势菌属；普雷沃菌属（*Prevotella*）是拟杆菌门的优势菌属；*Akkermanisa* 则是疣微菌门的优势菌等。作为人体中庞大的"微生物器官"，肠道菌群参与并维持人体正常的生理功能。肠道菌群不仅在营养素的代谢消化中发挥重要作用，对宿主的免疫屏障、生物拮抗作用等也至关重要。肠道菌群可维护机体与微生物之间的环境稳态，并参与抑制病原菌及腐败菌的生长。此外，肠道菌群的结构和丰度的改变也与肠炎性疾病（inflammatory bowel disease，IBD）、肥胖、糖尿病、肝脏疾病及过敏等有关。有研究表明，人和啮齿动物中 *A.muciniphila* 的丰度与体重、脂肪含量和胰岛素抵抗呈负相关，故其可作为评价营养状态和代谢疾病的潜在生物标记物。有关于肠道菌群影响体重以及某些代谢性疾病的研究在近几年成了新的突破口，成为人们寻求健康的新途径。

　　（2）肠道菌群与能量代谢

　　肠道菌群与膳食脂肪的组成可能存在"交互作用（cross-talk）"。肠道微生物中两大优势菌群拟杆菌门（Bacteroidetes）和厚壁菌门（Firmicutes）对宿主能量代谢极为重要。厚壁菌门中的细菌大多数属于发酵型细菌，其中包括很多与肥胖相关的细菌，例如毛螺菌科（Lachnospiraceae）、罗氏菌属（*Roseburia*）等；拟杆菌门的细菌具有碳水化合物发酵的功能，参与宿主糖类、胆汁酸和类固醇代谢等诸多代谢过程。有证据显示，5%～15% 的膳食脂肪酸在肠腔内被分解成游离脂肪酸后，可被肠道菌群利用。大肠杆菌可以使用各种类型的脂肪酸作为能源，从肠腔摄取游离脂肪酸，并通过转运 / 酰基激活机制将它们转运到胞浆中。被大肠杆菌吸收的脂肪酸 β- 氧化后形成乙酰辅酶 A。乳酸菌科也可参与脂肪酸的代谢。此外，肠道菌群可通过参与胆汁酸的合成，从而影响脂肪酸的吸收和代谢。肠道菌群可将肝中的初级胆汁酸（如胆酸）转化为次级胆汁酸，初级胆汁酸和次级胆汁酸经门脉循环并与甘氨酸（人类）或牛磺酸（鼠）结合，重吸收进入肝脏。肠道菌群还可以通过介导大鼠体内胆汁酸结合形式的解离，促进胆汁酸的排泄，进一步影响脂质的吸收代谢。同时，越来越多的研究表明，膳食脂肪酸的摄入有助于塑造肠道菌群结构，进而影响机体的一系列代谢过程，影响健康。

（3）多不饱和脂肪酸与肠道菌群

众多研究表明多不饱和脂肪酸（polyunsaturated fatty acid，PUFA）可促进脂肪分解，减少脂肪合成，控制脂肪积累。尤其是 ω3 PUFA 如二十碳五烯酸（EPA）和二十二碳六烯酸（DHA）具有很强的生理活性，对人和动物的多种疾病，如肥胖、糖尿病、高血压和高血脂等具有特殊的预防和治疗效果。目前关于 ω3 PUFA 与肠道菌群相互作用的研究报道较多，但由于所用模型不同，结论并不统一。Myles 等人研究发现，膳食补充 ω3 PUFA 不仅可以改变肠道菌群组成，降低促炎症因子前体的释放，还可以增加结肠和脾脏等组织中抗炎症因子白细胞介素 -10（IL-10）的释放，提高机体的免疫力。Yu 等人的研究揭示了膳食补充鱼油可以改变 ICR 小鼠的肠道菌群组成，降低厚壁菌门、假单胞菌属（*Pseudomonas*）、鞘脂单胞菌科（Sphingomonadceae）和螺杆菌属（*Helicobacter*）的丰度，从而影响机体的健康。乔立君等研究发现，给大鼠补充多不饱和脂肪酸，可改变肠道菌群的组成，增加肠道黏膜厚度，提高肠道屏蔽功能，进而抑制肥胖的发生和发展。但也有研究者给予 60 名超重患者膳食补充 ω3 PUFA，发现可以显著增加机体的胰岛素敏感性，却并未改变肠道菌群的组成。因此，膳食脂肪酸如何影响肠道菌群的组成和结构，膳食脂肪酸与肠道菌群的交互作用又如何改变宿主的脂质代谢和健康以及脂肪酸的膳食补充形式对肠道菌群的影响等问题还有待于进一步研究。

 总结

本章基本概念

○ 必需脂肪酸、同质多晶、调温、起塑性、固体脂肪指数、过氧化值、酸价、碘值。

本章关键词

○ 脂质（lipids）；不饱和脂肪酸（unsaturated fatty acid）；必需脂肪酸（essential fatty acids）；三酰基甘油（triacylglycerols）；皂化（saponification）；起酥油（shortening）；塑性脂肪（plastic fats）；固体脂肪指数（solid fat index）；乳化剂（emulsifiers）；脂解（lipolysis）；自动氧化（autoxidation）；光敏氧化（photosensitized oxidation）；酶促氧化（enzyme-induced oxidation）；氢过氧化物（hydroperoxide）；自由基（free radical）；链反应（chain reaction）；抗氧化剂（antioxidant）；精炼（refining）；过氧化值（peroxidation value）；酸价（acid value）；碘值（iodine value）；氢化（hydrogenation）；酯交换（interesterification）。

脂肪的定义和分类

○ 脂质（lipids）是生物体内不溶于水而溶于有机溶剂的一大类疏水性物质的总称。按其结构和组成，脂质可以分为简单脂质、复合脂质和衍生脂质。

脂肪的结构

○ 脂肪酸的结构：按照天然脂肪酸碳原子的饱和程度，脂肪酸分为饱和脂肪酸和不饱和脂肪酸；按照脂肪酸碳原子个数，脂肪酸分为长链脂肪酸、中链脂肪酸和短链脂肪酸；按照双键的构型，不饱和脂肪酸又可以分为顺式脂肪酸和反式脂肪酸。

脂肪的命名

○ 脂肪酸的命名方法有系统命名法、数字命名法、英文缩写以及俗名。三酰基甘油一般采用Sn命名法。

脂肪的物理性质

○ 纯净的脂肪是无色无味的，一般油脂的烟点为240℃，闪点为340℃，着火点为370℃。

○ 脂肪的物理性质包括结晶性、熔融特性、塑性、起酥性等。

○ 脂肪的结晶主要有：六方形（α型）、正交（β′型）、三斜（β型），稳定性依次递增。

○ 脂肪形成的同质多晶晶型首先取决于三酰基甘油中脂肪酸的组成以及位置分布。一般均匀组成的脂肪倾向于迅速转变成稳定的β型，而非均匀组成的脂肪倾向于缓慢地转变成β′型；油脂的晶型还取决于熔融状态的油脂冷却时的温度和速度。因此，在实际应用中可通过"调温"得到理想的同质多晶型。

○ 油脂的塑性取决于以下因素：SFI适当，一般SFI值为10～30的油脂塑性较好；当脂肪为β′晶型时，可塑性最强；熔程越宽则脂肪的塑性越大。

○ 乳状液：可分为水包油型（O/W，水为连续相）和油包水型（W/O，油为连续相）；分层、絮凝、聚结是导致其失去稳定性的主要原因。稳定乳状液的主要措施有：减小两相间的界面张力、增大分散相之间的静电斥力、增大连续相的黏度或生成有弹性的厚膜、微小的固体粉末的稳定作用等。

油脂的化学性质

○ 油脂在加工和贮藏过程中会发生水解、氧化、热分解、热聚合、缩合等各类化学反应，其中氧化是导致含脂食品品质劣变的主要因素。

○ 油脂氧化的初级产物是ROOH，生成ROOH途径有自动氧化、光敏氧化、酶促氧化。

○ 自动氧化历程中ROOH的形成：先在不饱和脂肪酸双键的α-C处引发自由基，自由基共振稳定，双键可位移。参与反应的是$^3O_2$。生成的ROOH的品种数为：2×参与反应的α-亚甲基数。

○ 光敏氧化历程中ROOH的形成：Sens诱导出$^1O_2$，$^1O_2$进攻双键上的任意碳原子，形成ROOH，双键位移。生成的ROOH品种数为：2×双键数。$v_{光敏氧化}≈1500v_{自动氧化}$。

○ 影响脂肪氧化的因素：反应物的结构、温度、A_w、食物的表面积、光照、催化剂、抗氧化剂。

○ 抗氧化剂的类型有自由基清除剂、$^1O_2$猝灭剂、金属螯合剂、氧清除剂、ROOH分解剂、酶抑制剂、酶抗氧化剂、紫外线吸收剂。

○ 抗氧化与促氧化：有些抗氧化剂用量与抗氧化性能并不完全是正相关关系，有时用量不当，反而起到促氧化作用。

○ 油脂经长时间高温加热，会发生水解、分解、氧化、聚合、缩合等各类反应，导致油品黏度升高，碘值下降，酸价增高，发烟点下降，泡沫量增加。

○ 油炸食品中香气的形成与油脂在高温下的水解、氧化、分解等反应有关，但油脂在高温下过度反应，则对食品品质和香气十分不利，加工中宜控制$t<150℃$。

油脂的精炼

○ 油脂精炼（refining）是指采用物理、化学或物理化学的方法除去油脂中所含固体杂质、游离脂肪酸、磷脂、胶质、蜡、色素、异味等的一系列工艺过程。主要包含沉降、脱胶、脱酸、脱色和脱臭等过程。

○ 精炼后油的品质提高，颜色变浅，稳定性提高，但会造成脂溶性维生素和类胡萝卜素等的损失。

油脂的改性

○ 油脂的改性是指通过物理、化学等方法对油脂的组成或结构进行改造，使油脂获得不同的物理和化学性质，从而满足一些特定的加工要求。油脂的改性主要有三大技术，分别是油脂氢化、油脂分提和油脂酯交换。

○ 油脂氢化后稳定性提高、颜色变浅、风味改变，便于运输和贮存，制造起酥油和人造奶油等，但也会造成多不饱和脂肪酸含量下降、脂溶性维生素被破坏并产生反式脂肪酸。

○ 酯交换可改变油脂的结晶性和稠度等物理性质，进而改善其塑性和起酥性等加工特性。

○ 油脂分提可获得不同结构和性质的油脂，满足不同的加工需要。

食用油脂与健康

○ 健康膳食需要有平衡的膳食脂肪类型及合理比例。一般认为健康膳食的不同脂肪合理的比例为：①饱和脂肪酸：多不饱和脂肪酸：单不饱和脂肪酸=1：1：1；②$\omega6$脂肪酸：$\omega3$脂肪酸=（4~6）：1。且来自脂肪的热量不宜超过总热量的30%。

课后练习

1. 名词解释

（1）油脂的酸败　（2）同质多晶　（3）乳化容量　（4）抗氧化剂　（5）增效作用
（6）酸价　　　　（7）碘值

2. 论述不饱和脂肪酸发生自动氧化和光敏氧化的异同。

3. 试分析含油量高的食品中加入茶多酚和抗坏血酸的作用。

4. 简述脂肪氧化速度与水分活度之间的关系。

5. 食用油经反复高温使用后，品质会发生什么变化？

6. 若要评价某食用油样品的质量，应测定哪些指标？选用何种分析方法测定？并简要解释为什么这些指标能衡量油脂的质量。

7. 简述为何巧克力贮存时会起白霜。

8. 下列油脂适合于制作人造奶油的同质多晶型是：α型、β'型还是β型？请解释你的选择。

9. 下列脂肪酸（硬脂酸、油酸、亚油酸、亚麻酸）中，氧化速度最快的是哪一种？请解释你的选择。

题1答案

题2答案

题3答案

题4答案

题5答案

题6答案

题7答案

题8答案

题9答案

 设计问题

1. 试述脂类化合物对食品品质的贡献和影响。

2. 花生油在室温下（25℃）为液态，若以其为原料用何种方法改性可以生产人造奶油？并简述其原理。

3. 现要求你开发一款油炸马铃薯片，并用于商业销售。请给出整个的工艺流程并对你认为的关键点，结合食品化学原理进行分析说明。

4. 李奶奶买回一瓶芝麻酱，在冰箱贮藏一年未见长霉或腐败，却发现变质和有了异味，请分析可能的原因，并解释。

（www.cipedu.com.cn）

第5章　蛋白质

图 5-1　蛋白质食品：油炸肉丸、炒鱿鱼、熏腊肉

　　蛋白质（proteins）是与生命现象紧密相连的，恩格斯说："没有蛋白质就没有生命。"蛋白质是地球上繁茂的动植物及微生物生命活动的主要承担者。结构蛋白构筑了生物的机体；而机体的运动则是借助于肌动蛋白和肌球蛋白加以控制的；生物体中神奇的酶是蛋白质中的一大类，它是生物代谢的推动者。若在实验室中，蛋白质的水解需要在剧烈条件下（加热或加酸或加碱）才能完成，而在生物体内蛋白酶的专一催化作用下，可在十分温和的条件下顺利完成；运载蛋白能将营养因子、矿物质、药物、氧分子等运送到机体的各个部位，同时将代谢产物运出体外；营养蛋白如仓库一般，储备了大量的营养，以备人体不时之需。在日常人们的饮食中，富含蛋白质的食品其口感和风味是十分诱人的，当你看到图 5-1 时，你是不是已感受到了肉丸子的诱人香气和富有弹性的口感？你知道为何做肉丸子常向肉馅中加入蛋清？为什么干鱿鱼要用碱发？为什么腌肉不宜多吃？其中蕴含的科学问题及其答案在本章中均会涉及。

为什么学习蛋白质?

　　蛋白质不仅是食品中重要的营养素,同时与其他营养素相比,蛋白质具有更丰富的功能性质,因此赋予了富含蛋白质食品更好的风味和口感。例如蛋白质可形成各种凝胶(见5.5.4),为何鸡蛋蛋清形成的是热不可逆凝胶?而小笼汤包中的"汤"却需要趁热喝?为何鸭蛋不经加热却能腌制出面目全非的皮蛋?其形成不同凝胶的机理如何?蛋白质的结构与其功能的关系如何?值得探究。

👁 学习目标

○ 掌握组成蛋白质的21种氨基酸的结构、氨基酸的分类及必需氨基酸的定义。
○ 掌握蛋白质的高级结构及维持蛋白质各级结构稳定的作用力。
○ 掌握蛋白质变性的定义、影响蛋白质变性的物理因素和化学因素、蛋白质变性对食品品质的影响。
○ 掌握蛋白质的功能性质(水合性质、膨润性质、胶凝性质、织构化、面团的形成、风味结合、乳化性质、起泡性质)及其在食品贮藏加工过程中的应用。
○ 掌握食品加工条件(加热、加碱、低温、脱水、辐照、氧化等处理)对食品蛋白质结构、营养品质及安全性的影响。

5.1　概述

5.1.1　蛋白质在食品中的作用

　　蛋白质是食品主要的营养素之一,能提供能量和必需氨基酸。蛋白质在食品加工中呈现出比其他营养素更为丰富的功能性质,例如牛乳蛋白质的乳化性质能使体系稳定;大豆蛋白能形成凝胶(胶凝性质),且在蛋糕中能帮助形成气泡并持留气泡(起泡性质);干鱿鱼经碱发后,体积能大幅膨胀(膨胀性质),但并不发生溶解。这些丰富的功能性质使蛋白质在决定食品色、香、味和质构特征方面,起到了十分重要的作用。富含蛋白质的食品往往具有良好的风味和口感,并且蛋白质也是很好的食品配料。食源性蛋白质还是生物活性肽的原料宝库。生物活性肽具有丰富的生理调节功能,例如抗氧化、抗菌、抗疲劳、抗肿瘤、降血压、增强免疫力等。然而,必须指出有些蛋白质却是抗营养因子,比如胰蛋白酶抑制剂、血细胞凝集素;还是有些蛋白质是有毒的,例如蓖麻蛋白、蛇毒毒素、肉毒素等。

5.1.2　蛋白质的分类

　　按分子组成分类,蛋白质可分为简单蛋白质(simple proteins)、结合蛋白质(conjugated

proteins）和衍生蛋白质（derivative proteins）。简单蛋白质又分为清蛋白（albumines）、球蛋白（globulins）、谷蛋白（glutellins）、醇溶蛋白（prolamines）、硬蛋白（scleroproteins）、组蛋白（histones）和精蛋白（protamines）。谷物蛋白质主要包含清蛋白、球蛋白、谷蛋白和醇溶蛋白；而在动物蛋白质中，除含有上述蛋白质外，还含有硬蛋白、组蛋白和精蛋白。

结合蛋白质是由蛋白质与非蛋白质成分结合而成，包括脂蛋白（lipoproteins）、糖蛋白（glycoproteins）、核蛋白（nucleoproteins）、色蛋白（chromoproteins）和磷蛋白（phosphoproteins），它们分别是蛋白质与脂质、糖类、核酸、色素和磷酸盐结合而成的。

衍生蛋白质包括经化学或酶作用得到的蛋白质改性产物，例如食源性蛋白质水解物——生物活性肽。

蛋白质通常是由碳、氢、氧、氮、硫、磷、硒元素组成的，其中氮含量在15%～18%之间，即在16%左右，这是凯氏定氮测定蛋白质含量的依据。

5.2 氨基酸的结构与性质

所有生物，从最简单的病毒到最高级的人类，其生命的多样性是由不同的蛋白质造就的，千变万化的蛋白质均是由 21 种氨基酸（amino acids，AA）通过肽键（即酰胺键）连接组成的有机大分子，其分子质量在 10 kDa 以上。第 21 种氨基酸是新近被承认的天然氨基酸——硒代半胱氨酸，即硒取代了半胱氨酸中的硫。21 种氨基酸的结构见图 5-2。

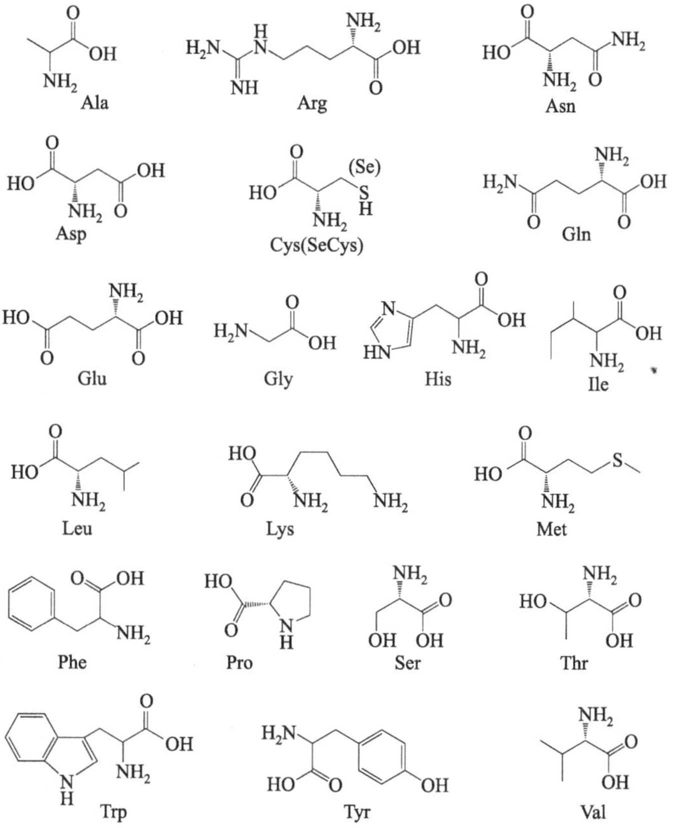

图 5-2 构成蛋白质的氨基酸的结构

5.2.1 氨基酸的结构与分类

组成蛋白质的氨基酸中除了脯氨酸外，均属于 α-氨基酸（见图 5-3），其结构差别在于侧链 R 基团的不同。除甘氨酸外，α-C 均为手性碳原子，天然氨基酸的构型一般为 L 型，但在有些微生物中偶有 D 型氨基酸存在，L 型氨基酸是人类可以利用的氨基酸，而 D 型氨基酸则不是。蛋白质中常见氨基酸的名称、简写符号及分子量见表 5-1。

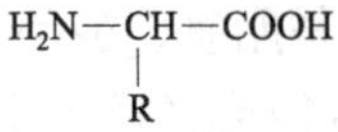

$$H_2N—CH—COOH$$
$$|$$
$$R$$

图 5-3 α-氨基酸的结构通式

一般根据 R 基团的极性将氨基酸分为四类：

①非极性氨基酸：包括 Ala、Ile、Leu、Phe、Met、Trp、Val、Pro。
② R 基团不带电荷的极性氨基酸：包括 Ser、Thr、Tyr、Asn、Gln、Cys、SeCys、Gly。
③ R 基团带正电荷的极性氨基酸（碱性氨基酸）：包括 Lys、Arg、His。
④ R 基团带负电荷的极性氨基酸（酸性氨基酸）：包括 Asp、Glu。

此外，其中有 9 种氨基酸是人体必需的，但自身不能合成，或者合成的速度不能满足机体需要的，必须从饮食中获取的氨基酸，被称为必需氨基酸（essential amino acids），包括 Lys、Leu、Ile、Val、Met、Trp、Phe、Thr、His。

表 5-1 蛋白质中常见氨基酸的名称、分子量

名称	简写符号		分子量	化学名称
	3 个字母	1 个字母		
丙氨酸　alanie	Ala	A	89.1	α-氨基丙酸
精氨酸　arginine	Arg	R	174.2	α-氨基-σ-胍基戊酸
天冬酰胺　asparagine	Asn	N	132.1	天冬酸酰胺
天冬氨酸　aspartic acid	Asp	D	133.1	α-氨基琥珀酸
半胱氨酸　cysteine	Cys	C	121.1	α-氨基-β-巯基丙酸
谷氨酰胺　glutamine	Gln	Q	146.1	谷氨酸酰胺
谷氨酸　glutamic acid	Glu	E	147.1	α-氨基戊二酸
甘氨酸　glycine	Gly	G	75.1	α-氨基乙酸
组氨酸　histidine	His	H	155.2	α-氨基-β-咪唑基丙酸
异亮氨酸　isoleucine	Ile	I	131.2	α-氨基-β-甲基戊酸
亮氨酸　leucine	Leu	L	131.1	α-氨基异己酸
赖氨酸　lysine	Lys	K	146.2	α-ε-二氨基己酸
蛋氨酸　methionine	Met	M	149.2	α-氨基-γ-甲硫醇基正丁酸
苯丙氨酸　phenylalanine	Phe	F	165.2	α-氨基-β-苯基丙酸
脯氨酸　proline	Pro	P	115.1	吡咯烷-2-羧酸
丝氨酸　serine	Ser	S	105.1	α-氨基-β-羟基丙酸
苏氨酸　threonine	Thr	T	119.1	α-氨基-β-羟基正丁酸
色氨酸　tryptophane	Trp	W	204.2	α-氨基-β-3-吲哚基丙酸

名称		简写符号		分子量	化学名称
		3 个字母	1 个字母		
酪氨酸	tyrosine	Tyr	Y	181.2	α-氨基-β-对羟苯基丙酸
缬氨酸	valine	Val	V	117.1	α-氨基异戊酸

5.2.2　氨基酸的性质

5.2.2.1　氨基酸的光学性质

　　组成蛋白质的氨基酸中，除甘氨酸外，α-C 均为手性碳原子，故大多数氨基酸具有旋光性，其旋光方向与 R 基团、pH、温度等相关，其比旋光度值见表 5-2。21 种氨基酸在 210nm 附近均有紫外吸收，而 Trp、Tyr、Phe 因含有芳香环结构，在 270nm 附近有 K 带吸收（因双键共轭体系导致的吸收），当这些芳香族氨基酸参与形成蛋白质后，其吸收峰在 270nm 附近，这是用分光光度法定量测定蛋白质以及液相色谱用紫外检测器监测蛋白质出峰的依据。此外，这三种含芳香环的氨基酸受到光激发后，还能在 300nm 附近产生荧光，其他氨基酸则不能产生荧光。

表5-2　常见氨基酸的溶解度、疏水性、比旋光度

氨基酸	溶解度（25℃）/（g/L）	$\Delta G_{t,R}$/（kJ/mol）	比旋光度 /（°）
丙氨酸	167.2	2.09	+14.7
精氨酸	855.6	—	+26.9
天冬酰胺	28.5	0	—
天冬氨酸	5.0	2.09	+34.3
半胱氨酸	0.05	4.18	−214.4
谷氨酰胺	7.2	−0.42	—
谷氨酸	8.5	2.09	+31.2
甘氨酸	249.9	0	0
组氨酸	41.9	2.09	−39.0
异亮氨酸	34.5	12.54	+40.6
亮氨酸	21.7	9.61	+15.1
赖氨酸	739.0	—	+25.9
蛋氨酸	56.2	5.43	+21.2
苯丙氨酸	27.6	10.45	−35.1
脯氨酸	620.0	10.87	−52.6
丝氨酸	422.0	−1.25	+14.5
苏氨酸	13.2	1.67	−28.4
色氨酸	13.6	14.21	−31.5
酪氨酸	0.4	9.61	−8.6
缬氨酸	58.1	6.27	+28.8

5.2.2.2　氨基酸的酸碱性质

由于氨基酸的结构中均含有氨基和羧基，故其具有两性性质，并且自身即能发生酸碱中和反应。通常在接近中性pH的水溶液中，氨基酸主要以偶极离子形式存在。偶极离子既是酸，又是碱，当其再接受质子后，相当于二元酸。以下以结构最简单的甘氨酸为例：

$$^+H_3N—CH_2—COOH \underset{K_{a1}}{\overset{-H^+}{\rightleftharpoons}} {}^+H_3N—CH_2—COO^- \underset{K_{a2}}{\overset{-H^+}{\rightleftharpoons}} H_2N—CH_2—COO^-$$

AA$^+$　　　　　　　　　AA$^\pm$（偶极离子）　　　　　　　AA$^-$

$$pK_{a1}=-lg\frac{[H^+][AA^\pm]}{[AA^+]} \tag{5-1}$$

$$pK_{a2}=-lg\frac{[H^+][AA^-]}{[AA^\pm]} \tag{5-2}$$

氨基酸的等电点（pI）是指其溶液净电荷为零时的pH。通过对方程式（5-1）、式（5-2）进行加和运算可推得侧链R不带电荷的氨基酸等电点的计算式（5-3）。酸性氨基酸相当于三元酸，其等电点的计算式见式（5-4）。碱性氨基酸相当于三元碱，其等电点的计算式如式（5-5）所示。各种氨基酸的pK_a值和pI见表5-3。

侧链R不带电荷的氨基酸的等电点　　　　　　　$pI = pK_{a1}+pK_{a2}/2$　　（5-3）
酸性氨基酸等电点　　　　　　　　　　　　　　$pI = pK_{a1}+pK_{a3}/2$　　（5-4）
碱性氨基酸等电点　　　　　　　　　　　　　　$pI = pK_{a2}+pK_{a3}/2$　　（5-5）

表5-3　氨基酸离子化基团的pK_a和pI（25℃）

氨基酸	pK_{a1}（—COO$^-$）	pK_{a2}（—NH$_3^+$）	pK_{a3}（侧链）	pI
丙氨酸	2.34	9.69	—	6.00
精氨酸	2.17	9.04	12.48	10.76
天冬酰胺	2.02	8.80	—	5.41
天冬氨酸	1.88	9.60	3.65	2.77
半胱氨酸	1.96	10.28	8.18	5.07
谷氨酰胺	2.17	9.13	—	5.65
谷氨酸	2.19	9.67	4.25	3.22
甘氨酸	2.34	9.60	—	5.98
组氨酸	1.82	9.17	6.00	7.59
异亮氨酸	2.36	9.68	—	6.02
亮氨酸	2.30	9.60	—	5.98
赖氨酸	2.18	8.95	10.53	9.74
蛋氨酸	2.28	9.21	—	5.74
苯丙氨酸	1.83	9.13	—	5.48
脯氨酸	1.94	10.60	—	6.30
丝氨酸	2.20	9.15	—	5.68

氨基酸	pK_{a1}（—COO⁻）	pK_{a2}（—NH₃⁺）	pK_{a3}（侧链）	pI
苏氨酸	2.21	9.15	—	5.68
色氨酸	2.38	9.39	—	5.89
酪氨酸	2.20	9.11	10.07	5.66
缬氨酸	2.32	9.62	—	5.96

5.2.2.3 氨基酸的疏水性质

氨基酸的疏水性（hydrophobicity）会影响其形成蛋白质的溶解性，疏水性与 R 基团的极性有关，可用 1mol 氨基酸从水溶液中转移到乙醇溶液中的自由能变化 ΔG_t 表示。

$$\Delta G_t = -RT\ln(S_{乙醇}/S_水) \tag{5-6}$$

式中，R 为摩尔气体常数；T 为热力学温度；S 为氨基酸的溶解度。

如图 5-3 中 α-氨基酸的通式所示，氨基酸可以拆分为 R 基团 + 甘氨酸，而 ΔG_t 具有代数加和性，即：

$$\Delta G_t = \Sigma \Delta G_t' = \Delta G_{t,Gly} + \Delta G_{t,R} \tag{5-7}$$

各种氨基酸其 $\Delta G_{t,R}$ 见表 5-2。若 $\Delta G_{t,R}$ 值为较大正值时，说明该氨基酸的侧链是疏水性的，若其处在蛋白质中，从构象考虑，该残基倾向于分布在蛋白质分子内部；若 $\Delta G_{t,R}$ 值为负值时，说明该氨基酸的侧链是亲水性的，则该残基倾向于分布在蛋白质分子表面。表 5-2 中 $\Delta G_{t,R}$ 值可以用来预测氨基酸在疏水性载体上的吸附行为，其吸附系数与疏水性程度成正比。如表 5-2 所示，氨基酸的疏水性与溶解度并不完全是负相关，这是因为表 5-2 中所列溶解度的数据为氨基酸在 25℃时溶于水的溶解度；而影响氨基酸溶解还有一个重要因素是酸度，例如谷氨酸在水中溶解度并不高，但却易溶于碱溶液中。

5.2.2.4 氨基酸的呈味性

氨基酸具有丰富的呈味性，天然蛋白质中的氨基酸均为 L 型，氨基酸及其盐中有的具有甜味或苦味，例如 L-缬氨酸具有苦味，而 D-缬氨酸却具有甜味；还有的氨基酸具有鲜味或酸味，例如 L-谷氨酸具有酸味，而 L-谷氨酸钠却具有鲜味，是天然氨基酸中鲜味最强的物质，也是烹调用味精的主要成分。

5.2.2.5 氨基酸的化学反应性

（1）与茚三酮的反应

α-氨基酸在加热以及酸性条件下与茚三酮反应，生成蓝色或紫色的化合物，最大吸收波长为 570nm，而脯氨酸（仲胺）与茚三酮发生显色反应呈黄色，最大吸收波长为 440nm，利用此反应可采用分光光度法测定氨基酸总量。

（2）与荧光胺的反应

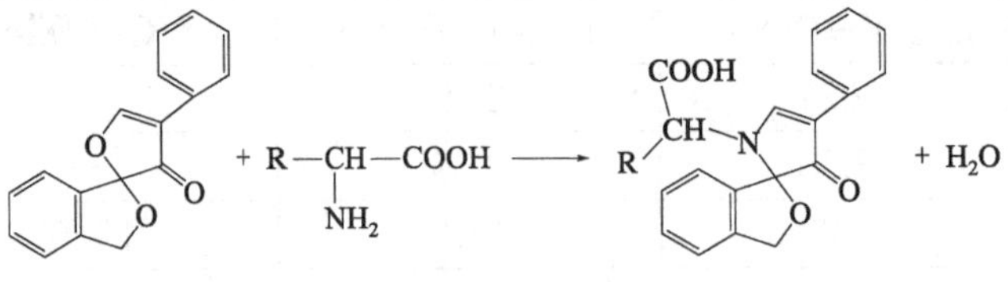

含伯胺的氨基酸、肽以及蛋白质可与荧光胺反应，生成强荧光的化合物，可用荧光分光光度法快速定量测定氨基酸、肽和蛋白质，此法灵敏度高，激发波长为390nm，发射波长为475nm。

（3）与甲醛的反应

$$R—NH_2 + R'—\overset{\overset{\displaystyle O}{\|}}{C}—H \longrightarrow R—N=CH—R' + H_2O$$

含伯胺的氨基酸与甲醛反应，生成席夫碱，封闭了碱性基团——氨基后，再用标准碱溶液滴定羧基，可用于氨基酸总量的定量测定。

（4）与金属离子的反应

氨基酸（例如甘氨酸）可与金属离子（例如铜离子）生成螯合物，此种性质使之能螯合对脂肪氧化有催化作用的过渡金属离子，抑制脂肪氧化。此外，氨基酸可与钙离子生成可溶性螯合物，有助于钙的消化吸收。

甘氨酸与 Cu^{2+} 形成螯合物：

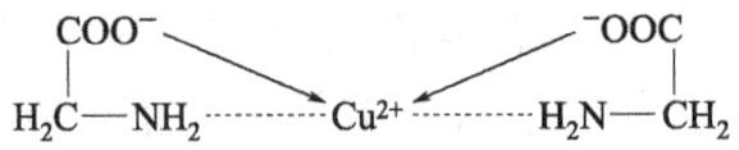

$$\underset{H_2C—NH_2}{\overset{COO^-}{|}} \cdots Cu^{2+} \cdots \underset{H_2N—CH_2}{\overset{^-OOC}{|}}$$

概念检查 5.1

○ 酸性氨基酸和碱性氨基酸其结构各有何特点？

5.3　蛋白质的结构与性质

蛋白质除了是由氨基酸通过肽键相连成的高分子有机物（一级结构）外，其复杂的空间结构——构象（高级结构）也是其能作为生物生命活动主要承担者的重要原因。例如酶是生物催化剂，具有精确的构象，一旦其构象（conformation）被破坏（一级结构不变），酶就会丧失其催化活性。

5.3.1　蛋白质的一级结构

一分子氨基酸中的羧基（非侧链羧基）与另一分子氨基酸的 α-氨基之间缩合，失去一分子水，生成酰胺键即肽键，其产物为二肽。蛋白质是大量氨基酸通过肽键连接而成的高分子化合物，其肽键连成的线性序列即为蛋白质的一级结构。在这个线性长链的一端还保留有一个 α- 氨基，称为蛋白质链的氮端，另一端则还保留有一个游离羧基，称为蛋白质链的碳端，一般将碳端写在右边（见图 5-4）。

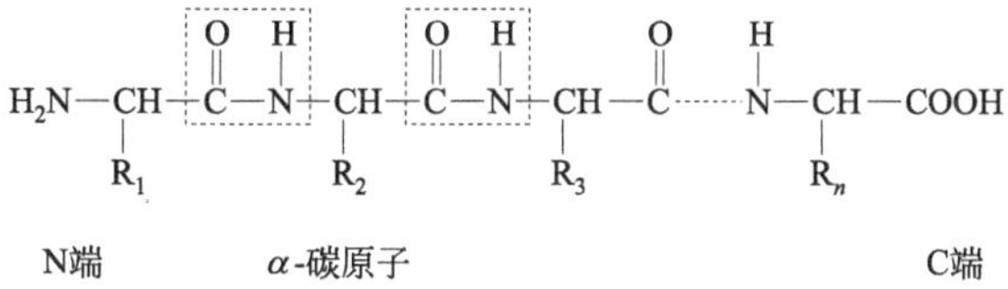

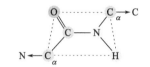

图 5-4 蛋白质一级结构示意图（虚线框为肽键平面）

如图 5-5 所示，酰胺键中的 C—N 键虽为单键，但由于氮原子的孤对电子与羰基之间具有 p-π 共轭效应，使之具有约 40% 的双键性质，而羰基 C=O 却具有约 40% 的单键性质，故 C—N 键不能自由旋转，酰胺键构成了一个刚性平面；肽键中的 N 原子在 pH 0～14 之间均不能质子化。

图 5-5 蛋白质的肽键平面

5.3.2 蛋白质的二级结构

蛋白质的二级结构是指多肽链借助于氢键作用形成具有周期性排列的构象单元，例如 α 螺旋（右手螺旋）、β 折叠和 β 回折结构，此外，还有并不规则的无规卷曲结构，这一构象单元是进一步形成三级结构的基础。主链上两个肽键平面之间的 Cα—C 单键和 Cα—N 单键是可以旋转的单键，其旋转产生两面角 ψ 角和 φ 角（见图 5-6）。

α 螺旋是一种稳定的和空间排列较紧密的二级结构，3.6_{13} 描述的是典型的 α 螺旋结构，是指每一螺圈中含有 3.6 个氨基酸残基及 13 个原子（见图 5-7）。

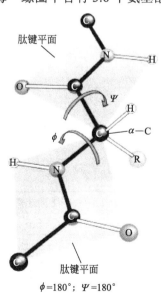

图 5-6 蛋白质构象中的两面角

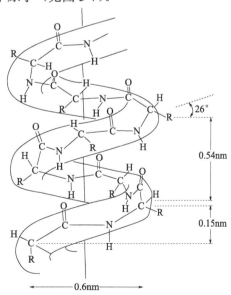

图 5-7 蛋白质二级结构——α 螺旋

β折叠是一种锯齿状的较伸展的二级结构，当侧链 R 基团较大，干扰其形成螺旋紧密结构时，可能会呈伸展的 β 折叠结构。脯氨酸的吡咯烷结构，阻碍螺旋的形成和链的弯曲，则 α 螺旋会被脯氨酸中断，并产生一个"结节"。故富含脯氨酸的蛋白质链易形成 β 折叠结构，两条 β 折叠链可呈平行或反平行结构（见图 5-8），A 链与 B 链是从碳端到氮端以相同的方向平行排列，而 B 链与 C 链则是从碳端到氮端方向相反平行排列。

β回折二级结构则是多肽链翻转180°的结果，可视为间距为零的螺旋结构（见图5-9）。表 5-4 列出了一些与食品相关的蛋白质的二级结构组成。

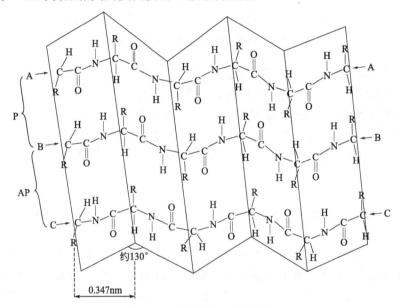

图 5-8　蛋白质的 β 折叠结构

A 链与 B 链平行排列；B 链与 C 链反平行排列

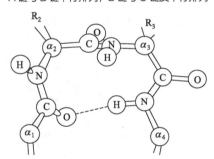

图 5-9　蛋白质的 β 回折二级结构

表5-4　一些与食品相关的蛋白质的二级结构组成

蛋白质	α螺旋 /%	β折叠 /%	β转角 /%	非周期结构 /%
脱氧血红蛋白	85.7	0	8.8	5.5
牛血清清蛋白	67.0	0	0	33.0
胰凝乳蛋白酶系	11.0	49.4	21.2	18.4
免疫球蛋白 G	2.5	67.2	17.8	12.5

续表

蛋白质	α螺旋 /%	β折叠 /%	β转角 /%	非周期结构 /%
胰岛素 C	60.8	14.7	10.8	15.7
牛胰蛋白酶抑制剂	25.9	44.8	8.8	20.5
核糖核酸酶 A	22.6	46.0	18.5	12.9
溶菌酶	45.7	19.4	22.5	12.4
木瓜蛋白酶	27.8	29.2	24.5	18.5
α-乳清蛋白	26.0	14.0	—	60.0
β-乳清蛋白	6.8	51.2	10.5	31.5
大豆 11S	8.5	64.5	0	27.0
大豆 7S	6.0	62.5	2.0	29.5
云扁豆蛋白	10.5	50.5	11.5	27.5

注：数值代表占总的氨基酸残基的百分数。

5.3.3　蛋白质的三级结构

蛋白质的三级结构是指具有二级结构的多肽链在三维空间进一步弯曲盘缠，是形成蛋白质外形的主要结构层次。例如球蛋白和纤维状蛋白。从能量观点看，蛋白质的三级结构是蛋白质中各基团间的相互作用力如疏水相互作用、氢键作用、静电作用、二硫键、范德华力等优化后，使其吉布斯自由能尽可能降到最低值的结果。上述键力即为稳定蛋白质三级结构的键力，其中二硫键是键能较高的共价键，其他均为非共价键。决定蛋白质三级结构的键力和相互作用的示意图见图 5-10。

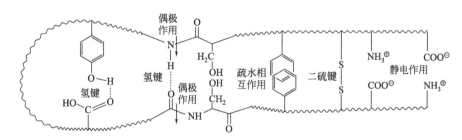

图 5-10　蛋白质三级结构的键力和相互作用的示意图

5.3.4　蛋白质的四级结构

蛋白质的四级结构是指具有三级结构的蛋白质亚基（一条多肽链）之间通过非共价键缔合的结果，是指含有多于一条多肽链的蛋白质的空间排列。稳定蛋白质四级结构的键力除了不含二硫键外，其他与稳定三级结构的键力相同。需要指出的是并非所有的蛋白质均具有四级结构，例如肌红蛋白因只含有一条多肽链，故无四级结构。蛋白质的一至四级结构示意图见图 5-11。

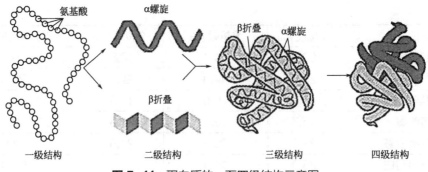

图5-11 蛋白质的一至四级结构示意图

5.3.5 蛋白质的酸碱性质

蛋白质由于其侧链上具有一些酸性基团和一些碱性基团，故其既具有酸性，也具有碱性，并且具有较好的缓冲 pH 值的能力。在蛋白质的等电点（pI）处，其净电荷为零，蛋白质的溶胀能力、黏度、溶解度均降至最低。

5.3.6 蛋白质的黏度与渗透压

蛋白质是高分子化合物，其溶液具有高黏度和低渗透压的性质。在蛋白质的纯化过程中，可以利用其低渗透压的性质，将盐析得到的蛋白质通过透析（透析袋：一种半透膜）脱盐。

 概念检查 5.2

○ 维持蛋白质二级结构的键力是什么？二级结构包括哪些？

5.4 蛋白质的变性

天然蛋白质的构象是处于吉布斯自由能最低的最稳定状态，当外界因素变化时，此前的平衡状态被打乱，蛋白质的构象会发生变化。蛋白质变性（denaturation）是指由于外界因素（物理、化学）的作用，使天然蛋白质分子的构象（二、三、四级结构）发生变化，从而导致生物活性丧失以及物理、化学性质的变化，但其一级结构不变。通常在较温和条件下的变性为可逆变性；而在较强烈条件下的变性为不可逆变性。蛋白质变性后会使其丧失生理活性，例如酶会失活；其蛋白质的结构更为伸展、无序；某些物理性质发生改变，如原藏于内部的疏水基团暴露后，导致溶解度降低；某些化学性质发生改变，比如酶水解反应增强。

5.4.1　蛋白质的物理变性

5.4.1.1　热处理

一般当温度超过 45℃后，蛋白质就会发生变性，如蛋清遇热凝固。食物的熟制常采用加热的方法，适度加热可使蛋白质发生变性，其结构更为伸展，易被消化酶（蛋白酶）消化；同时加热可使食物中的抗营养因子例如胰蛋白酶抑制剂失活。但过度热处理（强热），会导致蛋白质一级结构变化，营养受损，甚至产生致癌致突变产物，例如烧烤肉串会产生杂环胺类致癌物。

对于许多化学反应，其温度系数 $Q_{10} \approx 2$，即温度升高 10℃，化学反应速度约增加 2 倍；而变性反应的 Q_{10} 可高达 600，即温度升高 10℃，变性反应速度可增加 600 倍。这是因为维持蛋白质高级结构的键力，除二硫键外，均为能量较低的非共价键，这也是高温短时灭菌的依据。

5.4.1.2　低温处理

虽然使用冰箱贮存食物是最常用的方法，但低温条件对于有些食物品质也会产生非需宜的影响。例如，大豆蛋白、麦醇溶蛋白、卵蛋白和乳蛋白在低温或冷冻时会发生蛋白质变性，导致聚集和沉淀；鱼经冷冻保藏后易发生蛋白质变性，肉质变硬。一般来说，在维持蛋白质高级结构的键力中，以疏水相互作用为主要键力的蛋白质易发生低温变性。因为疏水相互作用是吸热反应，温度升高，疏水相互作用增强，而温度降低则削弱疏水相互作用。吉布斯自由能 $\Delta G = \Delta H - T\Delta S$，对于疏水相互作用而言，其热焓值 ΔH（吸热）和熵变值 ΔS 均为正值，因而，若要使 $\Delta G \leqslant 0$，则提高温度是有利的，降低温度是不利的。例如 L-苏氨酸脱氨酶在室温下比较稳定，而在 0℃时不稳定，是低温变性所致。

5.4.1.3　机械处理

揉搓面团、搅打蛋液等，因机械力使蛋白质链伸展，破坏了 α 螺旋等结构，导致蛋白质变性。乳清蛋白液经高剪切力处理后发生变性，可以用作脂肪代用品。

5.4.1.4　静液压

蛋白质的柔顺性和可压缩性是压力诱导蛋白质变性的主要原因。在一般温度下，100～1200MPa 的压力处理，蛋白质会发生变性，可利用高静液压处理食物，以达到灭菌、灭酶的目的，却不会造成营养破坏，也不会产生有害化合物。高静液压（100～700MPa）可使蛋清、16% 大豆蛋白、3% 的肌动球蛋白溶液形成比热凝胶更软的压力凝胶。静液压还可使牛肌肉肌纤维部分碎裂，使肉质嫩化。

5.4.1.5　辐射处理

紫外辐射能可被芳香族氨基酸残基所吸收，导致蛋白质的构象发生改变，还可使二硫键断裂；γ 射线处理不仅引起变性，甚至能氧化氨基酸残基，使共价键断裂、离子化，形成蛋白质自由基,并重组、聚合。食品工业中用辐照处理食物,例如灭菌时,因对辐照剂量有严格限制,故不必担忧其安全性问题。

5.4.1.6　界面作用

当蛋白质被吸附在气-液、固-液或液-液界面上时,有可能界面上的高能水与蛋白质作用后,导致蛋白质结构变得伸展,其亲水基团和疏水基团按极性在界面上取向而变性。

5.4.2　蛋白质的化学变性

5.4.2.1　酸度

由于蛋白质侧链上有许多酸碱基团,故蛋白质具有缓冲酸度变化的能力。大多数蛋白质对于酸碱变化是稳定的,只有在极端 pH 条件下(pH<4 或 pH>10),蛋白质带上较多电荷时,产生强静电排斥力,使其伸展变性。通常蛋白质分子在极端碱性 pH 环境下比极端酸性 pH 时更易伸展,因为在极端碱性 pH 条件下,可使羧基、酚羟基、巯基离子化。一般 pH 引起的变性多是可逆的;但若当 pH 值能引起肽键水解、谷氨酰胺和天冬酰胺脱酰胺、二硫键被破坏时,其构象就会发生不可逆变化。腌制皮蛋是 pH 值引起蛋白质变性的实例。

5.4.2.2　盐类

碱土金属离子,尤其是过渡金属离子,能与蛋白质中的某些基团(如羧基)作用,破坏蛋白质的立体结构引起变性。如制豆腐。一般来说,凡能提高蛋白质水合作用的盐均能提高蛋白质结构的稳定性;而凡能降低蛋白质水合性质的盐,则使蛋白质的结构去稳定。盐溶液是否导致蛋白质结构去稳定还与盐浓度有关,当盐溶液浓度>1mol/L 时,具有盐析效应,均会使蛋白质结构去稳定。当盐浓度高时,其阴离子对蛋白质结构稳定性的影响比阳离子更强,其对蛋白质稳定性影响程度的排序为 $F^-<SO_4^{2-}<Cl^-<Br^-<I^-<ClO_4^-<SCN^-<Cl_3CCOO^-$。

5.4.2.3　有机溶剂

有机溶剂的加入能降低溶液的介电常数,增加蛋白质中非极性侧链 R 基团在有机溶剂中的溶解度,使蛋白质分子带电荷状况改变;非极性的有机溶剂能渗入蛋白质的疏水区,破坏疏水相互作用,使蛋白质发生变性。高浓度的有机溶剂均使蛋白质变性,故常用 80%的乙醇溶液沉淀蛋白质(醇溶蛋白除外)。

5.4.2.4　有机化合物

有机化合物尿素和盐酸胍是氢键断裂剂,同时还能增加疏水性氨基酸残基在水相中的溶解度,削弱疏水相互作用,使蛋白质变性。这是因为尿素和盐酸胍具有形成氢键的能力,能与蛋白质中的基团形成氢键,从而破坏了原有的蛋白质基团间的氢键,并使蛋白质中疏水基团增溶,也破坏了原有的蛋白质基团间的疏水相互作用,导致变性。

5.4.2.5　表面活性剂

具有两亲性的表面活性剂是强力变性剂，其亲水区和疏水区可分别与蛋白质的亲水基团和疏水基团作用，破坏原有蛋白质内的氢键、疏水相互作用、静电引力的平衡，使蛋白质发生变性，例如十二烷基磺酸钠（SDS）可促使天然蛋白质结构伸展，发生不可逆变性。

5.4.2.6　还原剂

抗坏血酸、半胱氨酸、β-巯基乙醇等是可以还原二硫键的还原剂，因能破坏二硫键，故其也是变性剂。

 概念检查 5.3

○ 蛋白质食品采用高温短时灭菌的原理是什么？

5.5　蛋白质的功能性质

蛋白质的功能性质是指除营养特性外，在食品加工贮藏中能利用的使食品产生需宜特征的那些蛋白质的物理、化学性质，比如乳化性质、发泡性质、凝胶性质等，而不是指生理调节功能。蛋白质的功能性质显著影响食品的感官质量，特别是质地。不同食品对于蛋白质功能特性的要求是不一样的。比如香肠需要蛋白质提供乳化作用、胶凝作用、内聚力、对水和脂肪的吸收与保持；而面包需要蛋白质提供成型和形成黏弹性膜、起泡性、胶凝作用、乳化性质、内聚力、褐变等。具有宽广范围的物理和化学性质的蛋白质能表现出多种功能，比如蛋清蛋白，具有黏合性、起泡性、持水性、乳化性、胶凝性和热凝结性，在食品加工中是理想的蛋白质配料。蛋清蛋白中包含了卵清蛋白、伴清蛋白、卵黏蛋白、溶菌酶等。一般来说动物性蛋白质功能性较好，更常作为食品配料使用。

蛋白质的功能性质大致可分为三类：水合性质、表面性质、流体动力学性质。水合性质主要源于蛋白质与水的作用，包括蛋白质的溶解度、膨胀性、黏合、分散性、增稠性等；表面性质主要涉及蛋白质在两相间的界面行为，主要有乳化性质和起泡性质；流体动力学性质主要源于蛋白质与蛋白质的作用，包括织构化、胶凝作用、面团的形成等。但这三类性质并不是彼此孤立的，而是相互影响的，例如蛋白质的亲水性和疏水性（水合性质）必定会影响其界面行为（表面性质）。

5.5.1　水合性质

大多数食品为水合固态体系，蛋白质与水的相互作用会强烈影响蛋白质的理化性质和流变学性质。此外，干蛋白浓缩物或离析物在使用时必须复水，而蛋白质的水合（hydration）性质决定了其复水的难易程度。蛋白质的水合能力可以利用如下经验公式计算：

$$蛋白质的水结合能力（g\,H_2O/g\,蛋白质）=f_C + 0.4f_P + 0.2f_N \tag{5-8}$$

式中，f_C 为蛋白质分子中带电荷氨基酸残基所占分数；f_P 为蛋白质分子中极性氨基酸残基所占分数；f_N 为蛋白质分子中非极性氨基酸残基所占分数。

从公式（5-8）中可以看出，对于提高水结合能力贡献最大的是带电荷基团，其次是极性基团，非极性基团的贡献最小。一般单体蛋白质其水结合能力的实测值与计算值比较吻合；而由多个亚基组成的蛋白质往往是计算值高于实测值，这是因为蛋白质亚基之间的界面上有部分蛋白质表面被埋藏的缘故。

5.5.1.1 影响蛋白质水合性质的因素

影响因素除了其组成氨基酸的极性外，还有蛋白质的浓度、酸度、温度、离子强度等。

（1）蛋白质的浓度

蛋白质由于其侧链上拥有大量亲水基团，故能与水缔合，具有持水能力，蛋白质的浓度增加，其总的吸水率增加。

（2）酸度

酸度变化会影响蛋白质带净电荷状况，在等电点处，其净电荷为零，蛋白质的水合能力降至最低。图 5-12 显示的是 pH 值对牛肉持水容量的影响，而当 pH 偏离 pI（pI=5.2）时，无论是 pH 值增大，还是 pH 值减小，牛肉的持水力均增大。例如，牛被屠宰后，在僵直前期，牛肉虽然新鲜，但鲜味成分尚未产生，故不是食用的最佳期；此后，进入僵直期，经糖酵解产酸，其 pH 值从 6.5 降至 5.0（其等电点附近），故其持水能力显著下降，肉质变硬，嫩度降低，亦不是食用最佳期；而当其进入僵直后期，酶使蛋白质水解，产生水溶性的鲜味成分，同时 pH 进一步变化，牛肉的持水性回升，肉质回软，此时才是食用牛肉的最佳期。

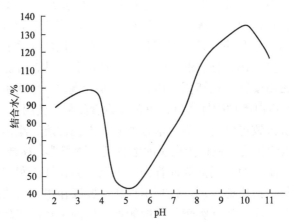

图 5-12 pH 对牛肉持水容量的影响

（3）温度

一般来说，在温度低于 45℃以下时，随着温度升高，蛋白质的水合能力（溶解度）提高；而当温度高于 45℃以上时，随着温度升高，蛋白质水合能力降低，这主要是蛋白质因热变性所致。此外，加热能破坏蛋白质与水间的氢键。但有时加热也能提高蛋白质的水合能力，比如蛋白质加热后形成了凝胶，其三维网络结构中能滞留大量的水分。还有结构很致密的蛋白质，经加热后发生亚基解离，结构变得伸展，使原本被掩盖的极性基团暴露于表面，亦会使其水合能力提高。

（4）离子强度

如图 5-13 所示，在低盐浓度范围内，随着离子强度增大，溶解度增大，即促进水合，有盐溶作用（salting in）；但高盐浓度（$c > 1\text{mol/L}$）则会抑制水合，有盐析作用（salting out）。在实验中常采用饱和（NH_4）$_2SO_4$ 沉淀清蛋白就是盐析的实例（见图 5-14），蛋白质表面聚集了许多水分子，当加入高浓度的（NH_4）$_2SO_4$ 后，这些水分子与盐离子发生水合，导致蛋白质分子之间相互靠近，聚集沉淀。

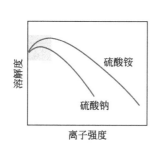

图 5-13　硫酸铵、硫酸钠的盐溶作用

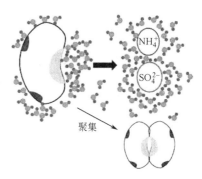

图 5-14　高浓度硫酸铵的盐析作用

5.5.1.2　膨胀性

含水量低的蛋白质食品与水接触时，能自动吸收水分而膨胀（swelling），但不溶解，在保持水分的同时，赋予制品强度和韧性。不溶性蛋白质的溶胀与水溶性蛋白质的水合相当，也是水分子嵌在肽链残基上，使蛋白质的体积增大，有时这种体积增大十分明显。例如干鱿鱼水发后体积急剧膨胀。实际上干鱿鱼需要碱发，其原理是碱能腐蚀干料表面坚固的胶膜，利于水的通透，同时，碱使干料的 pH 偏离 pI，故能提高其持水性和膨胀性。

5.5.2　乳化性质

许多食品属于乳浊液体系，例如牛奶是典型的水包油（O/W）型乳浊液体系，水为连续相，乳脂为分散相，牛奶中的乳脂以小尺寸的脂肪球均匀地分散在水相中。脂肪球之所以不会聚集，不会与水发生分层，是因为在脂肪球外有一层酪蛋白膜的阻隔。蛋白质分子中因同时具有极性和非极性基团，故具有两亲性，蛋白质能在互不相溶的两相间展开，并形成坚固的界面膜，其侧链上的基团电离还可产生有利于乳浊液稳定的静电排斥力，故可稳定 O/W 型乳浊液体系，能充当乳化剂。但蛋白质对于稳定油包水（W/O）型乳浊液体系的能力较差，这是因为大多数蛋白质具有较强的亲水性所致。

5.5.2.1　蛋白质乳化能力的评价

一般评价蛋白质的乳化（emulsification）能力有两个重要指标：乳化容量和乳浊液稳定性。乳化容量（emulsion capacity，EC）是指在乳状液发生相转变前，每克蛋白质所能乳化的油的体积（mL/g）或质量（g/g）。其测定方法是在一定温度下，在搅拌下以恒定速度不断地向蛋白质水溶液或蛋白质分散液中加入油或熔化的脂，当溶液黏度突然变化时，或电阻突然增大时，表明发生了相转变，此时记录油脂加入的体积即可计算出 EC。

乳浊液稳定性（emulsion stability，ES）计算式如下：

$$ES = \frac{最终乳浊液体积}{最初乳浊液总体积} \times 100\% \qquad (5-9)$$

采用离心法可以测得 ES，即将已知体积的乳浊液置于带有刻度的离心管中，在 1300g 离心力下离心 5min，测定出分离油层的体积，即可计算出 ES。表 5-5 列出了一些常见蛋白质的乳化容量和乳浊液稳定性参数。

表5-5   常见蛋白质的乳化容量和乳浊液稳定性参数

蛋白质	EC/（g/g）	ES（24h）/%	ES（14 天）/%
大豆分离蛋白	277	94	88.6
大豆粉	184	100	100
卵蛋白粉	226	11.8	3.3
液态卵蛋白	215	0	1.1
酪蛋白	336	5.2	41.0
乳清蛋白	190	100	100
胶原蛋白	167	92.2	83.1
肌肉	216	4.2	6.0
猪血清蛋白	287	1.1	1.3
猪血浆蛋白	263	2.0	3.8

5.5.2.2   影响乳化性质的因素

① 溶解度：一般来说，不溶性蛋白质对乳化体系的形成无贡献，能起乳化作用的蛋白质应具有相当的溶解度，蛋白质在表现出表面性质之前必须先溶解，并向界面扩散；但一旦乳化体系形成后，不溶性蛋白质在界面上吸附，对于脂肪球的稳定起到了促进作用；实际上蛋白质溶解度在 25%～80% 范围内与其乳化性质之间并无明确的相关性。一般来说，高度水合的蛋白质和高度不溶的蛋白质均不适合作乳化剂。

② pH 值：大多数蛋白质，如酪蛋白、肉蛋白、大豆蛋白，在 pI 处溶解度降低，只有当它们在远离 pI 时，才是有效的乳化剂；而对于在 pI 处具有高溶解度的蛋白质，如蛋清蛋白、血清蛋白，则在 pI 处具有最高的乳化能力。

③ 加热：加热一般使乳浊液失稳，牛奶加热起皮就是失稳的例子；但肌原纤维蛋白因加热形成胶凝却有助于肉类乳胶体如香肠的稳定。

④ 添加表面活性剂，一般对依靠蛋白质稳定的乳浊液，比如牛奶的稳定性是不利的，会削弱蛋白质在界面的保留能力。如图 5-15 所示，小分子表面活性剂和大分子蛋白质在界面上吸附方式是不同的。

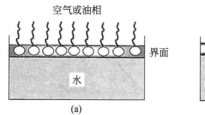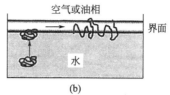

图 5-15　小分子表面活性剂在水–油／空气界面上的吸附方式（a）
及蛋白质大分子在水–油／空气界面上的吸附方式（b）

球蛋白如溶菌酶因其结构稳定和表面疏水性高，所以不是好的乳化剂；牛奶中的酪蛋白酸盐是很好的乳化剂，是因为其结构中既具有较伸展的构象（无规卷曲），还同时具有高度亲水区和高度疏水区，并且两区是隔开的，有利于其在水 - 油界面上定向。

5.5.3　起泡性质

蛋糕、面包、啤酒是含气泡的食品，泡沫体系是气泡作为分散相（直径从 1μm 到几厘米不等），液体或固体作连续相的体系，是介稳体系。蛋白质对起泡及泡沫稳定有贡献，蛋白质能在两相界面展开，降低界面张力。起泡性质（foaming property）是指在气 - 液或气 - 固界面形成坚韧的薄膜使大量气泡并入，并使之稳定的性质。

5.5.3.1　蛋白质起泡能力的评价

常见的发泡方式有三种：搅打、鼓泡、突然解除预先加压溶液的压力。一般评价蛋白质起泡性质有两个重要指标：起泡力（foaming power，FP）和泡沫稳定性（foam stability，FS）。FS 是指泡沫体积减小 50% 所需的时间。FP 的计算式如式（5-10）。

$$FP = \frac{\text{并入气体的体积}}{\text{液相最初体积}} \times 100\% \qquad (5\text{-}10)$$

具有良好起泡能力的蛋白质如 β-酪蛋白，往往不具有稳定泡沫的能力，当牛奶加热时，促进其起泡，发生溢锅，但灭火后泡沫快速消退；反之亦然，如溶菌酶。蛋白质作为起泡剂的必要条件是其能快速地吸附至气 - 液界面，易在界面上展开和重排，必须能在界面上形成一层黏合性膜。而要使泡沫稳定则要求界面张力要小，主体液相黏度要大，吸附的蛋白质膜要牢固并有弹性。FP 主要由蛋白质的溶解性、疏水性和肽链的柔顺性决定；而 FS 则由吸附膜中蛋白质的水合作用和浓度、膜的厚度和适当的蛋白质间的相互作用决定。同时具有较好起泡力和泡沫稳定性的蛋白质，是这两方面性质取得平衡的结果。

5.5.3.2　影响蛋白质起泡性质的因素

① 糖：糖能增大溶液（连续相）的黏度，使泡沫的稳定性提高，但却会抑制泡沫膨胀。因此，在泡沫体系食品中，糖宜在泡沫膨胀后加入。

② 盐：氯化钠能减小溶液（连续相）的黏度，有利于泡沫膨胀，但却会使泡沫稳定性下降；而钙盐由于其能与羧基交联，故能促使泡沫稳定性提升。

③ 脂：加入脂类将严重地损害发泡性能。故加入脂质可用作消泡剂。这是由于脂质，尤其是极性脂类也会在气-液界面上吸附，干扰了蛋白质的界面吸附所致。

④ 蛋白质浓度：蛋白质浓度在2%~8%之间是适宜的，此时，具有适宜的黏度、膜厚度和膜稳定性；而当蛋白质的浓度超过10%后，黏度过大，膜变硬，气泡在蛋白质溶液中难以分散，不利于起泡。

⑤ 搅打：形成泡沫体系首先需要蛋白质适度变性，例如适度搅打蛋液，能使蛋白质链展开，有利于蛋白质在界面吸附；而过度搅打（搅打时间过长）则可造成蛋白质产生絮凝。只有当变性蛋白质达到一定数量时，泡沫体系的稳定性才是最高的。

⑥ 温度：适度热变性能改进起泡性质，过度加热易使液相黏度降低，泡沫过度膨胀，易冲破薄膜溢出。

⑦ pH值：在pI处形成的泡沫往往最稳定（前提是不出现蛋白质不溶解），而偏离pI则起泡能力强。

5.5.4 胶凝作用

蛋白质的胶凝作用是指适度变性的蛋白质分子聚集，并形成有序的蛋白质网络的作用。网络间隙可以容纳水分和其他食品成分，是有别于沉淀、聚结、絮凝等的一种聚集方式，形成的凝胶也是食品中的一类重要形态，例如皮蛋、豆腐、乳酪等。

蛋白质形成凝胶时，首先是蛋白质的肽链部分伸展，即适度变性，然后变性的蛋白质分子逐步聚集，形成有序的可以容纳水和其他食品成分的网络结构，其间依靠氢键、疏水相互作用、金属离子的交联作用、二硫键等键力维持网络结构的稳定。蛋白质形成凝胶有两种不同的方式，如图5-16所示，一种是肽链以较为有序的串形排列方式，形成支状凝胶，其形成的凝胶为透明或半透明；另一种为肽链自由聚集排列方式，形成粒状凝胶，为不透明凝胶。肉皮冻中胶原蛋白形成的凝胶为透明的支状凝胶，而乳酪中酪蛋白形成的凝胶为不透明的粒状凝胶。大多数蛋白质凝胶中是两种聚集方式共存的。

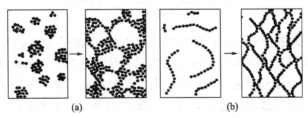

图5-16 粒状凝胶（a）和支状凝胶（b）的形成

蛋白质形成的凝胶有热致凝胶和非热致凝胶两类。蛋清遇热形成凝胶是典型的热致凝胶。非热致凝胶可以通过加入高价金属离子（豆腐）、改变pH（皮蛋）、酶水解（乳酪）等方式形成凝胶。蛋清一旦形成凝胶是不可逆的，这是因为蛋清形成凝胶网络时，有二硫键的形成，而二硫键是共价键，键能高所致。而肉皮冻形成的凝胶是热可逆凝胶（见图5-17），形成的凝胶经过加热后转变为溶胶，冷却后再度形成凝胶。这是因为明胶形成凝胶网络时，主要是依靠氢键（键能较低）形成凝胶，加热使氢键遭致破坏，冷却后又重新形成氢键所致。在中国传统食品汤包中，包汤包时并无"汤汁"（冷却状态），上笼蒸热后有"汤汁"，需趁热吃，否则"汤汁"会消失，这是因为汤包中加入了皮冻的缘故。

天然胶原　　　　明胶　　　　再折叠明胶

图 5-17　胶原蛋白形成可逆凝胶

影响凝胶形成的因素有加热、酸度、高价金属离子、蛋白质的浓度、酶等。形成凝胶对于蛋白质的浓度有一个最低浓度终点（least concentration end point，LCE）的要求，即蛋白质的浓度至少要达到其 LCE 才能形成凝胶。不同蛋白质形成凝胶的 LCE 值不同，明胶、蛋清蛋白、大豆蛋白的 LCE 分别为 0.6%、3% 和 8%。酶的作用有有限水解和酶促交联，凝乳酶制乳酪是利用酶的有限水解促进凝胶形成的例子，而食品行业中常用的转谷氨酰胺转氨酶能催化蛋白质肽链中谷氨酰胺与赖氨酸残基间交联，这种作用使蛋白质即使在低浓度时也能形成具有高弹性和不可逆的凝胶。

凝胶形成的网络可以截留大量的水，高度水合时，每克蛋白质可以截留 10g 以上的水，故能赋予食品弹性和嫩滑的口感。肉类中蛋白质形成凝胶，其网络中锁住了大量水分，因此即使肉切开后水也不会流失。卤鸡蛋时加入的调味料盐、糖等可以向凝胶中渗透、扩散。

5.5.5　面团的形成

5.5.5.1　小麦中的面筋蛋白

小麦面粉中加入少量水，经揉搓并适当放置后，能形成具有强内聚力和黏弹性的面团（dough form），面团经焙烤后能做成体积蓬松的面包，这是小麦粉特有的性质，而大麦、燕麦、大豆等其他谷物粉或油料作物粉均不适合做面包。小麦粉的这种独特性质是其中的面筋蛋白（gluten）赋予的。小麦面粉中的蛋白质由 20% 左右的可溶性蛋白和 80% 左右不溶性蛋白（面筋蛋白）组成，而面筋蛋白是由麦谷蛋白（glutenin）和麦醇溶蛋白（gliadin）组成的，两者的比例约为 1:1，前者溶于酸或碱溶液，后者溶于 80% 左右的乙醇溶液。

5.5.5.2　面筋蛋白中氨基酸构成的特点

① 富含谷氨酰胺和脯氨酸，其含量超过了 40%，且其中可解离氨基酸（即酸性氨基酸和碱性氨基酸）的含量低（<10%），故其不溶于中性的水中。

② 富含谷氨酰胺（>33%）和含羟基的氨基酸，易于形成氢键，故赋予了面团吸水性、黏合性和内聚力。

③ 非极性氨基酸约占 30%，有利于面团中的蛋白质与脂质间的疏水相互作用，使之发生聚集。

④ 含有 2%～3% 的半胱氨酸和胱氨酸，可形成很多二硫键，这是面团具有一定弹性和机械强度的主要原因。还原剂的存在会断裂二硫键，使之转变为巯基，不利于面团的形成；而氧化剂的适度氧化作用可使巯基转变为二硫键，强化面筋网络结构。

5.5.5.3　面团的形成过程

按照面粉：水 =3：1 的比例加入水，揉面时面筋蛋白开始取向，排列成行和部分伸展（变性），疏水相互作用增强，同时形成二硫键；面粉经揉搓后，由起初的面筋颗粒逐步转变为面筋薄膜，进而在三维空间形成面筋网络，将淀粉粒和其他面粉成分截留在网络中。面团在揉搓不足时，面粉中的蛋白质链没有充分展开，不利于面团中网络结构的形成，故面团强度不大；而当揉搓过度时，会因部分二硫键断裂，导致面团稀化，强度亦下降。

小麦面粉能做面包不仅是因为其面筋蛋白含量高，还与面筋蛋白中麦谷蛋白和麦醇溶蛋白的比例合适有关。麦谷蛋白是多聚蛋白，其亚基之间以二硫键相连，其分子质量在 12～130kDa 之间，其蛋白质分子中分子内二硫键和分子间二硫键共存，赋予面团强度、弹性、黏结性、韧性，当其含量高时，形成的面团强度大；但若其含量过高，则因面团过于黏结，会抑制发酵过程中截留的 CO_2 气泡膨胀，导致面包的体积不蓬松。麦醇溶蛋白均为单链蛋白，包括 α、β、γ、ω 四种，其分子质量在 30～80kDa 之间，其蛋白质分子中仅存在分子内二硫键，赋予面团延伸性、膨胀性、易流动性，当其含量高时，则形成的面团延伸性大；但若其含量过高，则因过大的伸长度，形成的面筋薄膜易被渗透和易于破裂，面团的持气性差，制成的面包易发生坍塌。由于麦醇溶蛋白只能形成分子内二硫键，不能形成分子间二硫键，一旦从面团中分离出麦谷蛋白，则麦醇溶蛋白只能显示黏性而无弹性。所以说小麦面粉之所以能形成具有黏弹性的面团和能做面包是因其面筋蛋白含量高以及麦醇溶蛋白和麦谷蛋白的比例合适所致。

当向面团中加入极性脂质时，有利于麦醇溶蛋白和麦谷蛋白间的相互作用，故能强化面筋网络结构；而中性脂肪的加入则是不利的。虽然面粉中的可溶性蛋白（清蛋白、球蛋白）对形成面团的网络结构无贡献，但焙烤时，可溶性蛋白发生变性和聚集，这种部分胶凝作用可使面包屑凝结。若为了强化营养，向面粉中适当添加外源蛋白质是可以的，但球蛋白的加入对于面筋的网络结构是不利的。

5.5.6　织构化

食品中的蛋白质组分是食品组织特性的基础，富含蛋白质的食品往往具有良好的咀嚼性，例如肉制品、面制品等。然而，有些水溶性植物蛋白、乳蛋白却不具有咀嚼性，使其在实际应用中受到限制。蛋白质的织构化（texturization）是一种加工方法，是在一定条件下，可溶性植物蛋白或乳蛋白经过处理后，能够形成具有良好咀嚼性和持水性的片状或纤维状的产品特性。蛋白质的织构化方式有三种：热凝结和薄膜形成（thermal coagulation and film formation）、热塑性挤压（thermoplastic extrusion）和纤维形成（fiber formation）。

5.5.6.1　热凝结和薄膜形成

大豆蛋白的浓溶液可以在平滑的金属表面发生热凝结，生成水合蛋白薄膜；将豆乳在 95℃保持数小时，由于水分蒸发和蛋白质凝结，能在表面上形成一层蛋白质薄膜，将其折叠即可制成腐竹。豆乳经过这种织构化方法加工后，能获得稳定的结构，再加热时，其结构不会改变，赋予了制品良好的咀嚼性。

5.5.6.2　热塑性挤压

植物蛋白经过热塑性挤压、干燥处理，可得到纤维状多孔颗粒或小块产品，复水后具有咀嚼性和良好并稳定的质地。其方法是使蛋白质 - 多糖混合物在旋转螺杆的作用下，通过一个圆筒，在高温、高压、高剪切力作用下，使固体物转变为黏稠物，然后迅速挤压使之通过圆筒，进入常压环境，物料的水分迅速蒸发后，进而形成高度膨化、干燥的多孔结构。当其在 60℃复水时，能吸收 2～4 倍的水分，形成纤维状海绵结构，使之具有咀嚼性和肉类似的弹性口感，可用于做肉丸、肉馅和咸肉等人造肉食品。

5.5.6.3　纤维形成

天然的大豆蛋白和乳蛋白不具有肉中的"纤维状结构"，但通过织构化手段能使之转变为纤维丝结构，与合成纤维纺织喷丝的方法类似，在 pH＞10 的碱性条件下，先制成10%～40% 蛋白质喷丝原液，蛋白质亚基在碱性条件下结构伸展，有助于喷丝；然后将蛋白质喷丝溶液脱气、澄清，以免喷丝时发生断丝现象；再在高压下使喷丝溶液通过有许多小孔的喷头，喷入含有氯化钠的酸性溶液中，沿流出方向定向排列成线性长丝状的蛋白质分子，在等电点和盐析作用下，凝结成型（纤维状）；再通过滚筒转动排除蛋白质中多余的水分，并使蛋白质拉伸，增加蛋白质的咀嚼性；最后将纤维置于滚筒之间加热，进一步除水，以增加韧性。这种纤维束先经过调味，加入色素、脂肪等，再进行切割成型、压缩等工序，即可制成仿火腿、禽肉、畜肉等的人造肉产品，甚至可以制成惟妙惟肖的素三文鱼生鱼片（见图 5-18）。

植物源鸡肉块（全素）

植物源肉烤香肠（全素）

植物源牛肉饼（全素）

素三文鱼（全素）

图 5-18　植物源禽肉、畜肉、鱼肉产品

5.5.7　与风味物质结合

蛋白质是大分子化合物，不具有挥发性，本身没有气味，但其可以与风味化合物结合。一方面，当其与需宜的气味物质结合时，能赋予食品良好的风味，例如植物蛋白经织构化得到的人造肉，通过与风味物结合，可以产生肉的风味。另一方面，食品蛋白质也可以与不良风味物结合，例如当大豆中的不饱和脂肪酸发生氧化反应时，生成醛、酮等有异味的产物，这些产物与大豆蛋白结合，故而产生了豆腥味。

5.5.7.1　蛋白质与风味物的相互作用

蛋白质与风味物的结合方式包括可逆结合和不可逆结合两种。若两者以范德华力或氢键结合，其结合力在 20kJ/mol 以下，为可逆结合；若两者以离子键或共价键结合，其结合力在 40kJ/mol 以上，则为不可逆结合。实际上蛋白质与风味物结合作用还包括疏水相互作用，极性风味物可与蛋白质的极性基团以氢键结合，非极性风味物则以疏水相互作用与蛋白质的疏水基团作用。当蛋白质与风味物仅以非共价键结合时，才能对风味的形成有贡献。蛋白质作为良好风味载体时，要求两者在加工中既能牢固结合，但在口腔中咀嚼时又能不失真地释放。蛋白质与风味物的结合通常是可逆的，并遵循 Scatchard 方程式（5-11）。

$$\frac{V_{结合}}{[L]} = nK - V_{结合}K \qquad (5-11)$$

式中，$V_{结合}$ 为每摩尔蛋白质结合挥发性化合物的物质的量；[L] 为平衡时游离挥发性化合物的浓度，mol/L；K 为平衡结合常数，L/mol；n 为每摩尔蛋白质可结合挥发性化合物的总位点数。

对于单肽链组成的蛋白质，例如肌红蛋白，其结合风味物的量与 Scatchard 方程所得量较为吻合；而由多条肽链组成的蛋白质，其实际结合风味物的量常常低于 Scatchard 方程所得量，这是因为多条蛋白质肽链间有相互作用，使之与风味物的结合位点减少所致。风味化合物与蛋白质结合的吉布斯自由能变化 $\Delta G = -RT\ln K$。一些蛋白质与风味物的结合常数见表 5-6。

表5-6　羰基化合物与蛋白质结合的热力学常数

蛋白质	羰基化合物	$n^{①}$/（mol/mol）	$K^{②}$/（L/mol）	ΔG/（kJ/mol）
血清清蛋白	2-壬酮	6	1800	−18.4
	2-庚酮	6	270	−13.8
β-乳球蛋白	2-庚酮	2	150	−12.4
	2-辛酮	2	480	−15.3
	2-壬酮	2	2440	−19.3
大豆蛋白（天然）	2-庚酮	4	110	−11.6
	2-辛酮	4	310	−14.2
	2-壬酮	4	930	−16.9
	5-壬酮	4	541	−15.5
大豆蛋白（部分变性）	壬酮	4	1094	−17.3

续表

蛋白质	羰基化合物	$n^{①}$ / (mol/mol)	$K^{②}$ / (L/mol)	ΔG / (kJ/mol)
大豆蛋白（琥珀酰化）	2-壬酮	4	1240	−17.6
	2-壬酮	2	850	−16.7

① n 为天然状态时结合位点的数目。

② K 为平衡结合常数。

由表 5-6 中大豆蛋白与 2-庚酮、2-辛酮、2-壬酮的 K 值可知，风味物其结构中每增加一个亚甲基 CH_2（疏水性增强），其平衡结合常数约增加 3 倍，说明蛋白质与酮类主要是通过疏水相互作用结合的。

5.5.7.2　影响蛋白质与风味物结合的因素

若挥发物与蛋白质以共价键结合，多为不可逆结合。分子质量较大的挥发物与蛋白质结合后，会发生不可逆固定，这种性质可消除食品中某些挥发性气味，例如 2-十二醛与大豆蛋白有约 50% 发生不可逆固定，而辛醛只有 10% 发生不可逆固定。风味物质与蛋白质结合后使蛋白质的构象发生了改变，如非极性挥发物能渗入蛋白质内部的疏水中心，与之发生疏水相互作用，破坏原有的蛋白质间的疏水相互作用，使蛋白质失稳，蛋白质变性（链伸展）后，能提供大量的可结合部位（疏水部位），故其结合风味物的能力增强。

蛋白质经加热变性后，可使蛋白质与风味物的结合能力增强数倍。例如 10% 的大豆蛋白离析物在 90℃ 下处理 1h 和 24h，其对己醛的结合量分别为原来的 3 倍和 6 倍。

碱性比酸性更能促进蛋白质与风味物的结合，酪蛋白在中性或碱性条件下比在酸性条件下能结合更多的羧酸、醇或脂类挥发物，这是因为蛋白质在碱性比酸性变性程度更大所致。此外，蛋白质中的二硫键通常能在碱性条件下断裂，二硫键打开后，蛋白质链更伸展，故其结合风味物的能力增强。

水能促进极性挥发物与蛋白质结合，但对非极性挥发物无影响；而脱水干燥却能促进己与蛋白质结合的风味物散失，例如冷冻干燥时，常常能使 50% 的与蛋白质结合的挥发物释放出来。

脂肪氧化产生的挥发性产物醛、酮往往是被蛋白质的疏水区域吸附，而蛋白质经酶水解后，其疏水区减少，对风味物的结合能力降低，例如每千克大豆蛋白能结合 6.7mg 的正己醛，经一种细菌产的酸性蛋白酶酶解后，其只能结合 1mg 的正己醛。因此，豆腥味可以采用适度水解蛋白质的方法加以脱除。此外，若将正己醛用醛脱氢酶氧化为己酸后，也可减少豆腥味。必须指出，使用蛋白酶水解脱除豆腥味时，还需要考虑水解程度，蛋白质水解后可能会产生苦味肽。分子质量 >6000Da 的多肽无苦味，这是因为其几何体积大，不能接近口腔中的味觉感受器；分子质量 <1300Da 的多肽亦多无苦味；而分子质量在 1300～6000Da 之间的多肽是否有苦味与其组成氨基酸的疏水性有关，若蛋白质水解物的平均疏水性 $Q>5.8kJ/mol$ 则有苦味，$Q<5.4kJ/mol$ 则无苦味。

$$Q = \Sigma \Delta G_t / n \tag{5-12}$$

$$\Delta G_t = -RT\ln(S_{乙醇}/S_水) \tag{5-6}$$

式中，ΔG_t 为吉布斯自由能；n 为肽链中氨基酸的残基数；S 为氨基酸的溶解度；R 为摩尔气体常数；T 为热力学温度。

盐溶型盐可使蛋白质的疏水相互作用失稳，故使其与风味物的结合能力降低；而盐析型盐可强化蛋白质间的疏水相互作用，使其与风味物的结合能力提高。

各种常见食品对蛋白质功能特性的要求列于表5-7中。

表5-7　各种食品对蛋白质功能特性的要求

食品	功能
面团焙烤食品（面包、蛋糕等）	内聚力，胶凝性，乳化性，起泡性
肉制品（香肠等）	内聚力，胶凝性，乳化性，持水性，对脂肪的保留
乳制品（冰激凌、干酪等）	胶凝性，乳化性，发泡性，凝结性，黏度，对脂肪的保留
蛋制品	起泡性，胶凝性
糖果（牛奶糖、巧克力等）	乳化性，分散性
肉的代用品（植物组织蛋白）	内聚力，咀嚼性，硬度，不溶性，持水性，对脂肪的保留

 概念检查 5.4

○ 用大豆蛋白制人造肉的原理是什么？

5.6　食品蛋白质在加工和贮藏中的变化

在食品加工和贮藏中，热加工、冷冻保藏、加热灭菌、加热灭酶、辐照灭菌等是常用手段，经上述手段处理食品后，会使食品中蛋白质的营养价值或功能性质发生需宜或非需宜的变化。

5.6.1　热处理

在人类发展历史中，自从人类学会了使用火来熟食，改变了茹毛饮血的进食方式后，人类的体质和脑力便得到了长足的发展。食物的烹饪加工方式，如煎、炸、蒸、煮等会使食品产生需宜的品质。一般适当的热处理，往往是正面的影响，使食物变得可口和易于消化，并使食物中的抗营养因子、蛋白质类毒素（肉毒杆菌毒素在100℃钝化）失活。以大豆类食物为例，其中不仅富含蛋白质，还含有胰蛋白酶抑制剂、血细胞凝集素、脂肪氧合酶等抗营养因子。胰蛋白酶抑制剂会抑制肠道中胰蛋白酶的活力，不利于蛋白质的消化；血细胞凝集素能作用于肠道刷状缘膜上的多糖苷，使之生成复合物，导致氨基酸的转移及肠道消化能力减弱，并对机体产生毒性；脂肪氧合酶促进脂肪氧化，其氧化产物与蛋白质结合后会产生豆腥味。大豆经加热烹煮后使其蛋白质变性，蛋白质链结构伸展，便于胃肠道中的蛋白酶作用于蛋白质的酶切位点，消化蛋白质；还会使胰蛋白酶抑制剂、脂肪氧合酶等抗营养因子失活。又比如热烫和蒸煮还能使多酚氧化酶、抗坏血酸氧化酶失活，防止食品发生酶促褐变而引起不良的颜色变化，也会减少维生素的损失。

蛋白质若经强热（油炸和烧烤）处理，常会引起蛋白质的一级结构发生变化，会发生脱硫、脱酰胺、异构化、水解、交联等化学变化，有时甚至伴随有毒物质的产生，使营养价值受损。

在 115℃灭菌，会使半胱氨酸残基脱硫：

$$Pr—CH_2SH + H_2O \longrightarrow Pr—CH_2OH + H_2S \qquad (5\text{-}13)$$
半胱氨酸残基 　　　　　　　　　丝氨酸残基

$$2\ Pr—CH_2SH \longrightarrow Pr—CH_2—S—CH_2—Pr + H_2S \qquad (5\text{-}14)$$
半胱氨酸残基 　　　　　　羊毛硫氨酸残基

式（5-13）发生了水解反应，使蛋白质脱硫，其营养受损；而式（5-14）反应不仅使蛋白质脱硫，还使蛋白质发生了交联，生成的羊毛硫氨酸交联蛋白不易被消化酶消化。

在 150℃以上的强热条件下，碱性氨基酸——赖氨酸残基侧链上的 ε-氨基易与酸性氨基酸残基侧链上的羧基形成异肽键，有别于蛋白质主链上发生的 α-氨基与端羧基形成的肽键，该反应可以发生在同一肽链中，亦可发生在不同肽链间，即发生异肽交联。异肽键的生成其一会影响谷氨酸和赖氨酸的吸收，赖氨酸是必需氨基酸，且在许多谷物类食品中赖氨酸是限制性氨基酸，故使食品的营养价值受损；其二是异肽交联生成的交联蛋白不易被消化；其三异肽键可能有毒。

$$Pr_1—(CH_2)_2—COOH + H_2N—(CH_2)_4—Pr_2 \longrightarrow Pr_1—(CH_2)_2—CO—NH—(CH_2)_4—Pr_2 + H_2O \quad (5\text{-}15)$$
谷氨酸残基 　　　　　　赖氨酸残基 　　　　　　　　　　　　　赖谷氨酸残基

食品在油炸时，蛋白质中的色氨酸残基可生成杂环胺类的致癌物，例如色氨酸在 200℃以上生成稠环咔啉类化合物。

α-咔啉　　　　　　β-咔啉　　　　　　γ-咔啉

5.6.2　碱处理

在食品加工中，有时需要碱处理，例如植物蛋白织构化生产纤维状蛋白（人造肉）。植物中蛋白质的提取也常常采用碱液提取。在碱性环境中热处理会导致 L 型氨基酸发生异构化，即发生外消旋化，转变为 D 型氨基酸，由于 D 型氨基酸通常不具有营养，故外消旋使其营养价值降低 50%。高温下碱处理蛋白质，其中丝氨酸残基、半胱氨酸残基会发生脱磷、脱硫，生成脱氢丙氨酸残基。其反应如下：

脱氢氨基酸很活泼，还可进一步与蛋白质中的赖氨酸残基的侧链氨基、鸟氨酸残基的侧链氨基以及半胱氨酸残基的侧链巯基等交联（见图5-19），影响蛋白质的吸收。

赖氨酰丙氨酸几乎不被人体吸收，鼠摄入此物后，通常会发生腹泻、胰腺肿大和脱毛，造成肾损害。在碱性条件下，随着温度升高、反应时间延长，赖氨酰丙氨酸的生成量增多。一些加工食品中赖氨酰丙氨酸（LAL）残基的含量见表5-8。

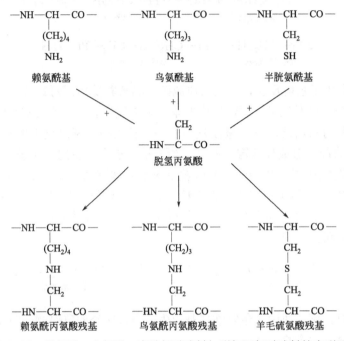

图 5-19　赖氨酸、鸟氨酸、半胱氨酸残基与脱氢丙氨酸残基的交联反应

表5-8　一些加工食品中赖氨酰丙氨酸（LAL）残基的含量

食品	LAL 含量/（mg/g 蛋白质）	食品	LAL 含量/（mg/g 蛋白质）
玉米片	390	人造干酪	1070
椒盐卷饼	500	蛋清粉（干）	160～1820
牛奶玉米粥	560	酪蛋白酸钙	370～1000
未发酵的玉米饼	200	酪蛋白酸钠	430～6900
墨西哥玉米卷皮	170	酸酪蛋白	70～190
淡炼乳	590～860	水解植物蛋白	40～500
浓炼乳	360～540	起泡剂	6500～50000
牛乳（UHT）	160～370	大豆分离蛋白	0～370
牛乳（HTST）	260～1030	酵母提取物	120
脱脂炼乳	520		

注：HTST为高温短时灭菌，UHT为超高温灭菌。

5.6.3　低温处理

冷冻保藏食品是利用低温效应，使微生物生长以及酶活力受到抑制、化学反应速度降低。虽然冷冻保藏食品一般不会使蛋白质的营养价值受损，但有时会使蛋白质的功能性质受损，例如冷冻保藏鱼时，其肌球蛋白会在低温下变性，导致肌肉持水性降低，肉质干硬。又比如牛乳中的酪蛋白经冷冻解冻后，易形成不易分散的沉淀，影响其感官品质。为了抑制低温对蛋白质功能性质造成的影响，采用速冻的方法可以抑制食品中形成大的冰晶而对食品组织产生挤压，尽可能使食品保持原有的风味和质地等。

5.6.4 氧化处理

过氧化氢是食品中常用的杀菌剂和漂白剂，例如用于干酪加工中牛乳的冷灭菌；此外，次氯酸钠还可用于含有黄曲霉毒素面粉的脱毒，其脱毒原理是该毒素的内酯环在碱性条件下开环后，易被次氯酸氧化，转变为无毒的衍生物。然而，上述氧化剂会导致蛋白质中的氨基酸残基被氧化。一般来说，含硫氨基酸和芳香族氨基酸易被氧化，其易氧化程度的排序为：甲硫氨酸＞半胱氨酸＞胱氨酸、色氨酸。甲硫氨酸残基氧化反应如下：

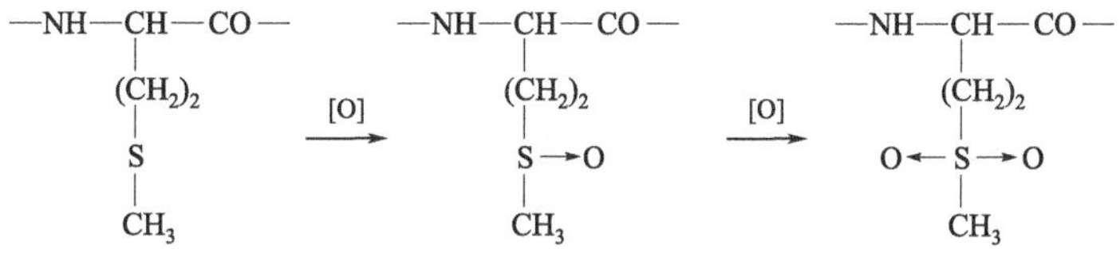

光、氧和光敏化剂存在时，甲硫氨酸残基由于光氧化作用可生成甲硫氨酸亚砜，进而生成甲硫氨酸砜。甲硫氨酸亚砜和甲硫氨酸砜在生物体中的利用率降低，甚至不能被利用。甲硫氨酸砜对鼠则是生理上不可利用的物质，甚至还表现出某种程度的毒性。

含硫氨基酸的氧化反应见图 5-20。

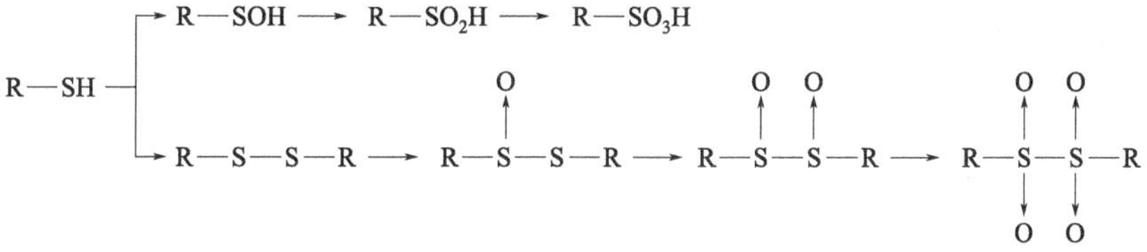

图 5-20 含硫氨基酸的氧化反应

色氨酸在酸性和剧烈的氧化条件下，被氧化为犬尿氨酸（图 5-21），将犬尿氨酸注射至动物膀胱内会产生致癌作用，色氨酸的这类降解产物对鼠胚胎纤维细胞的生长有抑制作用，并且表现出致突变性。此外，酪氨酸残基是酶促褐变反应的底物，能在多酚氧化酶或过氧化氢酶的催化下，被氧化进而发生褐变，机体中黑色素的形成就是如此。

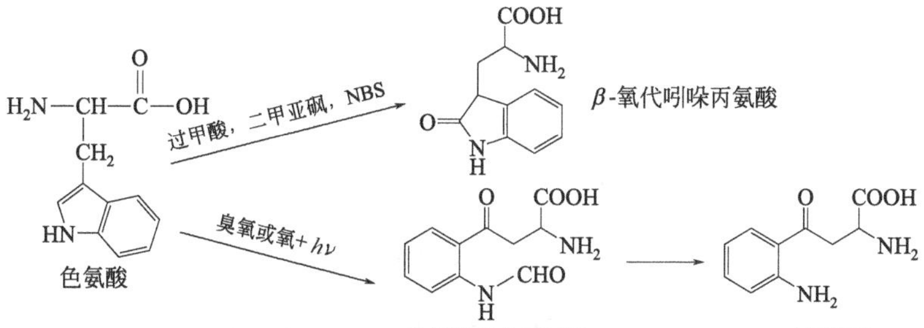

图 5-21 色氨酸的氧化产物

5.6.5 脱水处理

脱水干燥是保藏食品最常用的方法之一，干燥方法不同，其对蛋白质品质影响的程度不同。脱水时，若使蛋白质中的结合水受到破坏，则引起蛋白质变性，复水性差，食品变硬，风味变劣。①热风干燥对于畜肉、鱼肉的质地影响明显，使肉质变硬、萎缩，回复性差，食之无味。②若使用真空干燥，则因真空环境下水的沸点降低，降低了干燥温度，使美拉德褐变反应、氧化反应等受到抑制，与热风干燥相比，其脱水的不利影响被部分抑制。③冷冻干燥是使食品中的水分冻结后，在低压下升华除去，该法能使食品保持原有的形状，具有多孔性，回复性好。对于肉类食品经此法干燥后，其必需氨基酸含量及消化率与鲜肉无异，是肉类干燥的好方法。④喷雾干燥是乳、蛋液等液态食品常用的干燥方法，由于雾滴很小，水分被热空气迅速带走，故此法对于蛋白质的损害很小。

5.6.6 辐照处理

辐照是用于保藏食品的一种手段，是采用 X 射线、γ 射线和电子射线延迟新鲜食物某些生理过程（发芽和成熟），或对食品进行杀菌、防霉等处理，达到延长保藏时间的目的。X 射线和 γ 射线能使食品中的水分产生羟基自由基（·OH）和氢自由基（·H），这些自由基再作用于生物分子，或者射线直接作用于生物分子，打断氢键、使双键氧化、破坏环状结构或使某些分子聚合等方式，破坏和改变生物大分子的结构，从而抑制或杀死微生物。γ 射线穿透力很强，用于完整食品及各种包装食品的内部杀菌；而电子射线的穿透力较弱，一般用于小包装食品或冷冻食品的杀菌，尤其适用于对食品的表面进行杀菌。食品受 γ 射线辐照后，产生的自由基经链传递，会使蛋白质生成自由基（Pr·），蛋白质自由基交联后，人体不易吸收，有的甚至有毒。

$$Pr· + Pr· \longrightarrow Pr—Pr \tag{5-16}$$

由于食品用辐照剂量有限定，故一般辐照对于食品中的氨基酸、蛋白质的影响并不大。

5.6.7 蛋白质与亚硝酸盐作用

亚硝酸盐是食品添加剂，常用作肉制品的发色剂，将其用于腌腊肉中，不仅可以产生腌肉色素，还具有防腐抑菌作用，并对产生腌肉制品特有风味有贡献。亚硝酸盐用在肉制品中，受肉的 pH 影响，转变为亚硝酸，而亚硝酸可与仲胺、叔胺反应，生成强致癌物亚硝胺和亚硝酰胺。

$$R_1—NH + HNO_2 = R_1—N—N=O + H_2O$$
$$\quad | \qquad\qquad\qquad\quad |$$
$$\quad R_2 \qquad\qquad\qquad\quad R_2$$
$$\text{亚硝胺}$$

$$R_1—NH + HNO_2 = R_1—N—N=O + H_2O$$
$$\quad | \qquad\qquad\qquad\qquad |$$
$$\quad R_2—C=O \qquad\qquad R_2—C=O$$
$$\text{亚硝酰胺}$$

脯氨酸是仲胺化合物，能生成亚硝胺类化合物；而蛋白质中存在大量酰胺键（即肽键），能生成亚硝酰胺。

脯氨酸　　　　　　　亚硝基脯氨酸　　　　　　亚硝基吡咯烷

熏肉是我国传统食品，烟气中氮氧化物也能与仲胺生成亚硝胺类的致癌物，所以腌肉、熏肉不宜多食。

$$R_1-NH + NO_x \longrightarrow R_1-N-N=O$$
$$\quad\ \ | \qquad\qquad\qquad\quad |$$
$$\quad R_2 \qquad\qquad\qquad\quad R_2$$

亚硝胺是烷化剂，能使烷基结合到 DNA、RNA 上，使复制发生错误而致癌。维生素 C（抗坏血酸）是亚硝胺生成的阻断剂，即维生素 C 能与亚硝胺的前体物发生反应，阻断亚硝胺的生成，故在食用腌肉的同时，配合食用富含维生素 C 的蔬菜、水果是有益的。

5.6.8　蛋白质的水解处理（生物活性肽）

食源性蛋白质经水解处理，可以获得生物活性肽。1902 年，伦敦大学医学院的两位生理学家 Bayliss 和 Starling 在动物胃肠道里发现了一种能刺激胰液分泌的神奇物质，他们将其称为促胰泌素（secretin），这是人类首次发现的生物活性肽（bioactive peptides，BAP）。当他们的研究论文发表后，立即引起了全世界生理科学研究者的极大兴趣，也引起了巴甫洛夫实验室的极大震惊。这个新的概念动摇了多年来消化腺分泌完全由神经调节的神经论思想，使巴甫洛夫等一时难以接受，他们通过各种场合或渠道大力反驳 Bayliss 和 Starling 的论点，当时，世界生理学界风起云涌，这两位青年科学家顶住了权威的压力，其学术成果最终得到了认可。

5.6.8.1　生物活性肽的分类

生物活性肽是一类分子质量小于 6000Da、具有多种生物学功能（对生物机体的生命活动有益或是具有生理作用）的肽类化合物的总称。

按其组成结构分类：有简单肽类和结合肽两类。简单肽类包括线性肽、环肽；结合肽包括糖肽等。

按来源分类：有内源性生物活性肽和外源性生物活性肽两类。内源性生物活性肽即机体内存在的天然的生物活性肽，例如具有抗氧化活性的谷胱甘肽（三肽）、肌肽（二肽），具有影响生长作用的促肾上腺皮质激素（ACTH），具有促进糖代谢作用的胰岛素等。

按生理活性进行分类有抗氧化肽、抗菌肽、抗疲劳肽、抗肿瘤肽、降血压肽、降脂肽、神经调节肽、免疫调节肽、促进矿物质吸收肽等。此外，还不断有新的活性功能被发现，例如抗冻肽、抗痛风肽、改善记忆力肽等。

5.6.8.2　生物活性肽的意义

迄今至少先后有 11 位科学家因在活性肽的相关研究方面的杰出成就获得了诺贝尔奖。虽然在机体内天然存在一些生物活性肽，但由于其来源有限，不能满足人们的需求，而以食源性蛋白质为原料，通过化学方法或酶法改性，获得丰富的生物活性肽已逐步成为潮流。

生物活性肽不仅比蛋白质更易消化吸收，有些小肽（二肽、三肽）甚至比氨基酸更容易被吸收，而且活性肽具有原蛋白质或其组成氨基酸所没有的独特的生理活性，还具有低抗原性，有些活性肽其组成氨基酸不一定是必需氨基酸。这使得有些营养价值并不高的蛋白质，却能成为生产生物活性肽很好的原料，例如胶原蛋白可生产胶原肽。此外，活性肽具有良好的酸稳定性、热稳定性和水溶性，易于作为功能因子添加到各种食品中。利用食品工业下脚料中食源性动植物蛋白质，开发具有高附加值的生物活性肽产品，是当前国际食品界最热门的研究课题。

5.6.8.3　生物活性肽的制备

人们获得活性肽的来源有：①天然活性肽，存在于生物体中的各类天然活性肽（激素类、酶抑制剂等）；②水解蛋白质，消化过程中产生或体外水解蛋白质产生；③合成法，通过化学方法（液相或固相）和重组 DNA 技术进行合成。

在合成法中，固相合成法（化学）是用来合成短链或中等链长多肽的主要方法，重组 DNA 技术则能合成大分子肽（含高达几百个氨基酸残基的巨肽）。在二十世纪六十年代，由美国生物化学家梅里菲尔德（Robert Bruce Merrifield）发明的固相合成法，目前在合成生物活性肽中被广泛应用，其优越性在于固相载体有利于合成中不断增长的肽链固定、环化、去保护和纯化，且易实现自动化。然而，由于设备和试剂的昂贵，严重限制了固相合成法在规模化生产中应用。目前主要在合成含有 100 个残基以内的肽，在活性肽研究中需对其活性进行确证时使用，还可用于一些昂贵药物的合成中。1984 年，梅里菲尔德先生因发明多肽固相合成法，获得了诺贝尔化学奖。化学合成法本身具有下述缺点：①消旋化和副反应；②需要对肽侧链中的基团进行保护，尤其是固相合成时；③需过量的链接试剂和酰基载体；④链接试剂的毒性残留影响制品和环境。

重组 DNA 法没有化学合成法的上述缺点，但因其难度大，需要长期的研究与开发。但一旦建立起了一个重组 DNA 体系，就可以利用廉价的原料经发酵大量生产活性肽，其前景十分广阔，然而迄今即使是用此法来制备小分子肽也尚未取得成功。

目前，以食源性蛋白质为原料，生产活性肽是研究最为活跃的领域。酸水解生产活性肽，由于其断裂位点的随机性以及有时还会产生有毒性的物质，限制了其在实际中的应用。而酶法水解蛋白质生产生物活性肽，因其安全性高、价廉、酶切位点有一定的选择性、易于推广而备受推崇。

酶的选择是生产活性肽的关键。目前商业用酶主要是微生物酶（酸性蛋白酶、中性蛋白酶、碱性蛋白酶及复合酶）、植物蛋白酶（木瓜蛋白酶、菠萝蛋白酶）及少量的动物蛋白酶（胃蛋白酶、胰蛋白酶）。虽然能根据原料蛋白质的组成、溶解性、酶的专一性等选择实验用酶，但一般还是通过实验，对目标活性指标的检测，最终从众多的商用酶中筛选出实验用酶。此外，研究者还可根据活性肽的结构特点，通过酶工程生产特定的酶类。在实际应用中，有时使用单一一种酶，并不理想，故实用中复合酶系亦常用到。利用基因工程对生产生物活性肽的酶进行改造，从而获得新特性的活性肽，也会是一个重要的发展方向。

5.6.8.4　酶法制备生物活性肽的关键技术瓶颈

蛋白酶对肽键水解的专一性不够强，难以进行靶向酶解；酶解物中活性肽段的含量不足，使其功效不明显；蛋白质酶解物中肽的品种多，分离难度大，分离方法难以适应工业化规模生产；由于活性肽中疏水性氨基酸对其生理活性往往有较大贡献，所以活性肽常常有苦味，使其作为功能食品食用时受限，若采用分离、外切酶应用等方法脱苦，往往会使活性受损。面对这些具有挑战性的科学问题，科学家们也在不断努力寻求突破，攻坚克难，未来可期。

 概念检查 5.5

○ 氧化剂对蛋白质食品品质的影响有哪些?

5.7 食品中常见的蛋白质

必需氨基酸在蛋白质中的数量及其有效性可用来衡量蛋白质的营养价值。一般动物蛋白质中必需氨基酸的含量比植物蛋白质高，且各种氨基酸的比例也更符合人体对营养的摄取需求，而大多数的植物蛋白质中往往存在某些限制性氨基酸，因此，一般来说，动物蛋白质的营养价值优于植物蛋白质。表 5-9 列了一些常见食品中的蛋白质含量。

表5-9 一些食品中的蛋白质含量

产品	蛋白质 / (g/100g)	产品	蛋白质 / (g/100g)
牛肉	16.5	干大豆、生大豆	34.1
猪肉	10.2	煮熟大豆	11
鸡肉（去皮）	23.4	豌豆	6.3
黑鳕鱼	18.3	干菜豆、生菜豆	22.3
鳕鱼	17.6	煮熟菜豆	7.8
牛乳	3.6	生大米	6.7
鸡蛋	12.9	煮熟大米	2
小麦	13.3	木薯	1.6
面包	8.7	马铃薯	2
玉米	10		

5.7.1 动物蛋白质

5.7.1.1 畜禽肉类蛋白质

畜禽肉中的蛋白质根据其溶解性分为：肌浆蛋白、肌原纤维蛋白和基质蛋白三大类。

① 肌浆蛋白能溶于水或低离子强度（<0.15mol/L）的缓冲液中，占肌肉蛋白质总量的 20%~30%。肌浆蛋白中的肌红蛋白是肌肉中的色素蛋白，具有卟啉环结构，其中心离子 Fe^{2+} 易被氧化为 Fe^{3+}，生成褐色的高铁肌红蛋白，带来非需宜的颜色变化，其等电点为 6.8；

肌浆蛋白中的肌清蛋白在 50℃时易发生变性。此外,肌浆蛋白中还包括钙活化蛋白酶、磷酸酶、乳酸脱氢酶等酶类蛋白质。

② 肌原纤维蛋白溶于更高离子强度的盐溶液中,亦称为盐溶性肌肉蛋白质,占肌肉蛋白质总量的 51%～53%,是肌肉中的主体蛋白,亦称为肌肉的结构蛋白质,主要包括肌球蛋白、肌动蛋白,其等电点分别为 5.4 和 4.7,前者具有 ATP 酶的活性,在温度达 50～55℃时会发生凝固,两者可以结合为肌动球蛋白,两者的作用决定了肌肉的收缩。

③ 基质蛋白为不溶性蛋白,主要包括胶原蛋白和弹性蛋白,属于硬蛋白,占肌肉蛋白质总量的 20% 左右。胶原蛋白存在于皮、筋腱、软骨、血管中,在肌肉中只占 2% 左右。胶原蛋白富含甘氨酸(33%)、脯氨酸和羟脯氨酸(10%),不含色氨酸和半胱氨酸。Ⅰ型胶原(蛋白质亚基)中 96% 的肽段具有 Gly-x-y 三联体重复序列,x 多为脯氨酸,y 多为羟脯氨酸。胶原蛋白可以在链内和链间发生共价交联,形成具有很高抗张强度的三维胶原蛋白纤维,从而赋予肌腱、韧带、肌肉、血管、软骨强韧性。一般随着年龄增长,动物中胶原蛋白的交联度提高,因此肉质逐渐变坚韧,不易煮烂。陆生动物的肉质较水产鱼类的肉质坚韧也与此有关。

胶原蛋白在温度高于 80℃时可分解为明胶,明胶的分子质量为胶原蛋白的 1/3,明胶可形成热可逆凝胶。畜皮是明胶生产最常用的原料。阿胶、小笼汤包是利用明胶的例子。

坚韧的肌肉经蛋白酶酶解后肉质会变软,即嫩化。肌肉组织中存在内源性的钙活化蛋白酶(最适 pH 为 6 左右),在肌肉细胞的溶酶体中存在六种组织蛋白酶(最适 pH 为 2.5～4.2),当动物被屠宰后,肌肉细胞中游离钙浓度逐步增大,经糖酵解产酸,使 pH 降至等电点附近,肌肉进入僵直期,之后在钙活化蛋白酶的催化作用下,肌肉蛋白质被水解;同时溶酶体释放出的组织蛋白酶,亦催化肌肉蛋白质水解,使肉质逐步回软,解除僵直,进入僵直后期。菠萝蛋白酶和木瓜蛋白酶已用于肉的嫩化中,即所谓的"嫩肉粉"。在食品工业中,常用注入 0.9 mol/L 左右的盐水和 3% 焦磷酸盐溶液的方法嫩化肉制品,其作用在于使肌肉蛋白质的 pH 值偏离其等电点,促进肌肉蛋白质溶解,提高其持水力。

5.7.1.2　鱼肉类蛋白质

鱼肉中的蛋白质随鱼种不同和年龄不同含量各异,其蛋白质含量在 10%～21% 之间。鱼肉蛋白也与畜禽肉蛋白一样,由三类蛋白质构成,即肌浆蛋白、肌原纤维蛋白和基质蛋白,但因其中结缔组织少,纤维较短,故肉质较畜禽肉嫩。鱼肉蛋白的肌原纤维蛋白中同样存在肌动蛋白、肌球蛋白和肌动球蛋白,但鱼肉中的肌动球蛋白很不稳定,冷冻保藏时易发生低温变性,变性后的蛋白质会发生聚合,生成二聚体、三聚体或更高聚合度的聚集体,导致肉质变硬。

$$Pr \longrightarrow Pr_D$$
$$Pr_D + Pr_D \longrightarrow 2Pr_D$$
$$2Pr_D + Pr_D \longrightarrow 3Pr_D$$

其中,Pr 为天然蛋白质;Pr_D 为变性蛋白质。

5.7.1.3　牛乳蛋白质

牛乳中的蛋白质营养丰富,其含量约为 33g/L,包括酪蛋白(casein)、乳清蛋白(whey)

和脂肪球膜蛋白，其中酪蛋白含量超过了 80%，乳清蛋白占总蛋白质含量的 17% 左右，而脂肪球膜蛋白的含量很低，每 100g 脂肪其外包裹的球膜蛋白不足 1g。

在鲜乳中酪蛋白的含量约为 27g/L，为含磷蛋白（蛋白质链中的丝氨酸磷酸化），主要包括 α_{s1}-酪蛋白、α_{s2}-酪蛋白、β-酪蛋白和 κ-酪蛋白四种。酪蛋白与钙生成酪蛋白酸钙，进一步与磷酸钙生成复合物，复合物在水中形成酪蛋白胶团，在常温下是稳定的乳浊液体系，加热可破坏乳浊液体系。酪蛋白中因含硫氨基酸含量较低（含硫氨基酸含量高，则加热易交联而形成凝胶），而脯氨酸（其构象较为伸展，加热不易变性）含量较高，所以牛奶的凝固点较高（＞160℃），加热不易凝固。但酪蛋白经酸酸化后在 pH 达 4.6 时，可凝固沉淀下来。凝乳酶也可使之沉淀生产干酪。酪蛋白是食品中重要的配料，干酪素钠的应用最为广泛，在 pH＞6 时应用，其性质稳定，具有保水、乳化、胶凝、搅打发泡、增稠等多种功能。

乳清蛋白主要包括 β-乳球蛋白和 α-乳白蛋白。乳清蛋白分离物（whey protein isolate，WPI）和乳清蛋白浓缩物（whey protein concentrate，WPC）亦是良好的功能性食品配料，适合用于模拟母乳的婴幼儿食品中。乳清蛋白通过微粒化、高剪切处理，可以得到具有似脂肪口感和组织特性的脂肪模拟物。Dairylo 是一种经特殊加工的乳清蛋白浓缩物，用作脂肪模拟物。

脂肪球膜蛋白含量虽不高，但因其将小的脂肪球（分散相）包裹，使之在连续相水中不发生聚集，起到了稳定水包油型乳浊液的作用。

此外，牛乳中还存在三种免疫球蛋白：IgM、IgA 和 IgG。免疫球蛋白在牛初乳中含量高，幼牛能通过喝初乳使其进入血液中，起到增强幼牛免疫力的作用。一些牛乳蛋白质制品的化学组成见表 5-10，牛乳蛋白质作为食品配料的应用见表 5-11。

表5-10　牛乳蛋白质制品的化学组成

乳蛋白产品	生产方法	蛋白质 /%	灰分 /%	乳糖 /%	脂肪 /%
干酪素	酸沉淀	95	2.2	0.2	1.5
	凝乳酶	89	7.5	—	1.5
	共沉淀	89～94	4.5	1.5	1.5
乳清蛋白浓缩物	超滤	59.5	4.2	28.2	5.1
	超滤 + 反渗透	80.1	2.6	5.9	7.1
乳清蛋白分离物（超滤/反渗透/离子交换）	Spherosil S	96.4	1.8	0.1	0.9
	Vistec 工艺	92.1	3.6	0.4	1.3

表5-11　牛乳蛋白质作为食品配料的应用

食品种类	酪蛋白或干酪素钠可以应用的食品	乳清蛋白可以应用的食品
焙烤食品	面包、饼干	面包、松饼、蛋糕
乳制品	模拟干酪、乳饮料、发酵乳制品	酸奶、奶酪
肉类产品	肉糜制品	法兰克福肠
饮料	果汁饮料	果汁饮料、软饮料、固体饮料、乳基饮料
甜食	冰激凌、冷冻甜食、布丁	冰激凌、冷冻甜点
糖果	太妃糖、焦糖	充气糖果

5.7.1.4　鸡蛋蛋白质

鸡蛋蛋白质营养价值很高，是全价蛋白（其生物学价值为100），是由蛋清蛋白和蛋黄蛋白构成的，其蛋白质组成见表5-12和表5-13。

表5-12　蛋清蛋白组成

组成	近似值/%	等电点	特性
卵清蛋白（ovalbumin）	54	4.6	易变性，含巯基
伴清蛋白（conalbumin）	13	6	与铁复合，能抗微生物
卵类黏蛋白（ovomucoid）	11	4.3	能抑制胰蛋白酶
溶菌酶（lysozyme）	3.5	10.7	为分解多糖的酶，抗微生物
卵黏蛋白（ovomucin）	1.5		具黏性，含唾液酸，能与病毒作用
黄素蛋白 - 脱辅基蛋白（flavoprotein-apoprotein）	0.8	4.1	与核黄素结合
蛋白酶抑制剂（proteinase inhibitor）	0.1	5.2	抑制酶（细菌蛋白酶）
抗生物素（avidin）	0.05	9.5	与生物素结合，抗微生物
未确定的蛋白质成分（unidentified proteins）	8	5.5, 7.5	主要为球蛋白
非蛋白质氮（nonprotein）	8	8.0, 9.0	其中一半为糖和盐（性质不明确）

表5-13　蛋黄中蛋白质的组成

组成	近似值/%	特性
卵黄蛋白	5	含有酶，性质不明
卵黄高磷蛋白	7	含10%的磷
脂蛋白	21	乳化剂
总蛋白	33	

卵清蛋白是蛋清蛋白的主体，其含量超过了50%，其中富含含硫氨基酸，遇热易发生二硫键交联，形成网络结构，形成热不可逆凝胶。伴清蛋白和卵类黏蛋白也对加热敏感，易遇热变性。鸡蛋除了拥有壳、膜的保护外，其蛋清蛋白中还含有溶菌酶、抗生物素和能抑制细菌的蛋白酶抑制剂等（见表5-12）抑菌物质，故使鸡蛋在常温下能保存较长时间。蛋清蛋白具有很好的搅打起泡性和泡沫稳定性，卵黏蛋白起泡性很好，但泡沫稳定性不足；而溶菌酶（属于球蛋白）虽然不是好的起泡剂，但却是较好的泡沫稳定剂。因此在焙烤食品蛋糕中，蛋清能形成丰富而稳定的气泡，赋予蛋糕多孔的结构。在肉丸的制作中，常常加入蛋清，其既具有黏合作用，也具有滞留气泡的作用，使肉丸膨松，不板结。此外，卵黏蛋白还具有抑制血红细胞凝集作用。

蛋黄中含有卵磷脂等脂质类物质，对于起泡性有不利影响。但蛋黄蛋白具有较好的乳化性质，其中的卵黄高磷蛋白因富含磷酸基团（丝氨酸磷酸化），经蛋白酶消化后形成卵黄高磷蛋白肽，能螯合大量的钙离子，促进钙的吸收。

5.7.2　植物蛋白质

5.7.2.1　蔬菜蛋白质

蔬菜中蛋白质含量不高，并非是蛋白质的良好来源。胡萝卜和莴苣中蛋白质含量约为1%；豌豆中的蛋白质含量较高，约为6%；马铃薯和芦笋中蛋白质含量约为2%，马铃薯中蛋白质含量虽不高，但因其中赖氨酸和色氨酸含量较高，故其品质较好，在有些地区马铃薯也作为主食。

5.7.2.2　谷物蛋白质

人类一般以谷物为主食，谷物中的蛋白质按其溶解性一般分为清蛋白（albumin）、球蛋白（globulin）、谷蛋白（glutelin）和醇溶蛋白（prolamin）四类，分别溶于水溶液、盐溶液、碱溶液和70%~80%的乙醇溶液。蛋白质在小麦和玉米中的分布见表5-14，虽然胚芽的质量在种仁中所占百分比较低，但其中的蛋白质含量百分比却远较胚乳中高，并且胚芽中主要含生物效价较高的清蛋白和球蛋白（其品质与肉类大致相当）。谷物加工中常去掉胚芽、麸皮等，导致蛋白质质和量的损失，同时也会造成维生素和矿物质的损失。

表5-14　小麦和玉米主要组成部分的蛋白质含量

种子		胚芽	麸皮	胚乳
小麦	质量（占种仁的百分比）/%	3	12	85
	蛋白质（占种仁部分的百分比）/%	26	15	13
玉米	质量（占种仁的百分比）/%	12	6	82
	蛋白质（占种仁部分的百分比）/%	18	7	10

在谷物蛋白中，赖氨酸常常成为限制性氨基酸。在小麦蛋白中，面筋蛋白（gluten）占蛋白质总量的80%~85%，富含含硫氨基酸，但缺乏赖氨酸。关于小麦中蛋白质在蛋白质的功能性质——"面团的形成"中已有详细介绍，此处不再赘述。

玉米精制后的胚乳蛋白中，主要含玉米醇溶蛋白（zein），其含量约占蛋白质总量的50%，其限制性氨基酸为赖氨酸和色氨酸，但不缺乏含硫氨基酸。现已培育出含优质蛋白质的玉米品种，其中赖氨酸和色氨酸分别比普通玉米高出70%和20%。

5.7.2.3　大豆蛋白质

大豆虽属于油料种子类，但其脂肪含量不及蛋白质含量高，其蛋白质含量高达40%以上，比肉类中的蛋白质含量还高。其蛋白质由清蛋白和球蛋白两种构成，前者含量约占总蛋白质的5%，后者含量占90%以上。其营养价值与动物蛋白接近，明显优于其他植物蛋白，消化率接近甚至超过了动物蛋白，富含赖氨酸，但蛋氨酸含量略为不足。必须指出其中还含有一些抗营养因子，如胰蛋白酶抑制剂、血细胞凝集素、脂肪氧化酶等。将富含赖氨酸的大豆蛋白与富含含硫氨基酸的玉米蛋白按一定比例复配，则有营养互补作用。1999年美国食品和药品管理局（FDA）批准对大豆蛋白的健康声称（Health Claim）"每日摄入25g大豆蛋白，作为低饱和脂肪与胆固醇膳食的一部分，可减少患心脏病的危险"。食用大豆蛋白具有调节脂质的作用，即具有降血脂和减肥等作用。

用水溶液提取大豆蛋白后，经超速离心处理，根据沉降系数不同分为2S、7S、11S和15S四种。"S"表示沉降系数的 Svedberg 单位，1 Svedberg 单位（1S）=1×10^{-13}s。7S（β-伴球蛋白）和11S（球蛋白）是大豆蛋白的主要蛋白质组分，两者的和约占总蛋白的80%。大豆蛋白做豆腐是其重要的食品应用形式，只有7S蛋白和11S蛋白能形成凝胶，7S蛋白含量高的大豆制得的豆腐质地细腻。

作为油料作物，大豆提取油脂后的豆粕，经进一步加工，能得到脱脂豆粉（defatted soybean flour，DFS）、浓缩大豆蛋白（soybean protein concentrate，SPC）和大豆分离蛋白（soybean protein isolate，SPI）三种不同形式的蛋白质产品，其蛋白质含量分别为50%、70%和90%左右，可作为蛋白质配料使用，比如脱脂豆粉可用于谷物类食品的蛋白质强化。

大豆分离蛋白的生产是以脱脂豆粉为原料，采用碱提酸沉的方法制得，即用pH为10的热碱液（温度<80℃）浸提1h，浸提液加酸至等电点，使蛋白质沉淀析出，再经碱中和、喷雾干燥制得大豆分离蛋白。大豆分离蛋白不仅蛋白质含量高（90%），几乎不含抗营养因子（生产工艺中的热处理使之失活），而且仍保留了很好的功能性质，如乳化性、胶凝性和增稠性等，是很好的功能性蛋白质配料，可用作肉类食品的乳化剂。大豆分离蛋白的乳化能力极强，1g大豆分离蛋白可乳化100~300mL的油；一般在食品中的用量为1%~4%。各种大豆产品在食品中的应用见表5-15。

表5-15 各种大豆产品在食品中的应用

功能性质	作用方式	应用食品体系	大豆蛋白产品
溶解性	蛋白质的溶剂化作用	饮料	DFS[①]，SPC[②]，SPI[③]，SPH[④]
水吸附及结合能力	水的氢键键合、水的容纳	肉制品、面包、蛋糕	DFS，SPC
黏度	增稠、水结合	汤、肉汤	DFS，SPC，SPI
胶凝	形成蛋白质的三维网状结构	肉制品、干酪	SPC，SPI
黏合、结合	蛋白质作为黏合物质	肉制品、焙烤食品、面制品	DFS，SPC，SPI
弹性	二硫键赋予其变形性	肉类、焙烤食品	SPI
乳化	蛋白质的乳化形成及稳定作用	香肠、蛋糕、腊肠、汤	DFS，SPC，SPI
脂肪吸附	对游离脂肪的吸附	肉制品	DFS，SPC，SPI
风味结合	风味物质的吸附、容纳及释放	模拟肉制品、焙烤食品	SPC，SPI，SPH
泡沫	形成薄膜容纳气体	裱花、甜点	SPI，WP[⑤]，SPH
色泽控制	漂白（脂肪氧合酶的作用）	面包	DFS

①DFS：脱脂豆粉；②SPC：浓缩大豆蛋白；③SPI：大豆分离蛋白；④SPH：水解大豆蛋白；⑤WP：大豆乳清蛋白。

 概念检查5.6

○ 富含大豆蛋白的食品其豆腥味是怎样产生的？如何加以克服？

5.8　前沿导读——食物源降血压肽的研究进展

2016 年国家食品药品监督管理总局关于保健食品的申报功能为 27 项，辅助降血压为其中一项。血管紧张素转换酶（angiotensin converting enzyme，ACE）是一种含有锌离子的金属肽酶，是一种糖蛋白，广泛存在于人的血浆和组织中，在肺毛细管内皮细胞中含量丰富，可以引起血管收缩，导致血压升高。若能抑制 ACE 的活性，则对降血压有着积极作用。

（1）血管紧张素转换酶对血压的调节作用

ACE 通过体内肾素 - 血管紧张素系统（renin-angiotensin system，RAS）和激肽释放酶 - 激肽系统（kallikrein-kinin system，KKS）对血压进行调节。RAS 是调节血压的重要内分泌系统，系统中的肾素是一种蛋白质分解酶，能将血管紧张素原水解，释放出一种十肽——血管紧张素Ⅰ（AngⅠ，无收缩血管的作用），而 ACE 能将 AngⅠ水解，切去羧基末端的二肽（His-Leu），使之生成具有强烈收缩升血管作用的血管紧张素Ⅱ（AngⅡ），导致血压升高。KKS 是降压系统，激肽释放酶作用于无活性的激肽原，生成具有使血管舒张作用的舒缓激肽。ACE 在 KKS 中能使舒缓激肽降解失活，导致血管不能舒张，其效果亦是使血压升高（图 5-22）。

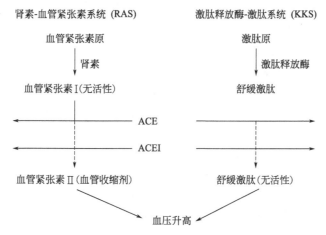

图 5-22　ACE 对血压的调节及 ACE 抑制剂（ACEI）的作用机理

（2）ACE 抑制肽的降血压原理

ACE 抑制肽是一类分子量较小的能抑制 ACE 活性的肽类物质，ACE 抑制肽是对 ACE 活性区域亲和力较强的竞争性抑制剂，其与 ACE 的亲和力比 AngⅠ更强，而且不易从 ACE 结合区释放，从而阻碍 ACE 催化 AngⅠ水解转变为 AngⅡ，以及抑制 ACE 催化舒缓激肽水解的两种生化反应，从而发挥降血压作用。目前，有些临床用降血压药物，例如卡托普利、苯那普利和雷米普利等是人工合成的 ACE 抑制剂。以卡托普利为例，卡托普利是人工合成的二肽衍生物，其化学名称为 1-[（2S)-2- 甲基 -3- 巯基 -1- 氧化丙基]-L-脯氨酸，虽然其降血压效果好，但有副作用，可引起皮疹、心悸、咳嗽，甚至引起味觉迟钝。

ACE 抑制肽是目前研究较为系统和深入的一类活性肽，早在 1965 年，Ferriera 首次从美洲予头蝮蛇蛇毒中发现了天然存在的 ACE 抑制肽，之后关于 ACE 抑制肽的研究蓬勃兴起，但由于天然存在 ACE 抑制肽数量有限，人们开始致力于通过水解食源性蛋白质，从中获得 ACE 抑制肽。目前，科学家已从乳蛋白、鱼蛋白、玉米蛋白、大豆蛋白等食源性蛋白质水解物中分离出了大量的 ACE 抑制肽。食源性 ACE 抑制肽具有无毒、无副作用，并且对于血压不高的人群无降血压效果等优点，受到了科研工作者的青睐，显示出了广阔的应用前景。

有些 ACE 抑制肽虽在体外实验中显示出其具有 ACE 抑制活性，但在体内实验中却显示无此活性，这是因为活性肽被消化道中的酶或血清中的酶水解所致；或是肽的结构因在肝脏中被修饰而导致其活性损失。例如源于 β-乳球蛋白中第 142～148 位的肽段在体外实验中具有 ACE 抑制活性，但在体内消化道中的肽酶存在下，或是有血清蛋白酶存在下，该肽段未表现出 ACE 抑制活性。一些长链的 ACE 抑制肽被摄入后，需水解为较短的肽段后才能发挥作用，例如水解为活性二肽、三肽后直接被吸收，它们再与相应的受体作用。

还有些肽在体内显示出有 ACE 抑制活性，但在体外实验中却显示活性低，甚至无活性。例如源于鱼蛋白的肽段 LKPNM 和 LKP 在体内实验中比在体外实验中活性更高，在体外实验中这两个肽段的活性分别只有卡托普利活性的 0.92% 和 7.73%，而在体内实验中这两个肽段的活性分别有卡托普利活性的 66% 和 91%。合成药物卡托普利是小分子（二肽衍生物），其在体内和体外均显示出了较高的 ACE 抑制活性。

（3）ACE 抑制肽的构效关系研究

目前，有许多 ACE 抑制肽的结构序列已被探明，在生物活性肽的数据库中，例如在 BIOPEP 数据库中，收入了 44 种不同功能活性的肽类物质，在已收入 2609 条肽段（截至 2013 年 6 月）中，ACE 抑制肽有 556 条。

基于生物信息学的"定量构效关系（quantitative structure-activity relationship，QSAR）"研究方法，是选择合适的待测数据资料，建立待测数据库，从数据库中选择合适的分子结构参数以及欲研究的活性参数，运用合适的方法建立结构参数与活性参数间的定量关系模型，对模型进行检验后，进一步对模型进行优化，同时给出模型的约束条件和误差范围。

采用 QSAR 方法研究 ACE 抑制肽的构效关系时，发现高活性的 ACE 抑制肽往往在 N 端具有疏水性氨基酸，尤其是侧链具有脂肪链的氨基酸，例如甘氨酸、亮氨酸、异亮氨酸和缬氨酸；在 C 端具有环结构或芳香环的氨基酸，例如脯氨酸、酪氨酸和色氨酸。已发现的具有 ACE 抑制活性的二肽，其结构通常符合上述模型。研究表明，具有 ACE 抑制活性的三肽其 C 端第一个氨基酸往往是芳香族氨基酸，第二个氨基酸是带正电荷的氨基酸，第三个氨基酸是疏水性氨基酸。具有 ACE 抑制活性的四肽，在 C 端第一个氨基酸往往是酪氨酸和半胱氨酸，第二个氨基酸是组氨酸 / 色氨酸 / 蛋氨酸，第三个氨基酸是亮氨酸、异亮氨酸、缬氨酸和蛋氨酸，第四个氨基酸是色氨酸。肽链更长的 ACE 抑制肽，在 C 端往往具有碱性氨基酸，例如精氨酸、赖氨酸，它们对于 ACE 抑制活性有重要贡献，若将其除去，则活性会丧失。研究还发现有的 ACE 抑制肽在 C 端有谷氨酸，而谷氨酸可以与 ACE 中的锌离子发生螯合反应，抑制其酶活力。

从食源性蛋白质中酶解获得的 ACE 抑制肽在 C 端往往是脯氨酸，人工合成的卡托普利其 C 端也是设计为脯氨酸。表 5-16 和表 5-17 分别列出了乳制品和鸡蛋中鉴定出的 ACE 抑制肽段。

表5-16 部分乳制品中具有ACE抑制活性的多肽片段

来源	蛋白质前体	氨基酸序列
切达干酪	α_{s1}-CN，β-CN	RPKHPIKHQ（13.0），DKIHPF（257.0）
高达干酪	α_{s1}-CN，β-CN	RPKHPIKHQ（13.4），YPFPGPIPN（14.8）

续表

来源	蛋白质前体	氨基酸序列
曼彻格干酪	α_{s1}-CN, α_{s2}-CN, β-CN	VRYL（24.1）, VPSERYL（249.5）, KKYNVPQL（77.1）, IPY（206.0）, TQPKTNAIPY（3745.9）, VRGPFP（592.0）
Crescenza 干酪	β-CN	LVYPFPGPIHNSLPQ（18.0）
Dahi 牛奶	β-CN	SKVYP（1.4）
酸奶	β-CN	VPP（9.0）, IPP（5.0）
酸奶酪	β-CN	VPP（9.0）, IPP（5.0）

注：括号内的数值表示多肽片段的 IC_{50} 值，$\mu mol/L$。

表5-17 鸡蛋蛋白中具有ACE抑制活性或降血压活性的多肽片段

来源	多肽片段	活性		剂量 /（mg/kg 体重）
		ACE 抑制活性（IC_{50}）/（$\mu mol/L$）	降血压 /mmHg	
卵清蛋白	YAEERYPIL	4.7	-31.6	2
	IVF	3390.0	-31.7	4
	RADHPFL	6.2	-34.0	2
	RADHP	260	-25	2
	FRADHPFL	3.2	-18	25
	RADHPF	>400	-10.6	10
	FGRCVSP	6.2	—	—
	ERKIKVYL	1.2	0	0.6
	FFGRCVSP	0.4	0	0.6
	LW	6.8	22	60
	FCF	11.0	—	—
	NIFYCP	15.0	—	—
蛋黄	部分寡肽	—	—	20～500

注："—"表示无相关数据。1mmHg=133.322Pa。

（4）ACE 抑制肽活性的评价方法

目前 ACE 抑制肽活性的评价方法有体外和体内两种方法。

① 体外方法　体外方法包括紫外分光光度法和高效液相色谱法。

a. 紫外分光光度法（可采用试剂盒测定）：其原理是基于 ACE 在机体内能特异性地切除肽 C 末端的两个氨基酸，故采用一种包含马尿酸（Hip）的三肽，例如马尿酰 - 组氨酰 - 亮氨酸作为 ACE 的底物，ACE 能将三肽水解成马尿酸（Hip）和组氨酰 - 亮氨酸。若向三肽底物中同时加入 ACE 和 ACE 抑制肽，待反应完成后，用乙酸乙酯提取马尿酸，蒸干后溶于氯化钠溶液，于紫外 228nm 波长处测定马尿酸（Hip）的量，可以计算出肽对 ACE 的抑制率，或推算出 ACE 抑制肽对 ACE 的半抑制浓度 IC_{50} 值（$\mu mol/L$）。

b. 高效液相色谱法（HPLC）：其原理也是以含有马尿酸的三肽作为底物，在 ACE 的作用下，水解产生 Hip，采用 HPLC 法检测 Hip 的含量。此法具有灵敏度高、准确度高和重现性好的特点。

② 体内方法　采用原发性高血压鼠（spontaneously hypertensive rats，SHR）进行实验，采用尾袖法测量大鼠尾动脉收缩压，通过 SHR 摄入 ACE 抑制肽前后尾动脉收缩压的变化评估 ACE 抑制肽的活性强弱。

心脑血管疾病目前仍然是全球疾病的第一杀手，在日常生活中，若摄入食源性的 ACE 抑制肽，对于高血压病人有防病作用，而对于血压正常的人却无降压作用，安全性高。

 总结

氨基酸

○ 构成蛋白质的氨基酸有21种，其中除了脯氨酸外，均为α-氨基酸。

○ 酸性氨基酸有谷氨酸、天冬氨酸2种，碱性氨基酸有赖氨酸、精氨酸、组氨酸3种；必需氨基酸有赖氨酸、亮氨酸、异亮氨酸、缬氨酸、蛋氨酸、色氨酸、苯丙氨酸、苏氨酸、组氨酸9种。

○ 氨基酸既具有酸性，又具有碱性，当氨基酸溶液中净电荷为零时的pH即为氨基酸的等电点（pI）。

蛋白质的分类与结构

○ 按分子组成分类，蛋白质可分为简单蛋白质、结合蛋白质和衍生蛋白质。简单蛋白质又分为清蛋白、球蛋白、谷蛋白、醇溶蛋白、硬蛋白、组蛋白和精蛋白。谷物蛋白质主要包含清蛋白、球蛋白、谷蛋白和醇溶蛋白；而在动物蛋白质中，除含有上述蛋白质外，还含有硬蛋白、组蛋白和精蛋白。

○ 一级结构是指氨基酸通过共价键即肽键连接而成的线性序列。

○ 肽键的特点：肽键的C—N键具有40%的双键特性，而C=O键有40%左右的单键性质，这是由于p-π共轭效应所致。

○ C—N单键不能自由旋转，使肽键平面为刚性平面。

○ 肽键中的N原子在pH 0~14之间不能质子化。

○ 二级结构是指多肽链在空间折叠盘曲成一定的构象，其间靠肽链中的羰基与氨基之间形成的氢键来稳定其二级结构。二级结构包括α螺旋、β折叠、β回折和无规卷曲。

○ 3.6_{13}：是典型的α螺旋结构，每一螺圈中含有3.6个氨基酸残基及13个原子。

○ 三级结构是指具有二级结构多肽链在三维空间进一步弯曲盘缠，是形成蛋白质外形的主要结构层次。如球蛋白、纤维状蛋白。

○ 维持蛋白质三级结构稳定的键力有氢键、疏水相互作用、静电引力、二硫键、范德华力、配位键等。

○ 四级结构是指具有多于一条多肽链的蛋白质亚基之间通过非共价键缔合的空间排列。维持蛋白质四级结构稳定的键力除了无二硫键外，其他与稳定三级结构的键力相同。

蛋白质变性

○ 由于外界因素（物理、化学）的作用，使天然蛋白质分子的构象（二级、三级、四级结构）发生了变化，从而导致生物活性的丧失以及物理、化学性质的变化，但其一级结构不变。

○ 蛋白质变性是指蛋白质构象的改变（即二级、三级或四级结构的较大变化），但并不伴随一级结构中的肽键断裂。

○ 引起蛋白质变性的物理因素有热、低温、机械处理、静液压、辐射等；化学因素有pH、金属离子、有机溶剂、有机化合物、表面活性剂等。

○ 以疏水相互作用为主要稳定蛋白质构象键力的蛋白质经低温处理后会发生变性。例如鱼蛋白。因为疏水相互作用是吸热反应，温度降低，疏水相互作用被削弱。

○ 一般化学反应的温度系数Q_{10}=1~2，而变性反应的Q_{10}=600（pI处），高温短时（HTST）灭菌就是依据变性反应具有高Q_{10}。

蛋白质的功能性质

○ 蛋白质的功能性质分为水合性质、表面性质和流体力学性质。水合性质主要影响蛋白质的溶解度、膨胀性、黏合、分散性、增稠性等；表面性质包括乳化性质和起泡性质；流体力学性质主要包括织构化、胶凝作用、面团的形成等。但这三类性质并不是彼此孤立的，而是相互影响的，例如蛋白质的亲水性和疏水性（水合性质）必定会影响其界面性质。

○ 蛋白质的溶解度：在等电点pI处，蛋白质的水合作用降至最低，溶解度最低，偏离等电点溶解度升高。大多数蛋白质中因其酸性氨基酸的含量＞碱性氨基酸，故其pI在4~5之间，在碱性pH下具有较高溶解度。故大多数蛋白质可用碱液（pH 8~9）提取，在pI处沉淀的方法提取蛋白质。

○ 盐溶作用、盐析作用。

○ 食肉的最佳期在僵直后期。

○ 具有界面性质的蛋白质的必要条件：能快速吸附至界面，能快速地展开并在界面上再定向，能形成经受热和机械运动的膜。

○ 乳化容量、乳浊液稳定性。

○ 起泡力、泡沫稳定性。

○ 蛋白质作为起泡剂的必要条件：能快速地吸附至气-水界面，易在界面上展开和重排，必须能在界面上形成一层黏合性膜。

○ 使泡沫稳定的要求：界面张力要小，主体液相黏度要大，吸附的蛋白质膜要牢固并有弹性。

○ 加入脂类将严重地损害发泡性能，故脂可作消泡剂。

○ 凝胶类型：热致凝胶（不可逆，蛋清）、热可逆凝胶（阿胶）、加入金属离子形成凝胶（豆腐）、碱致凝胶（皮蛋）、酶致凝胶（姜撞奶）等。

○ 小麦面粉能做面包得益于其中面筋蛋白含量高（＞80%），且谷蛋白和醇溶蛋白的比例合适，约为1:1。醇溶蛋白存在分子内二硫键，赋予面团体积的延伸性、膨胀性、易流动性；而谷蛋白中是分子内和分子间二硫键共存，赋予面团强度、弹性、黏结性、韧性。

○ 含有大量二硫键（含有2%~3%半胱氨酸和胱氨酸）是面团具有一定弹性和机械强度的主要原因。

○ 蛋白质的织构化：是在一定条件下，将可溶性植物蛋白制成具有良好咀嚼性和持水性的片状或纤维状产品的加工方法。例如可用大豆蛋白制腐竹和人造肉。

○ 膨胀性：含水量低的蛋白质食品与水接触时，能自动吸收水分而膨胀，但不溶解，在保持水分的同时，赋予制品以强度和韧性。

○ 碱发干鱿鱼的作用：腐蚀干料表面坚固的胶膜，利于水的通透，使干料的pH偏离pI，提高其膨胀性。

○ 风味结合功能：蛋白质作为风味载体，要求两者在加工中能牢固结合，在口腔中咀嚼时又能不失真地释放。当蛋白质与风味物仅以非共价键结合时，才能对风味的形成有贡献。

○ 挥发性风味物主要通过疏水相互作用与蛋白质结合，蛋白质酶解后，疏水区减少，风味结合能力降低，故可用适度水解的方法去除豆腥味。

食品蛋白质在加工和贮藏中的变化

○ 适度热处理使蛋白质易于消化，抗营养因子失活；过度加热导致蛋白质一级结构变化，营养受损，会发生脱硫、脱酰胺、异构化、水解等化学变化，有时甚至伴随有毒物质的产生。

○ 碱处理会导致L型氨基酸转变为D型，D型氨基酸无营养；导致有些必需氨基酸损失，如赖氨酸，甚至会导致有毒物产生。

○ 氧化剂处理会导致生成蛋氨酸亚砜和蛋氨酸砜，前者其功效比或蛋白质净利用率降低10%，后者在动物实验中表现出某种程度的毒性。

○ 亚硝酸（盐）可与仲胺、叔胺反应，生成强致癌物亚硝胺和亚硝酰胺。维生素C是亚硝胺生成的阻断剂，即维生素C可与亚硝胺的前体物反应，阻断亚硝胺的生成。

食品中常见的蛋白质

○ 必需氨基酸在蛋白质中的数量及其有效性可用来衡量蛋白质的营养价值，一般动物蛋白质中必需氨基酸的含量比植物蛋白质高，且各种氨基酸的比例也更符合人体对营养的摄取需求，而大多数的植物蛋白质中往往存在某些限制性氨基酸，因此，一般来说，动物蛋白质的营养价值优于植物蛋白质。

○ 鸡蛋蛋白为全价蛋白，植物蛋白中大豆蛋白生物效价较高。

课后练习

1. 名词解释

（1）等电点   （2）乳化容量（EC）   （3）3.6_{13} （4）胶凝作用   （5）必需氨基酸

2. 维持蛋白质一、二、三、四级结构稳定的键力有哪些？

3. 为什么肽键平面是刚性平面？为什么肽键中的N原子在pH 0～14之间不能质子化？

4. 为何蛋白质溶液有较好的缓冲（酸碱）能力？

5. 热处理对蛋白质食品的影响如何？

6. 蛋清蛋白和全蛋的起泡性能如何？为什么？

7. 为什么小麦面粉可以做面包，而大麦、燕麦、米粉却不能？

8. 冷冻保藏鱼有何不足？为什么？

9. 食用牛肉是否越新鲜越好？为什么？

10. 腌制香肠中加入亚硝酸盐的作用是什么？其安全性如何？

11. 谷物类经精制后，对其营养价值有何影响？

12. 为何蛋白质具有乳化作用？请举例说明。

题1答案	题2答案	题3答案	题4答案	题5答案

题6答案	题7答案	题8答案	题9答案	题10答案

题11答案	题12答案

 ## 设计问题

1. 请用化学知识解释为何将生鸭蛋腌制成皮蛋后，蛋清会固（体）化并出现松花，蛋清及蛋黄的颜色发生巨变，并且变得耐贮藏？

2. 鸡蛋蛋清、阿胶形成凝胶的机理各是什么？为何前者形成的是不可逆凝胶，后者形成的是可逆凝胶？

（www.cipedu.com.cn）

第6章　维生素和矿物质

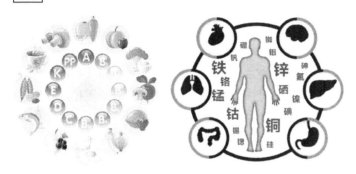

图6-1　食品中各类维生素及矿物质

　　维生素（vitamins），顾名思义，即维持生命的营养素，我们仅从其名称就可知道维生素在维护生命健康中的重要性。它虽既不是构成机体组织的成分，也不是能量的来源，却在人体生长、代谢、发育过程中起着不可或缺的调节作用。随着人们对健康生活、品质生活的追求越来越高，除了对蛋白质、脂质、糖类和水这些宏量营养素关注度提高以外，也越来越注重维生素、矿物质等人体所必需的微量营养素的摄入。相信许多人的抽屉里都备着一些装着维生素的瓶瓶罐罐，免疫力差了，吃点维生素C；嘴角溃疡了，吃点维生素B_2。同时市面上也出现了各式各样的营养补充剂，让消费者眼花缭乱。那么，它们为什么被称为维持生命的营养素？除了我们熟悉的一些作用以外，它们还有哪些功能？各种维生素的庞大家族之间，有着怎样错综复杂的关系？不同维生素的性质和功能有何不同？怎样才能从食品中获得维生素？

　　和维生素一样，矿物质（minerals）虽然在体内的含量很少，对生物体也起着不可或缺的重要作用（图6-1）。但是在人体所需的营养素中，矿物质又是一类特殊的存在，它不能在体内生成，必须通过饮食来补充。除了我们耳熟能详的促进"长高"的钙、可以"补血"的铁、被称为"智力之源"的锌以外，还有很多矿物元素都对维持机体健康有着重要作用。例如，钠能调节细胞兴奋性和维持正常的心肌运动；维生素B_{12}只有钴的存在才有其功能性；碘参与甲状腺素的合成；铬（Cr^{3+}）能加强葡萄糖对胰岛素的敏感性等。所有的矿物质元素都在各自的岗位上工作着，以保证身体各项活动正常进行。所以，千万不要忽视这些营养元素哦！不仅如此，矿物质与生活也息息相关，比如菠菜能和豆腐一起吃吗？用铁锅炒菜能补铁吗？当人体大量出汗、严重腹泻或者呕吐时，为什么要补充电解质？为什么牛奶是补钙的良好来源？为什么面粉发酵后，锌的利用率提高？其中的原理在本章中均会涉及，期待你的探索和学习。

人体通过日常膳食，摄入水分、糖类、脂质、蛋白质、维生素和矿物质等营养成分，以满足生长发育和新陈代谢的需要。其中水分、糖类、脂质和蛋白质因为需要量多，在膳食中所占的比重大，称为宏量营养素；维生素和矿物质因为需要量少，在膳食中所占比重也少，称为微量营养素。虽然人体对维生素和矿物质的需要量少，但它们却是机体维持生命所必需的营养素。维生素是结构复杂的有机分子，虽然分子量不大，可是每种维生素的结构却不相同，不像糖类、脂质和蛋白质，在结构上有共同点从而在功能性质上具有相似性。人体必需的矿物质元素不多，可是在食品及其加工贮藏过程中存在的形态及变化却千差万别，影响着其生物利用率。每一种维生素和矿物质都在人体中扮演着特定的角色，执行各种生化功能。无论哪一种供应不足都会出现相应的营养缺乏症或疾病，摄入过多也会产生中毒症状。没有维生素和矿物质，机体就无法正常工作。

👁 学习目标

○ 食品中常见维生素的种类、在机体中的主要作用和重要的食物来源。
○ 常见维生素的化学结构、理化性质、稳定性和降解机制。
○ 常见矿物质的种类、来源、存在形式及在机体中的重要作用。
○ 维生素和矿物质在食品加工和贮藏过程中的物理化学变化及对机体生物利用率的影响。

6.1　维生素概述

6.1.1　维生素的定义及作用

　　维生素是维持人或动物机体正常生理功能所必需的，但需要量极少的天然有机化合物的总称。维生素与糖类、脂质和蛋白质不同，不能作为碳源、氮源、能源或结构物质，其主要的生理功能是作为辅酶或者辅基的组成成分调节机体代谢。人体对维生素的需求量很小，每日需要量仅以毫克或微克计算。大部分维生素不能在人体内合成，或者是合成量不足以满足人体需求，必须从食物中摄取。现在有一部分维生素可以通过人工合成得到，还有一些有机化合物在人体内可以转化为某种维生素，比如，摄入 β-胡萝卜素在体内可以转化为维生素 A，这些可以在人体内转化为维生素的物质可以看成是维生素的前体，被称为维生素原（provitamin）。在对食品中维生素含量水平进行评价时，应当将维生素原换算为某种维生素的相应含量。

　　目前发现的维生素和类维生素物质有几十种，其中，与人体营养和健康有直接关系的约 20 余种，它们有着不同的化学结构和生理功能。维生素在人体内的作用主要包括以下几个方面：①作为辅酶或者它们的前体（包括烟酸、硫胺素、核黄素、生物素、泛酸、维生素 B_6、维生素 B_{12} 以及叶酸）；②作为抗氧化剂（如维生素 C 和维生素 E）；③遗传调节因子（如维生素 A 和维生素 D）；④具有某些特殊功能，如维生素 A 与视觉有关，维生素 D 与骨骼和牙齿相关，凝血过程中许多凝血因子的生物合成则依赖于维生素 K。还有一些物质被称为类维生素，它们不是人体必需的营养成分，但具有的生物活性与维生素非常类似，主要有黄酮类、肉毒碱、辅酶 Q、肌醇、硫辛酸、对氨基苯甲酸、牛磺酸等。

6.1.2 维生素的命名和分类

在维生素发现早期，因为人们对其了解甚少，一般按其发现的先后顺序用英文字母命名，如 A、B、C、D、E 等，同种维生素中的不同类型在字母下方注以 1、2、3 等数字加以区别。有时也根据其生理功能特征或化学结构特点命名，例如维生素 C 亦被称为抗坏血酸，维生素 E 被称为生育酚，维生素 B_1 因分子结构中含有硫和氨基亦被称为硫胺素。后来，人们根据维生素的溶解性将其分为两大类，即脂溶性维生素和水溶性维生素。脂溶性维生素主要包括维生素 A、维生素 D、维生素 E 和维生素 K，水溶性维生素主要包括 B 族维生素和 C 族维生素。表 6-1 列出了常见维生素的分类、功能及来源。

表6-1 常见维生素的分类、功能及来源

分类		名称	别名	生理功能	主要食物来源
脂溶性维生素		维生素 A	视黄醇，抗干眼病维生素	1. 构成视觉细胞内的感光物质，维持正常视觉，防治眼干燥症；2. 维持机体正常免疫功能；3. 促进上皮组织细胞的生长与分化；4. 促进生长发育；5. 抑制肿瘤生长	各种动物肝脏、鱼肝油、奶油、鸡蛋、牛奶；植物提供类胡萝卜素，如胡萝卜、红心红薯、芒果、辣椒
		维生素 D	骨化醇，抗佝偻病维生素	1. 调节血钙平衡；2. 促进小肠钙和磷的吸收转运；3. 促进肾小管对钙、磷的重吸收；4. 预防佝偻病和软骨病	海鱼、鱼卵、动物肝脏、鱼肝油、蛋黄、乳类，植物几乎不含维生素 D
		维生素 E	生育酚，抗不孕不育维生素	1. 抗氧化作用；2. 促进生殖；3. 提高免疫力；4. 抗肿瘤；5. 抑制血小板的聚集；6. 保护红细胞；7. 降低胆固醇水平	麦胚、大豆、坚果和植物油（橄榄油、椰子油除外），动物油脂几乎不含维生素 E
		维生素 K	凝血维生素	参与凝血过程、参与骨骼代谢	大豆，动物肝脏，绿叶蔬菜
水溶性维生素	B 族维生素	维生素 B_1	硫胺素，抗神经炎因子	1. 辅酶功能：在体内以 TPP 形式构成重要辅酶，参与机体、能量代谢；2. 非辅酶功能：维持神经、肌肉的正常功能；3. 促进胃肠蠕动，增强消化功能	动物内脏（肝、肾、心）、瘦猪肉、未加工精细的粮食、豆类、酵母、坚果
		维生素 B_2	核黄素	1. 体内生物氧化与能量代谢；2. 参与维生素 B_6、烟酸的代谢；3. 参与机体的抗氧化防御体系；4. 预防唇舌发炎	动物肝脏、肾脏、心脏、蛋黄，乳制品、大豆和绿叶蔬菜

续表

分类		名称	别名	生理功能	主要食物来源
水溶性维生素	B族维生素	维生素PP	烟酸，尼克酸，抗癞皮病因子	1.是构成辅酶Ⅰ和辅酶Ⅱ的重要成分；2.参与糖类、脂肪和蛋白质的合成分解，DNA复制和修复，细胞分化；3.参与脂肪酸、胆固醇以及类固醇激素的生物合成；4.大剂量烟酸有降低血甘油三酯、总胆固醇及扩张血管的作用	肝、肾、瘦肉、鱼及花生中含量丰富；玉米中含量也高，但为结合型，烹调时加碱处理，使其分解为游离型，可被机体利用
		维生素B6	吡哆醇，抗皮炎维生素	与氨基酸代谢有关	酵母，米糠，谷类，肝
		维生素B11	叶酸	预防恶性贫血	肝，植物的叶
		维生素B12	钴胺素，氰钴素	预防恶性贫血	肝
		维生素H	生物素	预防皮肤病，促进脂类代谢	肝，酵母
		维生素H1	对氨基苯甲酸	有利于毛发的生长	肝，酵母
	C族维生素	维生素C	抗坏血酸，抗坏血病维生素	1.促进胶原组织的合成，是构成体内结缔组织、骨及毛细血管的重要成分；2.抗氧化作用，是机体内一种很强的还原剂，增强抵抗力，还与其他还原剂一起清除自由基；3.参与机体的造血机能；4.预防恶性肿瘤	新鲜蔬菜和水果，辣椒、菠菜、油菜、花菜中含量丰富，新鲜红枣、柑橘、柠檬、柚子、草莓中含量也较高；发芽的豆类及种子
		维生素P	芦丁，渗透性维生素，柠檬素	增加毛细血管抵抗力，维持血管正常透过性	柠檬，芸香

概念检查 6.1

○ 什么是维生素? 维生素在人体内有哪些作用?

6.2 脂溶性维生素（fat-soluble vitamins）

6.2.1 维生素A

6.2.1.1 结构与活性

维生素A（Vitamin A）是一类具有生物活性的不饱和烃，主要化学结构是由20个碳构成的不饱和碳氢化合物，如图6-2，其羟基可被酯化或转化为醛或酸，也能以游离醇的形式存在。主要有维生素A1（视黄醇，retinol）及其衍生物（醛、酸、酯）、维生素A2（脱氢视黄醇，dehydroretinol）。

维生素A1分子结构中有共轭双键，属于异戊二烯类，可以有多种顺反立体异构体，全反式结构生物效价最高，但是在加热过程中会转化成顺式异构体，从而引起维生素A的损失。食物中的维生素A1主要是全反式结构。维生素A2生物效价仅为维生素A1的40%，而

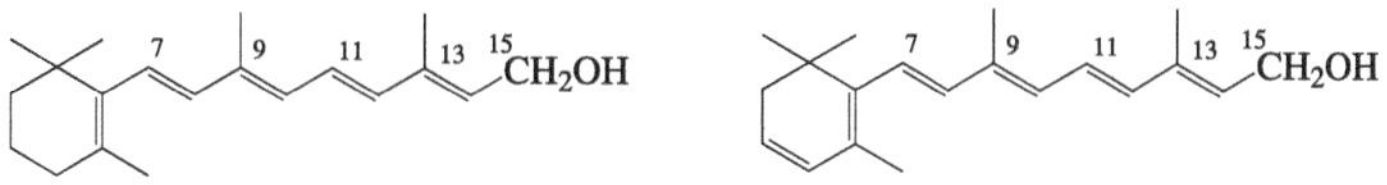

(a) 维生素A₁(视黄醇)　　　　　(b) 维生素A₂(脱氢视黄醇)

图6-2　维生素 A₁ 和维生素 A₂ 的化学结构

1,3- 顺式异构体（新维生素 A）的生物效价为全反式的 75%。新维生素 A 在天然维生素 A 中约占 1/3 左右，而在人工合成的维生素 A 中很少。维生素 A₁ 主要存在于动物的肝脏、血液及海鱼中，维生素 A₂ 主要存在于淡水鱼中。蔬菜中没有维生素 A，但是有的类胡萝卜素（维生素 A 原，provitamin A）进入体内后可转化为维生素 A₁。在近 600 种已知的类胡萝卜素中有 50 种为维生素 A 原，其中一些常见的类胡萝卜素结构和维生素 A 原的活性见表 6-2。能够转变为维生素 A 的类胡萝卜素，必须具有类似于视黄醇的结构，包括：①分子中至少有一个无氧合的 β- 紫罗酮环；②在异戊二烯侧链末端有一个羟基或醛基或羧基。β- 胡萝卜素具有最高的维生素 A 原活性，1 分子 β-胡萝卜素可转化为 2 分子的视黄醇，但因其转化效率低下，在大量实验中，β-胡萝卜素的活性只有视黄醇的 50%。

维生素 A 的含量常用国际单位（international unit，IU）表示，一个 IU 维生素 A 相当于 0.344μg 结晶维生素 A 醋酸盐或者 0.600μg β-胡萝卜素（或 1.2μg 其他的类胡萝卜素）。目前，维生素 A 的含量常用视黄醇当量（retinol equivalent，RE）来表示，1RE=1μg 视黄醇。1IU 维生素 A 相当于 0.3μg 视黄醇。

表6-2　部分类胡萝卜素结构及维生素 A 原的活性

化合物	结构	相对活性
β-胡萝卜素	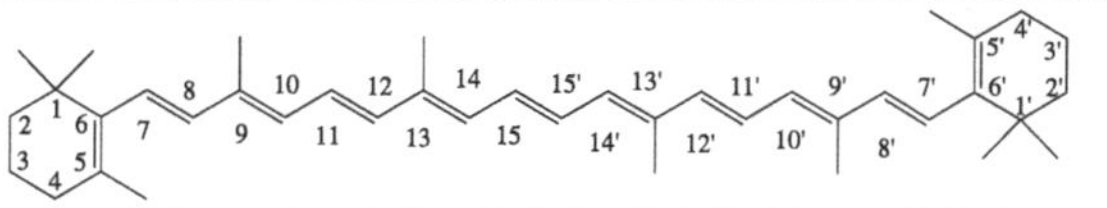	50
α-胡萝卜素	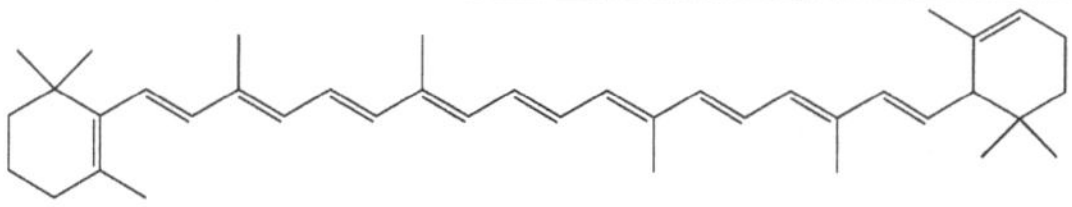	25
β-阿朴-8′-胡萝卜醛	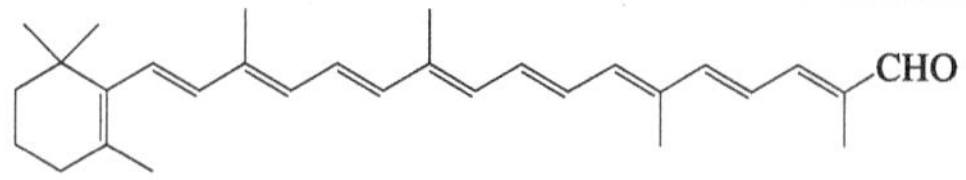	25~30
玉米黄素（又名隐黄质）	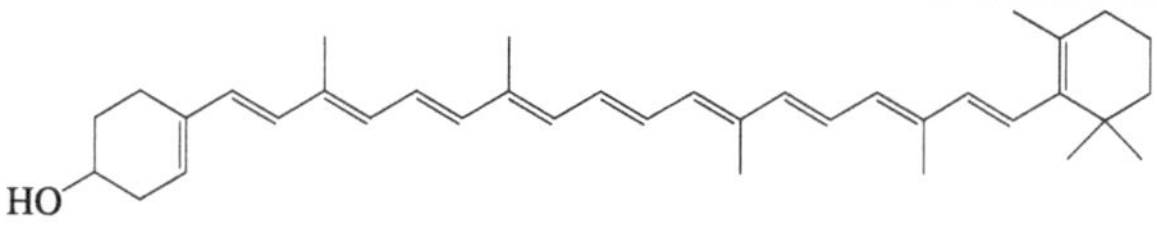	25
角黄素（又名海胆酮）	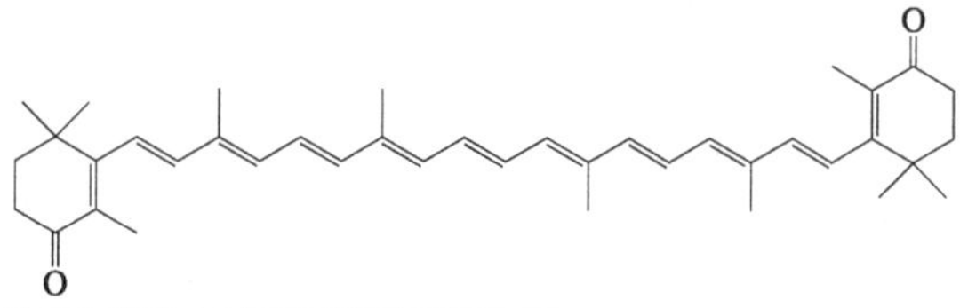	0
虾红素	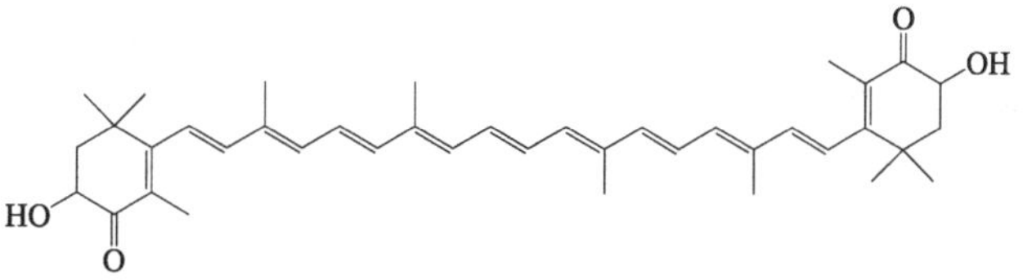	0

续表

化合物	结构	相对活性
番茄红素		0

6.2.1.2 生理功能

维生素 A 是机体必需的一种营养素，它以不同方式几乎影响着机体内的一切组织细胞。维生素 A 最主要的生理功能是维持正常视觉，它可以促进视觉细胞内感光物质的合成和再生。它还可以维持上皮细胞的正常生长和分化，增强生殖力，清除自由基，维持机体免疫力。长期缺乏维生素 A，眼睛会最先受到影响，导致夜盲症、干眼症、角膜软化症。另一个典型的症状是毛囊性角质化过度症，上皮组织特别是皮肤会制造过多的角蛋白，导致皮肤干燥。若过量摄入维生素 A 会出现恶心、头痛、皮疹等中毒症状。维生素 A 原的安全性则相对较高，即使服用剂量非常大也不会引起严重的副作用，可能会使皮肤变成橘黄色，停止食用后可恢复正常肤色，是维生素 A 的安全来源。但若长期服用 β- 胡萝卜素应该同时补充维生素 E 和叶黄素，因为 β- 胡萝卜素会降低二者在人体内的水平。

6.2.1.3 来源与生物利用率

维生素 A 的来源有动物肝脏、鱼肝油、鱼卵、乳及乳制品、鱼肉、牛肉和蛋黄等，维生素 A 原的来源有深绿色或红黄色蔬菜和水果，如胡萝卜、南瓜、菠菜、莴苣叶、芒果、杏子、柿子、红心甜薯等。

除脂肪吸收不良的情况外，维生素 A 都能被机体有效吸收。视黄醇乙酸酯、视黄醇棕榈酸酯和非酯化的视黄醇一样能够被有效利用；但膳食中含有不能被吸收的疏水性物质，如脂肪替代品，将会影响维生素 A 的吸收利用。由于视黄醇和类胡萝卜素的结构差别，很多食物中的类胡萝卜素在肠道中吸收很少，可能原因是类胡萝卜素与蛋白质结合或被不易消化的蔬菜基质包裹。有研究表明，以含相等剂量的 β- 胡萝卜素的胡萝卜和纯 β- 胡萝卜素作用人体，胡萝卜组在血浆中产生的 β- 胡萝卜素含量只有纯 β- 胡萝卜素组的 21%。西兰花中的 β- 胡萝卜素也表现出类似的低生物利用率。

6.2.1.4 稳定性

维生素 A 和维生素 A 原在热加工过程中有异构化反应发生，其活性损失主要是由作用于不饱和异戊二烯链上的自动氧化和立体异构化引起的，与不饱和脂肪酸的氧化降解类似。凡是促进脂质氧化的因素都能加速维生素 A 的氧化，因此，维生素 A 对氧、光和热等都比较敏感，光照、加热、酸化、氧化等都可能使其活性受损甚至丧失。其氧化降解途径有两种：一种是直接氧化作用，另一种是脂质氧化产生的自由基导致的间接氧化。β- 胡萝卜素裂解的主要历程及产物见图 6-3，产生的小分子化合物将影响食品的风味。在氧气浓度较低的情况下，β-胡萝卜素可通过猝灭单线态氧，抑制羟基自由基、超氧阴离子自由基、过氧化自由基（ROO·）而起到抗氧化剂的作用，但在高浓度氧存在下却可起助氧化剂的作用。

维生素 A 或维生素 A 原在缺氧时也可发生很多反应，特别是不饱和异戊二烯链上的顺反异构化作用，使其活性损失。比如蔬菜在烹调、灌装或厌氧灭菌时会产生 5%～50% 的维生素 A 损失，损失程度与温度、时间和类胡萝卜素的性质有关。维生素 A 对碱和弱酸比较稳定。

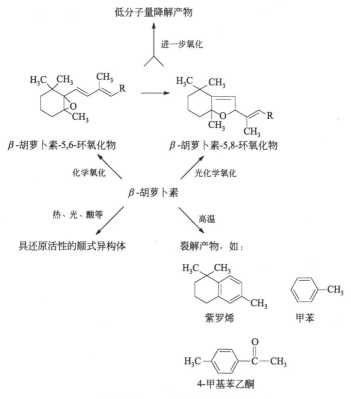

图 6-3　β-胡萝卜素的裂解

6.2.2　维生素 D

6.2.2.1　结构

维生素 D（vitamin D）又被称为抗软骨病或抗佝偻病维生素，是具有胆钙化醇生物活性的类固醇的统称。目前已知的维生素 D 至少有 10 种，其中最重要的是维生素 D_2（麦角钙化醇，ergocalciferol）和维生素 D_3（胆钙化醇，cholecalciferol）。维生素 D 是固醇类物质，具有环戊烷多氢菲结构。各种维生素 D 结构十分相似，仅支链不同，比如维生素 D_2 比维生素 D_3 多一个双键和一个甲基，其结构如图 6-4。

图 6-4　维生素 D_2 和维生素 D_3 的化学结构

麦角固醇和 7- 脱氢胆固醇都是维生素 D 原。植物及酵母中的麦角固醇经紫外线照射后转化为维生素 D_2，鱼肝油中也含有少量的维生素 D_2。据报道，Scelta Mushrooms 公司生产的 Scelta 维生素 D 蘑菇就是利用一种可控的光处理蘑菇，从而获得可控含量维生素 D 的蘑菇。人和动物皮肤中的 7-脱氢胆固醇经紫外线照射后可转化为维生素 D_3，其转变速度受皮肤色素多寡和皮肤角质化程度的制约。此外，皮肤色素和种族特异性（白种人皮肤色素少，黄种人较多，黑种人最多）颇有利于人类适应不同的气候和调节维生素 D 的合成。维生素 D 的活性单位同样用 IU 表示，1IU 维生素 D 相当于 0.025μg 结晶的维生素 D_2 或维生素 D_3，即 1μg 维生素 D 相当于 40IU 维生素 D。最近的研究表明，维生素 D_3 的活性高于维生素 D_2。

6.2.2.2　稳定性

维生素 D 不溶于水，性质相当稳定，有耐热性，在食品加工和贮藏过程中不易损失，食品加工过程中的煮沸、消毒和高压灭菌等操作均不影响其活性，冷冻储存对牛乳和黄油等食品中的维生素 D 影响不大；但维生素 D 对光和氧却比较敏感，在有光、有氧的条件下会被迅速破坏，因此维生素 D 应保存在不透光的密闭容器中。维生素 D 见光分解在瓶装奶的零售贮藏过程中也会发生。例如，在 4℃下连续用荧光照射 12 天，可使约 50% 添加于脱脂奶中的维生素 D_3 失去活性。结晶态的维生素 D 对热稳定，但在油脂中容易变成异构体，油脂的氧化酸败也会使其遭致破坏。但总体来看，食品中维生素 D 的稳定性（特别是在无氧条件下）并不是一个引起注意的主要问题。

6.2.2.3　生理功能

维生素 D 的生理功能主要是促进钙、磷吸收，维持正常血钙水平和磷酸盐水平；促进骨骼和牙齿的生长发育；维持血液中正常的氨基酸浓度；调节柠檬酸代谢。维生素 D 通过对 RNA 的影响，诱导钙载体蛋白的生物合成，从而促进钙、磷的吸收。在钙、磷供给充分的条件下，成人每日获得 300~400IU 的维生素 D 即可使钙的储留量达到最高水平。维生素 D 缺乏时，儿童易患佝偻病，成人易患软骨病。相反，长期大量摄入维生素 D 也会引起中毒，表现为食欲下降、呕吐、腹泻等典型症状，严重时会导致肾功能衰竭。

6.2.2.4　来源

维生素 D 在食物中常与维生素 A 伴存。鱼类脂肪及动物肝脏含有丰富的维生素 D，其中以海产鱼肝油中含量最高，在蛋黄、牛奶、奶油中含量次之。光照有利于动植物合成维生素 D，但是过量的日照可能会使皮肤老化加速、增加患皮肤癌概率，因此补充维生素 D 的有效途径就是安全的日照和合理的饮食相结合。用维生素 D_2 或维生素 D_3 强化的大多数液体乳制品在满足膳食需要方面做出了重要贡献。

6.2.3　维生素 E

6.2.3.1　结构与活性

维生素 E（vitamin E）又称生育酚（tocopherols），是一类具有类似于 α-生育酚（α-tocopherol）维生素活性的母育酚（tocols）和生育三烯酚（tocotrienols）的统称，是苯并二氢吡喃（母育酚）的衍生物，其基本结构见图 6-5。天然维生素 E 包括生育酚和生育三烯酚两类，共 8 种化合物，即 α-、β-、γ-、δ- 生育酚和 α-、β-、γ-、δ- 生育三烯酚，它们之间的区别在于苯环上甲基的数量和位置不同。人工半合成的维生素 E 衍生物包括生育酚乙酸酯以及母育酚。α- 生育酚是自然界中分布最广泛、含量最丰富且生理活性最高的维生素 E 形式，非 α- 生育酚的生物活性只有 α- 生育酚的 1%～50%。通常食物中维生素 E 活性的 80% 来自 α- 生育酚。另外，在生育酚分子中有三个不对称碳（2、4′ 和 8′），在这些部位的立体构型可影响维生素 E 的活性。

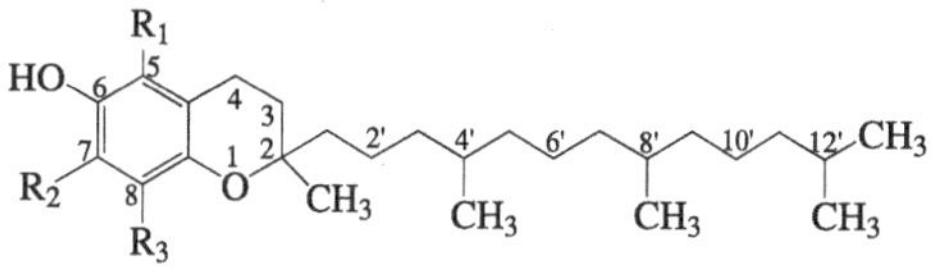

	R_1	R_2	R_3
α	CH_3	CH_3	CH_3
β	CH_3	H	CH_3
γ	H	CH_3	CH_3
δ	H	H	CH_3

图 6-5 生育酚结构

除了在 3′、7′ 和 11′ 位置上有双键外，生育三烯酚的结构与生育酚完全一样

6.2.3.2　生理功能

维生素 E 与动物的生殖功能有关，缺乏维生素 E 时，动物生殖器官受损而致不育，临床上常用来治疗先兆性流产和习惯性流产。此外，当其缺乏时还会出现肌肉萎缩、肾脏损坏、身体各部分渗出液聚合等症状。维生素 E 可以消除细胞中的过氧化脂质，改善皮肤弹性，延缓性腺萎缩，在预防衰老上有重要意义。维生素 E 摄入不足还可引起溶血性贫血，早产儿或用配方食品喂养的婴儿，由于体内缺乏维生素 E，易患溶血性贫血。维生素 E 同硒元素能产生协同效应，并可部分代替硒的功能，同样，硒也能治疗维生素 E 的某些缺乏症。

6.2.3.3　来源

维生素 E 主要存在于植物的油脂中，如棉子油、玉米油、花生油、芝麻油等。蛋类、禽类、动物肝脏、豆类、坚果类、植物种子、绿色蔬菜中也含有一定量的维生素 E。肉、鱼、水果以及其他蔬菜中维生素 E 含量则较少。在大多数动物性食品中，α- 生育酚是最主要的维生素 E 形式，而在植物性食品中，维生素 E 存在的形式则比较多，并与植物品种有关。表 6-3 列举了常见食物中维生素 E 的含量。维生素 E 来源广泛，正常情况下一般不会缺乏。维生素 E 的含量也可用 IU 表示，1mg α- 生育酚 =1.49 IU，1mg α- 生育酚乙酸酯 =1.10 IU。

表6-3　常见食物（可食部分）中维生素E的含量　　　　　　　　　　　　单位：mg/100g

食物种类	含量	食物种类	含量
棉子油	90	牛肝	1.4
玉米油	87	胡萝卜	0.45
花生油	22	番茄	0.40
甘薯	4.0	苹果	0.31
鲜奶油	2.2	鸡肉	0.25
大豆	2.1	香蕉	0.22

6.2.3.4　稳定性

天然维生素 E 是动植物和人体重要的抗氧化剂，能够提供酚上的 H 和一个电子以清除自由基，如图 6-6 所示。它们是所有生物膜的天然成分，通过其抗氧化活性使生物膜保持稳定，同时也能维持高度不饱和植物油的稳定性。用于食品强化的 α- 生育酚乙酸酯，由于酚上的氢已被取代，因而不具有抗氧化性，但是其仍具有维生素 E 的生理活性，并能在体内发挥抗氧化作用，这是由于酯能被酶解。基于其抗氧化活性，生育酚常被用在食品中做抗氧化剂，尤其是用于动植物油脂中，其抗氧化能力大小依次为：δ- 生育酚＞γ- 生育酚＞β- 生育酚＞α- 生育酚。但在生物体内，其抗不育大小恰恰相反。在肉类腌制中，亚硝胺的合成是通过自由基机制进行的，维生素 E 可清除自由基，防止亚硝胺的合成。

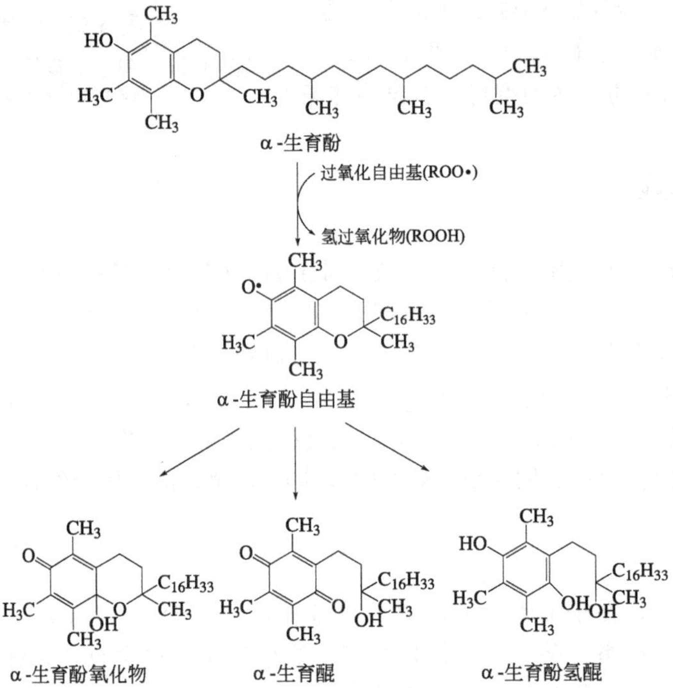

图 6-6 维生素 E 的降解途径

在无氧和无氧化脂质存在时，维生素 E 的稳定性相当高。例如，高压灭菌对维生素 E 活性影响很小。反之，在有氧条件下，维生素 E 降解加速；当有过氧自由基和氢过氧化物存在时，维生素 E 降解尤其快速。影响不饱和脂肪氧化降解的因素同样会强烈地影响维生素 E 的降解。维生素 E 不溶于水，不会随水分流失，但是水分活度会影响其降解，影响规律与不饱和脂质类似，当水分活度相当于单分子层水分含量时，降解速率最低，高于或低于此水分活度时，降解速率增加。食品在加工、贮藏和包装过程中，一般都会造成维生素 E 的大量损失。将小麦磨成面粉以及加工玉米、燕麦和大米时，维生素 E 损失约 80%。脱水可使鸡肉和牛肉中的维生素 E 损失将近一半，但猪肉却损失很少或不损失。食物经油炸损失 32%～70% 的维生素 E。将马铃薯片冷冻于 −12℃，一个月生育酚损失 63%，两个月损失 68%。面粉增白可导致大量的维生素 E 损失。然而，通常家庭烹炒或水煮不会造成大量损失。

维生素 E 在降解的同时可猝灭单线态氧，从而间接提高其他化合物的氧化稳定性，如图 6-7 所示。单线态氧直接进攻生育酚分子环，形成过渡态氢过氧化二烯酮衍生物，该衍生物经重排，形成生育醌和生育醌-2,3-环氧化物，两者皆具有很低的维生素 E 活性。生育酚对单线态氧反应活性顺序为 α- 生育酚＞β- 生育酚＞γ- 生育酚＞δ- 生育酚，与清除自由基的能力顺序正好相反。生育酚也可物理上猝灭单线态氧,该过程涉及单线态氧的失活,从而使其丧失对生育酚的氧化能力。因此,维生素 E 对光敏氧化、单线态氧引发的氧化是一种很好的抗氧化剂。生育酚的抗氧化能力与浓度有关,低浓度时有抗氧化作用,然而浓度过高则起到促氧化的作用。

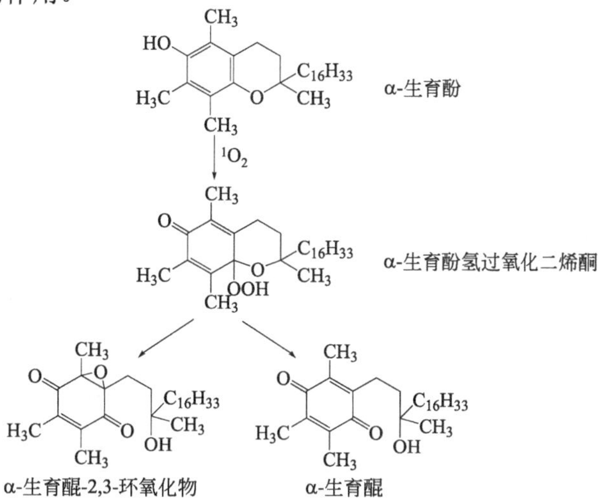

图 6-7 单线态氧与 α- 生育酚的反应

6.2.4 维生素 K

维生素 K(vitamin K)又名凝血维生素,是脂溶性萘醌类化合物。天然维生素 K 有两种形式:维生素 K_1(叶绿醌或叶绿基甲基萘醌,phylloquinone),仅存在于绿色植物中,如在菠菜、甘蓝、花菜和卷心菜等叶菜中含量较多,番茄和某些植物油中也有少量存在;维生素 K_2(聚异戊烯甲基萘醌,menaquinone),是由许多微生物包括人和其他动物肠道中的细菌合成的。此外,还有几种人工合成的化合物具有维生素 K 活性,其中最重要的是 2- 甲基 -1,4- 萘醌(menadione),又称维生素 K_3,在人体内可转变成维生素 K_2,其活性是维生素 K_1 和维生素 K_2 的 2～3 倍。其结构式如图 6-8 所示。

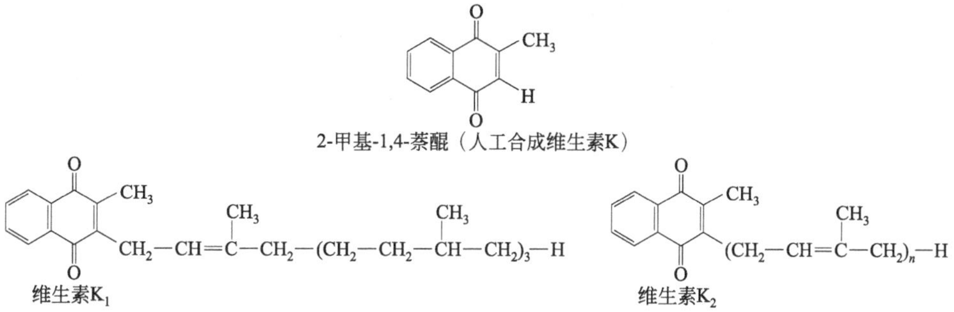

图 6-8 维生素 K 的化学结构

维生素 K 对热和酸比较稳定,但易被碱、氧化剂和光破坏。其萘醌结构可被还原成氢醌,但仍具有生理活性。如果分子结构中 C2 位的甲基被乙基、烷氧基或氢原子取代,则维生素 K 的活性降低;如果被氯原子取代,将成为维生素 K 的拮抗物。分子结构中 C3 位无取代基时生物活性最高。维生素 K 还具有还原性,可清除自由基,保护食品中其他成分不被氧化,并减少肉品腌制过程中亚硝胺的生成。

维生素 K 的生理功能主要是有助于某些凝血因子的产生，即参与凝血过程。缺乏时，血浆内凝血酶原含量降低，导致血液凝固时间加长。但当肝脏功能失常时，维生素 K 会失去促进肝脏凝血酶原合成的功效。此外，维生素 K 还具有增强肠道蠕动和分泌的功能。人体一般不会缺乏维生素 K。缺乏症通常与吸收障碍综合征或使用抗凝血药物有关，主要表现为轻重程度不一的出血症。

 概念检查6.2

○ 脂溶性维生素有哪些？什么样的类胡萝卜素才可能在体内转变为维生素A？为什么说天然维生素E是动植物和人体重要的抗氧化剂？

6.3　水溶性维生素（water-soluble vitamins）

6.3.1　维生素 C

6.3.1.1　结构与活性

维生素 C（vitamin C）又称抗坏血酸（ascorbic acid），是含有 6 个碳原子的多羟基羧酸的内酯，含有烯二醇结构，分子中 C3 位上的羟基极易游离而释放出 H^+，故而呈酸性，其游离酸水溶液 pH 为 2.5。这种特殊的烯醇式结构很容易释放出氢原子而具有强还原性，是良好的电子供体。维生素 C 极性很强，易溶于水而不溶于低极性和非极性溶剂。维生素 C 有四种异构体：L- 抗坏血酸（L-ascorbic acid）、L- 异抗坏血酸（L-isoascorbic acid，C5 光学异构体）、D- 抗坏血酸（D-ascorbic acid，C4 光学异构体）、D- 异抗坏血酸（D-isoascorbic acid），如图 6-9 所示。其中 L- 抗坏血酸生理活性最高，而其他三种类型的抗坏血酸基本上无生理活性和营养价值，但是它们的化学性质却相似，是食品工业中常用的抗氧化剂，能抑制水果和蔬菜的酶促褐变。在新鲜的水果和蔬菜中，维生素 C 以 L- 抗坏血酸的形式存在，受到氧化时，失去两个氢原子和两个电子而变成 L- 脱氢抗坏血酸（L-dehyroascorbic acid）。L- 脱氢抗坏血酸在体内可以还原成 L- 抗坏血酸，因而具有相同的生物活性。通常所说的维生素 C 是 L- 抗坏血酸。

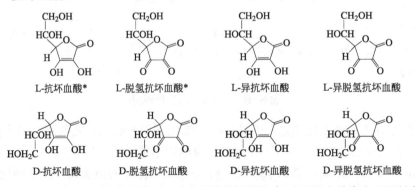

图 6-9　抗坏血酸和脱氢抗坏血酸及它们异构体的结构（＊表示具有维生素 C 活性）

6.3.1.2　稳定性

维生素 C 是最不稳定的维生素之一，极易通过各种方式或途径降解。影响维生素 C 降解的因素很多，包括热、水分活度、盐浓度、糖浓度、pH、氧、酶、金属离子、抗坏血酸与脱氢抗坏血酸的比例、其他共存组分等。纯维生素 C 在干燥条件下比较稳定。维生素 C 在酸性溶液中较稳定，但在中性以上的溶液中非常不稳定。维生素 C 的总降解模式见图 6-10，该图完整地描述了金属离子和氧的存在与否对抗坏血酸降解的影响。

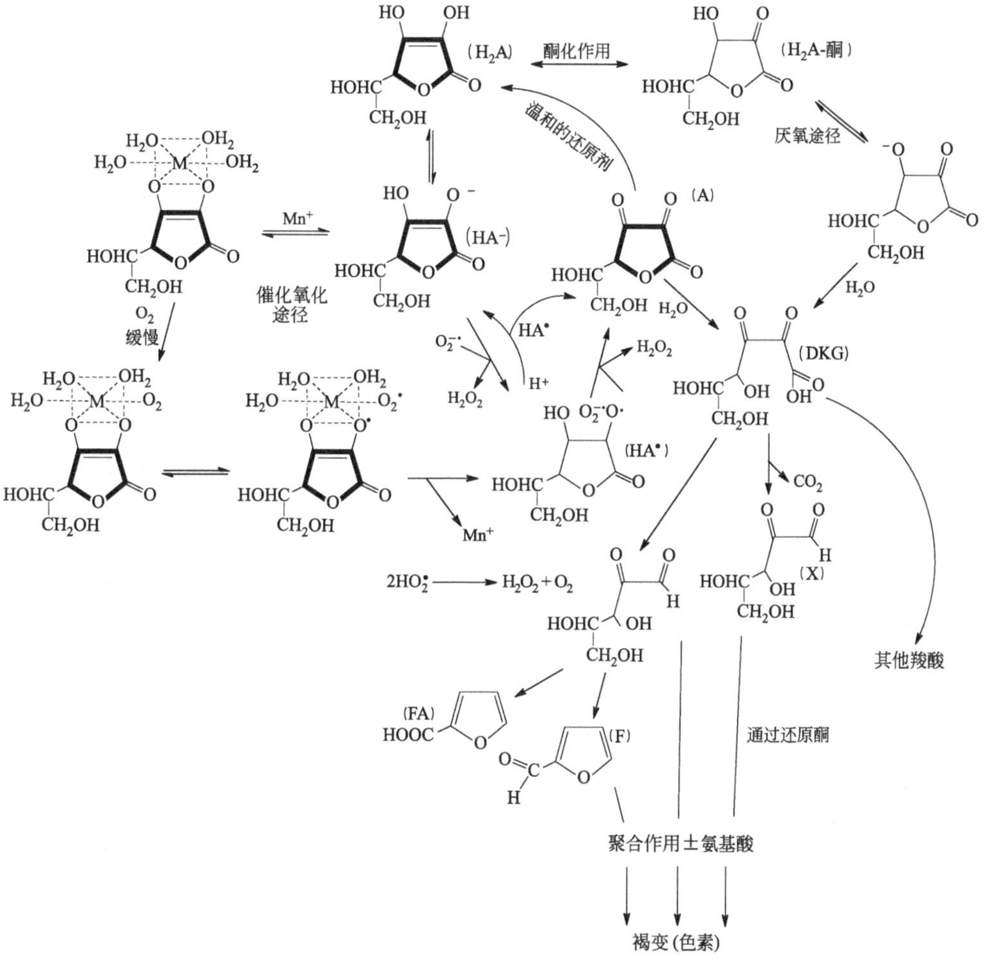

图 6-10　维生素 C 的总降解模式

在有氧存在下，抗坏血酸首先降解形成单价阴离子（HA^-），依据金属离子催化剂的浓度和氧分压大小不同，HA^- 的氧化有多种途径。HA^- 一旦形成，便很快通过单电子氧化途径转变为脱氢抗坏血酸（A），如果有还原剂存在，则该反应为可逆反应。研究表明，未经催化的氧化反应基本上可以忽略，食品中的微量过渡金属离子是氧化降解的主要影响因素，在浓度为 $10^{-6}mol/L$ 的金属离子存在下，氧化速率比几乎没有金属离子存在时的氧化速率要高出几个数量级。图 6-11 为 Cu^{2+} 催化氧化维生素 C 的降解途径。金属离子催化氧化降解能力与金属离子种类、浓度、存在形式和价态有关。当存在少量金属离子时，尤其是 Cu^{2+} 或 Fe^{3+}，降解速率比自动氧化大几个数量级，其中 Cu^{2+} 的催化活性比 Fe^{3+} 高约 80 倍。Fe^{3+} 与 EDTA 形成的络合物比游离 Fe^{3+} 的催化活性高约 4 倍，而 Cu^{2+} 与 EDTA 形成的络合物的

催化能力却比游离 Cu^{2+} 低得多。当氧分压处于 $0.4\sim1.0atm$[1] 范围内时，金属离子催化氧化反应速度与溶解氧的分压成正比；而当氧分压 $<0.2atm$ 时，反应速度与氧浓度无关。而由金属螯合物催化的抗坏血酸氧化不受氧浓度的影响。某些糖和糖醇能防止抗坏血酸的氧化降解，可能是它们与金属离子结合，降低了后者的催化能力所致。

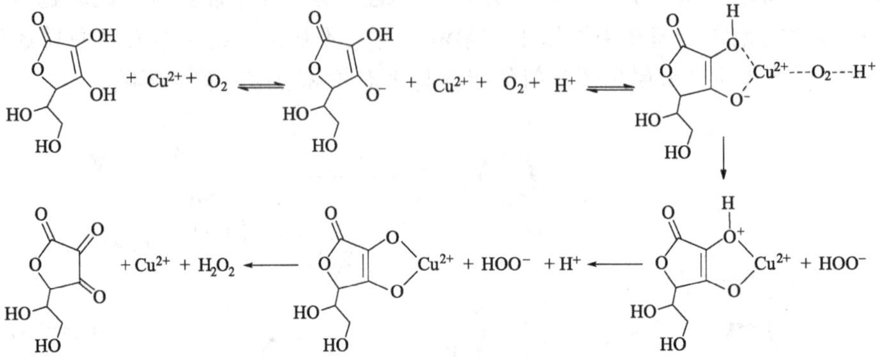

图 6-11　铜离子催化氧化抗坏血酸

　　抗坏血酸氧化降解过程中维生素 C 活性的损失是由于脱氢抗坏血酸（A）水解产生 2,3-二酮基古洛糖酸（DKG），在人体内最后变成草酸或者与硫酸结合成硫酸酯从尿中排出。脱氢抗坏血酸在 pH2.5~5.5 范围内最稳定，碱性条件有利于该水解反应的进行。随着温度的升高，水解速率急剧增加，但与氧的存在与否无关。DKG 进一步脱羧生成还原酮、糠醛、呋喃甲酸、甲醛等。不管是否存在胺类物质，抗坏血酸降解总伴随着变色反应。降解过程中产生的脱氢抗坏血酸和二羰基化合物，与氨基酸共同作用，按照糖类非酶褐变的方式产生褐色产物和风味物质。虽然柠檬汁及相关饮料的非酶褐变过程复杂，但维生素 C 起的作用已被明确证实。

　　抗坏血酸的无氧降解机制尚未被完全揭示。该过程似乎涉及 1,4-内酯环的直接断裂，而不必预先氧化为脱氢抗坏血酸，这一模式或许遵循图 6-10 所示的烯醇-酮互变结构途径。与有氧降解不同，无氧降解在 pH 约 3~4 时速度最快。在温和的酸性范围内具有最高降解速度这一现象或许反映了 pH 对内酯的开环和 HA^- 浓度的影响。

　　鉴于残留氧存在于许多食品包装中，在密封容器（尤其是罐装或瓶装产品）中抗坏血酸的有氧降解和无氧降解可能同时发生。在大多数情况下，抗坏血酸的有氧降解速度常数要比无氧降解速度常数大 2~3 个数量级。

6.3.1.3　生理功能

　　维生素 C 在机体代谢中具有多种功能，主要是参与机体的羟化反应和还原作用。它能促进胶原的生物合成，有利于组织创伤的愈合，这是维生素 C 最被公认的生理活性；它还能促进骨骼和牙齿的生长，增强毛细血管壁的强度，避免骨骼和牙齿周围出现渗血现象；能促进酪氨酸和色氨酸代谢，加速蛋白质或肽类的脱氨基代谢作用；影响脂肪和类脂的代谢；改善对铁、钙和叶酸的吸收利用。它是一种自由基清除剂，能增加机体对外界环境的应激能力，在疾病预防方面有积极作用。当人体长期缺乏维生素 C 时，可能引起多种症状，如坏血病、皮炎、牙龈炎、骨质疏松，儿童成长缓慢、骨骼发育不全等。

[1]　$1atm=101325Pa$。

6.3.1.4　来源与生物利用率

维生素 C 广泛存在于自然界，主要是存在于植物组织中，尤其是酸味较重的水果和新鲜叶菜类，如柑橘类、刺梨、猕猴桃、山楂、番石榴、绿叶蔬菜、番茄、青椒等。植物不同部位维生素 C 含量差别很大，一般其在果皮中比果肉中含量丰富，如苹果皮中维生素 C 含量比果肉中高 2～3 倍。维生素 C 的动物来源为牛乳和肝脏。

实验表明，在蒸煮过的西兰花、橘瓣和橘子汁中，抗坏血酸的生物利用率与被人体服用的维生素 - 矿物质片剂中的生物利用率相同。新鲜西兰花中抗坏血酸的生物利用率比煮后的低 20%，这可能是由于咀嚼和消化不完全所致。而其他新鲜蔬菜中抗坏血酸的生物利用率与煮后差别不大。

6.3.1.5　其他作用

抗坏血酸除了作为必需营养素外，由于其还原和抗氧化性质，被广泛用作食品配料和添加剂。其作用有：①有效抑制酶促褐变；②保护易氧化物质（如叶酸）；③在腌肉制品中抑制亚硝胺的形成；④还原金属离子；⑤在面团改良剂中做氧化剂，被抗坏血酸氧化酶氧化为脱氢抗坏血酸，后者使面团中的巯基氧化交联，强化面筋结构。

抗坏血酸的抗氧化作用是多方面的，它可以遵循几个不同的反应机制抑制脂肪氧化：①清除单线态氧；②还原以氧和碳为中心的自由基；③与氧反应而除去氧；④使其他抗氧化剂再生，如还原生育酚自由基。抗坏血酸本质上不溶于油，但是，当它作为抗氧化剂分散于油或乳状液中时，效果却好得出奇。抗坏血酸与生育酚结合使用对油基体系特别有效，而 α- 生育酚与亲脂性的抗坏血酸棕榈酸酯结合使用对水包油体系效果更好。

6.3.2　维生素 B$_1$

6.3.2.1　结构与活性

维生素 B$_1$（vitamin B$_1$）即硫胺素（thiamin），又称抗神经炎或抗脚气病维生素，它广泛存在于动植物组织中。从化学结构上看，它是由一个嘧啶环和一个噻唑环通过一个亚甲基连接而成的一类化合物，如图 6-12 所示。各种结构的硫胺素都具有维生素 B$_1$ 活性。硫胺素分子中有两个碱基氮原子，一个在初级氨基中，另一个在具有强碱性的四级胺中，能与无机酸和有机酸形成相应的盐。天然存在的硫胺素有一个伯醇基，能与磷酸形成磷酸酯，并且可因溶液的 pH 不同而呈不同形式。大多数天然的硫胺素主要以硫胺素焦磷酸盐的形式存在，作为各种 α- 酮酸脱氢酶、α- 酮酸脱羧酶、磷酸酮酶和转酮醇酶的辅酶。商品化的硫胺素以盐酸盐和单硝酸盐的形式被广泛用于食品强化和营养补充中。

6.3.2.2　稳定性

硫胺素是 B 族维生素中最不稳定的维生素，易受 pH、温度、水分活度、离子强度、缓冲液以及其他反应物的影响（图 6-13）。典型的降解反应是在两环之间的亚甲基碳上发生亲核取代反应，因此强亲核试剂如 HSO_3^-、OH^- 易导致硫胺素的破坏。这一现象促使联邦法规禁止在那些被认为是硫胺素主要膳食来源的食品中使用亚硫酸盐制剂。硫胺素具有不寻

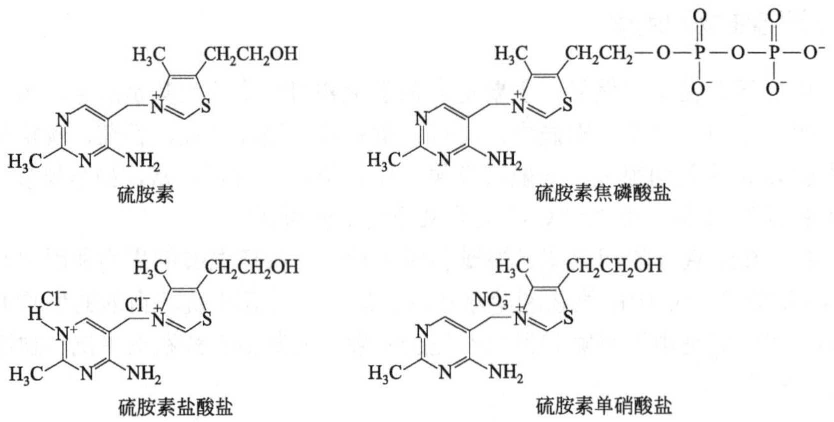

图 6-12 各种形式硫胺素的化学结构

常的酸碱性。第一个 pK_a（约 4.8）涉及质子化嘧啶 N 的解离，生成嘧啶环不带电荷的硫胺素游离碱。在碱性 pH 范围内（表观 pK_a 9.2），硫胺素游离碱吸收 2mol 碱生成硫胺素假碱。硫胺素假碱可经噻唑开环产生硫醇式硫胺素，同时伴随着 1 个质子离解。硫胺素降解受 pH 影响显著，这与离子形式受 pH 影响相对应。质子化的硫胺素比游离碱、假碱和硫醇式稳定得多，这是其在酸性介质中稳定性高的原因。虽然硫胺素对氧和光比较稳定，但是在中性和碱性溶液中，它是最不稳定的维生素之一。食品中硫胺素的降解是几种机理同时存在造成的。硫胺素加热分解生成呋喃、噻吩、二氢噻吩等物质，是烹饪中食品产生"肉香味"的原因。

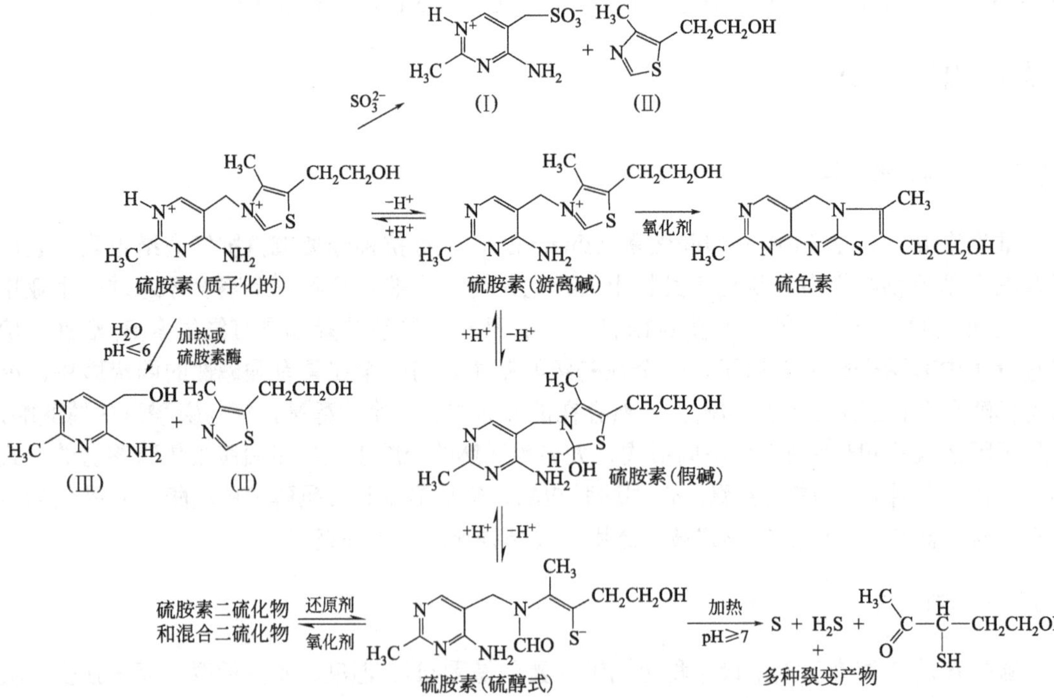

图 6-13 硫胺素离子化和降解的主要路径

食品在加工和贮藏中硫胺素有不同程度的损失。与其他水溶性维生素相同，食物的清洗会损失大量硫胺素。碱、二氧化硫或亚硫酸盐都会造成硫胺素的损失。在低水分活度和室温时，硫胺素相当稳定。早餐谷物制品在水分活度 0.1～0.65、温度 37℃ 下储存，硫胺素几乎不损失；当温度升高到 45℃ 时，硫胺素降解加快，特别是在水分活度 0.5～0.6 时，硫胺素损失超过 90%。不同的加工方式造成牛乳中硫胺素的损失程度不同：巴氏消毒损失为 3%～20%，高温消毒为 30%～50%，喷雾干燥为 10%，滚筒干燥为 20%～30%。一般在中等水分活度、中性或碱性 pH 时，硫胺素降解速率最快。各种鱼和甲壳动物的提取液均能破坏硫胺素，过去认为是硫胺素酶的作用，但现在认为至少也有含血红素的蛋白质对硫胺素降解的非酶催化作用。已经证实，热变性后的含血红素的蛋白质参与了金枪鱼、猪肉、牛肉贮藏加工中硫胺素的降解。

6.3.2.3　生理功能

食品中的硫胺素几乎能被人体完全吸收和利用。硫胺素的主要功能是以辅酶的形式参与糖代谢和能量代谢，体内硫胺素不足时，酶的活性下降，糖代谢受阻，从而影响整个机体代谢，影响神经系统和心血管系统的正常功能。硫胺素缺乏时，在神经系统受损方面主要表现为患"干性脚气病"；在心血管受损方面主要表现为患"湿性脚气病"。前者表现为上升性对称性周围神经炎，感觉和运动障碍，肌力下降，部分病例发生足垂症及趾垂症，行走时呈跨阈步态等；后者表现为软弱、疲劳、心悸、气急、心力衰竭等。

6.3.2.4　来源

硫胺素广泛存在于全谷、豆类、坚果、瘦肉、蛋、动物内脏、酵母等食物中，但在水果和蔬菜中含量很低。谷物是我国传统膳食中硫胺素的主要来源，一般不会缺乏。但是，如果长期进食精白米、淘米时过分搓洗，就会引起维生素 B_1 缺乏。

6.3.3　维生素 B_2

维生素 B_2（vitamin B_2）又称核黄素（riboflavin），是一类具有核黄素生物活性物质的总称，如图 6-14 所示，其母体化合物是 7,8- 二甲基 -10（1'- 核糖醇基）异咯嗪，所有核黄素的衍生物均称为黄素（flavins）。核糖基侧链上的 5'- 位经磷酸化可形成黄素单核苷酸（flavin monophosphate，FMN），而黄素腺嘌呤二核苷酸（flavin adenine dinucleotide，FAD）还含有一个 5'- 腺嘌呤单磷酸部分。核黄素只有在人体内以 FMN 和 FAD 两种形式作为辅酶时，才具有催化各种氧化 - 还原反应的活性。在食品和消化道中，由于磷酸酶的作用，FMN 和 FAD 很容易转变成核黄素。

核黄素在酸性介质中稳定，在中性 pH 时稳定性下降，在碱性环境中快速降解。核黄素对热稳定，不受空气中氧的影响，在常规热处理和加工过程中损失不大。但核黄素对光却非常敏感。如图 6-15 所示，若在碱性溶液中光照，将会产生非活性的光黄素及一系列自由基；在酸性或中性溶液中光照，可产生具有蓝色荧光的光色素（lumichrome）和不等量的光黄素（lumiflavin）。光黄素是一种比核黄素更强的氧化剂，它能加速对其他维生素的破坏，特别是对抗坏血酸具有强烈的破坏作用。牛奶如果存放于透明玻璃容器中，由于上述反应，会造成营养价值降低并产生异味，即牛奶的"日光臭味"（sunlight-induced off-flavor）。

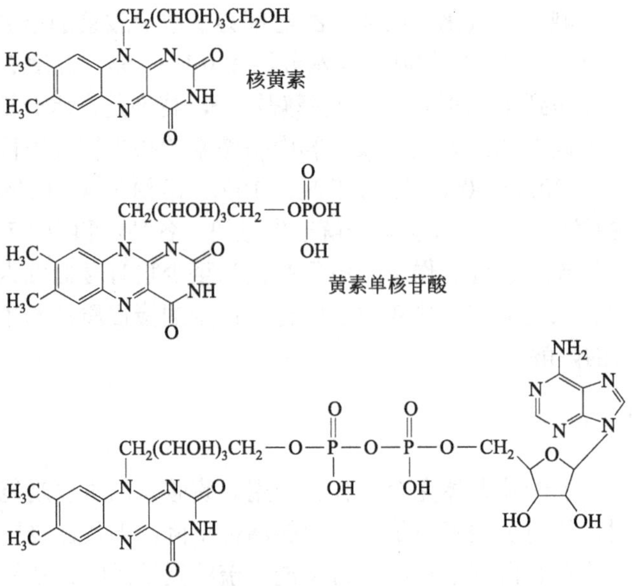

图6-14 核黄素、黄素单核苷酸和黄素腺嘌呤二核苷酸的结构

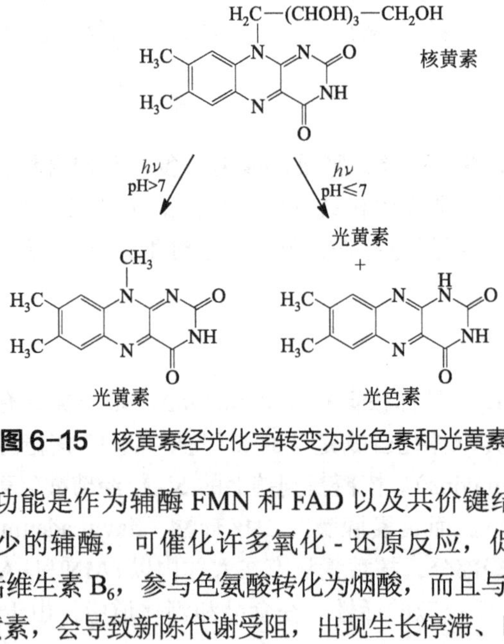

图 6-15 核黄素经光化学转变为光色素和光黄素

核黄素的主要生理功能是作为辅酶 FMN 和 FAD 以及共价键结合的黄素前体，是体内多种氧化酶系统不可缺少的辅酶，可催化许多氧化 - 还原反应，促进糖类、脂质以及蛋白质代谢。核黄素还能激活维生素 B_6，参与色氨酸转化为烟酸，而且与体内铁的吸收、储存和动员有关。人体若缺乏核黄素，会导致新陈代谢受阻，出现生长停滞、口腔炎和皮肤炎等症状。

核黄素的主要食物来源是动物性食品，尤其是动物内脏、蛋黄、乳类、鱼类（以鳝含量最高）。植物性食品中则以绿叶蔬菜、豆类含量较高，而一般蔬菜中核黄素含量相对较低。谷物类中核黄素的含量与加工精度有关，加工精度越高，核黄素含量越低。我国居民膳食结构以植物性食品为主，容易导致核黄素缺乏。

概念检查6.3

○ 水溶性维生素有哪些？食品中维生素C是如何降解的？

6.4　维生素在食品加工和贮藏中的变化

食品从采收或屠宰到加工和贮藏过程中，营养价值会发生变化，维生素含量的变化尤其明显，几乎所有维生素均不可避免地遭受不同程度的损失，其损失程度取决于维生素自身的稳定性。食品中维生素损失的影响因素主要有食品原料、加工前预处理、加工方式、贮藏的时间和温度等。在食品加工与贮藏过程中应最大限度地减少维生素的损失，并提高产品的安全性。

6.4.1　食品原料对维生素的影响

果蔬中维生素含量与原料品种和成熟度有关。例如番茄在成熟过程中维生素 C 含量不断增加，在完熟期维生素 C 含量最高；而冬枣中维生素 C 含量以白熟期最高，从白熟期到初红期、半红期、全红期含量逐渐下降。不同品种苹果之间维生素 C 的含量各不相同，差异显著。另外，食品原料的生长环境、土壤状况、肥料的使用、水的供给、气候变化、光照时间和强度等都会影响维生素的含量。

植物不同组织部位维生素含量有差异。一般来说，维生素含量的次序为叶片＞果实、茎＞根。对于水果而言则表皮维生素含量最高而核中最低。不过也有例外，例如菠萝芯比食用部分含有更多的维生素 C。柑橘果实含有丰富的维生素，其中维生素 A 和维生素 C 的含量较高，每 100g 可食部位总维生素 A 的含量为 148μg、维生素 C 为 28μg。维生素在柑橘果实的果皮、果肉、果汁和种子等部位均有分布，不同维生素在果实中存在的位置略有不同，同一维生素在柑橘果实不同部位的含量也不一样。如维生素 A、维生素 C 在果皮中的含量比在果肉中的含量高，维生素 E 则主要存在于果皮和种子中。

特色小品种乳因其高营养价值成为研究开发的热点。不同地域和乳种乳中维生素存在差异。新疆牧区鲜驼乳中维生素 A、维生素 E 的含量均显著高于内蒙古牧区，青海牧区鲜牦牛乳中维生素 A、维生素 E 两者的含量均高于甘肃牧区。羊乳、驼乳、牦牛乳、马乳中维生素 A、维生素 E 两者的含量差异显著。羊乳中维生素 A 的含量最高，牦牛乳中维生素 E 的含量最高，马乳中维生素 A、维生素 E 的含量均最低。

6.4.2　采后及贮藏中维生素含量的变化

食品中维生素含量的变化是从收获时开始的。从采收或屠宰开始，当细胞受损后，内源性氧化酶和水解酶会从细胞中释放出来，改变维生素的化学形式及活性。如维生素 B_6、硫胺素与黄素辅酶的脱磷酸化反应，维生素 B_6 葡萄糖苷的脱糖以及聚谷氨酰叶酸的解聚，均会引起维生素的分布和天然存在状态的改变，其变化程度与收获或屠宰过程中食品受到的物理损伤、温度高低和时间长短等因素有关。一般而言，在此过程中维生素的总含量变化不大，主要是维生素的生物利用率的变化。在常温下由于长时间贮藏和运输是造成不稳定维生素损失的主要原因，因此加工时应尽可能选用新鲜原料或将原料及时冷藏处理以减少维生素的损失。

冬枣裸放在室内和 0℃冰箱中，随着贮藏时间的延长，维生素 C 含量的变化趋势均是先升后降。辣椒采后存放过程中维生素 C 损失明显。猕猴桃在 pH 3.0～4.0、温度 20～50℃条件下贮藏 25 天，维生素 C 仅小幅度降低，相较于其他果蔬其含量显得更加稳定。

6.4.3　加工前预处理对食品中维生素含量的影响

加工前的预处理与维生素的损失程度关系很大。水果和蔬菜去皮、去根、去茎、去籽等常会造成浓集于这些部位的维生素的大量流失。据报道，苹果皮中维生素 C 的含量比果肉高 3～10 倍；柑橘中维生素 A、维生素 C 在果皮中的含量比在果肉中的含量高，维生素 E 主要存在于果皮和种子中；莴苣和菠菜外层叶中 B 族维生素和维生素 C 含量比内层叶高。水果和蔬菜在清洗时，一般维生素的损失很少，但要注意避免组织破坏，也尽量避免切后清洗造成水溶性维生素的大量流失。对于化学性质较稳定的水溶性维生素如泛酸、烟酸、叶酸、核黄素等，溶水流失是最主要的损失途径。

此外，为增强去皮效果而采用的碱处理方法可造成一些处于表面的不稳定维生素（如叶酸、抗坏血酸及硫胺素）的额外损失。

6.4.4　食品加工过程中维生素含量的变化

谷物加工中涉及除去糠麸和胚芽而进行的碾磨和分级过程，由于许多维生素集中在胚芽和糠麸中，碾磨和分级会造成维生素的损失，其损失程度与种子的胚乳和胚、种皮的分离程度有关。研磨时间越长，精制程度越高，损失率越大。以不同加工程度鲜糙米为原料制备米粉，胚芽米粉（具有 80% 的胚芽保留率）的维生素 B_1 和维生素 B_3 含量分别为精白米粉的 7.5 倍和 10.6 倍，而且精白米粉中维生素 E 的保留率不足原料的 0.5%。

热烫是果蔬加工中一项必不可少的工序，其主要目的是使可能带来不利影响的酶失活、降低微生物附着、减少组织中的气体等。热烫通常采用蒸汽、热水、热空气或微波处理，其方法的选择一般根据食品的种类和后续加工操作而定。在此过程中维生素的损失主要是由于氧化、浸出及高温。一般来说，在热水溶液中热烫能导致水溶性维生素由于浸出而大量损失；与烫漂相比，蒸汽热处理维生素的损失降低；而采用微波加热食品，由于升温快，食品没有水分流失，所以食品中的维生素在此类加工中损失最小。

在日常生活的蔬菜食物烹饪中，蔬菜维生素 C 的含量经先洗后切、先切后洗、微波炉法、普通油炒等方法处理后，均会造成不同程度的损失。先切后洗造成的损失大于其他三种方法，因维生素 C 极易溶于水且极易被氧化损耗。微波炉法和常规烹饪方法相比，其维生素 C 的损失无差别，但是可能会造成维生素 B_2 大量损失。

马铃薯是仅次于小麦、稻谷和玉米的全球第四大重要粮食作物。目前在中国，马铃薯的加工方式还停留在家庭烹饪食用方面，以蒸、煮、烘烤、油炸、微波等居多。由于维生素的热敏性，烹饪都将导致马铃薯中维生素的损失。烘烤属于干热烹调，传热速度较慢，加热时间长，维生素损失也大。油炸会造成脂溶性维生素和亲脂性类胡萝卜素的流失。由于马铃薯在蒸的时候会与水蒸气相接触，因而会导致水溶性维生素的严重流失。煮制时沸腾的水使马铃薯中的维生素含量流失高达 77%～88%。微波处理比传统烹调方式加工时间更短，对食品中维生素造成的破坏更小，能够为食品中维生素提供一定保护作用。微波加热造成的马铃薯中维生素损失量在 21%～33%。

干燥是保藏食品的主要方法之一，有日光干燥、烘房干燥、隧道式干燥、滚筒干燥、喷雾干燥和冷冻干燥等不同方式。维生素 C 对热不稳定，干燥损失为 10%～15%，但冷冻干燥对其影响很小。喷雾干燥和滚筒干燥时乳中硫胺素的损失分别为 10% 和 15%，而维生素 A 和维生素 D 几乎没有损失。蔬菜烫漂后空气干燥时硫胺素的损失平均为：豆类 5%、马铃薯 25%、胡萝卜 29%。

有些食品添加剂可造成维生素的损失。在面粉加工中常使用漂白剂或改良剂会降低面粉中维生素 A、维生素 C 和维生素 E 等的含量。二氧化硫和亚硫酸盐常用来防止果蔬的酶或非酶褐变，作为还原剂它可防止抗坏血酸氧化，但作为亲核试剂，它又会破坏硫胺素的结构。在腌肉制品中，亚硝酸盐常作为护色剂和防腐剂，它不但能与抗坏血酸迅速反应，还能破坏类胡萝卜素、硫胺素及叶酸。蛋白质常在碱性条件下提取，食物在烹调过程中 pH 也会增高，这些碱性环境都会破坏一些对碱不稳定的维生素。此外，还要考虑食品在配料时，由于其他原料的加入而带来酶的污染，如加入植物性配料会将抗坏血酸氧化酶带入成品，用海产品作为配料可带入硫胺素酶。

一般认为发酵处理可以提高食品的营养价值，改善其感官品质，但对维生素而言其营养价值可能随发酵处理而流失。如牛乳经过乳酸发酵后，除烟酸外其他各种 B 族维生素含量较原料乳都有不同程度的降低。又如在采用大豆发酵处理生产豆豉时，豆豉中硫胺素含量较原料大豆有所损失，而烟酸和核黄素的含量却有所增加。全麦经浸泡、蒸煮、安琪甜酒曲发酵后，类胡萝卜素和维生素 E 有不同程度的增加。

6.4.5　贮藏过程对维生素的影响

食品在贮藏期间，维生素的损失与贮藏温度、包装材料、水分活度、共存组分关系密切。食品中脂类的氧化作用产生的过氧化物、环氧化物和自由基会引起大多数维生素的损失。

日常生活中，菜肴常因烹饪后未能立即食用而放置一定时间，在这个过程中产生的维生素的二次损失不容忽视。将蒜薹和猪里脊肉装盘置于 25℃恒温环境中，模拟烹后菜肴的贮藏过程，0.5h 后，维生素在放置过程中的二次损失率超过烹饪过程中一次损失率。模拟蒜薹及猪里脊肉热保藏配送 2h 内、4℃冷链配送 2 天内及复热过程中品质变化。结果显示，配送贮藏及复热过程中菜肴发生的品质劣变程度较大，热保藏 2h 时维生素二次损失率为一次损失率的 2～3 倍；与热链配送相比，冷链配送贮藏更有利于菜肴整体品质的保持。生活中菜肴烹后应尽早食用或选择适宜的贮藏方式并缩短存放时间，鲜烹热食可在很大程度上减少菜肴的品质劣变。

不同包装材料对樱桃汁中维生素 C 的保存率不同。采用透明玻璃瓶、透光 PET 瓶和利乐包三种不同的包装材料，樱桃汁贮存 6 个月后维生素 C 保存率分别为 68.63%、58.97%、76.42%，以利乐包的维生素 C 保存率最高。原因可能是利乐包为避光材料，能更好地保存维生素 C。

 概念检查 6.4

○ 常用的家庭烹饪方法如蒸、煮、炒、炸、微波等对维生素有什么样的影响？

6.5　矿物质

地壳中存在 90 多种化学元素，其中约 25 种是人体生命代谢所必需的。由于食品来自于动植物，动植物除了含有这些必需元素外，还可以从它们所处的环境中积累非必需元素，另外，化学元素也会在食品材料的收获、加工和贮存过程中进入到食品中，也存在于食品添加剂中。据目前分析报道，在人体中发现有 81 种元素。

在食品和营养学上，矿物质还没有一个普遍可以接受的定义，它通常是指食品中除 C、H、O、N 以外的元素。这 4 个非矿物质元素主要存在于有机分子和水中，占活体生物总原子数的 99%。矿物质元素在食品中的浓度不高，但在生命和食品中起着重要的作用。

矿物质元素依据其在动植物体内的含量大致可分为常量元素和微量元素两类。人体必需的矿物质有钠、钾、钙、磷、镁、硫和氯 7 种。其含量占人体 0.01% 以上或膳食摄入量大于 100mg/d，被称为常量元素；低于此量的矿物质被称为微量元素。根据其在人体中发挥的作用不同又可分成 3 种类型：①生命体正常代谢所需的营养成分，具有重要的营养作用，有铁、碘、铜、锌、硒、钼、钴、铬、锰、氟、锡、镍、硅、钒 14 种，在膳食中含量不足将导致缺乏症的产生，但如果过量摄入也能产生毒性作用；②通常存在于生物体中，但是否属于生命必需元素目前证据不足或有争议，如铝、硼等；③在很低的含量时便表现出对人体的毒害作用，称为有害元素，如铅、镉、汞、砷，它们是食品检测及限量要求的对象。

人体生命代谢所需的矿物质元素与其他有机营养物质不同，它们均不能在体内合成，全部来自人类生存的环境，除了排泄出体外，也不能在体内代谢过程中消失。人体的矿物质元素主要通过饮食获得，因此饮食及其膳食结构影响着人体中矿物质元素的组成和比例。

 概念检查 6.5

○ 什么是矿物质？哪些是必需矿物质元素？哪些是有害矿物质元素？

6.5.1　矿物质的生理功能与有害性

矿物质的生理功能有：

① 矿物质元素是人体诸多组织的构成成分。例如，99% 的钙元素和大量的磷、镁存在于骨骼、牙齿中，缺乏钙、镁、磷、锰、铜，可能导致骨骼或牙齿不坚固。磷、硫是蛋白质的组成元素，细胞中则普遍含有钾、钠元素。

② 矿物质元素是机体内许多酶的组成成分或激活剂。例如，铜是多酚氧化酶的组成成分，镁、锌等是多种水解酶活性所必需的元素。人体内某些成分只有矿物质元素存在时才有其功能性，比如维生素 B_{12} 只有钴的存在才有其功能性，血红素、甲状腺素的功能分别与铁和碘的存在有密切关系。

③ 维持细胞的渗透压及机体的酸碱平衡。矿物质和蛋白质一起维持细胞内外的渗透压平衡，对体液的贮留与移动起重要作用。此外，还有碳酸盐、磷酸盐等与蛋白质一起构成机体的酸碱缓冲体系，以维持机体的酸碱平衡。

④ 保持神经、肌肉的兴奋性。钾离子、钙离子、钠离子、镁离子等以一定比例存在时，对维持神经和肌肉组织的兴奋性、细胞膜的通透性具有重要作用。缺乏铁、钠、碘、磷可能会引起疲劳等。

生命体为有效利用环境中藏量丰富的矿物质元素，在体内对那些最普通的矿物质元素都形成了适宜的代谢或平衡机制，这是生物进化的结果，目的是保证生命体在正常情况下不会缺乏，并在一定量的范围内也有其平衡或防御机能，以适应机体需要。对于人类在进化历程中不常见的元素，特别是金属元素或化合物，由于生命体没有防御机制，这些金属元素对生命体表现出有害性。从分子水平看，有害金属元素对生物体的毒性有：

① 取代生物体中某些活性大分子中的必需元素。如生物体中一些蛋白激酶需以镁为辅助因子，由于钡与某些蛋白激酶的结合强度比镁大，钡可以取代蛋白激酶中原有的镁，从而抑制酶的活性。

② 影响并改变生物大分子活性部位所具有的特定空间构象，使生物大分子失去原有的生物活性。

③ 影响生物大分子的重要功能基团，从而影响其生理功能。例如摄入体内的汞能与生物体内含巯基和硒基（—SeH）的大分子牢固结合，从而破坏大分子的生物学功能。

大量研究表明，任何一种元素都有正、反两方面的效应，尤其是微量元素大多存在量效关系。必需元素虽是人体所必需的，但摄入过多也会产生有害性。部分矿物质需要量很少，生理需要量与中毒剂量的范围较窄，例如硒。

食品中微量元素的营养性或有害性除与它们的含量有关外，还与下列因素有关。

① 微量元素之间的协同效应或拮抗作用。两种或几种金属之间可以表现其毒性的增强或抑制作用。如砷、铅共存时，其毒性有协同作用；硒与镉、镍共存时可减少镉、镍的毒性；铜可增加汞的有害性。

② 微量元素的价态。有害金属元素的毒性都是以金属元素与生物大分子的配位能力为基础的，金属元素的价态不同其配位能力也不同。因此同一种金属元素的不同价态可以产生不同的生物效应，例如，金属铬对人体几乎不产生有害作用，Cr^{3+} 是人体必需的微量元素，而 Cr^{6+} 有毒，$Cr_2O_7^{2-}$ 则是强致癌物。

③ 微量元素的化学形态。有害金属元素的毒性高低与其化学形态有关。例如，不同形态砷化物的半致死剂量 LD_{50}（mg/kg）分别为：亚砷酸盐，14.0；砷酸盐，20.0；单甲基砷酸盐，700～1800；二甲基砷酸盐，700～2600；砷胆碱配合物，6500；砷甜菜碱配合物＞10000。这些数据表明，无机砷毒性最大（三价砷的毒性比五价砷毒性大），甲基化砷的毒性较小，而稳定态的砷甜菜碱和砷胆碱配合物常被认为是无毒的。

有些微量元素的化学形态比较稳定，而有些元素则价态易变。价态易变的微量元素主要包括游离离子和一些易解离的简单无机配合物，而稳定态的则为一些性质稳定的有机配合物。由于价态易变的金属可以与细胞膜中的运载蛋白结合并被运至细胞内部，因而被认为是可能的毒性形态，而稳定态的有机配合物则因不能被运输到细胞内部，被视为无毒或低毒形态。

 概念检查 6.6

○ 食品中矿物质元素的营养性或有害性受哪些因素的影响？

6.5.2　矿物质的物理化学性质

矿物质元素以化合物、络合物和自由离子等多种形式存在于食品中，由于矿物质元素间化学性质的差异、食品中可与矿物质元素结合的非矿物质化合物的数量和种类以及它们在食品加工和储藏过程中的化学变化，食品中矿物质的存在形式多种多样，从而表现出丰富的物理化学性质。

6.5.2.1　溶解性

大多数营养元素在生物体内的传递和代谢都是在水中进行的，所以矿物质的生物利用率和活性在很大程度上取决于它们在水中的溶解性。

各种矿物质元素在食品中的存在形式很大程度上取决于元素本身的性质。元素周期表中的ⅠA族和ⅦA族元素，如 Na^+、K^+、Cl^- 和 F^-，这些离子在水中的溶解度很高，并且与大多数配位体的作用力很弱，因此在食品中主要以游离离子的形式存在。镁、钙、钡是同族元素，仅以 +2 价氧化态存在。虽然它们的卤化物都是水溶性的，但是其重要的盐，包括氢氧化物、碳酸盐、磷酸盐、硫酸盐、乙二酸盐和植酸盐均极难溶解。食品在受到某些细菌分解后，其中的镁能形成极难溶的络合物 $NH_4MgPO_4 \cdot 6H_2O$，俗称鸟粪石。铜以 +1 价或 +2 价氧化态存在并形成络离子，其卤化物和硫酸盐是可溶性的。

矿物质元素的溶解性还受食品的 pH 值及食品构成等因素的影响。一般来说，食品的pH 值越低，矿物质元素的溶解度越高。食品中的蛋白质、氨基酸、有机酸、核酸、核苷酸、肽和糖等可与矿物质元素形成不同类型的配合物，从而有利于矿物质元素的溶解、稳定和在体内输送。例如，草酸钙是难溶于水的，但氨基酸钙的溶解性就高得多。在生产中为防止无机微量元素形成不溶性无机盐，常用微量元素与氨基酸形成配合物的方法来提高其水溶性，便于机体对微量元素的充分吸收和利用。同样，也可利用一些配体与有害金属元素形成难溶性配合物来消除其有害性。如在治疗铅中毒时，可利用柠檬酸与铅形成难溶性化合物的原理解毒。

6.5.2.2　酸碱性

应用酸 / 碱化学的概念可以理解大部分矿物质元素化学。酸和碱可通过改变食品的 pH 值来影响食品中组分的功能性质和稳定性。

根据布朗斯特酸碱理论，酸是任何可以提供质子的物质，碱则是任何可以接受质子的物质。许多酸和碱天然存在于食品中，可以用作食品添加剂或加工助剂。常见的有机酸有醋酸、乳酸和柠檬酸。磷酸是无机酸，在一些碳酸软饮料中用作酸味剂和风味调节剂。其他常见的无机酸有 HCl 和 H_2SO_4，它们不直接添加到食品中，但可能在食品加工或烹调过程中产生。例如，硫酸铝钠在有水存在时加热会产生 H_2SO_4。这一理论能较好地解释无机化学中简单的酸碱化学反应，但无法解释缺少质子情况下复杂的生理作用，比如各种金属离子参与的生化反应。

后来发展的路易斯酸碱理论认为：凡是能接受电子对的物质（分子、离子或原子团）都称为酸，凡是能给出电子对的物质（分子、离子或原子团）都称为碱。酸是电子对的受体，碱是电子对的给体，它们也称为路易斯酸和路易斯碱。酸碱反应的实质是碱提供电子对与酸形成配位键，反应产物称为酸碱配合物。因而，所有的阳离子和类阳离子都是路易斯酸，具有接受电子对的空轨道，与路易斯碱结合生成新的分子轨道，成键分子轨道的能级越低，由酸碱结合形成的配合物就越稳定。能与金属离子结合的路易斯碱的分子数目或多或少取决于金属离子的带电情况。这个数目通常指的就是配位价，大小可以从 1～12，但一般为6。例如，Fe^{3+} 结合 6 个水分子形成具有八面体结构的六水合铁。配合物中的电子供体通常称为配位体。配位体中主要提供电子的原子是氧、氮和硫，包括蛋白质、碳水化合物、磷脂和有机酸在内的许多食品分子都是矿物质离子的配位体。路易斯酸碱理论可以很好地解释不同价态的同一种微量元素可以形成多种复合物，参与不同的生化过程，具有不同的营养价值。

6.5.2.3　氧化还原性

食品中的矿物质元素常常具有不同的价态，表现出不同的氧化还原性质，并在一定条件下可以相互转化，同时伴随着电子、质子或氧的转移，存在化学平衡关系。这些价态的变化和相互转换的平衡反应不仅可以影响食品的物理和感官性质，也会影响组织和器官中的环境特性，如 pH 值、配位体组成、电效应等，从而影响其生理功能，表现出营养性或有害性。例如，二价铁是生物有效价态，而三价铁积累较多时会产生有害性；三价铬是必需的营养元素，而六价铬是致癌物质。口服重铬酸钾，致死量约为 6~8g。六价铬盐被人体吸收后进入血液，夺取血液中部分氧，使血红蛋白变为高铁血红蛋白，致使红细胞携带氧的机能发生障碍，血液中含氧量减少，最终导致死亡。

6.5.2.4　螯合效应

食品中许多金属离子可以与食品中有机分子形成配位化合物或螯合物。螯合物是由中心离子和多齿配体结合而成的具有环状结构的配合物。螯合物通常比一般配合物稳定。

螯合物的稳定性受很多因素的影响。五元不饱和环或六元饱和环比更大或更小的环更稳定，而且形成的环越多，螯合物越稳定。路易斯碱的强度越大，形成的螯合物越稳定。带电的配位体比不带电的配位体形成的螯合物稳定。

食品中金属元素所处的配合物状态对其营养与功能有重要影响。如 Fe^{2+} 以血红素的形式存在时才具有携氧功能；Mg^{2+} 以叶绿素形式存在时才具有光合作用；Mo^{2+}、Mn^{2+}、Cu^{2+}、Ca^{2+} 等可与氨基酸侧链基团结合，形成一些复杂的金属酶；在食品中加入柠檬酸等螯合铁、铜，可防止由它们引起的催化氧化反应。同样，一些必需的微量元素以某种配合物形式加入食品中可提高其生物利用率，如为了在食品中补充铁，常用 EDTA 铁钠进行营养强化。

6.5.3　矿物质在人体中的主要作用及来源

6.5.3.1　常量元素

（1）钾（potassium，K）

人体中的钾含量约为 175g，其中 98% 储存于细胞液中，是细胞内的主要阳离子。钾的日摄入量为 1400~1700mg。钾的主要生理功能有：维持细胞内正常的渗透压；激活水解酶及糖解酶，维持蛋白质、糖类化合物的正常代谢；维持细胞内外正常的酸碱平衡和电离平衡；维持心肌的正常功能及降血压等。

钾广泛存在于各种食物中，畜肉类、禽类、鱼类、各种水果和蔬菜都是钾的良好来源，面包、油脂、酒、马铃薯和糖浆中也含有较丰富的钾。大量饮用咖啡的人群、经常酗酒及喜欢吃甜食的人群、血糖低及长时间节食的人群需要补充钾。

（2）钠（sodium，Na）

人体中的钠含量为 1.4g/kg，日摄入量为 2000~15000mg。钠的主要生理功能有：与钾共同维持人体体液的酸碱平衡、渗透压和水的平衡；调节细胞兴奋性和维持正常的心肌运动；参与细胞新陈代谢；钠和氯是胃液的组成部分，与消化机能有关，也是胰液、胆汁、汗和泪水的组成成分。

钠的主要来源是食盐和味精。除此以外，钠以不同含量存在于各种食物中。人体一般很少出现缺钠症状，但是当人体大量出汗、严重腹泻或者呕吐时，需要补充含有氯化钠、氯化钾等的电解质以保持体内水与电解质的平衡。

（3）钙（calcium，Ca）

钙是人体内含量最多的矿物质元素，占人体总量的1.5%～2.0%，成年人体内含钙量为850～1200g。钙的日摄入量为600～1400mg。体内大于99%的钙主要以羟磷灰石$[Ca_{10}(PO_4)_6(OH)_2]$的形式存在于骨骼和牙齿中，其余的钙主要以离子形式存在于软组织和体液中，也有部分与蛋白质结合或与柠檬酸螯合。钙的主要生理功能是构成骨骼和牙齿，另外，对血液凝固、心脏的正常收缩、神经肌肉的兴奋性、细胞的黏着、肌肉的收缩、酶反应的激活以及激素的分泌都起着决定性的作用。

正常情况下，膳食中钙的吸收率为20%～30%。90%的钙主要在小肠中被吸收，可跨过小肠壁被吸收的钙主要包括离子钙和与可溶性有机分子结合的钙。小肠中含有一定量的蛋白质水解物，包括某些肽（如酪蛋白磷酸肽）和氨基酸（如赖氨酸、精氨酸、谷氨酸、天冬氨酸等），能与钙形成可溶性螯合物，从而有利于钙的吸收。钙吸收率的高低常依赖身体对钙的需要量及某些膳食因素。儿童、少年、孕妇或乳母对钙的需求量大，吸收率也高。适当供给维生素D有利于小肠黏膜对钙的吸收。膳食纤维则会降低钙的吸收，可能原因是其中的醛糖酸残基与钙结合所致。一些植物性食物中植酸和草酸含量过高，导致其与钙形成难溶解的植酸钙和草酸钙，降低了钙的吸收利用。此外，饮酒过量及膳食脂肪过高都会减少钙的吸收。

乳及乳制品是理想的供钙食品。牛奶营养成分齐全，富含优质蛋白质和人体需要的全部氨基酸，还含有几乎所有的维生素和多种矿物质。牛奶中钙含量很高（>100mg/100mL），钙的吸收率也高，一般可达40%以上，在儿童或缺乏者中可达60%～70%。牛奶中钙磷比例合适，还有丰富的维生素D、乳糖和蛋白质，都可以促进钙的吸收。此外，海产品（如鱼类、贝类、虾皮等）、豆类、绿色蔬菜、葵花籽等食物钙的含量也比较丰富，但是畜肉类和谷类含钙量较低。

（4）镁（magnesium，Mg）

镁是体内含量位居第二位的阳离子，占人体体重的0.05%，其中约60%以磷酸盐的形式存在于骨骼和牙齿中，38%与蛋白质结合成络合物存在于软组织中，2%存在于血浆和血清中。镁的日摄入量为250～380mg。

镁具有非常重要的生理功能。镁是骨骼和牙齿的重要组成成分之一，它与钙、磷构成骨盐，与钙在功能上既协同又对抗。镁与钙合用，可帮助钙的吸收利用，巩固骨骼和牙齿，还可有效保护心脏、心脑血管，预防高血压、糖尿病等。钙镁合用还可以减少补钙造成的肝、胆、肾结石以及软组织钙化。当镁不足时，补钙效果大打折扣；当镁摄入过多时，又会阻止骨骼的正常钙化。镁是细胞内的主要阳离子之一，和Ca、K、Na一起与相应的阴离子协同，维持体内的酸碱平衡和神经肌肉的应激性。镁是多种酶的激活剂，可使酶系统如碱性磷酸酶、烯醇酶、亮氨酸氨肽酶等活化，参与体内核酸、糖类化合物、脂类和蛋白质等物质的代谢，并与能量代谢密切相关。镁盐还有利尿和导泻作用。

镁主要来源于新鲜绿叶蔬菜（是叶绿素的组成之一）、海产品及豆类等，可可粉、全谷（主要集中在胚芽及糠麸中）、坚果、香蕉等含量也较丰富。由于镁来源广泛，而且肾脏有保镁功能，一般很少出现镁缺乏症。

（5）磷（phosphorus，P）

磷在人体中含量仅次于钙，正常成人人体含磷 1%。其中 85%～90% 的磷与钙结合分布在骨骼和牙齿中，10% 以上的磷与蛋白质、脂肪等有机化合物结合参与构成神经组织等软组织。磷的日摄入量为 900～19000 mg。

磷的主要生理功能：与钙结合形成难溶盐，使骨、牙结构坚固；磷酸盐与胶原纤维共价结合，在骨的沉积和骨的溶出中起决定性作用；调节能量释放，机体代谢中能量多以 ADP+ 磷酸 + 能量——→ATP 及磷酸肌醇的形式储存；磷是核酸、磷脂、辅酶的重要组成部分，为生物体的遗传、代谢、生长发育提供能量，并维持着人体细胞膜的完整性和通透性；磷对于碳水化合物、脂肪和蛋白质的吸收与代谢是必需的；磷酸盐能调节维生素 D 的代谢，维持钙的内环境稳定。

磷广泛存在于食物中，蛋类、瘦肉、鱼类、干酪以及动物肝、肾的磷含量都很丰富，在植物性食品如海带、花生、坚果及粗粮中含量也较丰富。磷在食品中一般与蛋白质或脂肪结合成核蛋白、磷蛋白和磷脂等，也有少量其他有机磷和无机磷化合物。除了植酸形式的磷不能被机体充分吸收利用外，其他大多能被机体利用。

（6）氯（chloride，Cl）

氯约占人体体重的 0.15%，以氯化物的形式存在于人体各组织中，日摄入量为 3000～6500mg。氯是消化道分泌液如胃酸、肠液的主要组成成分，与消化机能有关。氯离子和钠离子还是维持细胞内外渗透压及体液酸碱平衡的重要离子，并参与水的代谢。其主要食物来源为食盐及含盐食物。机体失氯与失钠往往相平衡，当氯化钠的摄入量受到限制时，尿中含氯量下降，紧接着组织中的氯化物含量也下降。出汗和腹泻时，钠损失增加，同时也会引起氯的损失。

6.5.3.2　常见的微量元素

（1）铁（iron，Fe）

铁是人体需要量最多的微量元素，日摄入量为 6～40mg。健康成人体内含铁 0.004%（3～5g），其中 60%～70% 存在于血红蛋白内，约 3% 在肌红蛋白中，各种酶（细胞血红酶、细胞色素氧化酶、过氧化物酶与过氧化氢酶等）中不到 1%，约 30% 的铁以铁蛋白和含铁血黄素形式存在于肝、脾和骨髓中，还有一小部分存在于血液转铁蛋白中。

铁的生理功能：构成血红蛋白与肌红蛋白，参与氧的运输与储存；促进造血，维持机体的正常生长发育；是体内许多重要酶如细胞色素氧化酶、过氧化氢酶与过氧化物酶的组成成分，参与组织呼吸，促进生物氧化还原反应；是维持机体酸碱平衡的基本物质之一；影响蛋白质的合成，增加机体对疾病的抵抗力。

食物中含铁化合物分为血红素铁和非血红素铁，前者的吸收率为 23%，后者为 3%～8%。动物性食品如肝脏、动物血、畜肉类和鱼类所含的铁为血红素铁（为 Fe^{2+}），能直接被肠道吸收。植物性食品中的谷类、水果、蔬菜、豆类及动物性食品中的牛奶、鸡蛋所含的铁为非血红素铁（多为 Fe^{3+}），以蛋白质、氨基酸或有机酸的络合物形式存在，其中的铁需先在胃酸作用下与有机组分分开，转为亚铁离子才能被肠道吸收。所以动物性食品中的铁比植物性食品中的铁容易吸收。一般膳食中血红素铁较少，所以缺铁性贫血还是比较普遍的。在食品加工中去除植酸盐或添加维生素 C 有助于铁的吸收。维生素 C 具有还原性，能将 Fe^{3+} 还原成 Fe^{2+}。

（2）锌（zinc，Zn）

人体中锌的含量约为铁的一半（1.4~2.3g），广泛分布在骨骼、皮肤、头发和血液中。锌的日摄入量为 5~40mg。锌是人体内 100 多种酶的组成成分或激活剂，与核酸、蛋白质、糖、脂质的合成与代谢有关，与胰岛素、前列腺素、促性腺素等激素的活性有关。锌能维护消化系统和皮肤的健康，具有提高机体免疫力的功能，并能保持夜间视力正常。头发中锌的含量可以反映膳食锌的长期供应水平和人体锌的营养状况。

一般认为，高蛋白质食品含锌量均较高，海产品是锌的良好来源，乳品及蛋白质次之，果蔬中含量不高。经过发酵的食品其锌的生物利用率提高，例如谷类中的植酸会抑制锌的吸收（植酸与锌生成难溶盐），而酵母菌能产植酸酶，面粉发酵后，植酸可减少 15%~20%，锌的溶解度增大 2~3 倍，利用率提高 30%~50%。精白米和白面粉含锌量较少。因此，以谷类为主食的幼儿，或者只吃蔬菜，不吃荤菜的幼儿，容易缺锌。按每 100g 含锌量（mg）计算，牡蛎可达 100mg 以上，畜禽肉及肝脏、蛋为 2~5mg，鱼及其他海产品为 2.5mg 左右，豆类及谷类为 1.5~2.0mg，而蔬菜及水果类含量较低，一般在 1.0mg 以下。

（3）铜（copper，Cu）

人体内含铜量 50~100mg，在肝脏、肾脏、心脏、头发和大脑中含量最高。肝和脾是铜的储存器官，婴幼儿肝脾中铜含量相对成人要高。铜的日需要量为 1~2mg，正常的膳食能满足此需要。铜是许多酶如超氧化物歧化酶、细胞色素氧化酶、多酚氧化酶、尿酸酶等的组成成分，以酶的形式参与各种生理作用。铜通过影响铁的吸收、释放、运送和利用参与造血过程。在血浆中与血浆铜蓝蛋白结合后催化 Fe^{2+} 转变为 Fe^{3+}，只有 Fe^{3+} 才能够被铁传递蛋白输送至肝脏的铁库。体内弹性组织和结缔组织中存在一种含铜的酶，可以催化胶原成熟，保持血管的弹性和骨骼的柔韧性，保持人体皮肤的弹性和润泽性、毛发正常的结构和色素。铜可以调节心搏，缺铜会诱发冠心病等。

绿色蔬菜、鱼类和动物肝脏含铜丰富，牛乳、畜肉、面包中铜含量较低。食品中锌过量时会影响铜的利用。但铜过量也会中毒，造成肝及肾脏损伤并很快死亡。

（4）碘（iodine，I）

人体内含碘约 25mg，其中约 15mg 存在于甲状腺中，其他则分布在肌肉、皮肤、骨骼及其他内分泌腺和中枢神经系统中，日摄入量为 0.1~0.2mg。

人体从食品中以碘化物形式吸收碘，然后在甲状腺中合成甲状腺素，因而其生理功能是通过甲状腺素的作用表现出来的。碘能活化体内 100 多种酶，对生物氧化和代谢均有促进作用；促进神经系统发育、组织的发育和分化，与生长发育关系密切；促进维生素的吸收和利用。机体缺碘会导致甲状腺肿大，幼儿缺碘会导致克汀病。

机体所需的碘可以从饮水、食物及食盐中获取，其碘含量主要决定于各地区的生物地质化学状况。远离海洋的内陆山区，土壤和空气中含碘较少，水和食物中含碘也不高，容易出现碘缺乏的情况。含碘量较高的食物为海产品，每 100g 干海带含碘 24mg，干紫菜为 1.8mg，干海参为 0.6mg，干龙虾为 0.06mg。乳及乳制品中含碘量在 200~400μg/kg。除了海产品以外，也可通过食用添加碘化钾的食盐而获得需要的碘。每日摄入食盐 15g 即可得到碘化钾 150μg，相当于摄入碘 115μg，已能满足机体的需要。

（5）硒（selenium，Se）

人体内硒的含量为 $14\sim21mg$，广泛分布于所有组织和器官中，指甲中最多，其次为肝和肾。硒的日摄入量为 $0.006\sim0.2mg$。硒是谷胱甘肽过氧化物酶的组成成分，发挥抗氧化作用，可清除体内的过氧化物和自由基，保护细胞和组织免受损害，提高机体的免疫力；硒能加强维生素 E 的抗氧化作用；可维持心血管系统的正常结构和功能，预防心血管病，并具有促进免疫球蛋白生成和保护吞噬细胞完整的作用。

硒缺乏是引起克山病的一个重要病因，也被认为是发生大骨节病的重要原因，缺乏硒还会诱发肝坏死及心血管疾病。肝脏、肾、畜肉类、水产类、豆类、蛋类、魔芋精粉、富硒主粮是硒的良好来源，但食物中硒含量受当地水土中硒含量的影响很大。我国是一个缺硒大国，2/3 的人口严重缺硒。而陕西的紫阳和湖北的恩施部分地区为高硒区，常会出现硒中毒症状。硒中毒表现为头发变干变脆、容易脱落，指甲变脆、有白斑及纵纹、易脱落，皮肤损伤及神经系统异常，严重者死亡。

6.5.4 食品中矿物质的生物利用率

食品中某种营养素的含量不一定是反映食品中该营养素价值的可靠指标，为此，营养学家提出了营养素生物利用率的概念。生物利用率（bioavailability），即生物有效性，可定义为代谢过程中可被利用的营养素的量与摄入的营养素的量的比值。矿物质元素的利用率是指食品中的矿物质实际被机体吸收和利用的程度。生物利用率的变化范围从有的形式的铁低于 1% 到钠和钾高达 90% 不等，如此之大的变化范围原因非常复杂且各不相同。

6.5.4.1 食品的可消化性

一般来说，食物营养素的生物利用率与食物的可消化性成正比关系。一种食物只有被人体消化后，营养物质才能被吸收利用。相反，如果食物不能被消化，即使营养丰富也得不到吸收利用。例如动物肝脏、肉类中的矿物质成分有效性高，人类可以充分吸收利用，而麸皮、米糠中虽含有丰富的铁、锌等必需营养素，但这些物质可消化性很差，因此生物利用率很低。动物性食品中矿物质的生物有效性通常优于植物性食品。合理搭配饮食才能使营养物质满足人体需要。

6.5.4.2 食品中矿物质的存在形式

矿物质的化学形态对其生物利用率有很大的影响，甚至有的矿物质只有某一化学形态才具有营养功能。例如，钴只有以维生素 B_{12} 和维生素 B_{12} 辅酶供应才有营养功能。又如，亚铁血红素中的铁可直接吸收，其他形式的铁必须溶解后才能进入全身循环，非血红素铁吸收利用率远低于血红素铁。有些螯合剂与铁结合得过于紧密，即使铁螯合物被吸收，其中的铁也不能被释放到细胞中参与合成铁蛋白，而是以螯合物的形式从尿中排出。因而当螯合物稳定性过高，即使溶解度很大也很难被吸收。许多矿物质成分存在于不同的食物中，由于化学形态的差别，其生物有效性差别可能很大。

矿物质的物理形态对其生物有效性也有相当大的影响。在消化道中，矿物质必须呈溶解状态才能被吸收，溶解度低，则吸收差。颗粒大小也会影响可消化性和溶解性，故影响生物有效性。饮茶可抑制铁质的吸收，这是由于浓茶中的多酚类能与食物中的铁相结合，形成不溶性铁沉淀，妨碍铁元素的吸收。

6.5.4.3　食品配位体

金属螯合物的稳定性和溶解度决定了金属元素的生物有效性。与金属形成可溶螯合物的配位体可促进食品中矿物质的吸收，而与矿物质能形成难溶螯合物的配位体则妨碍矿物质的吸收。如酪蛋白磷酸肽能促进钙的吸收，草酸抑制钙的吸收，植酸抑制铁、锌和钙的吸收。难消化且分子量高的配位体（如膳食纤维和一些蛋白质）也会妨碍矿物质的吸收。如果螯合物过于稳定，即使溶解度很大也很难被吸收。

6.5.4.4　矿物质与其他营养素之间的相互作用

矿物质与其他营养素之间的相互作用对生物有效性的影响极为复杂，有的提高其生物有效性，有的则降低其生物有效性。膳食中一种矿物质过量就会干扰另外的必需矿物质的作用。例如，两种元素会在蛋白质载体上的同一个结合部位竞争而影响吸收，或者一种过量的矿物质与另一种矿物质化合后一起排出体外，造成后者的缺乏，如钙抑制铁的吸收，铁抑制锌的吸收，铅抑制铁的吸收。矿物质与其他营养素之间相互作用，提高其生物有效性的情况也不少，如铁与氨基酸成盐、钙与酪蛋白磷酸肽螯合、抗坏血酸与铁共存，都有利于矿物质的吸收。铜有催化铁合成血红蛋白的功能，有利于铁的吸收。

6.5.4.5　消费者的生理状态

机体的自我调节作用对矿物质生物有效性有较大影响。当某种矿物质摄入不足时会促进其吸收，而当其摄入量充分时其吸收又会减少，如铁、钙和锌都存在这种情况。吸收功能障碍会影响矿物质的吸收，胃酸分泌少的人对铁和钙的吸收能力下降。个体年龄不同，也影响矿物质的生物有效性，一般随年龄增长吸收功能下降，生物有效性也随之降低。妇女对铁的吸收往往比男性要高。

 概念检查 6.7

○ 如何提高食品中矿物质的生物利用率？

6.5.5　矿物质在食品加工过程中的变化

食品中矿物质的损失与其他营养素（如维生素）的损失不同，常常不是由化学反应引起的，而是通过矿物质的丢失或与其他物质形成不利于人体吸收的化学形态而损失，或是加工过程中矿物质元素作为直接或间接的添加剂加入食品中。

6.5.5.1　加工预处理的影响

食品加工最初的清洗、整理、去除下脚料、烫漂等手段是矿物质损失的主要途径。例如，水果和蔬菜在加工前通常要进行去皮处理，芹菜、莴笋等蔬菜要进行去叶处理，大白菜等要去除外层老叶等。由于靠近皮的部分、外层叶和绿叶通常是植物性食品中矿物质元素含量最高的部分，这些处理都可能会引起矿物质元素的损失。在热烫过程中，有些在食品中呈游离态的元素，如钾、钠、氯等，它们在漂、烫过程中是极易损失的。

6.5.5.2 食品加工工艺的影响

谷物中的矿物质成分主要分布于糠麸和胚芽中，因而谷物去皮和磨碎时会损失大量的矿物质元素，损失量随碾磨精细程度的提高而增加。但是在大豆加工中却有所不同，大豆加工主要是脱脂、分离、浓缩等过程，大豆经过此过程后蛋白质含量有所提高，而很多矿物质元素会与蛋白质组分结合在一起，因此，大豆在加工过程中除硅元素外，不会损失大量的微量元素，而铁、锌、铝、硒等元素反而得到了浓缩。

在食品烹调过程中，矿物质容易从汤汁中流失。而有些鱼类制品，由于加热时间长以致鱼骨酥软，反而提高了鱼骨中钙、磷等矿物质的利用率。烹调中食物间的搭配对矿物质也有一定的影响。若搭配不当时会降低矿物质的生物可利用性。例如含钙、铁丰富的食物与含草酸、植酸较高的食物共煮，两者因结合生成难溶性盐，大大降低了钙、铁在人体中的利用率。烹饪方式不同，矿物质元素的损失也不同。一般来说，蔬菜中的矿物质煮比蒸损失更大。

有些食品在加工中矿物质增加，可能是由于加工用水、食品添加剂等带入所致，或是接触金属容器和包装材料所造成。比如，用铁锅炒菜可能增加铁的含量；传统豆腐加工以后，其钙含量增加；用不锈钢设备处理的牛乳，使镍的含量明显上升；肉的腌制会提高钠的含量；添加磷酸盐类品质改良剂会增加磷的含量；化学膨发可能提高食品中钠、磷、铝等元素的含量；用亚硫酸盐或二氧化硫护色可能带来硫含量的上升。

6.5.5.3 包装与贮藏的影响

食品中矿物质元素的含量还能够通过与包装材料的接触而改变。在罐头食品中，由于金属与食品中的含硫氨基酸反应生成硫化黑斑，会造成含硫氨基酸的损失，降低食品中硫元素的含量；而在马口铁罐头食品中，铁离子和锡离子的含量会明显上升。

食物是人类生存以及繁衍生息所必需的营养素的主要来源，但是几乎没有一种食品能提供人类必需的全部营养素，包括矿物质。食品在加工、贮藏过程中往往有部分矿物质损失，加上不同经济条件、文化水平、饮食习惯等诸多条件的影响，常常导致人体缺乏矿物质，进而影响身体健康。据估计，全世界约 8.15 亿户家庭存在微量营养素的缺乏；在全世界 70 亿人口中，存在铁、锌、碘、硒缺乏的人口占总人口的比例分别为 60%～80%、>30%、30%、约 15%。因此，在提倡膳食食物种类多样化和进补的基础上，通过在食品中强化缺乏的矿物质，开发和生产居民需要的各种矿物质强化食品，可显著弥补天然食物的营养缺陷，补充食品在加工、贮藏过程中的矿物质损失，以适应不同人群生理及职业的需要，减少矿物质缺乏症的发生。此外，近些年提出的生物强化手段通过提高农作物中的矿物质含量或改善其生物利用率也可用于预防和减少全球性的矿物质缺乏问题。

6.6 前沿导读——维生素功能的新探索与新发现

早在 19 世纪末，人们就发现维生素对健康有益。时至今日，科学家对 20 多种维生素展开了大量的研究。维生素家族的成员在医学、生物学、化学等各个领域中扮演着重要的角色。维生素可以参与机体不同区域的生理活动，在心血管系统、皮肤、脑等疾病治疗等方面均有一席之地。在癌症的预防和治疗中，维生素更是发挥了不小的作用。

最新研究在对约 12.5 万美国人进行超过 25 年的随访中发现，维生素 A 摄入量最高的人患鳞状细胞皮肤癌的风险降低了 15% 左右，表明摄入更多的维生素 A 或可预防鳞状细胞癌。也有研究表明，叶酸和维生素 A 对食管上皮细胞恶变中肿瘤相关基因表达具有一定的干预作用。科学家们在《自然癌症综述》（Nature Reviews Cancer）杂志上发表文章揭示了维生素 C 治疗癌症的机理，发现利用高剂量的维生素 C 或能靶向作用癌细胞的三大弱点，即癌细胞的氧化还原不平衡、表观遗传重编程机制和氧感知调节机制，进而治疗癌症，然而由于高剂量维生素 C 的毒性及其不稳定性使得肿瘤治疗中维生素 C 的开发与利用停滞不前。在另一项研究中，利用生理浓度下低剂量维生素 C 和其衍生物磷酸酯镁可以在一定程度上抑制肿瘤细胞的生长与转移，进而降低肿瘤恶性程度，且几乎对细胞没有任何特异性损伤，这为利用维生素 C 治疗肾癌提供了新思路。有研究人员对 703 份人类黑色素瘤、353份已经从原始位点扩散的黑色素瘤进行分析，发现携带较低水平维生素 D 受体基因的人类肿瘤的生长速度较快。为了揭示其分子机制，通过小鼠实验发现，增加黑色素瘤细胞中维生素 D 受体的水平能够降低细胞内信号通路的活性，从而减缓黑色素瘤细胞的生长并阻断其扩散到肺部组织中，这也解释了尽管维生素 D 自身并不能治疗癌症，但却能增强癌症免疫疗法的效应，从而帮助免疫系统寻找并攻击癌细胞。

20 世纪 60 年代，中国曾在食管癌高发区开始进行大规模的现场防治研究。通过一系列的营养调查、动物实验和临床研究，发现高发区居民核黄素摄入不足或缺乏可能与食管癌的发病有关，并进行了较大规模的营养干预实验，发现核黄素能明显抑制食管上皮增生的进展，并降低食管癌的发病风险，因此自 1999 年开始，在中国食管癌多发地区开始推广核黄素强化碘盐（简称黄盐），然而由于 2013 年，因"减盐行动"导致核黄素强化碘盐停产。现如今，更多的研究在确证黄盐预防食管癌效果的同时，对其他恶性肿瘤也有一定的抑制作用，因此国家癌症中心的专家们再次将恢复"黄盐"的论题提上日程，在最近的《癌症研究》杂志中明确表示希望负责疾控政策制定的机构能组织专人对"黄盐"的有关情况进行审议，以便引领核黄素预防恶性肿瘤的研究走出当前困境。

在其他疾病的治疗中，维生素也有着非常重要的作用。美国的一个研究团队曾在《科学》（Science）期刊上报道，添加维生素 B_3 到遗传上易患青光眼的小鼠的饮用水中可有效地阻止这种疾病。低剂量维生素 B_3 表现出明显的眼神经保护作用（对眼压无影响），高剂量维生素 B_3 不仅能提高神经耐受力，还能降低眼压。该研究有望为青光眼病人找到便宜又安全的疗法。同时他们也正在探究这种疗法在治疗涉及神经退化的其他疾病中的潜在应用。有研究团队评估了 497 名妇女孕期的烟酰胺水平，然后跟踪观察了她们的孩子在 6 个月和 12个月时出现湿疹的概率。结果显示，那些孕期烟酰胺水平较高的母亲生下的婴儿，成长到12 个月时出现过敏性湿疹的概率要比其他婴儿低 30%。烟酰胺是维生素 B_3 的一种衍生物，普通人可通过进食鱼肉、鸡肉、蘑菇、坚果和咖啡等获得。烟酰胺以及相关营养物对于身体的免疫反应和能量代谢具有重要作用。

一直以来，维生素 D 对于改善骨骼健康的功效是众所周知的，然而近年来的研究证据表明维生素 D 与雌激素有相似功能，维生素 D 和雌二醇的缺乏在绝经后女性代谢综合征中具有协同作用，所以女性摄入适量的维生素 D 可以帮助抑制机体代谢综合征的发生，减少绝经后女性患心脏病、糖尿病和中风的风险。同时，孕期女性补充维生素 D 可以降低先兆子痫、妊娠期糖尿病、低婴儿出生体重的风险，并可能降低严重产后出血的风险。

　　长期以来，科学家们对于维生素与机体健康的关系进行了大量的研究，逐步揭示了其中的奥秘，但是还有许多关于维生素这个大家族的秘密等待着大家去探索。

 总结

本章基本概念

○ 维生素、维生素原、脂溶性维生素、水溶性维生素、矿物质、生物利用率。

本章关键词

○ 维生素（vitamins）；矿物质（minerals）；维生素原（provitamin）；脂溶性维生素（fat-soluble vitamins）；水溶性维生素（water-soluble vitamins）；生物利用率（bioavailability）。

维生素概述

○ 定义：维生素是维持人或动物机体正常生理功能所必需的，但需要量极少的天然有机化合物的总称。

○ 分类：根据溶解性，维生素可以分为脂溶性维生素和水溶性维生素两大类。脂溶性维生素主要包括维生素A、维生素D、维生素E和维生素K，水溶性维生素主要包括B族维生素和C族维生素。

○ 主要生理功能：①作为辅酶或者它们的前体；②作为抗氧化剂；③遗传调节因子；④具有某些特殊功能，如维生素A与视觉有关，维生素D与骨骼和牙齿相关，凝血过程中许多凝血因子的生物合成则依赖于维生素K。

脂溶性维生素

○ 维生素A主要有维生素A_1（视黄醇）及其衍生物（醛、酸、酯）、维生素A_2（脱氢视黄醇）。在体内能够转变为维生素A的类胡萝卜素称为维生素A原。维生素A原必须具有类似于视黄醇的结构，包括：①分子中至少有一个无氧合的β-紫罗酮环；②在异戊二烯侧链末端有一个羟基或醛基或羧基。维生素A最主要的生理功能是维持正常视觉。

○ 维生素D是具有胆钙化醇生物活性的类固醇的统称，其中最重要的是维生素D_2（麦角钙化醇）和维生素D_3（胆钙化醇）。维生素D主要的生理功能是促进钙、磷吸收，维持正常血钙水平和磷酸盐水平。

○ 维生素E又称生育酚，是一类具有类似于α-生育酚维生素活性的母育酚和生育三烯酚的统称。维生素E与动物的生殖功能有关，缺乏维生素E时，动物生殖器官受损而致不育。天然维生素E是动植物和人体重要的抗氧化剂。

○ 维生素K又名凝血维生素。天然维生素K有两种形式：维生素K_1和维生素K_2。此外，人工合成的维生素K_3在人体内可转变成维生素K_2，其活性是维生素K_1和维生素K_2的2～3倍。维生素K的生理功能主要是有助于某些凝血因子的产生，即参与凝血过程。

水溶性维生素

○ 维生素C又称抗坏血酸，在机体代谢中具有多种功能，主要是参与机体的羟化反应和还原作用。它能促进胶原的生物合成，有利于组织创伤的愈合；能促进骨骼和牙齿的生长，增强毛细血管壁的强度，避免骨骼和牙齿周围出现渗血现象；还可以改善机体对铁、钙和叶酸的吸收利用。它是一种自由基清除剂，能增加机体对外界环境的应激能力，在疾病预防方面有积极作用。

○ 抗坏血酸除了作为必需营养素外，被广泛用作食品配料和添加剂。其作用有：①有效抑制酶促褐变；②保护易氧化物质；③在腌肉制品中抑制亚硝胺的形成；④还原金属离子；⑤在面团改良剂中做氧化剂，被抗坏血酸氧化酶氧化为脱氢抗坏血酸，后者使面团中的巯基氧化交联，强化面筋结构。

○ 维生素C是最不稳定的维生素之一，极易通过各种方式或途径降解。影响维生素C降解的因素很多，包括热、水分活度、盐浓度、糖浓度、pH、氧、酶、金属离子、抗坏血酸与脱氢抗坏血酸的比例、其他共存组分等。

○ 维生素B_1又名硫胺素，是B族维生素中最不稳定的维生素，易受pH、温度、水分活度、离子强度、缓冲液以及其他反应物的影响。硫胺素的主要功能是以辅酶的形式参与糖代谢和能量代谢。硫胺素缺乏时，在神经系统受损方面主要表现为患"干性脚气病"；在心血管受损方面主要表现为患"湿性脚气病"。

○ 维生素B_2又称核黄素，所有核黄素的衍生物均称为黄素。核黄素对光非常敏感。牛奶如果存放于透明玻璃容器中，由于核黄素的降解会造成营养价值降低并产生"日光臭味"。

维生素在食品加工和贮藏中的变化

○ 食品从采收或屠宰到加工和贮藏过程中，维生素含量的变化尤其明显，影响因素主要有食品原料、加工前预处理、加工方式、贮藏的时间和温度等。

矿物质概述

○ 矿物质通常是指食品中除C、H、O、N以外的元素。

○ 矿物质依据其在动植物体内的含量大致可分为常量元素和微量元素两类。人体必需的常量矿物质元素有钠、钾、钙、磷、镁、硫和氯7种。其含量占人体0.01%以上或膳食摄入量大于100mg/d，被称为常量元素；低于此量的矿物质被称为微量元素。

○ 矿物质根据其在人体中发挥的作用可分成3种类型：必需元素、有害元素、尚无定论的元素。

矿物质的生理功能与有害性

○ 矿物质的生理功能：①矿物质元素是人体诸多组织的构成成分。②矿物质元素是机体内许多酶的组成成分或激活剂。③维持细胞的渗透压及机体的酸碱平衡。④保持神经、肌肉的兴奋性。

○ 有害金属元素对生物体的毒性：①取代生物体中某些活性大分子中的必需元素。②影响并改变生物大分子活性部位所具有的特定空间构象，使生物大分子失去原有的生物活性。③影响生物大分子的重要功能基团，从而影响其生理功能。

○ 食品中微量元素的营养性或有害性除与它们的含量有关外，还与下列因素有关：①微量元素之间的协同效应或拮抗作用。②微量元素的价态。③微量元素的化学形态。

矿物质的物理化学性质

○ 溶解性、酸碱性、氧化还原性、螯合效应。

矿物质在人体中的主要作用及来源

○ 7种常量元素钠、钾、钙、磷、镁、硫和氯在人体内的主要作用；常见的微量元素铁、锌、铜、碘、硒在人体内的主要作用。

食品中矿物质的生物利用率

○ 食品中矿物质的生物利用率可定义为代谢过程中可被利用的营养素的量与摄入的营养素的量的比值。其主要影响因素有：食品的可消化性、食品中矿物质的存在形式、食品配位体、与其他营养素之间的相互作用、消费者的生理状态。

矿物质在食品加工过程中的变化

○ 影响矿物质在食品加工过程中的变化的主要因素有：加工预处理、食品加工工艺、包装与贮藏。

 课后练习

1. 名词解释

（1）维生素　（2）维生素原　（3）生物利用率

2. 试述几种常见的维生素的生理功能及其稳定性。

3. 试述维生素C降解途径及其影响因素。

4. 在食品的加工和贮藏中维生素损失的影响因素有哪些？如何避免维生素的损失？

5. 核黄素在酸性、碱性条件下光解，产物分别是什么？

6. 为什么说牛奶是补钙的良好食品来源？

7. 为什么说动物性食品比植物性食品补铁效果更好？

8. 试述几种常见的矿物质的生理功能。

9. 在食品的加工和贮藏中矿物质的损失途径有哪些？如何避免矿物质的损失？

10. 影响食品中矿物质生物利用率的因素有哪些？

| 题1答案 | 题2答案 | 题3答案 | 题4答案 | 题5答案 |

| 题6答案 | 题7答案 | 题8答案 | 题9答案 | 题10答案 |

设计问题

1. 结合维生素C的降解机理，分析影响其在食品中稳定性的因素。

2. 在食品加工和贮藏过程中，维生素和矿物质将如何变化？可以采取哪些措施尽量减少其损失？

（www.cipedu.com.cn）

第7章　食品色素和着色剂

图 7-1　五彩缤纷的食物

　　色素是食品的重要组成成分，不仅能赋予食品美丽的色泽（图7-1），而且与食品的滋味、品质以及营养功效密切相关。俗话说"美好的东西都是需要呵护的"，天然色素大多都很不稳定，在食品贮藏和加工过程中容易受到破坏，使食品的颜色发生巨大变化，进而影响食品品质和消费者的消费欲望。因此，在加工和贮藏过程中如何使食品保持其固有的色泽或者赋予食品新的颜色非常重要。只有系统理解了各类天然色素的结构、性质、在加工和贮藏过程中的化学变化机制以及影响因素，才能揭开食品色素的神秘面纱，在食品加工和贮藏过程中进行有效控制。

为什么学习食品色素？

　　食品色素使食品呈现五彩缤纷的颜色。食品的颜色是食品主要的感官指标之一，对于特定食品而言，食品的颜色与食品的品质直接相关。例如可通过水果的颜色判断水果的成熟度以及新鲜度。良好的食品色泽能给人以美的享受，提高人们的食欲和购买欲；一些食品色素还赋予食品独特的滋味，例如红酒中的单宁；同时食品色泽是否正常还可以作为一些食品质量的指示剂。此外，许多天然色素还具有多种健康功效，例如抗氧化、抑菌、改善糖脂代谢等。值得注意的是，很多食品色素在食品的加工和贮藏过程中很容易发生降解或变色，例如水果切开放置一段时间后切面变成褐色，绿叶蔬菜在腌制过程中颜色变黄，肉制品在加工和贮藏过程中颜色的变化等。因此，食品色素的种类及食品加工和贮藏过程中色素的变化规律对于维持和改善食品色泽具有重要的意义。

👁 **学习目标**

○ 了解色素的分类方法。
○ 掌握卟啉类、多酚类、异戊二烯类代表性天然色素的结构、性质及影响其稳定性的因素。
○ 掌握几种主要天然色素在加工和贮藏过程中发生的化学变化及由此导致的颜色改变。
○ 天然色素的护色方法。
○ 了解人工色素的结构、性质和使用限制。

7.1　概述

7.1.1　食品色素的定义

　　食品中能够吸收和反射可见光进而使食物呈现各种颜色的物质统称为食品色素（food pigments）。食品色素在食品中含量不高，却是食物感官最主要的呈现方式之一。

　　在紫外及可见光区域内（200～700nm）有吸收的基团称为发色基团（也称生色基团），发色基团均具有双键，包括碳碳双键、碳氧双键、氮氮双键、碳氮双键等。同时，分子结构中本身不生色而能使分子中生色基团的吸收峰向长波移动并增强其强度的基团，如羟基、氨基和卤素等，称为助色基团（auxochrome）。食物色素的色泽与其中色素分子中发色基团和助色基团的种类、数量及分子结构等直接相关。

概念检查 7.1

○ 什么是发色基团？常见的发色基团有哪些？

7.1.2　食品色素的分类和应用

食品色素种类繁多，按产生途径可分为食品固有的天然色素、食品加工过程中通过化学反应形成的有色物质、人工合成的食品着色剂。

天然色素按化学结构分，主要分为四吡咯类色素，如叶绿素、血红素；异戊二烯类色素，如类胡萝卜素；多酚类色素，如花色苷、花青素、单宁等；酮类色素，如红曲色素、姜黄素；醌类色素，如虫胶色素。

天然色素按来源分，分为动物色素，如血红素、虾红素；植物色素，如叶绿素、花色苷、姜黄素等；微生物色素，如红曲色素等。

天然色素种类繁多，色泽自然，安全性高，许多天然色素还有一定的营养价值和健康功效，因此近年来开发应用迅速。

在食品加工过程中，由于食品中不同组分相互作用，会产生一些有色物质。例如果蔬在加工过程中，多酚类物质会发生酶促氧化，进而形成褐色物质；食物原料中糖类和蛋白质等化合物在热加工过程中可通过美拉德反应或焦糖化反应生成色素。

人工合成色素按化学结构主要分为偶氮类着色剂和非偶氮类着色剂。目前常用的为水溶性的偶氮类着色剂。我国允许使用的人工色素主要包括苋菜红、日落黄、靛蓝、赤藓红、新红、柠檬黄、亮蓝和诱惑红。

在食品加工和贮藏中，往往通过护色（color preservation）和染色（dye）来控制食品色泽。护色即从食品固有的色素出发，从影响其固有色素稳定的内、外因素入手，选择合适的加工方法和贮藏条件，使食物尽可能保持原有色泽。染色主要通过人工或天然着色剂的选择和组合调配进而获得各种所需的颜色，因此在食品加工过程中也应用广泛。

7.2　天然色素

7.2.1　卟啉类色素

卟啉类色素（porphyrin）是自然界中存量最大、分布最广的一类天然色素。由四个吡咯联成的环称为卟吩，当卟吩环带有取代基时，称为卟啉类化合物。四吡咯色素的核心结构是由 4 个吡咯环的 α-碳原子通过 4 个次甲基桥连接起来所形成的大环共轭体系（卟啉环）。叶绿素、血红素均属于卟啉类色素，其中金属元素以共价键和配位键与吡咯环的氮原子结合，从而使其呈现不同的颜色。同时，其稳定性与中心螯合的金属离子有关。

7.2.1.1 叶绿素

叶绿素（chlorophyll）是自然界绿色植物、藻类和光合细菌中的主要色素，在光合作用的过程中发挥着核心作用，也是果蔬类呈现鲜绿色的主要物质基础。

（1）叶绿素的结构与理化性质

① 叶绿素的结构　叶绿素分子由两部分构成，核心部分是由四个吡咯环通过四个甲烯基连接形成一个卟吩环，在其中心含有一个镁离子（图7-2）。另一部分是一个很长的脂肪烃侧链，称为叶绿醇（植醇）。叶绿醇是含有20个碳的含有异戊二烯结构的单不饱和醇，其学名为3,7,11,15-四甲基十六烯[2]-醇[1]。叶绿素的卟啉环具有一定的亲水性，可以同叶绿体中极性强的膜蛋白结合；而叶绿醇则因其亲脂的特性，可以同叶绿体中的类胡萝卜素和脂膜相结合。根据叶绿素结构的不同，叶绿素主要分为叶绿素a、b、c和d四种。高等植物中主要为叶绿素a和b。叶绿素a和b在结构上的区别仅在于3位碳上的取代基不同，叶绿素a为甲基，而在叶绿素b上为甲醛基。主要陆生植物中叶绿素a∶b为3∶1，而在藻类中，则为1.3∶1。

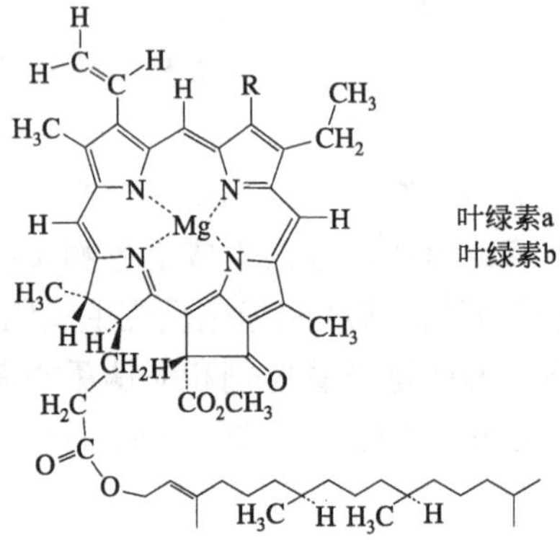

叶绿素a　R=—CH₃
叶绿素b　R=—CHO

图7-2　叶绿素的结构

② 叶绿素的理化性质　叶绿素a和叶绿素b均不溶于水，易溶于乙醚、氯仿、乙酸乙酯等非极性试剂，因此常利用这些非极性试剂萃取叶绿素。叶绿素a为蓝黑色粉末，熔点为117～120℃，在乙醇溶液中呈蓝绿色，并有深红色荧光；叶绿素b为深绿色粉末，熔点120～130℃，在乙醇溶液中呈黄绿色，并有深红色荧光。叶绿素分子中的主要呈色团为其卟啉环上的共轭双键闭合系统，因此叶绿素分子及其衍生物的吸收光谱主要集中在600～700nm和400～500nm，进而赋予叶绿素蓝绿色和青绿色的色泽。叶绿素对热、光、酸等较为敏感，发生化学变化后产生脱镁叶绿素（pheophytin）（橄榄绿色）、脱植叶绿素（chlorophyllide）（鲜绿色）、焦脱镁叶绿素（pyropheophytin）（暗橄榄绿色）、脱镁脱植叶绿素（pheophorbide）（橄榄绿色）和焦脱镁脱植叶绿素（pyrophephorbide）（暗橄榄绿色）等多种衍生物，导致颜色改变，这些衍生物详细结构如图7-3所示。

（2）叶绿素在加工和贮藏过程中的颜色和结构变化

在食品生产、加工和贮藏过程中，外界环境因素如温度、光照、酸、酶等都会影响叶绿素的稳定性。例如在酸性条件下，叶绿素的镁离子被H取代，形成脱镁叶绿素，叶绿素由绿色变为橄榄绿色；叶绿素在叶绿素酶的作用下可发生脱植醇反应，生成鲜绿色的脱植叶绿素（如图7-4所示）。叶绿素在碱性条件下也可以发生水解反应，生成绿色叶绿酸。

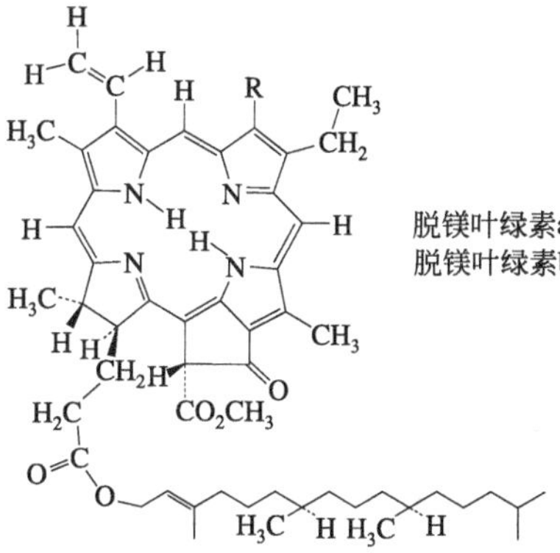

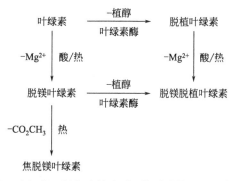

脱镁叶绿素a　R=—CH₃
脱镁叶绿素b　R=—CHO

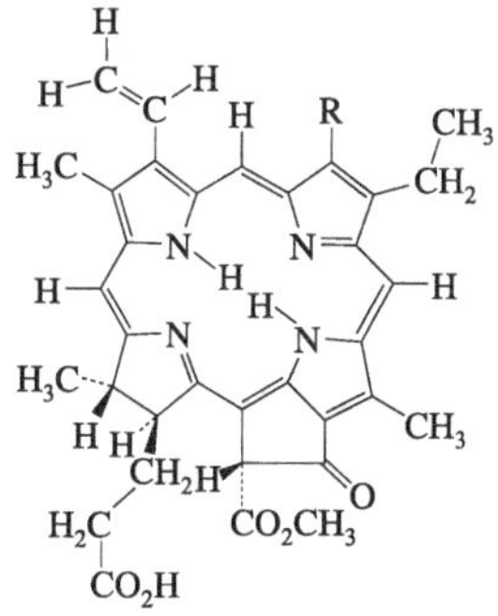

脱镁脱植叶绿素a　R=—CH₃
脱镁脱植叶绿素b　R=—CHO

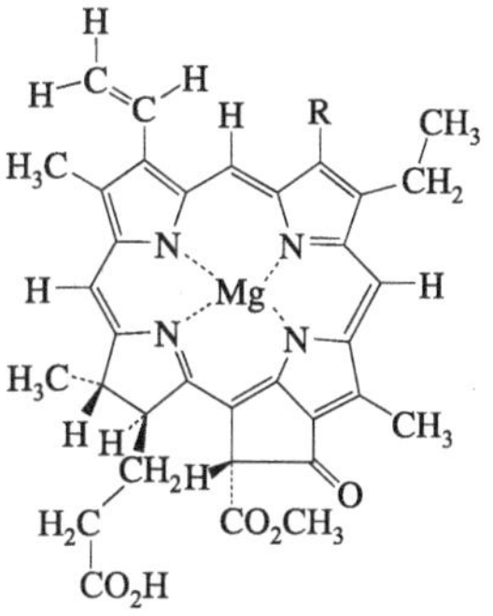

脱植叶绿素a　R=—CH₃
脱植叶绿素b　R=—CHO

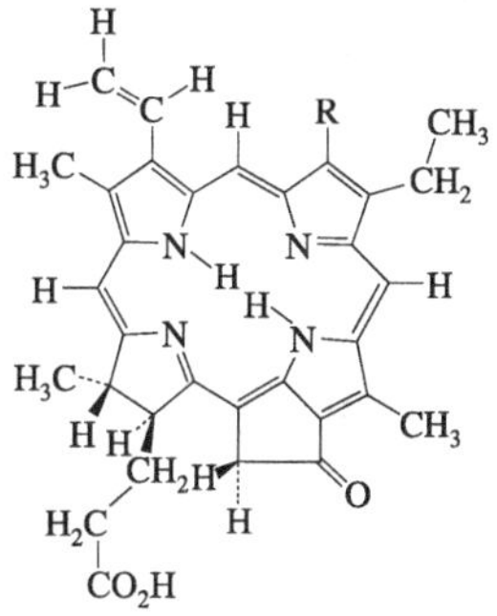

焦脱镁脱植叶绿素a　R=—CH₃
焦脱镁脱植叶绿素b　R=—CHO

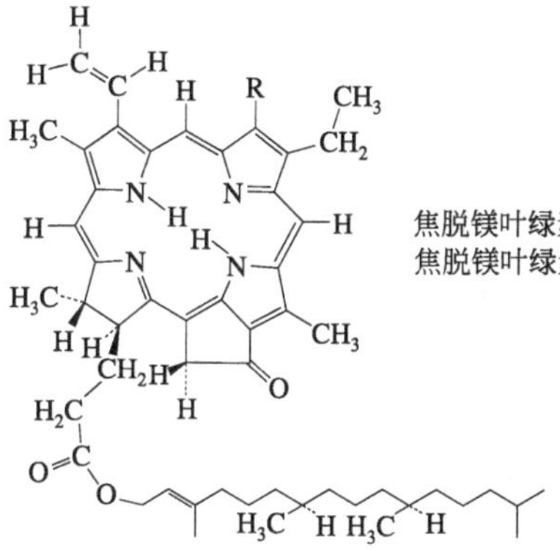

焦脱镁叶绿素a　R=—CH₃
焦脱镁叶绿素b　R=—CHO

图 7-3　叶绿素在加工过程中的主要衍生物

叶绿素 $\xrightarrow[\text{叶绿素酶}]{-植醇}$ 脱植叶绿素

$-Mg^{2+}$｜酸/热　　　　$-Mg^{2+}$｜酸/热

脱镁叶绿素 $\xrightarrow[\text{叶绿素酶}]{-植醇}$ 脱镁脱植叶绿素

$-CO_2CH_3$｜热

焦脱镁叶绿素

图 7-4　叶绿素及其衍生物在酸/热或酶作用下的结构转变

① 温度和 pH　在自然界中，叶绿素往往与蛋白质结合为叶绿体，比较稳定。热处理是食品生产和加工中常用的方法，在热处理的过程中，叶绿素从叶绿体中游离出来，游离

叶绿素非常不稳定，在食物中有机酸存在的条件下易发生脱镁反应。绿色蔬菜在烹饪和加工过程中，其颜色转变为黄绿色或者褐色就是因为叶绿素发生脱镁反应，产生脱镁叶绿素，继续加热处理，10 位 C 上的甲氧甲酰基被 H 取代，形成暗橄榄绿色的焦脱镁叶绿素。目前的研究表明叶绿素分子 3 位 C 上的 CHO 具有显著的拉电子效应，因此叶绿素 b 相对叶绿素 a 的热稳定性更高。

pH 是决定叶绿素脱镁反应速度的一个重要因素。叶绿素在碱性条件下稳定性很高，而在酸性条件下则极不稳定。因此在对富含叶绿素的食物进行热处理时，可同时加入钙镁的氧化物，或者氢氧化物等碱性物质，提高处理体系的 pH 值，从而防止脱镁反应的发生，维持其绿色。烹煮蔬菜时不宜加盖，是因为敞开体系有利于有机酸挥发，抑制叶绿素的脱镁反应；而腌制蔬菜颜色的变化同样是由于在酸性条件下，叶绿素发生脱镁反应，由叶绿素生成脱镁叶绿素，叶绿酸转变成脱镁叶绿酸，进而导致蔬菜颜色由绿色转变为黄褐色。

 概念检查 7.2

○ 酸菜在制作过程中颜色如何发生变化？

---

② 光照　在植物活体中，叶绿素和蛋白质以复合体的形式存在，进行光合作用，发挥其生物学功效，此时其不但不会发生光分解，还能利用光能进行光合作用。但是在食品的加工和贮藏中，植物细胞受到破坏，在有氧气存在的条件下，叶绿素就会发生光降解，导致卟啉环在亚甲基处断裂，卟啉环打开，进而裂解成小分子化合物，最终造成颜色破坏。

③ 金属离子　铜离子、锌离子等会与叶绿素卟啉环上的氮原子发生螯合反应，形成比叶绿素更稳定的叶绿素铜、叶绿素锌衍生物。所形成衍生物的颜色和吸收光谱同金属离子的种类有关，稳定性也比叶绿素高很多。其中以铜离子与叶绿素形成的叶绿素铜的色泽最为漂亮，因此目前这类衍生物已经作为水溶性着色剂应用在食品加工中。

④ 酶　叶绿素酶（chlorophyllase）是一种酯酶，能够催化叶绿素和脱镁叶绿素的植醇键水解，分别产生脱植叶绿素和脱镁脱植叶绿素（图 7-5）。在正常的温度条件下，叶绿素酶没有活性，但是在热加工过程中，随着温度的提高，叶绿素酶被激活，在 60～80℃ 活性最高。因此在对含有叶绿素食物材料进行加工生产时，热加工可以诱导叶绿素酶活化，从而导致颜色发生改变。在食物中，还存在另外一些酶，例如蛋白酶等，其可以破坏叶绿素蛋白质复合体，使叶绿素游离，使其容易遭到破坏。

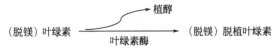

图 7-5　叶绿素及其衍生物在酶作用下的结构转变

（3）护色技术和方法

对于叶绿素来讲，目前常用的护色技术主要有控制 pH、高温瞬时处理、绿色再生等方法。在绿色食物的加工中，采用氢氧化钙或者氢氧化镁溶液作为热烫液（Blair 法），或者直接在食物中加入氧化钙、磷酸二氢钠等维持热烫液为中性，这些方法都能在一定程度上改善叶绿素的降解。高温瞬时杀菌不但可以最大限度地保留食物中不稳定的物质，例如维生素等，也能显著抑制叶绿素发生破坏，目前常与 pH 调节方法相结合使用。绿色再生方法则主要是采用锌离子、铜离子等作为添加剂添加到蔬菜的热烫液中，这种方法效果较好。目前还有一些其他的方法，例如气调保鲜技术等在绿色蔬菜的贮藏中有所应用。

7.2.1.2　血红素

（1）血红素的结构特征及理化性质

① 血红素的结构　血红素（heme）是动物肌肉和血液中的主要色素物质，作为血红蛋白和肌红蛋白的辅基，辅助其进行氧气和二氧化碳的转运。血红素是一种卟啉类化合物，其结构如图 7-6 所示，由一个亚铁离子和一个卟啉环构成，卟啉环中心的亚铁离子可形成 6 个配位键，其中 4 个与吡咯环上的氮原子配位，并处在同一平面上；第 5 个与珠蛋白的第 93 位组氨酸残基上的氮原子配位，第 6 个配位键则与氧气或二氧化碳等结合，进而发挥其生物学作用，例如携氧功能。血红素在血液中主要以血红蛋白（hemoglobin）的形式存在，在肌肉中主要以肌红蛋白（myoglobin）的形式存在。血红蛋白是由 4 条多肽链和 4 分子血红素结合而成，分子质量为 6.7×10^4 Da，约为肌红蛋白的 4 倍。肌红蛋白（珠蛋白）是由 1 条多肽链（约含 153 个氨基酸残基）和 1 分子血红素结合而成（图 7-7），分子质量为 1.7×10^4 Da。肌红蛋白是动物肌肉中最重要的色素物质，肌肉中 90% 的色素都是肌红蛋白。

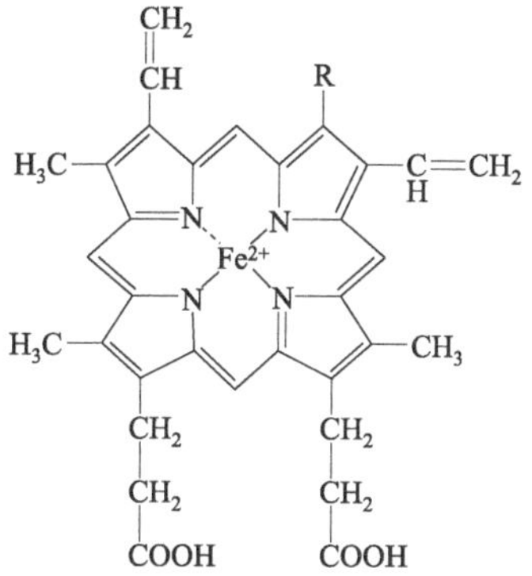

图 7-6　血红素的结构

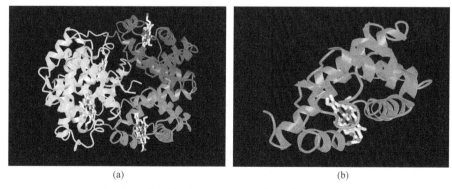

(a)　　　　　　　　　　(b)

图 7-7　血红蛋白（a）和肌红蛋白（b）的三维结构图

② 血红素的理化及功能特性　血红素为棕红色粉末或针状的紫色结晶，不溶于水、稀酸等，溶于碱性水溶液、热醇或氨水中。血红素的氢氧化钠溶液在 383nm 波长处有最大吸

收，因此可被用于肉类食物中血红素含量的测定。同时，血红素不仅赋予肉类鲜红的颜色，而且是一种很好的补铁剂，原卟啉二钠也是一种重要的治疗肝病的药物。同时，血卟啉类衍生物可以作为一种光敏药物发挥抗肿瘤活性。

（2）血红素在食物贮藏和加工过程中的颜色和结构变化

在肉制品加工和贮藏中，肌红蛋白会转化为多种衍生物，其种类主要取决于肌红蛋白的化学性质、铁的价态、肌红蛋白的配体类型和珠蛋白的状态。在这个过程中，光、温度、pH 值、水分活度、微生物等均会对肌红蛋白产生影响。

① 氧　在新鲜肌肉组织中肌红蛋白存在 3 种状态：亚铁离子的第六个配位键结合水形成的肌红蛋白（myoglobin，Mb），第六个配位键结合氧原子形成的氧合肌红蛋白（oxymyoglobin，MbO$_2$），中心亚铁被氧化成三价铁的高铁肌红蛋白（metmyoglobin，MMb）。它们能相互转化，进而导致肌肉产生不同的颜色（图 7-8）。肌红蛋白与氧气的相互作用与肌肉组织周围的氧气分压密切相关。动物在屠宰后，由于氧气供应的停止，新鲜肉中的肌红蛋白保持还原状态，肌肉呈现肌红蛋白本身的紫红色。当被分割之后，肌肉与空气中的氧气接触，还原态的肌红蛋白朝两个方向转变，一部分肌红蛋白与氧气发生氧合反应生成鲜红色的氧合肌红蛋白，同时一部分肌红蛋白与氧气发生氧化反应，生成棕褐色的高铁肌红蛋白。随着放置时间的增加，颜色逐渐向褐色转变。

② 热　肉类及肉制品在烹饪的过程中，随着加热时间的延长、温度的升高及氧分压的降低，肌红蛋白的珠蛋白变性，低价铁被氧化成高价铁，进而产生高铁肌色原，颜色由紫红色或鲜红色逐渐变为褐色。

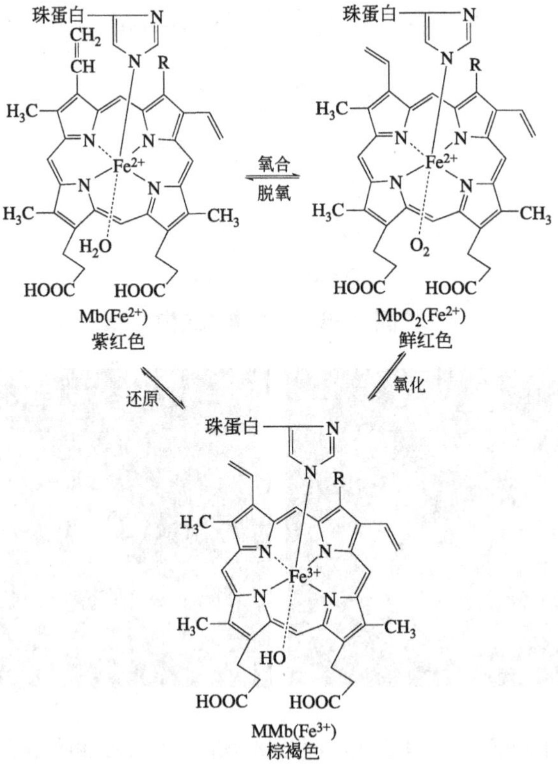

图 7-8　肌红蛋白、氧合肌红蛋白和高铁肌红蛋白的相互转化

③ 硝酸盐类　火腿、香肠等腌制品肉类的加工经常使用亚硝酸盐作为发色剂。肌红蛋

白和高铁肌红蛋白的中心铁离子分别可与亚硝酸盐的分解产物一氧化氮（NO）以配位键结合而转变为亮红色的氧化氮肌红蛋白和棕红色的氧化氮高铁肌红蛋白（nitrosylmetmyoglobin），

氧化氮肌红蛋白加热则生成鲜红色的氧化氮肌色原（itromyohemochromogen），这三类物质统称为腌肉色素（图 7-9）。腌肉色素不仅使腌制品的颜色更加诱人，而且对加热和氧化表现出更强的稳定性。然而如果加入过量的硝酸盐或亚硝酸盐作为发色剂，卟啉环的 α-亚甲基被硝基化，生成绿色的亚硝基高铁血红素，产生绿色物质，而且还会产生强致癌物质（亚硝胺和亚硝酰胺），因此这两类发色剂在腌肉制品中有着严格的用量限制。

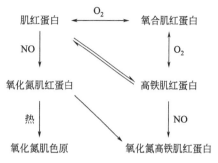

图 7-9　腌肉中肌红蛋白结构转变

虽然腌肉色素相对肌红蛋白具有更高的稳定性，但是在可见光的辐照下，氧化氮肌红蛋白和氧化氮肌色原会重新分解为肌红蛋白和肌色原，并被继续氧化为高铁肌红蛋白和高铁肌色原，这就是腌肉制品见光褐变的原因。还原剂在肉品腌制中可以作为助色剂，防止异常颜色的产生。常用 L- 抗坏血酸及其钠盐作为助色剂，其作用包括可以将高铁肌红蛋白还原为肌红蛋白；同时抗坏血酸还能阻断亚硝胺的生成。此外，在腌制过程中添加适量的烟酰胺，可以与肌红蛋白结合生成较为稳定的烟酰胺肌红蛋白，防止肉品变色。因此在使用亚硝酸盐制作腌肉时，常采用抗坏血酸钠 0.55g/kg、维生素 E 0.5g/kg、烟酰胺 0.2g/kg 和亚硝酸钠 0.04～0.05g/kg 合用，既可以起到护色效果，又可以抑制亚硝胺的生成。

④ 微生物　肉制品在不当的贮藏条件下会导致大量微生物的繁殖，进而产生 H_2O_2、H_2S 等化合物。H_2O_2 可将血红素卟啉环的 α- 亚甲基氧化，进而生成绿色的胆绿蛋白（choleglobin）；而在氧气存在的条件下，H_2S 等硫化物可将硫直接加成到卟啉环的 α- 亚甲基，进而生成绿色的硫肌红蛋白（sulfmyoglobin，SMb），导致肉类颜色变化。这些色素化合物严重影响肉的色泽和品质，因此可以作为衡量肉制品质量的重要指标。

（3）常用护色技术

为了达到肉制品护色的目的，对于肉制品的包装应选择高阻隔性和低透光性的材料，并选择真空和充氮包装，以此来控制氧化、光和酶等对肉制品颜色的破坏。同时应该低温贮藏，防止微生物污染而导致的肉制品腐败变质。

血红素的氧化是导致鲜肉颜色改变的重要因素。因此在肉类食品贮藏加工过程中除可以采用隔绝氧气的方法外，还可以加入抗氧化剂来防止颜色发生改变。在无氧、低温条件下，肉中的肌红蛋白处于还原状态，可使肉的颜色维持一定的时间。在肉制品中经常用到的抗氧化剂有维生素 C、维生素 E、BHA、BHT、原花青素、茶多酚等。BHA、BHT 等一些食品中常用的抗氧化剂被发现对机体健康可能有一些负面影响，因而目前对其应用已经有所限制。还有一些肽类物质，例如肌肽，也被应用到肉类食品的护色中。对于需要长期保存的腌肉制品，在加工和贮藏过程中可以选择隔氧、避光的材料，并且尽量保持无菌的环境，减少肌红蛋白的氧化和转变。目前常采用气调技术对肉类制品进行护色，例如充 CO_2。另外可以利用一氧化氮与肌红蛋白强烈结合而形成氧化氮肌红蛋白而显稳定的亮红色的特性，可以在气调的过程中加入 0.4%～1% 的 NO。采用气调包装不仅可以保持肉类制品的色泽，而且可以抑制腐败菌生长，延长肉类制品的货架期。

概念检查 7.3

○ 简述鲜肉中血红素的存在状态及与颜色的关系。

7.2.2 类胡萝卜素

7.2.2.1 类胡萝卜素的结构

类胡萝卜素（carotenoids）广泛存在于橙色、黄色和红色水果中以及卵黄和虾壳中。类胡萝卜素的基本结构是由 8 个异戊二烯结构首尾相连形成的大共轭多烯体系，因此又称为多烯色素，并且多数类胡萝卜素的结构两端具有环己烷。根据其结构的不同，类胡萝卜素主要分为两类：一类为纯碳氢化合物（hydrocarbon carotenes），称为胡萝卜素（carotenes）；另一类为结构中含有羟基、环氧基、醛基、酮基等含氧基团，称为叶黄素类（xanthophylls）。胡萝卜素主要包括 α-、β-、γ- 胡萝卜素和番茄红素（lycopene），如图 7-10 所示。它们的主要结构均是由异戊二烯经头尾或尾尾相连而构成的多烯四萜。其中 α-、β-、γ- 胡萝卜素是维生素 A 原（provitamin A），在生物体内可以被转化为维生素 A。叶黄素类也广泛存在于食物材料中，其往往是和胡萝卜素类共存于食物材料中，如叶黄素（lutein）、玉米黄素、辣椒红素（capsanthin）、虾黄素等。

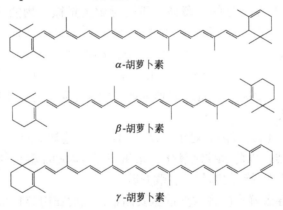

α-胡萝卜素

β-胡萝卜素

γ-胡萝卜素

图 7-10 三种主要胡萝卜素的结构

7.2.2.2 类胡萝卜素的理化性质

类胡萝卜素是一类典型的脂溶性色素，易溶于乙醚、石油醚等非极性溶剂，难溶于水和乙醇中。而叶黄素因为含有羟基、羧基等亲水基团，其极性增强，往往可溶于极性溶剂，并且随着羟基或羧基等数目增多，其在非极性试剂中的溶解度逐渐降低。在类胡萝卜素中存在许多共轭双键，因此类胡萝卜素非常不稳定，极易发生氧化降解和异构化反应。类胡萝卜素类物质的呈色特性和其结构密切相关，其发色基团主要为其高度共轭的双键，在分子中至少存在 7 个共轭双键时才能呈现黄色（如图 7-11 所示）。而羟基则作为主要的助色基团，这也是类胡萝卜素类呈现多种颜色的物质基础，例如 β- 胡萝卜素的最高吸收峰在 497nm，而番茄红素的最大吸收峰在 507nm。正常情况下其全反式结构赋予类胡萝卜素黄色，但是在酸、热和光等条件下，反式结构容易发生顺反异构化，进而导致其颜色发生改变。

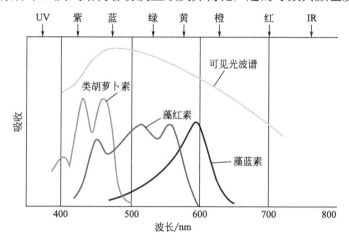

图 7-11 类胡萝卜素的光谱特性

　　类胡萝卜素具有多种功能，例如 α-、β-、γ-胡萝卜素均是机体的维生素 A 原，可以预防夜盲症。并且由于其多不饱和共轭双烯的结构，也赋予类胡萝卜素强的抗氧化能力。因此，类胡萝卜素既是一种优质的色素，也是营养素，不仅广泛应用在食品生产和加工过程中，并且其在药品、化妆品、保健品、饲料中都有诸多应用。

7.2.2.3　类胡萝卜素在食物贮藏和加工过程中的结构和颜色变化

　　类胡萝卜色素存在多不饱和共轭体系，因此空气中的氧气、光以及食品体系存在的氧化剂均对其结构和稳定性有很大的影响。

　　（1）温度

　　一般来讲，类胡萝卜素类化合物对 pH 值变化不敏感，对热比较稳定，因此一般的热加工过程对类胡萝卜素类物质影响不大。但是在油炸、烤制等强热条件下，类胡萝卜素会发生异构及高温降解，主要的高温降解产物有 2,6,6- 三甲基环己酮、2- 羟基 -2,6,6- 三甲基 -2- 环己醛、5,6- 环氧 -β- 紫罗兰酮等。例如在胡萝卜的加工过程中，经过高温处理（115℃，30min），全反式的 α- 胡萝卜素和 β- 胡萝卜素含量分别降低了 26% 和 35%。在热处理时，类胡萝卜素还会发生异构化反应。例如 100℃处理番茄 30min，全反式的 β- 胡萝卜素就会转化为顺式结构。蔬菜脱水处理时，在不避光、隔氧条件下，类胡萝卜素会发生降解和异构化反应。例如番茄直接干燥过程中，110℃处理 30min 会损失 10% 的番茄红素。

　　（2）氧和氧化剂

　　类胡萝卜素结构中存在多不饱和共轭双键，因此在有氧化剂存在的条件下，极易发生氧化，并且氧化产物复杂多样。在食物加工过程中，类胡萝卜素的氧化机理较为复杂。目前认为类胡萝卜素在食品中的降解主要包括酶促氧化、光敏降解和自动氧化。首先，类胡萝卜素两端的烯键被氧化，造成环状结构开环，生成环氧衍生物及羰基化合物；接下来，进一步氧化生成短链的单环氧或双环氧化合物，同时任何一个分子结构中的双键都可以发生氧化，产生一些分子质量比较小的含氧化合物，被过度氧化时，其颜色完全消失。亚硫酸盐和金属离子的存在会加速 β- 胡萝卜素的氧化。

β-胡萝卜素在不同环境因素下的降解见图 7-12。

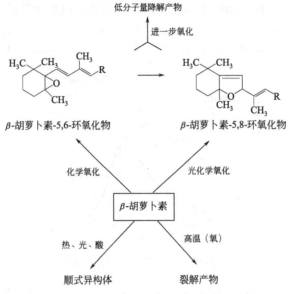

图 7-12　β- 胡萝卜素在不同环境因素下的降解

（3）酶

当植物组织受到破坏后，组织中的类胡萝卜素类化合物会与脂肪氧合酶、多酚氧化酶和过氧化物酶接触，发生间接氧化降解。这些酶可以催化相应的底物氧化形成具有高氧化力的中间体，这些中间体进一步氧化类胡萝卜素类化合物。例如脂肪氧化过程中产生的氢过氧化物，氢过氧化物会迅速与类胡萝卜素发生反应，造成类胡萝卜素的氧化，使其颜色褪去。

（4）光

类胡萝卜素在一般加工和贮藏条件下是相对稳定的，加热或热灭菌会诱导顺/反异构化反应，同时在有氧的条件下，光诱导 β- 胡萝卜素发生光化学氧化，进而生成 β- 胡萝卜素 -5,8- 环氧化物（β- 紫罗兰酮），进一步则氧化为小分子的降解产物（图 7-12）。

7.2.2.4　其他主要类胡萝卜素类物质

（1）番茄红素

番茄红素（lycopene）广泛存在于番茄、西瓜、葡萄柚等水果中，是成熟番茄中的主要色素，也是常见的胡萝卜素之一。番茄红素是一种不饱和烯烃化合物（图 7-13）。番茄红素不具有 β- 胡萝卜素的 β- 紫罗酮环结构，故在体内不能转变为维生素 A，不是维生素 A 原。其分子式为 $C_{40}H_{56}$，有多种顺反异构体。番茄红素是脂溶性色素，难溶于水、甲醇、乙醇，可溶于乙醚、石油醚、己烷、丙酮，易溶于氯仿、二硫化碳、苯等有机溶剂。番茄红素分子中有 11 个共轭双键和 2 个非共轭双键，故其稳定性很差，容易发生顺反异构反应和氧化降解。影响番茄红素稳定性的因素包括氧、光、热、酸、金属离子、氧化剂和抗氧化剂等。

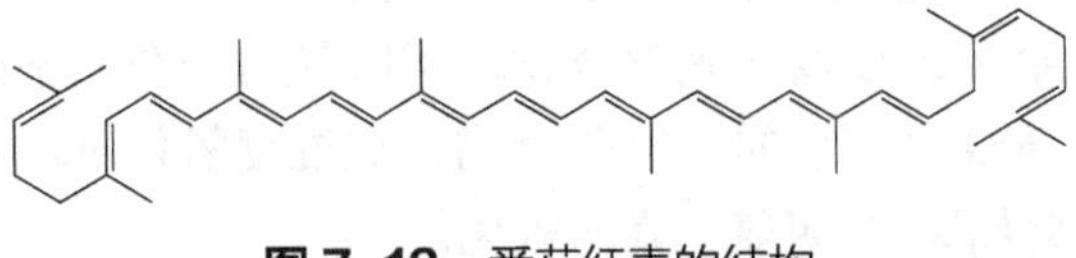

图 7-13　番茄红素的结构

番茄红素所具有的长链多不饱和烯烃分子结构使其具有很强的清除自由基能力和抗氧化能力。目前对其健康作用研究发现番茄红素在抗氧化、降低心血管疾病风险、减少遗传损伤和抑制肿瘤发生发展具有诸多健康功效。我国已批准合成番茄红素（INS No. 160d）作为着色剂（GB 2760—2011《食品添加剂使用标准》）。番茄红素也可作为具有抗氧化、增强免疫力等功能的保健食品。

目前国际上已有不少学者对番茄红素的稳定性进行了研究，发现常温下番茄红素比较稳定，但较高的温度（>60℃）会导致番茄红素颜色变浅；日光和紫外线对番茄红素影响较大，所以番茄红素应该低温避光保存。抗氧化剂的存在能够减少番茄红素的损失，番茄红素在储存时，可以添加适量的抗氧化剂而减少番茄红素的损失。金属离子如 K^+、Na^+、Mg^{2+}、Zn^{2+} 等对番茄红素的影响不大，而 Fe^{3+}、Cu^{2+} 等金属离子则对番茄红素有破坏作用。

（2）叶黄素类

叶黄素类（xanthophylls）是一类共轭双烯烃的加氧衍生物，在叶黄素类的分子中存在羟基、甲氧基、羰基、酮基。叶黄素类色素往往呈现浅黄、橙和黄等色泽。常见的叶黄素类色素如图 7-14 所示，如辣椒红素、虾黄素、玉米黄素、隐黄素等。

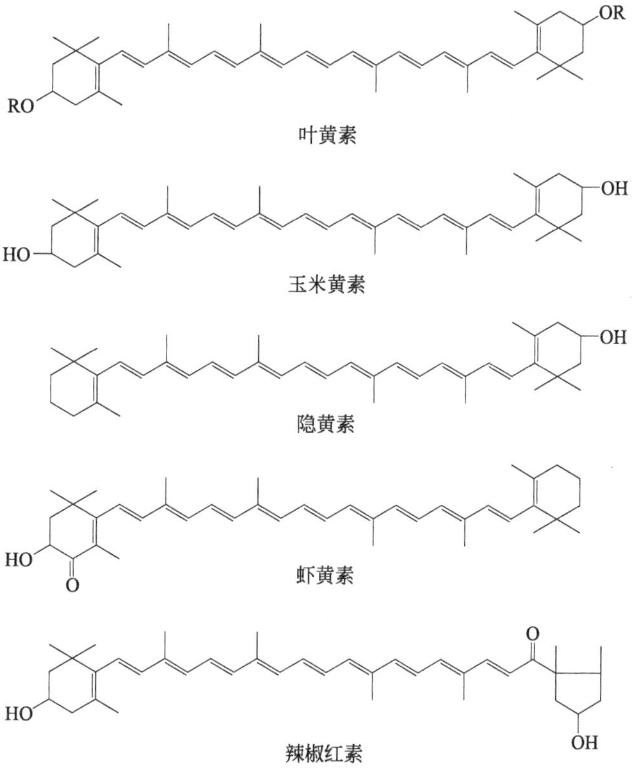

图 7-14 常见叶黄素类色素的结构

随着分子结构中含氧基团的增加，叶黄素类化合物的极性增强，脂溶性逐渐降低，因此许多叶黄素类易溶于甲醇或乙醇，难溶于乙醚和石油醚。叶黄素在热、光和酸的作用下容易发生顺反异构化，但是顺反异构对其颜色影响不大。但是叶黄素在氧气和光照条件下会发生氧化降解成小分子，进而导致颜色改变。虾、蟹煮熟后的颜色变化：虾青素其结构为 3,3'- 二羟基 -4,4'- 二酮基 -β- 胡萝卜素，游离态时为红色，在虾、蟹、牡蛎等体内与蛋白质结合呈青色，加热后转变成砖红色的虾红素（3,3',4,4'- 四酮基 -β- 胡萝卜素）。

7.2.2.5　类胡萝卜素类物质的护色技术和方法

由于类胡萝卜素在高温、光、热和氧化剂等条件下不稳定，会发生化学变化进而造成降解及颜色改变，因此含有类胡萝卜素的食物在加工和贮藏过程中，常常会选择低温、避光、密封贮藏，并加入亚硫酸钠、维生素 C 等还原剂，或者采用一些大分子物质，例如多糖等，对类胡萝卜素进行包埋，制备微胶囊产品，以增加其稳定性。

7.2.3　多酚类色素

多酚类色素广泛存在于植物中，其基本母核为 2- 苯基苯并吡喃。由于在苯环上连有两个及两个以上的羟基，所以统称为多酚类物质。多酚类作为植物中主要的色素类物质，大部分可以溶于水，主要包括花青素、类黄酮、儿茶素类及原花青素等。

7.2.3.1　花青素类

（1）花青素类色素的结构和理化性质

花青素（anthocyan）是一类广泛存在于植物中的水溶性色素，是构成植物花、果实、叶等多彩颜色的物质基础。花青素是一种典型的类黄酮类物质，其基本结构单元为 2- 苯基苯并吡喃环，具有典型的 C_6-C_3-C_6 的骨架结构。所有花色苷都是花色锌盐阳离子基本结构的衍生物，其结构的重要特点是具有一个四价的氧（图 7-15）。

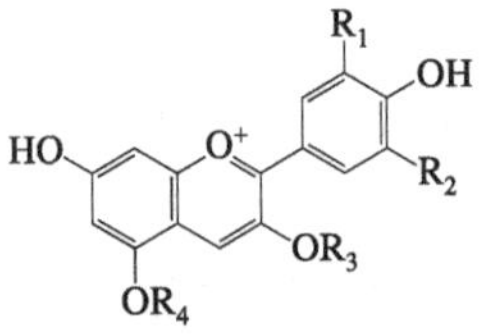

花青素	取代基的种类			
	R_1	R_2	R_3	R_4
天竺葵素(pelargonidin)	H	H	H	H
矢车菊素(cyanidin)	OH	H	H	H
飞燕草素(delphinidin)	OH	OH	H	H
芍药素(peonidin)	OMe	H	H	H
牵牛花素(petunidin)	OMe	OH	H	H
锦葵素(malvidin)	OMe	OMe	H	H

图 7-15　花青素的结构

由于取代基的数量和种类的不同，目前已经发现有 20 种花色（青）素，其中在食品中常见的有 6 种，即天竺葵素（pelargonidin）、矢车菊素（cyanidin）、飞燕草素（delphinidin）、芍药素（peonidin）、牵牛花素（petunidin）和锦葵素（malvidin）。花青素在自然界大多以花色苷（anthocyanins）的形式存在，花色苷由一分子花青素与糖以糖苷键相连，花青素上相连的糖主要有葡萄糖、半乳糖、木糖、阿拉伯糖等以及由这些糖所构成的二糖或三糖。天然存在的花色苷糖苷键多数位于 2- 苯基苯并吡喃的 C3 和 C5 上，少数在 C7 上。虽然花青素和花色苷都属于水溶性色素，但是由于糖基的存在，花色苷的水溶性更强。

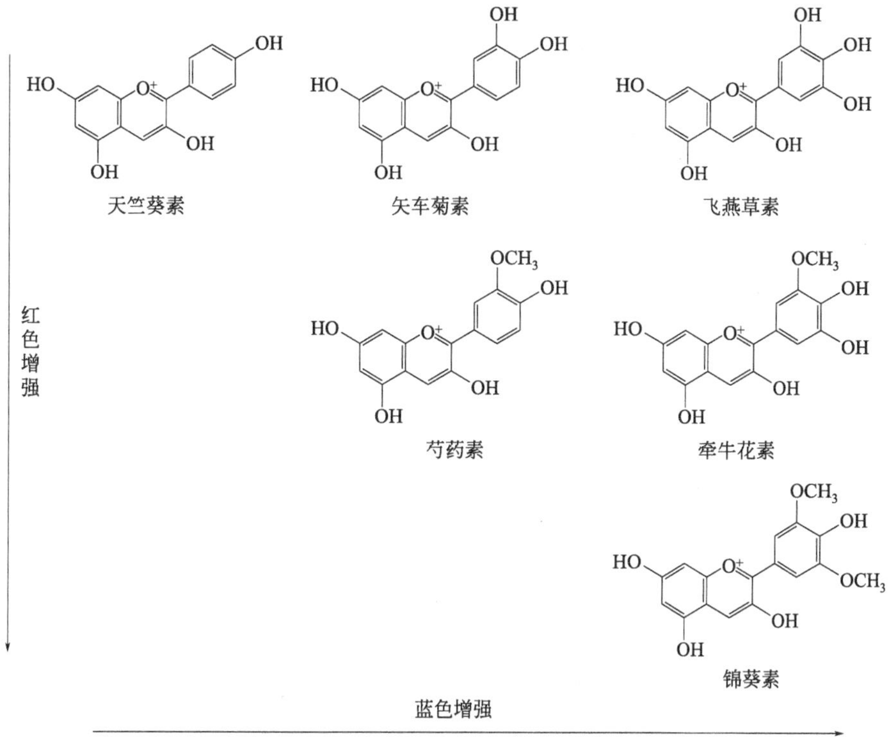

图 7-16 食物中常见花青素及其取代基对其呈色的影响

花色苷和花青素的呈色同其结构中的助色基团羟基和甲氧基及糖基的取代位置和数量密切相关。作为助色基团，取代基助色能力的大小取决于它们的供电子能力，能力越强，助色效果越强。如图 7-16 所示，随着助色基团羟基数目的增加，光吸收波长发生红移，花青素的颜色逐渐向蓝色、紫色偏移，即蓝色增强；随着助色基团甲氧基数目的增多，光吸收波长发生蓝移，花青素的颜色往红色偏移，即红色增强。

花青素和花色苷的稳定性也同其结构密切相关。一般情况下，甲氧基含量高的花色苷热稳定性较羟基含量高的花色苷的稳定性更高，同时花色苷分子中的糖基也会增加其稳定性。花色苷糖基的种类和数目对花色苷的稳定性也有很大的影响，比如牵牛花色苷和锦葵花色苷的稳定性要高于天竺葵花色苷、矢车菊花色苷和飞燕草花色苷；蔓越橘中花青素半乳糖糖苷的稳定性要弱于花青素阿拉伯糖苷。

花青素（花色苷）除了可赋予食品靓丽的色泽外，目前的研究已经证实花色苷具有诸多健康功效，例如抗氧化、降糖、抗辐射、保护心血管系统、延缓衰老、改善视疲劳等健康功效。因此花色苷作为一种重要的天然色素类物质，越来越受到人们的重视。

（2）花青素在食物贮藏和加工过程中结构和颜色的变化

花色苷和花青素在食品加工和贮藏过程中十分不稳定，环境 pH 值、氧气、氧化剂、亲核试剂、金属离子、温度和光照等都会影响花色苷的稳定性。

① pH　花色苷吡喃环上的氧原子呈四价，具有碱的性质，而其酚羟基则具有酸的性质。如图 7-17 所示，花色苷的颜色随着环境 pH 的改变发生明显的改变。在这个过程中，花色苷表现出四种不同的结构形式，即蓝色的醌式结构、红色 2- 苯基苯并吡喃锌盐阳离子、无色甲醇假碱和无色查耳酮。这四种形式随水溶液的 pH 值变化而发生可逆或不可逆的改变，同时溶液的颜色也随之改变。当溶液的 pH<3 时，花色苷主要以锌盐形式存在；随着

pH 值升高，花色苷锌盐受到水分子的亲核攻击在 C2 位发生水合作用，生成无色的甲醇假碱，在 pH 升高的同时，花色苷上的酸性羟基的质子发生转移，进而生成蓝色的醌式碱；当 pH 继续升高，无色的假碱发生开环生成查耳酮结构（图 7-17）。每一种平衡形式的花色苷含量取决于溶液的pH值和花色苷的结构（图 7-18）。新鲜和加工的蔬菜、水果在自然pH下，花色苷以各种形式的平衡混合物存在。目前的研究表明花色苷一般在酸性介质中比在碱性介质中稳定（图 7-19）。

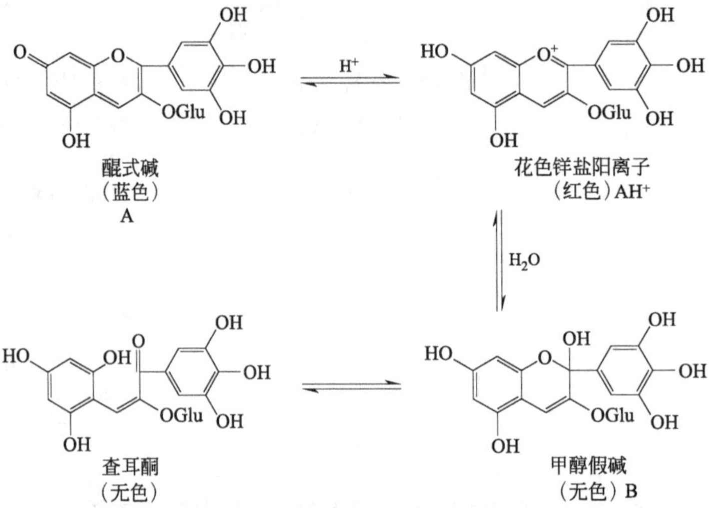

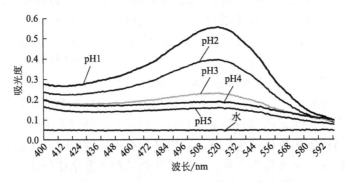

图 7-17 花色苷不同 pH 时的结构变化及颜色改变

图 7-18 黑皮花生中花色苷在 pH 1~5 的缓冲液中的吸收光谱

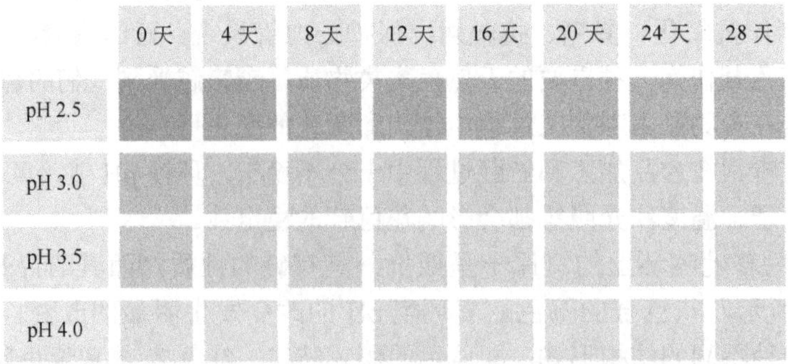

图 7-19 花色苷在不同 pH 条件下贮藏过程中颜色的稳定性

概念检查 7.4

○ 常见果蔬中多酚类色素物质的结构有什么特点？

② 温度　温度是影响花青素和花色苷稳定性的另外一个非常重要的因素。温度对花色苷四种结构的平衡也有很大的影响。随着温度的升高，平衡向生成查耳酮的方向移动，因此变得更不稳定，降解速度更快。大量研究表明：花色苷的热降解遵循一级反应动力学，温度升高，反应速度加快。Kammerer 等认为在花色苷的结构互变中，花色锌盐阳离子 AH$^+$ 的失电子过程（AH$^+$→A→A$^-$）是放热反应，而水化反应（AH$^+$→B→C）是吸热反应，并伴随熵的增大。升高温度将促使反应向 B 或 C 方向进行，当冷却和酸化时，醌式碱（A）和甲醇假碱（B）迅速变成花色锌盐阳离子（AH$^+$），但是查耳酮的变化相当慢。通常来讲，对 pH 值稳定的花色苷对热也稳定，例如天竺葵色素 -3- 葡萄糖苷比牵牛花色素 -3- 葡萄糖苷稳定，连接有阿拉伯糖基的花色苷比连接有葡萄糖基的花色苷稳定。

尽管花色苷的热降解机理目前尚不完全清楚。但是目前的研究证实香豆素 -3,5- 二葡萄糖苷是花色苷 -3,5- 二葡萄糖苷最常见的降解产物。目前研究表明可能存在 3 种降解途径（图 7-20）。途径 1：花色锌盐阳离子首先变为醌式碱，经过几种中间产物，最后得到香豆素衍生物和一个对应的 B 环化合物。途径 2：花色锌盐阳离子首先发生水加成转变为甲醇假碱，经查耳酮途径生成褐色降解产物。途径 3：花色锌盐阳离子首先转变为甲醇假碱，经查耳酮途径，最终产物为查耳酮的裂解产物。以上三种降解途径与初始反应物花色苷的类型和浓度相关。

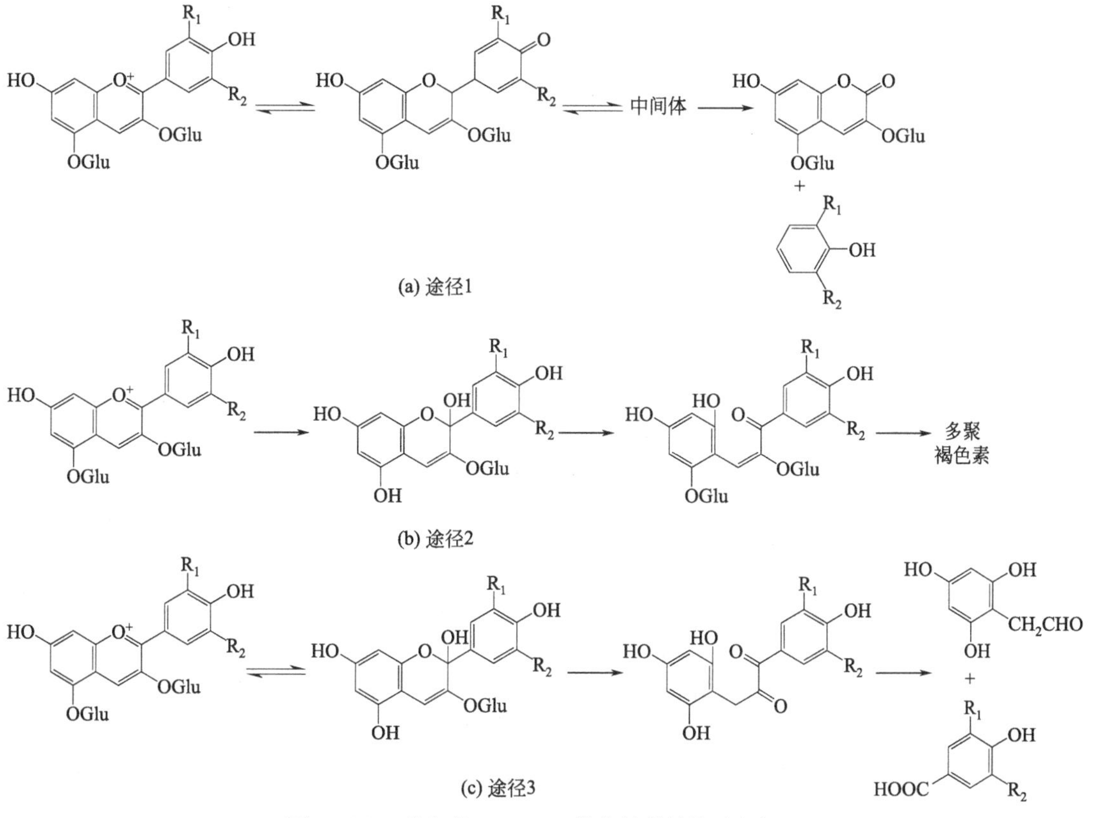

(a) 途径1

(b) 途径2

(c) 途径3

图 7-20　花色苷 -3,5- 二葡萄糖苷的热降解机理

③ 光照　在植物体内，光照可以促进花色苷的合成；然而在食品体系中，光照则促进花色苷的降解。Palamidis 研究发现，20℃避光保存，葡萄汁的半衰期为 416 天，而同样条件下不避光保存的葡萄汁的半衰期只有 197 天。Furtado 等发现光诱导的花色苷降解的最终产物与热降解的相同，然而降解过程则不尽相同。光照引起花色苷降解的可能途径为：花色苷首先降解生成 C4 羟基的中间产物，该中间产物在 C2 位上水解开环，最后生成查耳酮，查耳酮快速降解成苯甲酸及 2,4,6- 三羟基苯甲醛等产物。花色苷对光的稳定性和其结构也密切相关，花青素单糖苷最不稳定，二糖苷稳定性强于单糖苷，而酰化和甲基化的二糖苷则更稳定。因此花色苷在避光条件下保存，有利于其颜色的稳定。

④ 氧和抗坏血酸　氧气可通过直接氧化花色苷或者使介质过氧化，然后通过介质间接和花色苷反应促使花色苷降解。众所周知，H_2O_2 能直接亲核进攻花色苷的 C2 位，使花色苷开环生成查耳酮，接着查耳酮降解生成各种无色的酯和香兰素的衍生物，这些氧化产物或者进一步降解成小分子物质，或者相互之间发生聚合反应。氧诱导的花色苷降解与 pH 值、温度和光照密切相关。pH 值升高，花色苷降解速率加快；有氧条件下的光照加剧花色苷分解。抗坏血酸常作为营养强化剂或抗氧化剂用于食品中。然而抗坏血酸却可以促进花色苷降解，促进聚合色素的形成和花色苷颜色褪色。一般认为是抗坏血酸氧化产生的 H_2O_2 对花色苷 2- 碳位的亲核攻击导致其裂解（图 7-21），最终形成降解产物或多聚物，颜色由紫红色或红色转变为棕色。

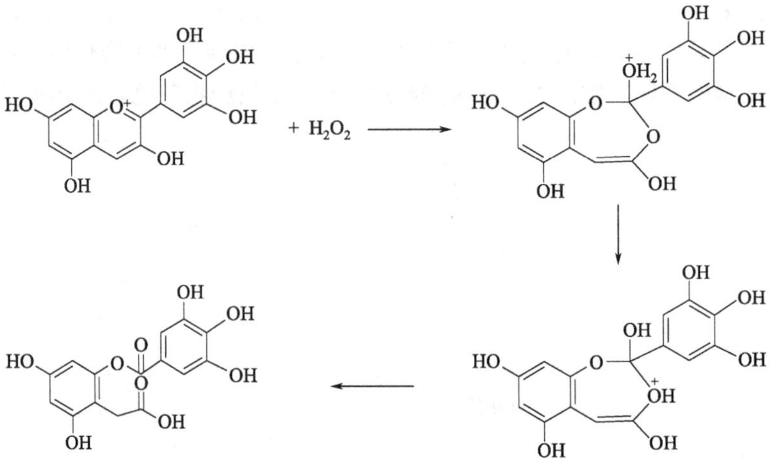

图 7-21　花青素的氧化反应

⑤ 酶　食物体系中的一些酶类，例如糖苷酶、多酚氧化酶、过氧化物酶等，也会对花色苷的稳定性造成影响。这些酶广泛存在于水果、蔬菜和微生物中。目前的研究表明抑制这些酶的活性有利于保持花色苷的稳定。糖苷酶能水解花色苷的糖苷键，促使花青素游离出来，花青素更容易发生氧化和褐变。多酚氧化酶也能使水果、蔬菜中的花色苷降解。在研究荔枝皮的酶促褐变过程中发现：花色苷被糖苷酶水解形成花青素，随后，花青素被多酚氧化酶或过氧化物酶氧化。多酚氧化酶催化酚类物质氧化的氧化产物如 4- 甲基儿茶酚能加速花色苷的降解。Kader 等研究证明多酚氧化酶本身并不能促进花色苷的降解，而是当有绿原酸或咖啡酸等酚类存在时，多酚氧化酶促进多酚生成 O- 醌类化合物，该中间产物进一步与花色苷快速反应生成花色苷 -O- 醌的缩合物和降解产物。花色苷与各种酚类物质会逐

渐降解或氧化，形成多聚褐色物质。因此在一些果蔬制品加工过程中，适当的热烫灭酶处理有利于保持产品原有的色泽。花青素的氧化反应机制见图 7-22。

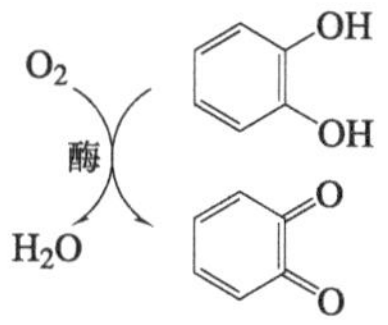

图 7-22　花青素的氧化反应机制

⑥ 亚硫酸盐　花色苷与亚硫酸盐可通过亲核加成反应形成磺酸加合物而变成无色，强酸、加热处理可使磺酸根脱除，花色苷颜色恢复。利用 ^{1}H、^{13}C 和 ^{33}S NMR 确定磺酸加成反应发生在花色苷的 C2/C4 位，推测其反应方程式如图 7-23 所示。

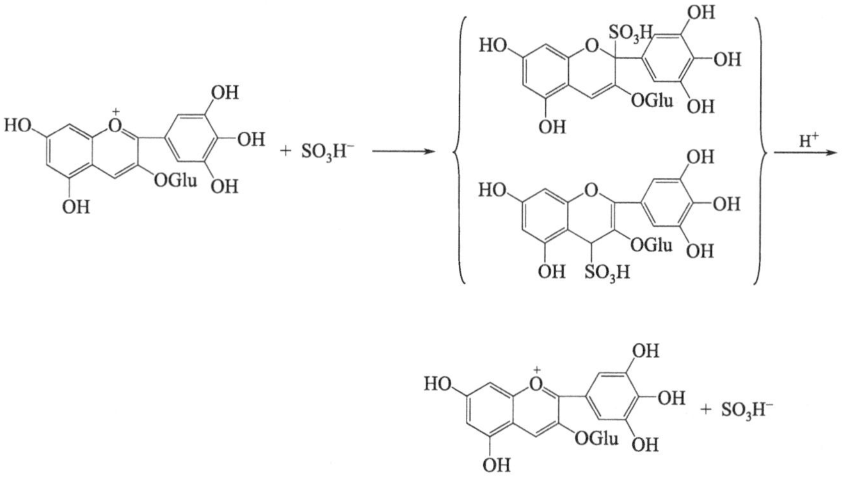

图 7-23　花色苷同亚硫酸盐的反应及在酸性条件下的脱除反应

⑦ 金属离子　某些花色苷因为具有邻位羟基结构，能和金属离子如钙、铁、铜、铝等形成配合物，这种配合作用对于花色苷颜色的影响是两方面的。在某些天然植物中，其作用是积极的，例如鲜花的颜色比花色苷本身的颜色鲜艳得多就是因为鲜花中一部分花色苷与金属离子形成了配合物。而在加工过程中，这种配合作用往往是不受欢迎的，一些金属离子，例如 Ca^{2+}、Mg^{2+}、Mn^{2+}、Fe^{2+} 等可以与花色苷结合，形成复合物，进而导致花色苷颜色变成暗灰色、紫色和黄色等。同时 Fe^{3+}、Cu^{2+} 对花色苷的降解具有明显的促进作用。花色苷同铝盐的反应如图 7-24 所示。因此含有花色苷的食物在加工和贮藏过程中应该避免使用金属器皿，并且在加工过程中加入柠檬酸等金属螯合剂可以抑制金属离子对花色苷的破坏。

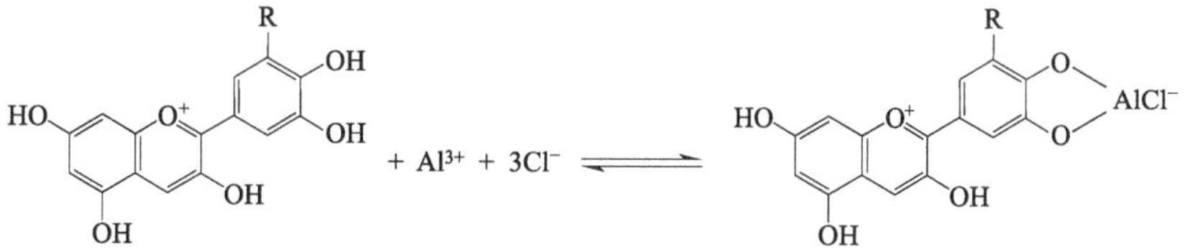

图 7-24　花色苷同铝盐的反应

⑧ 糖及降解产物　食品体系中高浓度的糖有利于花色苷的稳定，高浓度的糖可以降低

食品体系的水分活度可能是其维持花色苷稳定的主要原因。但是当糖的浓度较低时，糖及其降解产物会加速花色苷的降解，并且不同糖的作用与其结构相关。例如果糖、阿拉伯糖、乳糖等对花色苷的降解作用强于葡萄糖、蔗糖和麦芽糖。

⑨ 共色素形成　花色苷自身与其他化合物可以发生缩合反应，并且可以与蛋白质、单宁、其他黄酮类和多糖形成较弱的络合物，进而增强花色苷的颜色及增强其贮藏稳定性。尽管与花色苷形成共色素的物质自身均是无色的，但是这些物质可以引起花色苷的吸收波长发生红移，增加对光的吸收，并且也可以使花色苷更加稳定。

7.2.3.2　类黄酮类

（1）类黄酮的结构

类黄酮化合物（flavonoids）是一类广泛存在于自然界的、以黄酮（2-苯基苯并-γ-吡喃酮）（flavone）为母核而衍生的一类化合物，其结构如图7-25所示。它们分子中有一个酮式羰基，分子中γ-吡喃酮环上的氧原子具碱性，能与酸成盐，其羟基衍生物多具黄色，故又称黄碱素或黄酮。黄酮类化合物在植物界分布很广，在植物体内大部分与糖结合成苷类或碳糖基的形式存在，也有以游离形式存在的。

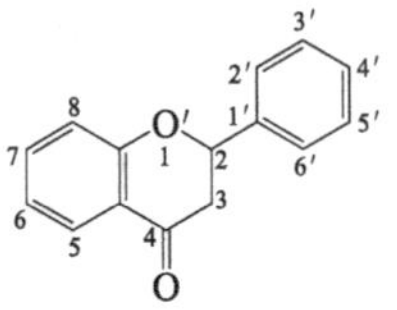

图7-25　黄酮类化合物的母核结构

天然黄酮类化合物母核上常含有羟基、甲氧基、烃氧基、异戊烯氧基等取代基。根据三碳键（C3）结构的氧化程度和B环的连接位置等特点，黄酮类化合物可分为下列几类：黄酮（flavones）、黄酮醇（flavonols）、二氢黄酮（flavanones）、二氢黄酮醇（flavanonols）、异黄酮（isoflacones）和二氢异黄酮（isoflavanones）、黄烷二醇（3,4）（又称白花色苷元）、双黄酮（biflavonoids）系列。还有其他一些黄酮类化合物，例如查耳酮、二氢查耳酮、橙酮等。常见黄酮类化合物的苷元主要如表7-1所示。天然类黄酮多以糖苷的形式存在，其糖基主要为葡萄糖、半乳糖、木糖、芸香糖、葡萄糖醛酸等。主要在母核的3、5和7位置成苷，在3′、4′、5′位也有成苷反应。与花色苷类似，类黄酮化合物也存在酰基取代物。

表7-1　常见黄酮类化合物苷元的主要结构类型

类型	基本结构	类型	基本结构
黄酮类	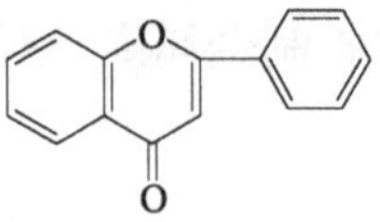	黄酮醇类	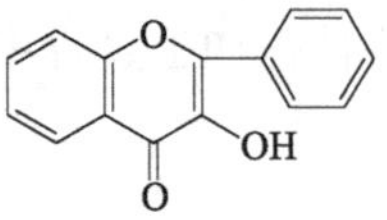
二氢黄酮类	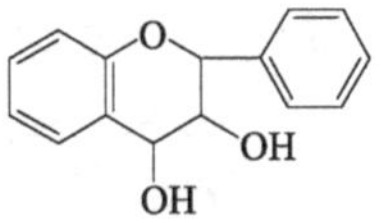	二氢黄酮醇	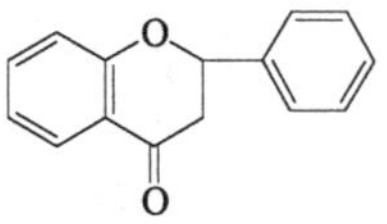
异黄酮类	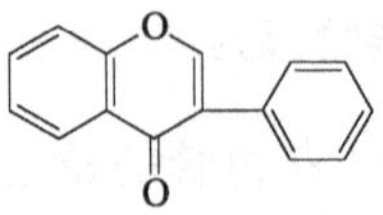	二氢异黄酮类	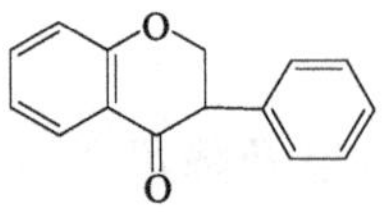

类型	基本结构	类型	基本结构
查耳酮类	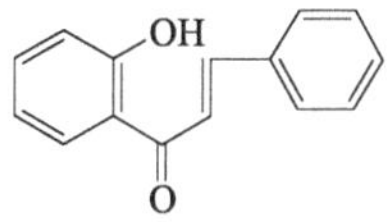	二氢查耳酮类	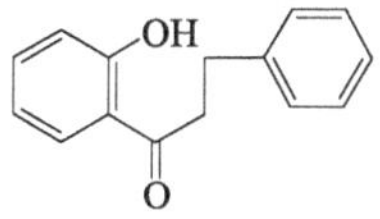
黄烷-3-醇类	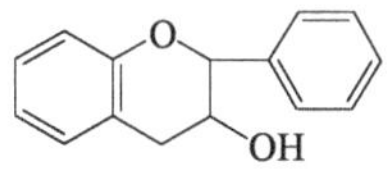	二氢黄烷醇类	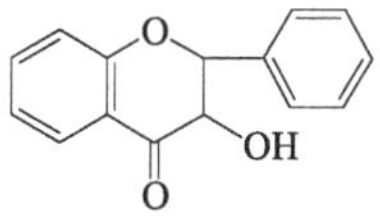

（2）类黄酮类物质的理化性质

目前报道已知的类黄酮化合物约 1700 种，其中呈色的物质有 400 余种。通常游离的类黄酮化合物较难溶于水，易溶于有机溶剂和稀碱溶液。类黄酮化合物分子中具有多个酚羟基，故显酸性，因此可溶于碱性水溶液、吡啶、甲酰胺等。因其酚羟基数目及位置不同，酸性强弱也不同，其中 7 位 C 的羟基酸性最强。天然类黄酮物质通常和葡萄糖、鼠李糖、半乳糖等以糖苷的形式存在，糖基取代往往发生在 7 位 C 上。

类黄酮化合物中黄酮、黄酮醇、异黄酮及其苷类呈黄色。类黄酮分子中的吡酮环和羰基是其主要的生色基团，同时其结构中的酚羟基对其呈色也有很大影响，其位置和数量均会影响黄酮类化合物的颜色。例如黄酮类化合物如仅 3 位上有羟基，则显灰黄色，如果 3 位和 4 位同时存在羟基或甲氧基，则多呈深黄色，而且 3 位的羟基还可加深这种黄色。同时黄酮类的颜色受 pH 的影响较大，一般情况下 pH<7 显红色，pH=8.5 显示紫色，pH>8.5 显示蓝色。同时，类黄酮可与金属离子发生螯合，产生共色素作用，进而影响类黄酮化合物的呈色特性。另外，大多数的黄酮类化合物具有显著的生理、药理活性，常作为食品添加剂和天然抗氧化剂应用在食品加工中。

（3）影响类黄酮稳定性的因素

① pH　类黄酮物质都含有酚羟基，是一种弱酸性的化合物，可以与强碱作用，进而开环转化成查耳酮型结构，呈现明亮的黄色（如图 7-26 所示）。因此在加工过程中酸碱度的变化会直接影响类黄酮物质的稳定性和呈色效应。例如在碱性条件下，原本无色的黄烷醇和黄烷酮类可转变为有色的查耳酮类物质。例如马铃薯、小麦粉、菜花和甘蓝等在碱性水中烫漂都会引起颜色往黄色转变。用硬水煮马铃薯、荸荠、芦笋时，颜色会变黄也是由于生成了查耳酮型所致。该变化是一种可逆变化，可以采用有机酸进行逆转。在水果、蔬菜加工中，用柠檬酸调整漂烫用水 pH 的目的就在于控制这类反应的发生。

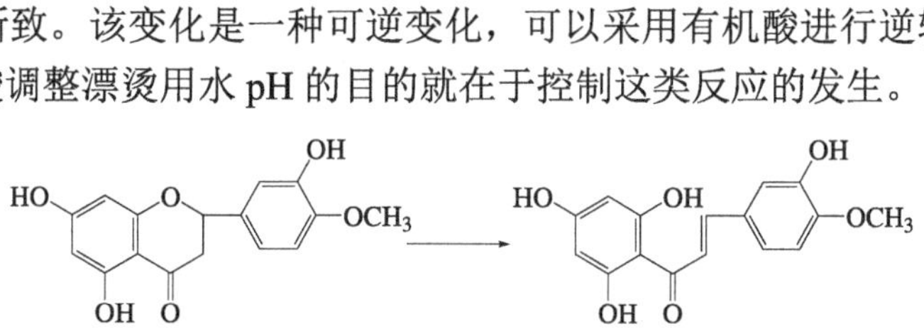

图 7-26 橙皮素在碱性条件下的呈色反应

② 金属离子　类黄酮化合物可以同许多金属离子形成络合物，进而增强其显色，表现出强的显色效应。例如类黄酮与 Al^{3+} 络合后黄色增强，圣草素与 Al^{3+} 络合后表现出诱人的黄色，类黄酮化合物与 Fe^{2+} 结合后则可以呈现出蓝、黑、紫等颜色。

③ 酶促褐变　一些类黄酮化合物也是多酚氧化酶的底物，在食物加工过程中，会发生酶促褐变。

（4）类黄酮类色素的护色技术

类黄酮类色素的稳定性较差，在加工和贮藏过程中容易受到 pH、温度、光照、氧化剂、金属离子、酶等的影响。因此富含多酚类物质果蔬在加工和贮藏中，往往需要低温、避光，同时在加工过程中避免使用金属容器等，同时还需要真空包装，加入一些其他抗氧化剂，以及通过添加酚类底物类似物、钝化多酚氧化酶等方式来保护多酚类物质。目前最新的研究表明可以采用两亲性物质对多酚进行包埋，进而提升多酚类物质的稳定性。同时，虽然类黄酮色素稳定性较差，然而因其具有抗氧化等诸多健康功效，目前已经作为功能性配料应用在食品生产和加工中，因此类黄酮色素的研究和开发将成为天然色素未来的关注点。

7.2.3.3　黄烷醇类

（1）儿茶素

儿茶素（catechins）又称茶多酚，是一种黄烷醇类多酚。儿茶素为白色晶体，易溶于水、乙醇、甲醇等，部分溶于乙酸乙酯。其溶解度和其结构有很大关系。例如 EGCG 和 GCG 互为同分异构体，EGCG 在水中的溶解度很高，而 GCG 则基本不溶于水。儿茶素存在于许多植物中，其中在茶叶中含量最为丰富（如图 7-27 所示），茶叶中主要存在 8 种儿茶素，其在绿茶中含量可以达到干物质的 20% 以上。

儿茶素本身无色，具有一定的涩味，易和金属离子和蛋白质发生络合，进而产生沉淀。作为多酚类物质，儿茶素稳定性较差，容易被氧化生成褐色物质。许多植物和水果中都存在多酚氧化酶，在组织受损时，儿茶素类物质就会在多酚氧化酶的催化下被氧化成褐色物质。例如红茶在加工过程中，儿茶素被氧化为茶黄素和茶红素。而切开的果蔬，例如苹果等，放置一段时间后，切面都会褐变。儿茶素类物质目前已经被证实具有多种健康功效，例如抗氧化、抗肿瘤、抗辐射等。因为其这些功能特性，儿茶素类物质已经被广泛应用于食品、日化、医药等领域。

（2）单宁

单宁（tannin）是一类结构独特的天然多酚类物质，因其可同蛋白质等大分子化合物相结合产生沉淀，故又称为鞣质，可用于制皮革工艺中，清除生猪/牛皮表面的可溶性蛋白质。单宁广泛存在于食物果蔬中，例如苹果、葡萄、柿子、五倍子等。根据其结构特点，主要分为水解型单宁和缩合单宁。水解单宁（hydrolyzable tannin）是由酚酸和多元醇通过苷键或酯键形成的一类化合物，主要包括五倍子单宁和鞣花单宁。鞣花单宁为没食子酸和鞣花酸的聚合物，典型的鞣花单宁包含没食子酸、鞣花酸和一个葡萄糖分子，称为柯黎勒鞣花酸（chebulagic acid）。缩合单宁（condensed tannin）又称原花青素（proanthocyanidins），是一类由黄烷醇聚合而成的多聚物。

原花青素的基本结构是黄烷 -3- 醇或黄烷 -3,4- 二醇通过 C4—C8 或者 C4—C6 键缩合而成的多聚物。缩合单宁随着聚合度的增加，其溶解性逐渐减弱但结合蛋白质和金属离子的能力却逐渐增强。单宁类物质是红酒收敛性的物质基础，可以赋予红酒丰富的层次感。然而果蔬中的单宁类物质同样引起果蔬的涩味，例如单宁是柿子涩味的物质基础（图 7-28）。另外，因为其抑制营养物质消化吸收的特性，单宁类物质往往被认为是一类抗营养物质，然而目前的研究表明单宁作为一种高聚多酚类物质，具有诸多健康功效，已经引起越来越多的关注。

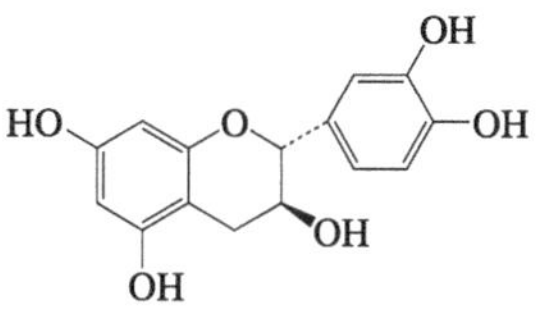

儿茶素

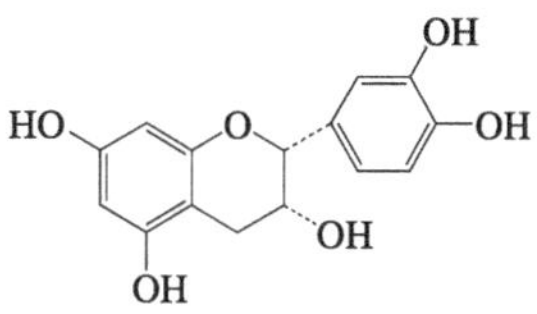

表儿茶素

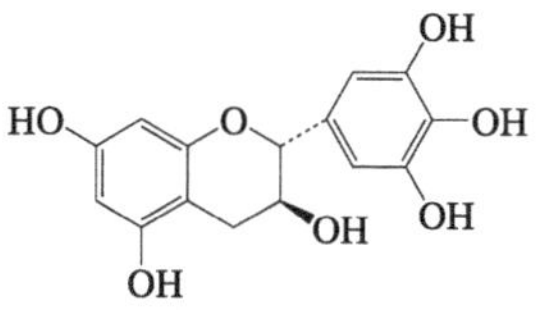

没食子儿茶素

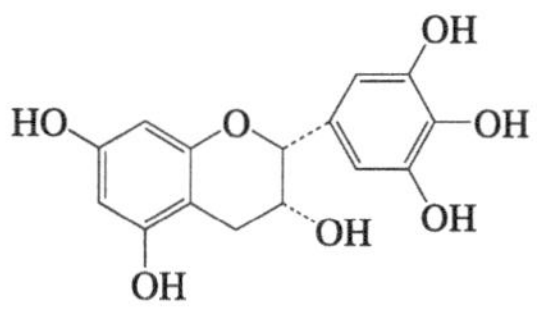

表没食子儿茶素

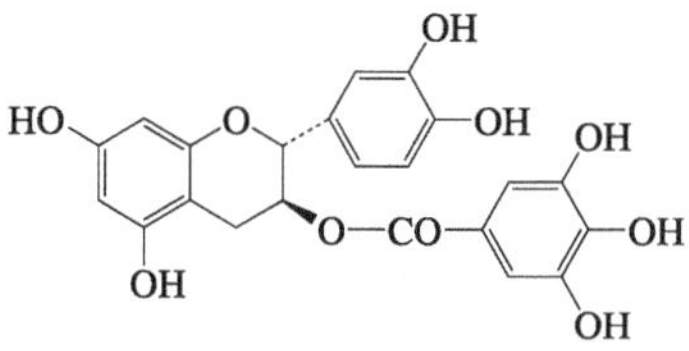

儿茶素没食子酸酯

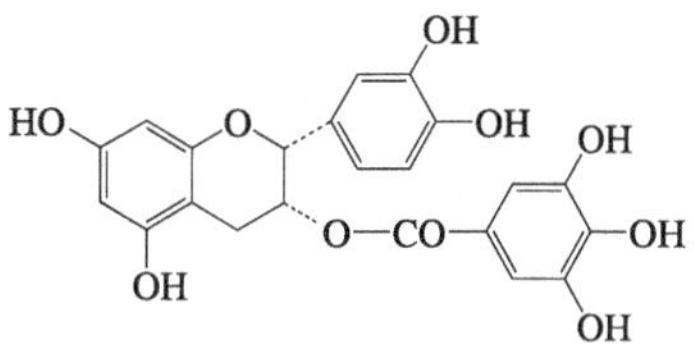

表儿茶素没食子酸酯

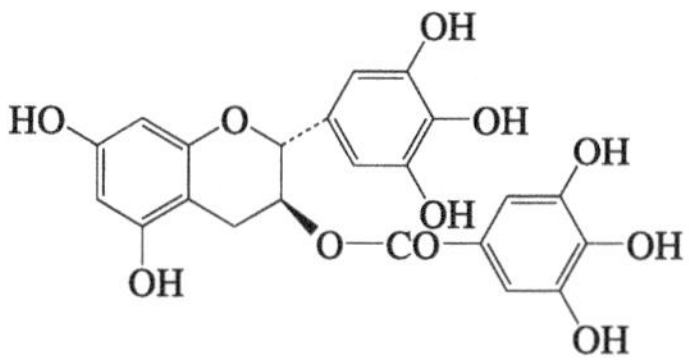

没食子儿茶素没食子酸酯

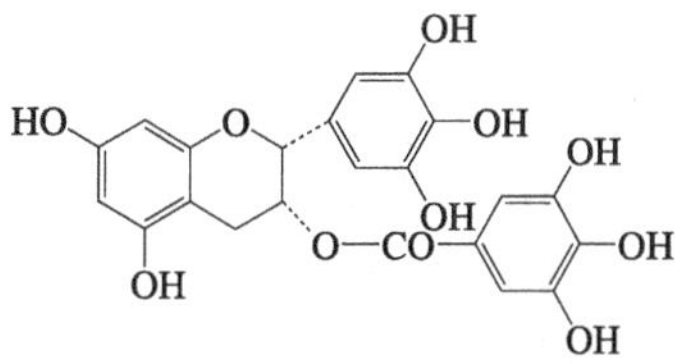

表没食子儿茶素没食子酸酯

图 7-27 茶叶中主要的儿茶素类物质

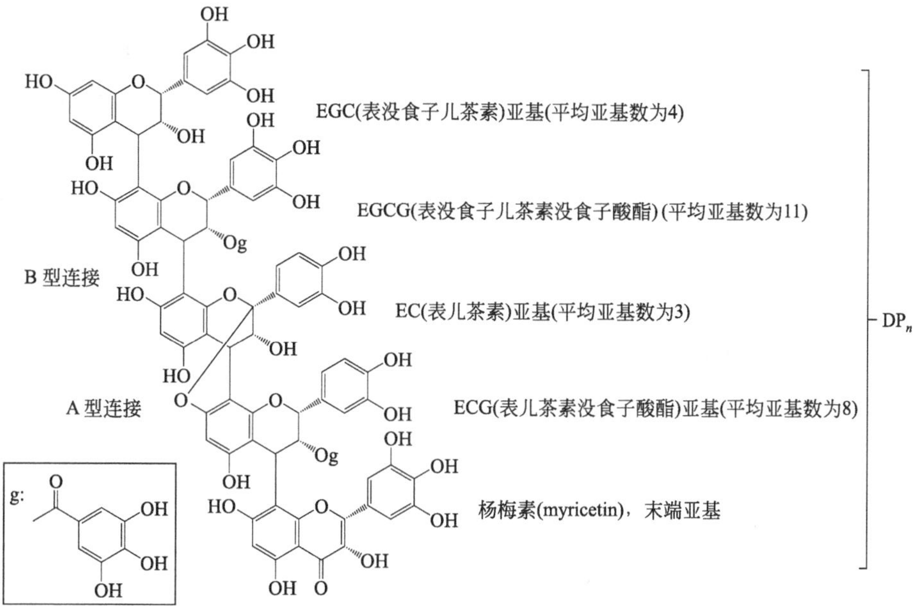

图 7-28 柿子缩合单宁（原花青素）的结构

7.2.4 其他天然色素

7.2.4.1 姜黄素

姜黄素（turmeric yellow）是一类从姜黄（*Curcuma longa*）的地下块茎中提取的黄色色素，属于酮类色素，主要有姜黄素、脱甲基姜黄素和双脱甲基姜黄素 3 种。姜黄素的结构如图 7-29。

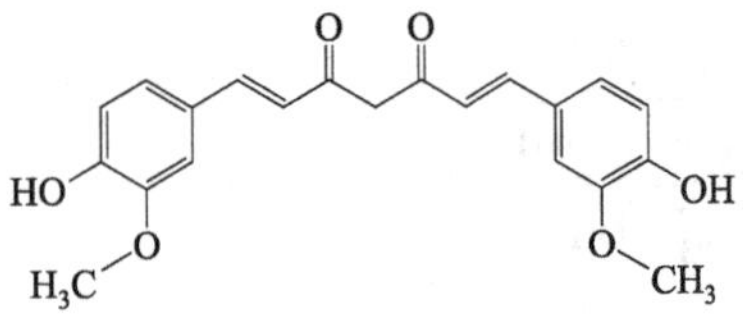

姜黄素为橙黄色结晶，难溶于水和乙醚，易溶于乙醇、丙二醇、冰醋酸以及碱性溶液。在中性和酸性溶液中，姜黄素呈黄色，而在碱性条件下则呈红褐色。姜黄素稳定性较差，外界环境因素如光、热、氧化剂及某些金属离子等的存在都会影响姜黄素的稳定性。姜黄素的着色能力较强，一般用于咖喱粉和相关蔬菜制品等的加工。根据食品种类的不同，允许添加的具体剂量参照 GB 1886.76—2015。目前的研究表明姜黄素不仅具有较好的染色能力，而且表现出了诸多的健康功效，例如抗氧化、抗炎、保护肝脏、抗癌等，已经成为一种非常重要的保健食品配料。

图 7-29 姜黄素的结构

7.2.4.2 红曲色素

红曲色素（monascin）是一组由红曲霉菌、紫红曲霉菌、安卡红曲霉菌、巴克红曲霉菌所合成的一类天然色素，属于酮类色素，按照其结构和颜色的不同，主要有 6 种，分别为红斑素（潘红素，rubropunctation）、红曲红素（梦那玉红，monascorubrin）、红曲素（梦那红，monascine）、红曲黄素（安卡黄素，ankkaflavin）、红斑胺（潘虹胺，rubropunctamine）和红曲红胺（梦那玉红胺，monsocorubramine），其中红色、黄色、紫色色素各两种。六种红曲色素的结构如图 7-30 所示。目前在食品生产和加工过程中，主要应用的红曲色素为红斑素（潘红素）、红曲红素（梦那玉红）。红曲色素的熔点较低，为 60℃，可溶于乙醇、乙醚等溶液。红曲色素具有较强的耐光、耐热特性，其显色与 pH 的关系不大，热稳定性较高，金属离子、还原剂及一些氧化剂对其显色也无显著影响。红曲色素对蛋白质的染色效果极好，因此是食品工业中一种常用的红色色素。

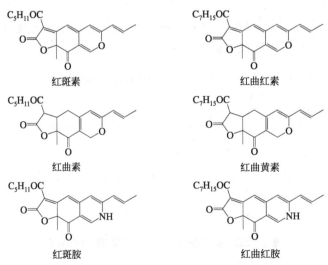

红斑素   红曲红素

红曲素   红曲黄素

红斑胺   红曲红胺

图 7-30 红曲色素的结构

随着对红曲色素研究的不断深入，红曲色素除了作为一种优质的色素外，还表现出许多其他功能，例如抑菌防腐、降低甘油三酯、降低胆固醇等生物学功效和健康作用。因此对于红曲色素的研究还在不断地深入。在我国，允许食品生产企业按照正常生产需要的量添加红曲色素（GB 2760—2014）。

7.2.4.3　甜菜红素

甜菜红素（betalaine）是从藜科植物红甜菜（紫菜头）块茎中提出的一类水溶性色素，结构如图 7-31 所示。甜菜红素一般为红紫或深紫色粉末，其色泽鲜艳，无异味，在 pH3～7 的食品中色泽稳定，呈紫红色，作为天然食用色素广泛应用于汽水、糖果、糕点等食品特别是低温食品的着色。甜菜红素是红甜菜中色素的总称，其主要由红色的甜菜红素和黄色的甜菜黄素所组成。甜菜红素的食品着色性良好，我国规定甜菜红素可以按需应用在各类食品中（GB 2760—2014）。

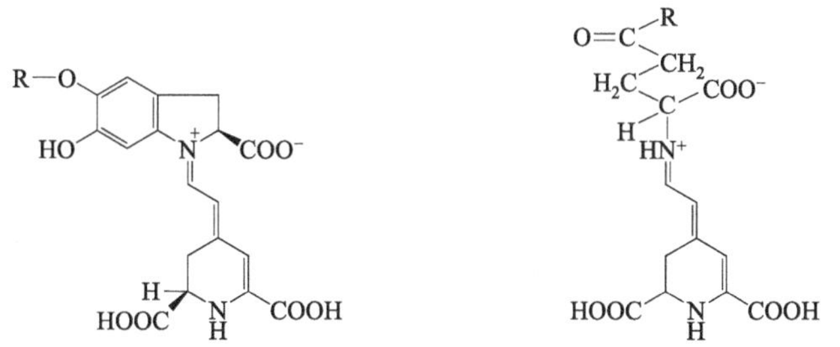

R=H，甜菜红素
R=G，甜菜色苷

R=NH$_2$，甜菜黄素（Ⅰ）
R=OH，甜菜黄素（Ⅱ）

图 7-31　甜菜红素的结构

相对花色苷类色素而言，甜菜红素的颜色相对比较稳定，但是其稳定性也会受到环境 pH、水分活度、金属离子、温度和光等的影响。甜菜红素在弱酸性条件下（pH4～5）最稳定，在碱性条件下（pH＞10）甜菜红素会水解为甜菜黄素，呈现黄色。另外其在碱性条件下还会发生降解，产生甜菜醛氨酸（betalamic acid，BA）和环多巴 -5- 葡糖苷（cyclodopa-5-O-glucoside，CDG）。此反应为可逆反应，在酸性条件下 BA 的醛基和 CDG 的亲核氨基发生席夫碱缩合，重新生成甜菜红素。食物加工和贮藏过程中其他一些环境因素，例如氧和光都会影响甜菜红素的稳定，因此在食物中加入抗氧化剂、柠檬酸和金属络合剂等可以提升色素的稳定性。

目前，我国还允许使用多种其他天然色素，例如红花黄、虫胶红、辣椒红、天然苋菜红、栀子黄等天然色素。

7.3　酶促褐变

果蔬等植物组织中含有大量酚类物质，当组织受到机械损伤或环境胁迫下，多酚氧化酶在有氧存在的条件下，催化酚类物质形成醌，醌再进行非酶促反应生成褐色的聚合物，被称为酶促褐变（enzymatic browning）。多酚氧化酶（polyphenol oxidase，PPO）包括酚酶、酪氨酸酶、儿茶酚酶等，其以铜为辅基，以氧为氢受体，属于一种末端氧化酶。在大多数情况下，多酚氧化酶导致的酶促褐变不仅有损于果蔬感官和质量，还会导致风味和品质下降，因此酶促褐变会导致巨大的经济损失。然而对于一些特殊的食物制作过程，例如红茶和乌龙茶的制作过程，酶促褐变却是其形成优质色泽和风味所必需的。

7.3.1 酶促褐变机制

酶促褐变的本质是酚酶催化酚类物质形成醌及其聚合物的过程，目前的研究表明酚酶的底物主要为一元酚和邻二酚。果蔬中的一元酚如酪氨酸、邻二酚如儿茶酚，都是酚酶的底物，在果蔬的褐变反应中扮演着重要的角色。对于一元酚和邻二酚而言，其发生酶促褐变的反应也不尽相同，因此本书以酪氨酸作为一元酚的代表，以儿茶酚作为邻二酚的代表，对酶促褐变的机制进行简单介绍。对酪氨酸而言，其发生酶促褐变的反应机制如图 7-32 所示。

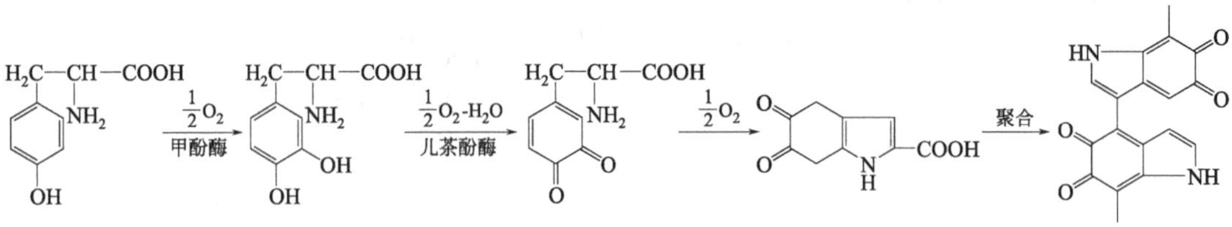

图 7-32   酪氨酸酶促褐变的反应机制

对于邻二酚——儿茶酚的酶促褐变而言，其主要反应机制如图 7-33 所示，儿茶酚可在酚酶和氧气存在的作用下被氧化为醌。醌进一步自发形成羟醌，进而发生聚合，随着聚合度的增加，颜色由红色转变为褐色，最后生成黑褐色的物质。

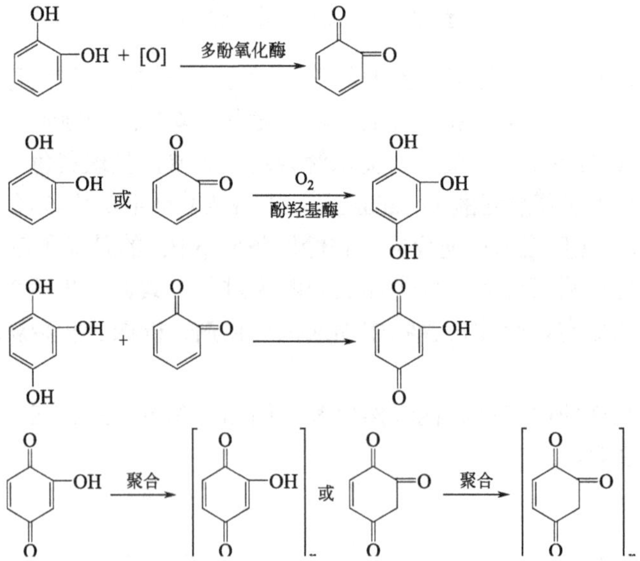

图 7-33   儿茶酚酶促褐变的反应机制

在果蔬中，还存在大量的儿茶素，作为多酚类物质，儿茶素在多酚氧化酶的作用下也会发生氧化反应生成褐色物质，其主要反应过程如图 7-34 所示。邻醌是儿茶素酶促反应的重要中间产物，其可以引起儿茶素的进一步氧化，或者彼此间聚合生成褐色物质。红茶的制作就是依靠儿茶素类多酚氧化生成黄色的茶黄素以及茶红素。

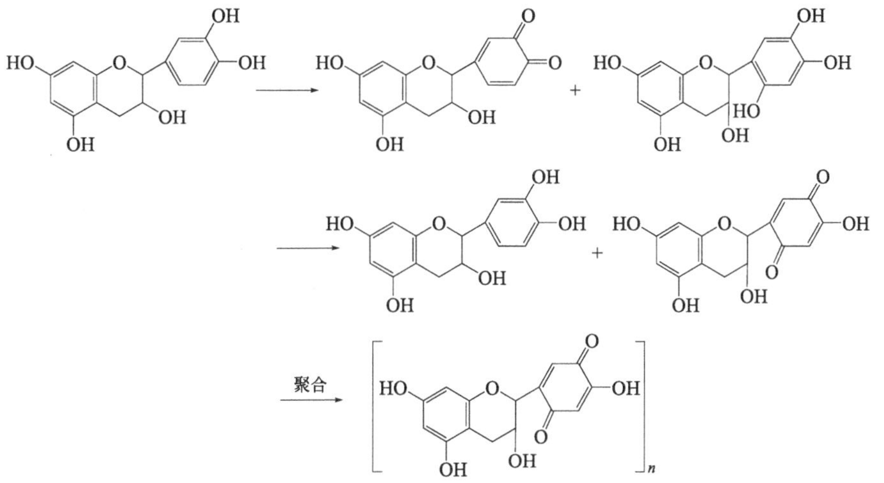

图 7-34　儿茶素的氧化反应过程

7.3.2　酶促褐变控制技术和方法

食物中发生的大部分酶促褐变都会对食品特别是果蔬的色泽产生不良影响，因此在食物的加工和贮藏过程中通常需要抑制酶促褐变的发生。酶促褐变的发生需要三个基本条件，即酚类底物、酶和氧。酚类物质是植物源食物中的主要化学物质，因此可以从控制酚酶和氧两方面入手，例如钝化酚酶的活性（热烫、抑制剂等），改变酚酶催化环境（pH、水分活度等），隔绝氧气及使用抗氧化剂（抗坏血酸、SO_2 等）。

7.3.2.1　加热处理

加热处理能使酚酶失活，进而抑制酶促褐变的发生。但是加热处理时间必须严格控制，需要在最短时间内既能达到钝化酶的要求，又不影响食品原有的风味。目前的研究发现在 90℃左右加热 7s 即可失活大部分的多酚氧化酶。如蔬菜在冷冻保藏或在脱水干制之前需要在沸水或蒸汽中进行短时间的热烫处理，以破坏其中的多酚氧化酶，然后用冷水或冷风迅速将果蔬冷却，停止热处理作用，以保持果蔬的脆嫩。

7.3.2.2　调节 pH

酚酶发挥催化活性最适宜的 pH 范围是 6～7 之间，在 pH 3 以下时其催化活性受到明显抑制，因此降低环境 pH 抑制果蔬褐变是果蔬加工常用的方法。目前在生产中常用的酸有柠檬酸、苹果酸、抗坏血酸等。研究表明柠檬酸对抑制酚酶活性有双重作用，柠檬酸既可以降低 pH，影响多酚氧化酶的活性，同时其又可络合酚酶辅基的铜离子，进而抑制多酚氧化酶的活性，在实际生产中通常与抗坏血酸或亚硫酸联用。苹果酸是苹果汁中的主要有机酸，研究表明其同样可以显著抑制酚酶的活性。抗坏血酸也是十分有效的酚酶抑制剂，同时其作为一种重要的维生素，具有很高的营养价值，它不仅能降低 pH，同时还是还原剂，可以与氧发生氧化还原反应，消耗食品体系中的氧，并能将醌还原成酚从而阻止醌的聚合，进而抑制酶促褐变的发生。

7.3.2.3　二氧化硫及亚硫酸盐处理

二氧化硫及亚硫酸盐类物质（亚硫酸钠、焦亚硫酸钠、亚硫酸氢钠、低亚硫酸钠）都是目前广泛使用的酚酶抑制剂。二氧化硫及亚硫酸盐溶液在弱酸性（pH=6）条件下对酚酶的抑制效果最好。目前，对二氧化硫和亚硫酸盐对酶促褐变的抑制机制有几种观点：抑制多酚氧化酶酶活；二氧化硫将醌还原为酚，或二氧化硫与醌发生加合，防止了醌的进一步聚合。另外，用二氧化硫和亚硫酸盐处理不仅能抑制褐变，两者还具有一定的防腐抑菌作用，并可避免维生素 C 的氧化，但是两者对色素（花青素）有漂白作用，同时会造成食物产生不愉快的味感和嗅感，浓度高时也会威胁机体健康。因此，食品卫生标准规定其残留量不得超过 0.05g/kg（以二氧化硫计）。

7.3.2.4　隔绝氧气

氧气是酶促褐变发生的一个必备条件，因此隔绝氧气也可以防止酶促褐变的发生。例如将切开的水果、蔬菜浸泡在水中，隔绝氧以防止酶促褐变。更有效的方法是在水中加入抗坏血酸，抗坏血酸在自动氧化过程中可以消耗果蔬切开组织表面的氧，使表面生成一层氧化态抗坏血酸隔离层。对组织中含氧较多的水果如苹果、梨，组织中的氧也会引起缓慢褐变，需要用真空渗入法将糖水或盐水强行渗入组织内部，驱出细胞间隙中的氧。

7.3.2.5　加酚酶底物的类似物

目前一些研究表明一些酚酶底物的类似物，例如肉桂酸、阿魏酸、对位香豆酸等（图7-35），能有效抑制酶促褐变的发生，而且这三种有机酸是果蔬中天然存在的酚酸类物质，安全无毒，因此在容易发生酶促褐变的食物中，可以适量加入这些有机酸，进而抑制酶促褐变的发生。

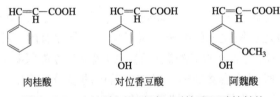

图 7-35　肉桂酸、阿魏酸、对位香豆酸的结构

 概念检查 7.5

○ 何为酶促褐变？酶促褐变发生的条件是什么？

7.4　人工合成色素

人工合成色素（artificial pigments）按照化学结构主要分为偶氮类着色剂和非偶氮类着

色剂。目前常用的为水溶性的偶氮类着色剂。目前我国允许使用的有苋菜红、日落黄、靛蓝、赤藓红、新红、柠檬黄、亮蓝和胭脂红。主要结构和性质如表 7-2 所示。

表7-2 我国允许在食品中添加的人工色素的结构及理化性质

名称	结构式	性质	颜色	最大允许使用量
苋菜红		水溶性色素	红色	50mg/kg
胭脂红		水溶性色素	红色	50mg/kg
柠檬黄		水溶性色素	黄色	100mg/kg
日落黄		水溶性色素	黄色	100mg/kg
靛蓝		微水溶	紫蓝色	100mg/kg
亮蓝		微水溶	蓝色	25mg/kg
赤藓红		水溶性色素	红色	50mg/kg
新红		水溶性色素	红色	50mg/kg

相对天然色素而言，人工合成色素色泽鲜艳，化学性质稳定，着色能力强。但是因为安全性的问题，在超过一定剂量后，会对机体的健康产生不利影响。因此在使用过程中应该严格按照相关规定添加。

7.5   前沿导读——花色苷的健康功效及护色

花色苷的特征结构不仅赋予花色苷鲜艳的色彩，同时也赋予其诸多健康功效，例如抗氧化、降糖、抗辐射、保护心血管系统、延缓衰老、改善视疲劳等健康功效。因此花色苷作为一种重要的天然色素类物质，越来越受到人们的重视。

随着社会的发展和技术的进步，人们接触电子产品的机会和时间越来越多，长时间非常容易造成视疲劳，进而导致视力损伤，严重者造成视网膜光化学损伤。光氧化应激诱导感光细胞凋亡是视网膜光化学损伤（RPD）的主要病理机制，感光细胞死亡是一种不可逆的损伤，可导致夜盲和视野收缩，严重者导致视力丧失。光诱导的光感受器细胞死亡可由多种细胞机制引起，包括氧化应激、活性氧（ROS）的产生、Caspase-1 和 NF-κB 的激活。目前的研究表明多种食物来源的抗氧化剂或自由基清除剂均能在一定程度上降低光氧化应激，抑制感光细胞凋亡，防护 RPD 病变。

在我们的日常生活中，许多食物材料都富含大量的花色苷类物质，例如蓝莓、树莓、曼越橘、葡萄等一些水果类，黑豆、黑米、黑皮花生等一些主粮经济作物等。在这些食物中，许多被认为具有清肝明目的功效，如蓝莓、曼越橘、黑豆等。花色苷（ACs）是一类具有较强抗氧化和抗凋亡能力的植物多酚类化合物，有研究表明 ACs 在体内可能通过其强的抗氧化作用有效防护感光细胞的损伤。越橘花青素类物质能通过其抗氧化特性保护感光细胞和视网膜神经节细胞（RGCs），抑制细胞凋亡，进而防护小鼠视网膜形态结构的损伤，其中花色苷类物质的抗氧化性在其保活作用中发挥着非常关键的作用。黑米中花色苷类物质同样可以有效防护视网膜形态结构的完整性，并能减少视网膜血中脂质过氧化产物 MDA含量，同时 ACs 能诱导机体产生 SOD，显著升高光辐照后机体组织 SOD、GSH-Px 和 GST活性，增强机体的抗氧化能力。结合组织学结果，推测黑米花色苷阻遏了 RPD 进程中的氧化应激，减轻视网膜损伤。此外，黑米花色苷类物质可以抑制 AP-1（c-fos/c-jun）的表达，上调 NF-κB（p65）和 IκB-α 的磷酸化，同时降低 Caspase-1 的表达，进而发挥其视力保护作用。而矢车菊苏 -3-O- 葡萄糖苷可以通过抑制 p38 和 / 或 JNK 激活来抑制 AP-1 的激活而发挥其健康功效。这些研究结果都表明富含花色苷类物质的食物可以作为一种健康补充品，改善光诱导的视力损伤。

然而，虽然花色苷的酚羟基结构赋予花色苷鲜艳的颜色及诸多的健康作用，但是同时也导致花色苷非常不稳定，容易受环境因素的影响。因此如何保证花色苷稳定性是花色苷工业化应用和功能产品开发中急需解决的主要问题。目前针对这个问题，许多方法和技术被利用来提高花色苷的稳定性，例如通过花色苷和食物大分子如果胶互作，可以提升花色苷的稳定性；通过一些辅色剂的利用，如多酚和黄酮同花色苷的联合使用，可以阻止水对花色锌盐阳离子的亲核攻击，提高花色苷颜色的稳定性；同时食物中天然存在的小分子酚酸类，如香豆酸、咖啡酸和阿魏酸等对花色苷的呈色也有一定的辅助作用。这些常规方法都可以发挥增强花色苷稳定性的作用，因此常被用在食物加工过程中。采用包埋技术也是目前维持花色苷稳定性的研究热点，其主要通过冷冻干燥、喷雾干燥、微凝胶等方法将花色苷包埋在合适的壁材中，进而提升花色苷的稳定性。虽然目前针对花色苷的护色方法已经有诸多研究和技术方法，但是因为最终产品形态的限制以及新型食品面世，花色苷类天然色素在食品中的稳定化应用研究仍然是今后研究的重点方向，同时如何利用花色苷的诸多健康功效，进行健康补充品的开发和利用也将是今后研究的热点。

 ## 总结

本章基本概念

○ 色素、发色基团、天然色素、护色、酶促褐变、类黄酮化合物、人工色素。

本章关键词

○ 食品色素（food pigments）；护色（color preservation）；染色（dye）；四吡咯色素（tetrapyrrole pigment）；叶绿素（chlorophyll）；血红素（heme）；类胡萝卜素（carotenoids）；胡萝卜素（carotenes）；叶黄素（lutein）；番茄红素（lycopene）；花青素（anthocyan）；花色苷（anthocyanins）；儿茶素（catechins）；单宁（tannin）；原花青素（proanthocyanidins）；类黄酮（flavonoids）；姜黄素（turmeric yellow）；红曲色素（monascin）；甜菜红素（betalaine）；酶促褐变（enzymatic browning）；人工色素（artificial pigments）。

食品色素的定义和分类

○ 食品中能够吸收和反射可见光进而使食物呈现各种颜色的物质统称为食品色素（food pigments）。

○ 食品色素按产生途径分为食品固有的天然色素、食品加工过程中通过化学反应形成的有色物质、人工合成的食品着色剂。

发色基团的定义及特点

○ 在紫外及可见光区域内（200～700nm）有吸收峰的基团称为发色基团。发色基团均具有双键，包括碳碳双键、碳氧双键、氮氮双键、碳氮双键等。

护色的定义

○ 护色（color preservation）即从食物固有的色素出发，从影响色素稳定的内、外因素入手，选择合适的加工方法和贮藏条件，使食物尽可能保持原有色泽。

天然色素的结构特点和主要类型

○ 天然色素按化学结构分，主要分为四吡咯类色素，如叶绿素、血红素；异戊二烯类色素，如类胡萝卜素；多酚类色素，如花色苷、花青素等；酮类色素，如红曲色素、姜黄素；醌类色素，如虫胶色素。

四吡咯色素的结构特点

○ 四吡咯色素母体的分子结构是由 4 个吡咯环的 α- 碳原子通过 4 个次甲基桥连接起来的大环共轭体系，叶绿素、血红素均属于四吡咯衍生物类色素。

○ 其基本单位是四个吡咯构成的卟啉环，其中金属元素以共价键和配位键结合在吡咯环上，从而呈现不同的颜色。四吡咯色素的呈色和稳定性与中心螯合的金属离子有关。

叶绿素在加工过程中的变化及叶绿素护色技术

○ 温度、光照、酸、酶等都会影响叶绿素的稳定性。

○ 酸性条件下，叶绿素的镁离子被 H 取代，形成脱镁叶绿素，叶绿素由绿色变为橄榄绿色。

○ 叶绿素在叶绿素酶的作用下可发生脱植醇反应，生成鲜绿色的脱植叶绿素。

○ 叶绿素在碱性条件下也可以发生水解反应，生成绿色叶绿酸。

○ 目前常用的护绿技术主要有控制 pH、高温瞬时处理、绿色再生等方法。同时一些其他的方法，例如气调保鲜技术等在绿色蔬菜的贮藏中有所应用。

类胡萝卜素的结构特点

○ 类胡萝卜素的基本结构是由 8 个异戊二烯结构首尾相连形成的大共轭多烯，并且多数类胡萝卜素的结构两端都具有环己烷。

○ 根据其结构的不同，类胡萝卜素主要分为两类：一类为纯碳氢化合物，称为胡萝卜素（carotenes）；另一类结构中含有羟基、环氧基、醛基、酮基等含氧基团，称为叶黄素类（xanthophylls）。

影响类胡萝卜素稳定性的因素及稳定方法

○ 类胡萝卜素存在多不饱和共轭体系，因此空气中的氧气、光以及食品体系存在的氧化剂均对其结构和稳定性有很大的影响。

○ 类胡萝卜素在高温、光、热和氧化剂等条件下不稳定，会发生化学变化进而造成降解及颜色改变。

○ 含有类胡萝卜素的食物在加工和贮藏过程中，常常会选择低温、避光、密封贮藏，并加入亚硫酸钠、维生素 C 等抗氧化剂，或者采用一些大分子物质，例如多糖等，对类胡萝卜素进行包埋，制备微胶囊产品，增加其稳定性。

花色苷的结构呈色及特点

○ 花青素是一种典型的类黄酮类物质，其基本结构单元为 2- 苯基苯并吡喃环，具有典型的 C_6-C_3-C_6 的骨架结构。所有花色苷都是花色锌盐阳离子基本结构的衍生物。

○ 花青素在自然界大多以花色苷的形式存在，由一分子花青素与糖以花色苷键相连，参与构成花色苷的糖主要有葡萄糖、半乳糖、木糖、阿拉伯糖等以及由这些糖所构成的二糖或三糖。天然存在的花色苷糖苷键多数位于 2- 苯基苯并吡喃的 C3 和 C5 上，少数在 C7 上。

○ 花色苷和花青素的呈色同共轭体系中的助色基团羟基和甲氧基及糖基的取代位置和数量密切相关。

○ 随着助色基团羟基数目的增加，光吸收波长发生红移，花青素的颜色逐渐向蓝色、紫色偏移；随着助色基团甲氧基数目的增多，光吸收波长向蓝光方向移动，花青素的颜色往红色偏移。

影响花色素稳定性的因素及护色技术

○ 花色苷和花青素在食品加工和贮藏过程中十分不稳定，环境 pH 值、氧气、氧化剂、亲核试剂、金属离子、温度和光照等都会影响花色苷的稳定性。

○ 目前花色苷的护色技术主要有：通过花色苷和食物大分子如果胶互作，可以提升花色苷的稳定性；通过多酚如小分子酚酸类和黄酮等与花色苷进行辅色，阻止水对花色锌盐阳离子的亲核攻击，提高花色苷颜色的稳定性；采用包埋技术是目前维持花色苷稳定性的研究热点，其主要通过冷冻干燥、喷雾干燥、微凝胶等方法将花色苷包埋在合适的壁材中，进而提升花色苷的稳定性。

酶促褐变

○ 酶促褐变（enzymatic browning）是在有氧条件下，由于多酚氧化酶的作用，邻位的酚氧化为醌，醌很快聚合成为褐色素而引起组织褐变。

○ 酶促褐变的条件：多酚类底物、酶及氧。

○ 抑制酶活、除氧、加酚酶底物类似物。

课后练习

1. 什么是食物色素，食物色素的主要作用有哪些？
2. 天然色素的主要种类有哪些？
3. 天然色素有什么特点？
4. 腌肉色素的形成机理是什么？
5. 叶绿素在烹饪加工中的颜色是如何变化的，如何对其进行护色？
6. 多酚类色素的结构有何特点，主要包含哪些色素？
7. 花青素在加工过程中的稳定性及引起其颜色发生改变的因素有哪些？
8. 简述花色苷的基本结构。结合实际谈谈在食品加工过程中如何采取措施保持其在食品中的含量。
9. 酶促褐变发生的机制是什么？如何控制食物发生酶促褐变？

题1答案　　题2答案　　题3答案　　题4答案

题5答案　　题6答案　　题7答案　　题8答案　　题9答案

设计问题

1. 牛排在烤制过程中的颜色如何变化，请思考半熟的牛排外表和内层颜色不一的原因。
2. 请查阅文献，试述花色苷类色素的健康功效及在食品中的应用前景和存在问题。
3. 试从结构上详细分析为何 β- 胡萝卜素在食品中既是营养素，还具有抗氧化性，并且还能呈色？对于富含 β- 胡萝卜素的食品，在贮藏加工中为何会颜色变浅？

（www.cipedu.com.cn）

第8章 风味化合物

(a) 工人从烘焙机中倒出烘焙完成的咖啡豆

(b) 不同焙烤程度的咖啡豆

图8-1 咖啡豆

　　大家都知道咖啡香气浓郁，但实际上生咖啡豆是没有咖啡香气的，只有经过烘焙，生咖啡豆中的内部物质发生一系列转化，才能产生咖啡香气。咖啡豆（图8-1）本身储存了丰富的香气前体物质，如糖类、蛋白质、脂类、有机酸等，经过受热烘焙后会启动一连串复杂的化学反应，如焦糖化反应和美拉德反应，从而造就出诱人的香气，所以不同程度的焙烤会产生不同的咖啡风味。当然复杂的香气其实还与生豆的化学组成有关，这就是为什么咖啡豆的品种、产地气候、果实成熟度、处理方法等，都会影响咖啡风味的原因。

为什么学习风味化合物？

　　风味是构成食品品质的重要指标之一。基于食品风味化合物的性质可采取一系列措施增强食品风味或者是抑制异味的产生。例如可通过酶解的方法对葡萄柚汁进行苦味脱除（8.2.2 节）。多种鲜味剂共同使用会有显著的风味增强效果（8.2.5 节）。又例如啤酒和牛奶在光照下会产生异味，所以必须使用具有良好阻光性能的包装方式（8.3.4 节）。为了提高和改善食品风味，熟悉风味化合物的风味特征及其形成途径是非常重要的。

👁 **学习目标**

○ 食品风味的定义。

○ 风味化合物的特点及五种食品基本味感。

○ 味感物质的代表及呈味机理。

○ 影响风味物质稳定性的因素。

○ 食品中气味化合物的形成途径。

○ 植物性食品和动物性食品香气的特点及各类食品代表性风味化合物。

8.1　概述

8.1.1　食品风味的定义

　　风味（flavor）是食品质量的三要素之一，对人们选择、接受食物起着重要的作用。随着生活水平的提高，人们对食品风味的要求不断提高，风味化学已发展成为食品化学的一个重要分支，成为推动食品工业发展的重要动力。

　　食品风味是摄入口腔的食物使人的感觉器官，包括味觉、嗅觉、痛觉、触觉及温觉等产生的感觉印象，即食物的客观性质使人产生感觉印象的总和。食品风味化学（food flavor chemistry）是一门研究食品风味物质的化学组成与特性、分析方法、形成机理以及变化规律的科学。食品风味化学是食品化学的一个重要领域，与化学、生物化学、植物学、动物学、分子生物学和食品加工学都密切相关。

　　本章主要讨论食品体系中风味化合物的风味活性与结构的关系，以及其主要的形成途径。

8.1.2　风味物质的感知原理

　　食品风味感知是一个非常复杂的过程，涉及的感觉器官包括味觉器官、嗅觉器官和其他化学感觉器官。食品的味感（taste，或称滋味、口味）主要由舌的味蕾感知，也有部分由口腔的软腭、咽喉后壁和会厌处感知。味感一般分为酸、甜、苦、咸、鲜五种基本味感，它们的感受体分别位于舌头的不同区域。口腔后部也有部分酸味和苦味的受体。嗅觉（olfaction）是一种比味觉更复杂、更灵敏的感觉。嗅觉是挥发性食品成分与鼻腔中的嗅觉上皮细胞感受器相互作用的结果。还有一些风味化合物的感知不存在特异性受体，而是与口腔和鼻腔中一些感觉神经末梢有关（如辣味、涩味和麻味等）。

近年来，随着分子生物学的发展，人们对风味感知原理的认知有了极大的进步，但是有部分感知机理至今仍不是十分清楚。总的来说，人对风味物质（包括气味和滋味）感知的基本途径是：首先呈味物质经溶液刺激口腔或者鼻腔内的风味物质感受体，然后通过一个收集和传递信息的神经感觉系统传导到大脑的味觉或嗅觉中枢，最后通过大脑的综合神经中枢系统地分析，从而产生对风味的感知。

8.1.2.1 味觉的形成

口腔内的味感受体主要是味蕾（taste buds）。大多数的味蕾位于舌头表面的乳突中，在舌黏膜褶皱处的乳突侧面分布最为稠密。也有小部分味蕾分布在软腭、咽喉和会厌等处。味蕾通常由 20～250 个味细胞组成。对于酸味、苦味和鲜味化合物，风味感知的初始步骤是滋味化合物（taste compound）分子与味细胞膜外侧的蛋白质感受器特异性结合，其原理类似于锁钥机制。与蛋白质感受器结合的呈味物质进而激活味细胞膜内侧的 G 蛋白偶联受体（G protein coupled receptors），产生环腺苷酸（cAMP）或者肌醇三磷酸盐（IP_3）等信号分子。在这些信号分子的作用下，味细胞膜上的 Ca^{2+} 通道被打开，Ca^{2+}、Na^+ 等阳离子内流，进而产生电信号。神经纤维把这些包含风味特征和浓度相关信息的电信号汇集传导至大脑皮层，从而产生风味感知。

对于酸味和咸味物质来说，其风味感知的初始步骤与其他风味物质有所不同。酸味和咸味的感知不需要蛋白质受体的参与，酸味和咸味化合物所包含的 H^+ 和 Na^+ 可以与味觉细胞膜上的离子通道直接作用。对于酸味化合物来说，H^+ 的直接结合导致细胞膜上的 Na^+ 通道关闭，进而产生电信号。相反，咸味化合物中的 Na^+ 则直接通过细胞膜上的 Na^+ 通道内流而产生电信号。这些电信号通过神经系统传导至大脑皮层，从而产生酸味和咸味的风味感知。

五种基本味觉感知受体及其生理意义如表 8-1 所示。

表8-1 五种基本味觉感知受体及其生理意义

味觉感知	味觉感受器	刺激物质	生理意义
甜味	G 蛋白偶联受体第一家族中的 T1R2/T1R3	单糖、双糖等	摄取能量和糖类
酸味	瞬时受体电位（TRP）离子通道受体中的 PKD1L3/PKD2L1	氢离子	避开腐坏变酸的食物和不成熟的水果
咸味	可能是离子通道受体	钠离子、其他碱金属离子	维持电解质平衡
苦味	G 蛋白偶联受体第二家族 T2Rs	生物碱、蛋白质水解物等	避开有毒有害物质
鲜味	G 蛋白偶联受体第一家族 T1R1+T1R3，mGluR1 和 mGluR4	谷氨酸、肌苷酸、鸟苷酸等	摄取营养氨基酸、蛋白质

8.1.2.2 嗅觉的形成

嗅觉是一种比味觉更复杂、更灵敏的感觉现象。人体大部分嗅觉上皮细胞密集排列于鼻黏膜上，再通过神经纤维连接到位于大脑的嗅球中。嗅觉感知的初始步骤是气味物质（odor compound）结合到气味结合蛋白（OBP）上，形成气味物质 -OBP 复合物。这一步十分重要，因为大多数气味物质是疏水的，只有首先与鼻黏膜中的气味结合蛋白结合，通过气味结合蛋白的简单溶解或者主动运输，才能通过极性黏膜层到达嗅觉受体。与部分味觉的形成机理类似，嗅觉受体是一种 G 蛋白偶联受体，激活的 G 蛋白偶联受体随后激活腺苷酸环化酶，使细胞内大量的 ATP 转化成 cAMP，打开离子通道，Na^+ 和 Ca^{2+} 内流使嗅神经元细胞膜去极化，产生电信号。这些电信号被汇集传导至大脑皮层，形成对气味的感受。与味觉不同的是，嗅觉受体的种类非常多。迄今为止，多数嗅觉受体所对应的气味物质仍未知。有证据表明一个嗅觉可以与多个气味分子结合，不同的嗅觉受体组合也能与多种气味分子结合。这种交叉组合的方式大大增加了嗅觉受体结合气味分子的种类，使人们能够感受到各种不同的气味。

8.1.2.3 化学物理觉

还有一些风味化合物具有独特的感官特性，如辣味、麻味、涩味和薄荷的清凉感等。这些风味化合物的感知过程不存在特异性蛋白质受体，而是与一些感觉神经末梢有关，所以一直以来被认为是非特异性的风味感知。这些风味物质在口腔和鼻腔中的作用效果类似于皮肤的化学感知系统（疼、痒、冷、热等）。由于鼻黏膜和口腔前部区域均被三叉神经支配，研究化学感觉的科学家通常将引起味觉或嗅觉以外感觉的化学物质称为"三叉神经刺激物"。尽管"三叉神经感觉"或"三叉神经风味"的概念被广为接受，但是这种提法也过度简化了口腔和鼻腔化学感受性的神经生物学基础。因为舌背面的体觉由舌咽神经控制，而迷走神经则支配呼吸道和食道，当刺激物被吞入或吸入时，它们至少可以被一种除三叉神经之外的其他神经所感受。所以近年来这类感觉更多地被称为"化学物理觉"（chemesthesis）。

 概念检查 8.1　　　　　　　　　　　　　　　　

○（a）什么是风味物质？（b）什么是嗅觉受体？

8.1.3　风味物质的感官分析方法

感官分析（sensory analysis/sensory evaluation）是风味物质分析的常用方法。与其他许多应用技术一样，食品感官分析也在应用中不断发展和完善。食品感官分析技术已成为许多食品公司用于产品质量管理、新产品开发、市场预测、顾客心理研究等许多方面的重要手段。感官分析的一个重要作用是针对一种或多种风味物质混合所带来的感官效应进行定性和定量分析。传统的感官分析依靠具有敏锐的感觉器官和长期经验积累的某一方面的专家（如白酒品评师、咖啡品评师等）。而现代感官分析则多以评价小组的形式进行，实验的最终结果是统计学分析的评价员分析结果的综合。感官分析的另外一个重要的应用则是确定风味化合物的阈值（threshold）。阈值是指人能够觉察到某种刺激时刺激物的最低量。应该明确的是某种物质的阈值并不是一个常数，而是不断变化着的。人与人之间对于同一风味物质的阈值会有所不同。同时，对于同一个人来说，阈值也会随着时间、心情、身体健康状况、饥饿程度等情况的变化而变化。所以阈值的测定通常采用的方法是在特定基质（水、空气、特定比例的酒精/水溶液等）中溶解一系列浓度梯度的风味物质，将其呈递给多位品评员进行品评。每位品评员评价在特定浓度下是否可以觉察到这种风味物质。如果在某一特定浓度下，至少有 50% 的概率这种风味物质可以被觉察到，那么这一浓度被称为这种风味物质的风味阈值。不同风味化合物的阈值差别极大，所以阈值极低的化合物，即使在食品中含量非常少，也有可能比含量非常丰富但阈值极高的化合物对风味的影响更大。

在传统感官分析的基础上，结合仪器分析，衍生出了一系列的香气评估方法。气味单位（odor units，OU）也称为气味活度值（odor activity value，OAV），是用风味物质的浓度除以其气味阈值得到的一个参数。通过 OU 或者 OAV 的大小可以估计该风味物质的风味贡献。气相色谱 - 嗅闻法（GC-O）以及气相色谱 - 质谱/嗅闻法（GC-MS/O）是专门用于风味分析的技术。这一方法借助于气相色谱能分离不同的风味化合物，然后通过人在嗅闻口（sniffing port）进行嗅闻判断每种物质的香气强度。GC-O 和 GC-MS/O 可以从众多挥发物中将有香气活性的挥发物区别出来，但是也有其不足的地方，即各个组分的嗅闻时间只有短短 2~5s，难以确切评定香气强度，而且嗅闻的结果也不能用来界定一个化合物在整体香气中的作用是关键性的还是辅助性的。近年来，香气萃取稀释分析（aroma extract dilution analysis，AEDA）技术被更多地用于分析食品中具有气味贡献的风味物质。具体步骤是用溶剂将挥发物一步步地稀释，每个稀释度都通过 GC-O 嗅闻进行评定，稀释一直进行到在气相色谱流出物中嗅不到有气味为止。在 AEDA 方法中将一个化合物尚能闻到的最高稀释度作为其香气稀释因子（flavor dilution factor，FD）。这些方法的优点在于克服了传统感官分析的不稳定性，缺点是忽视了食品基质的影响和风味物质之间的协同效应，其结果也无法完全解释食品的风味特性。

8.1.4　风味物质的仪器分析方法

食品风味物质种类繁多，分析方法也多种多样，每种方法都具有其优点和局限性，在此不作详细讨论。由于气味物质更为复杂多变，风味研究主要着重于对食品或香料中可挥发性物质的研究。食品中的挥发性风味物质浓度低、组分复杂并且具有不稳定性，这些特点给风味分析带来极大的挑战。挥发性风味物质的鉴定通常需要将风味物质从复杂的食品体系中有效地提取和浓缩（如常用的液 - 液萃取法、蒸馏法），同时要避免其化学性质的改变。后期发展起来的吸附萃取技术通过多孔高分子材料对顶空中的挥发性风味物质进行吸附，然后通过加热解吸附或者溶剂洗脱，可以有效地保持挥发性风味物质原有的化学性质。但是这种方法对于高沸点或者极低浓度的挥发性风味物质并不适用。

风味物质分析的主要目的是对风味物质进行准确的定性和定量。为了解析风味物质与感官感受之间的关系，准确的定量分析结果尤为重要。但是由于分析方法的局限，目前通过这些定量结果进行复配仍然很难模拟食品真正的风味和口感。并且相同的风味物质在不同的食品基质（如高脂肪和低脂肪）中可能存在不同的释放速率，从而使食物具有不同的风味和口感。常压电离质谱技术能对口腔中风味物质进行实时测量，研究食品风味物质在口腔中释放的时间 - 强度关系，在近年来得到了快速发展。

虽然风味物质的仪器分析在食品领域已经取得了很多进展，但是在食品工业中通过仪器分析手段进行常规风味检测仍然非常少见，大部分的风味质量检测仍然依赖于人的感官分析（参考 8.1.3）。通过对人类和动物的嗅觉、味觉感官的深入研究，人们研发出了可以模仿生物有机体嗅觉和味觉的人工智能识别系统——电子鼻（E-nose）和电子舌（E-tongue）。电子鼻和电子舌在食品工业中的应用既克服了传统人工评价食品时受主观影响和重复性不佳的问题，又解决了通过化学法进行分析检测时繁琐的样品前处理。通过电子鼻、电子舌对食品风味强度和食品质量的分析应用（如筛选变质食品）已有报道。虽然电子鼻和电子舌技术目前只能从整体上对食品风味差异进行区分，但这一概念为未来食品风味的快速检测提供了一种新的思路和方法。

 概念检查 8.2

○（a）什么是风味物质的阈值？（b）什么是气味活度值？

8.2 滋味化合物

滋味化合物一般是水溶性的非挥发性化合物。这些滋味化合物在食品中的含量通常远高于气味化合物，并且对食品的接受度起着至关重要的作用。本节主要介绍这些滋味化合物的化学结构及其呈味机理。

8.2.1 甜味物质

甜味是人们最喜爱的味感之一。在食品加工中，为了改善食品的风味，人们常将一些天然的或者合成的甜味剂添加到食品中，以增强其食用性。除了人们熟悉的糖（如蔗糖、果糖、葡萄糖等）及其衍生物（山梨糖醇、甘露醇、木糖醇）外，还有许多非糖的天然化合物和合成化合物也都具有甜味，如甜叶菊苷、合成甜味剂（糖精、环己基磺酸盐、阿斯巴甜等）、氨基酸以及其他物质。

近一个世纪来，人们为解释甜味的呈味机理提出过多种假说，取得了一系列进展。但直到 1963 年，R. S. Shallenberger 提出甜味的 AH/B 系统理论后，人类才第一次拥有了用来解释各种甜味分子呈味的简单基础理论，并以此为指导发现并合成了一些高甜度的人工甜味剂。AH/B 理论认为甜味物质的分子中有一个电负性的原子 A（可以是 O 或 N 等原子），与氢原子共价结合生成 AH 基团（如—OH、—NH_2），同时该甜味分子在 AH 基团附近 0.3nm 处有另一个电负性原子 B（可以是 O 或 N 等）。在人的甜味受体上也有相应的 AH 和 B 基团，若二者之间空间位置互配能够形成一对氢键，便可产生甜味，如葡萄糖、糖精、氯仿、

α- 氨基酸和醋酸铅的甜味都可以用 AH/B 理论来解释。然而，AH/B 系统理论仍具有明显的局限性，许多具有 AH/B 结构的化合物并不甜，而具有同样 AH/B 结构的氨基酸旋光异构体却具有不同的味感（如 D- 缬氨酸是甜的而 L- 缬氨酸是苦的）。1972 年，Kier 在 AH/B 体系中又引进亲脂的第三结合点，即 X 疏水部位，并提出著名的 AH/B/X 强甜物质的甜味三角理论，从而使 Shallenberger 的 AH/B 系统理论得到了重大完善。甜味分子的 X 疏水部位与味觉受体的类似疏水区域可以相互吸引。强甜分子的几何形状使其所有的活性单元（AH、B 和 X）都能与受体接触，形成一个三角形构象（图 8-2）。然后这一理论被不断验证和改进，用于描述甜味分子的一般结构特征。目前普遍认为在 AH/B/X 系统中，A 和 B 是空间相距 0.25～0.40nm 的带负电荷的两个原子，其中 A 与带正电的质子结合成为 AH，B 为质子受体。一个甜味分子中的 AH/B 系统可与位于甜味蛋白质受体上另一个合适的 AH/B 系统进行氢键结合，形成双氢键复合结构。而甜味分子的非极性部分 X 可以结合到受体蛋白质相应的凹穴中，如图 8-3 所示。甜味分子的 X 疏水部位是影响化合物甜度的一个控制因素，但是并不是甜味产生的必要条件。X 疏水部位的主要作用是促进甜味分子与受体蛋白质的结合，从而增强甜味的强度。但由于糖的亲水性很强，X 疏水部位仅对非常甜的糖起着有限的作用，对不太甜的糖则完全不起作用。X 疏水部分或许是甜味物质间甜味质量差别的一个重要原因，还似乎与某些化合物的苦味有关（见 8.2.2）。

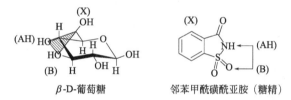

图 8-2 葡萄糖和糖精的 AH/B/X 结构

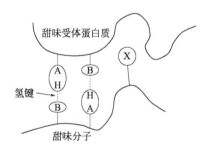

图 8-3 甜味化合物和味觉受体的 AH/B/X 结构示意图

8.2.2 苦味物质

苦味是一种分布很广泛的味感，在自然界中有苦味的物质要比甜味物质多得多。苦味并不是令人愉悦的味感，但是可以与甜味、酸味等其他味感组合形成一些食物的特殊风味。食品中的苦味主要来源于生物碱、糖苷及动物胆汁等。

苦味感知和甜味感知一样依赖于分子的立体化学结构。两种味觉的呈味机理类似，所以有的分子既有甜味也有苦味。甜味分子必须含有两个极性基团和一个补充的非极性基团，但是苦味分子可以只有一个极性基团和一个非极性基团。AH/B/X 系统理论也可以用来解释苦味化合物的呈味机理。目前许多学者认为，当 AH 基团和 B 基团在分子的空间构

象中分别位于 X 轴和 Y 轴,而疏水基团位于 X 轴或 Z 轴时,该化合物就产生苦味;当缺少 B 基团时也会产生苦味,此时无须考虑疏水基团的位置。针对多种苦味物质,它们的 AH 和 B 之间的距离大概为 0.15nm。大多数有关苦味和分子结构的关系可以通过这些学说加以解释。

奎宁(quinine)是常用作苦味标准物的一种生物碱。盐酸奎宁的阈值大约是 10mg/L。一般来说,苦味物质比其他呈味物质的阈值更低,比其他呈味物质更难以溶于水。奎宁是合法的饮料添加剂,常用于酸甜口味的饮料中,与其他味道调和,赋予饮料清爽的口味。除软饮料之外,苦味是很多其他饮料的重要风味特征,如咖啡、可可和茶等。咖啡因(caffeine)存在于咖啡、茶中,当其浓度为 150～200mg/L 时,呈现出中等的苦味。可可碱(theobromine)的结构与咖啡因类似,是可可中主要的苦味物质。咖啡因和可可碱的结构如图 8-4 所示。

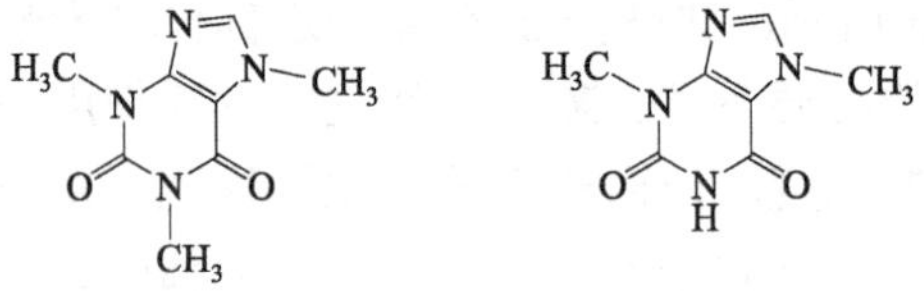

图 8-4　咖啡因和可可碱的结构

酒花(hops)是啤酒酿造中大量使用的原材料之一,使啤酒具有独特的风味。酒花中一些类异戊二烯衍生物(isoprenoids)是产生苦味的重要来源。这些非挥发性的苦味物质属于葎草酮和蛇麻酮的衍生物。葎草酮的衍生物(如合葎草酮、加葎草酮等)在啤酒酿造工业中被称为 α- 酸(α-acids);而蛇麻酮的衍生物(如合蛇麻酮、加蛇麻酮等)被称为 β- 酸(β-acids)。酒花中 α- 酸是啤酒苦味的主要来源,最高可占酒花干物质的 17% 以上。尽管 α- 酸具有一定的苦味,但由于其相对疏水性高、酿造损失大等原因,决定了 α- 酸自身对啤酒苦味贡献较少。α- 酸对酿酒的重要意义是在加热条件下异构化生成啤酒苦味的主要贡献物质——异 α- 酸(iso α-acids),具有极强的苦味(图 8-5)。

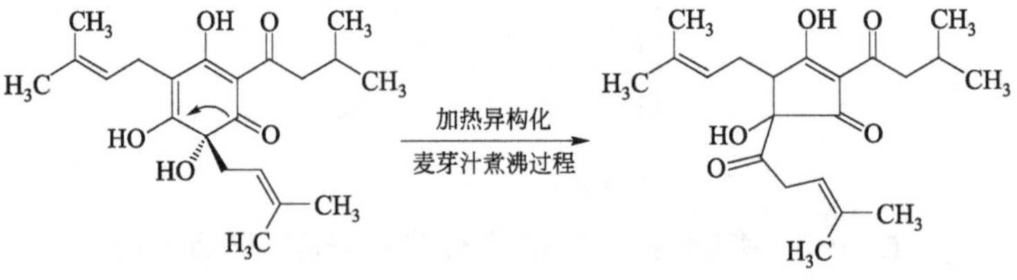

图 8-5　啤酒中主要的 α- 酸在加热条件下异构化生成异 α- 酸

虽然苦味对于某些食品和饮料来说是必不可少的味道,但对多数食品而言为非需宜风味,所以科学家一直致力于苦味抑制剂的研究。目前,掩盖药物苦味主要有两种方法:一是添加矫味剂掩盖,如添加芳香剂、甜味剂、酸性氨基酸、脂质和表面活性剂,用以掩盖药物苦味;二是包埋,可以各种丙烯酸树脂、蛋白质、预凝胶淀粉、天然胶、环糊精、壳多糖或者其他高分子聚合物对药物原料包埋,制成微粒、微囊和脂质体等,从而隔绝苦味。近年来,研究人员开发了 20 余种掩盖食物不良味觉、全新作用机理的苦味阻滞剂(bitter blockers)。其中一种腺苷酸化合物(AMP)已在 2003 年被美国 FDA 批准为食品添加剂。

其作用机理是通过与苦味物质竞争受体蛋白质的结合位点，从而阻滞味觉信息从口内传至大脑来干扰味觉传导。

柑橘加工产品出现过度苦味是柑橘加工业中一个较突出的问题。对于葡萄柚这类水果来说，有稍许苦味也许可以接受，但是很多柑橘类水果及其加工制品的苦味是消费者难以接受的。柑橘果实含有多种黄酮苷（flavonone glycosides），其中柚皮苷（naringin）是葡萄柚和苦橙中主要的黄酮苷。柚皮苷含量高的果汁非常苦，经济价值很小。从柚子皮中提取出来的柚皮苷可以添加到一些食品中以代替苦味的咖啡因，又可用于合成高甜度、无毒、低能量的新型甜味剂二氢柚苷查耳酮和新橙皮苷查耳酮。柚皮苷酶（naringinase）是从天然果胶和曲霉（*Aspergillus* sp.）中分离出来的酶，可以催化水解柚皮苷的 1→2 糖苷键生成无苦味产物（图 8-6），所以工业上常被用于葡萄柚汁的脱苦。

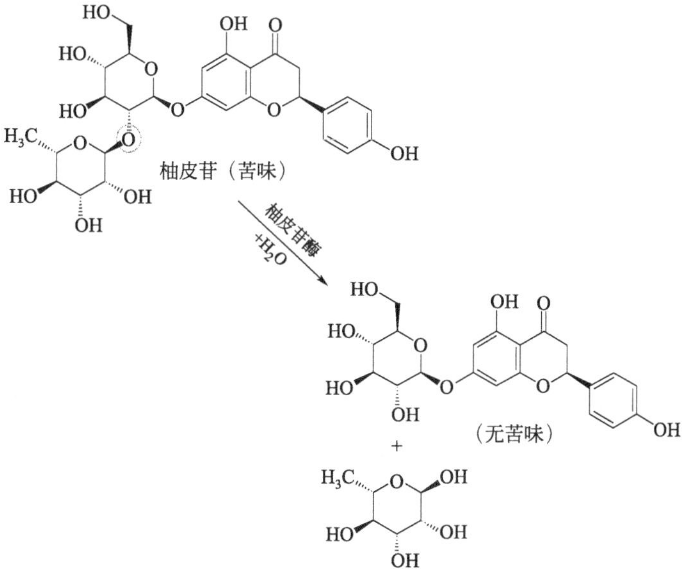

图 8-6　柚皮苷酶催化柚皮苷水解成为无苦味物质

脐橙主要的苦味成分是一种被称为柠檬苦素（limonin）的三萜双内酯化合物，也是葡萄柚中的一种苦味成分。无损伤的水果中含有一种没有苦味的柠檬苦素衍生物。在榨汁之后，酸性环境使这种柠檬苦素衍生物的 D 环闭合而形成柠檬苦素，逐渐出现苦味。橙汁的脱苦常用固定化酶的方法。利用从节杆菌属（*Arthrobacter* sp.）和不动杆菌属（*Acinetobacter* sp.）中提取的酯酶催化反应，打开柠檬苦素内酯的 D 环结构，但是由于在酸性条件下柠檬苦素会重新环化，这种方法无法完全消除柠檬苦素带来的苦味。另外可以使用柠檬苦素酸脱氢酶（limonoate dehydrogenase），将开环结构的柠檬苦素转变成无苦味的 17- 脱氢柠檬苦素酸，从而不可逆地消除橙汁的苦味。相关反应式见图 8-7。另外，使用高分子吸附材料脱苦也是橙汁加工工业中常用的方法。

蛋白质水解物和成熟奶酪均有明显的苦味，这是由肽类氨基酸侧链的总疏水性决定的。所有肽类都含有相当数量的 AH 型极性基团，可以结合到苦味感受器上，但是各个肽链的分子大小、疏水基团的非极性不同，因此它们与苦味感受器的相互作用能力也大不相同，导致不同肽类的苦味强度差异很大。肽类的苦味可以通过计算疏水值 Q 进行评估。一种蛋白质参与疏水缔合的能力与其结构中非极性氨基酸侧链的疏水贡献总和有关。这些相互作

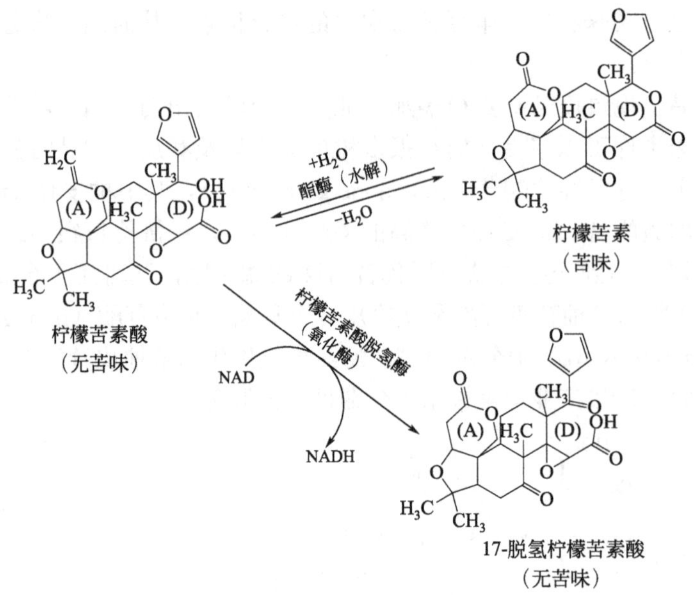

图8-7 柠檬苦素酸形成柠檬苦素的可逆反应以及柠檬苦素酸脱氢酶的脱苦

用主要与蛋白质伸展有关的吉布斯自由能（ΔG）有关。因此，根据肽链中每个氨基酸侧链 ΔG 的总和，可以使用公式（8-1）计算疏水值 Q。

$$Q = \frac{\sum \Delta G}{n} \tag{8-1}$$

式中，n 为氨基酸残基数。

各个氨基酸 ΔG 值可以通过溶解度数据得到，不同氨基酸的 ΔG 值如表 8-2 所示。Q 值大于 5855J/mol（1400cal/mol）的肽具有苦味，而 Q 值低于 5436J/mol（1300cal/mol）的肽则无苦味。肽的分子量也会影响其产生苦味的能力，分子量低于 6000 的肽才有可能有苦味，而分子量大于此值的肽由于体积过大，无法与苦味受体结合，故无法产生苦味。例如，α_{s1}- 酪蛋白在残基 144～145 和残基 150～151 之间断裂得到的六肽，其计算得到的 Q 值为 9576J/mol（2290cal/mol）。这种强疏水性肽，具有极强的苦味，是成熟奶酪中主要的苦味物质（见图 8-8）。

表8-2 各种氨基酸的 ΔG 值

氨基酸	ΔG 值		氨基酸	ΔG 值	
	/（cal/mol）	/（J/mol）		/（cal/mol）	/（J/mol）
甘氨酸	0	0.0	赖氨酸	6272.4	26256.3
丝氨酸	167.3	700.3	缬氨酸	7066.9	29582.0
苏氨酸	1839.9	7701.8	亮氨酸	10119.5	42360.2
组氨酸	2090.8	8752.1	脯氨酸	10955.8	45861.0
天冬氨酸	2258.1	9452.4	苯丙氨酸	11081.2	46385.9
谷氨酸	2299.9	9627.4	酪氨酸	12001.2	50237.0
精氨酸	3052.6	12778.2	异亮氨酸	12419.4	51987.6
丙氨酸	3052.6	12778.2	色氨酸	12544.8	52512.5
甲硫氨酸	5436.1	22755.5			

注：ΔG 值可以用两种单位表示，1cal/mol=4.186J/mol。

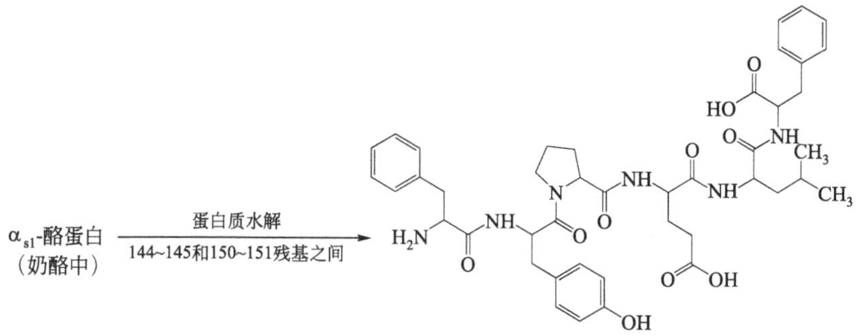

图 8-8　α_{s1}- 酪蛋白水解生成苦味肽

　　由于遗传的差异，每个人对于苦味物质的感觉能力是不同的。相同浓度的同一种物质，有人会感觉到苦，有人会感觉到苦中带甜，有人甚至会感觉没有味道。例如对于某些人来说糖精是纯甜味的，但是有些人会觉得糖精的甜味中带有微苦甚至很苦的味道。类似这样的苦味物质还有很多，苯硫脲（phenylthiocarbamide，PTC）就是一个典型的例子。1931 年杜邦公司发现由 PTC 引起的个体间味觉差异非常明显。60% 的美国白人可以尝出 PTC 的苦味，而另外 40% 的人尝不出苦味。PTC 尝味随后被用作各种族人群的遗传学分析，一个人能否尝出苦涩味是由其基因决定的，PTC 尝味者和味盲者的比例与所属民族有关。由于 PTC 具有一种硫化物的气味，会干扰味觉的感知，后来科学家普遍采用另外一种具有苦味但是没有气味的物质 6- 正丙基 -2- 硫脲嘧啶（6-*n*-propyl-2-thio-uracil，PROP）进行遗传学实验。PTC 和 PROP 分子都具有 N—C=S 基团，是它们的主要呈苦基团（图 8-9）。近年来的研究发现那些感觉 PROP 非常苦的人天生具有极强的风味感知能力，被称为"味觉超敏感者"。目前，科学家正在致力于从生理学和心理学的角度研究 PROP 敏感型和 PROP 不敏感型的个体，希望能够从中发现一些影响食物摄取、食物喜好和健康的遗传因素。

　　PTC 和 PROP 是食品中不存在的新型化合物，但食品中同样也存在类似的苦味物质。例如肌酸（creatine）是肌肉食品中的一种成分，人对肌酸也会表现出味觉灵敏度差异。当每克瘦肉中的肌酸达到毫克级时，肉汤就会出现苦味。

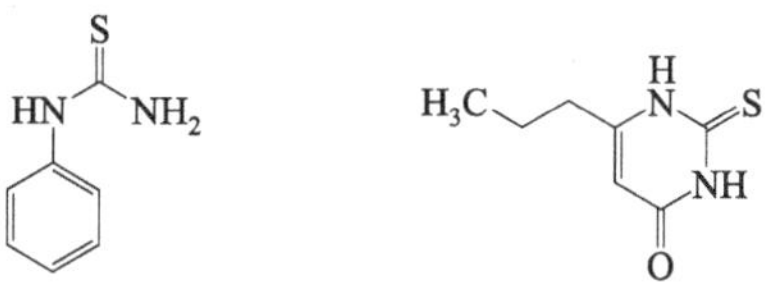

苯硫脲（PTC）　　　6-正丙基-2-硫脲嘧啶（PROP或PRU）

图 8-9　PTC 和 PROP 的化学结构

　　盐类的苦味呈味原理与其他苦味有机化合物不同。盐类的苦味与其包含的阴离子和阳离子的直径之和有关。离子直径小于 0.65nm 的盐没有苦味，只有咸味（如 LiCl=0.498nm，NaCl=0.556nm，KCl=0.628nm，少数人会觉得 KCl 稍有苦味）。随着离子直径的增大（如 CsCl=0.696nm，CsI=0.774nm），盐的苦味逐渐增强，因此氯化镁（0.850nm）是非常苦的盐类。

8.2.3　咸味物质

　　食品中最典型的纯咸味物质是氯化钠，虽然氯化锂也是一种纯咸味的物质，但是由于其具有毒性所以不能用于食品中。除氯化钠和氯化锂以外，其他盐类的咸味都不够纯正。这些盐类的味道很复杂，常被形容为甜味、苦味、酸味和咸味的混合体。但是事实上盐类的味道难以用这些基本味感来形容。其他的形容词如化学味或者肥皂味用来形容盐类的味道似乎更为合适。氯化钠的风味效应也并不止于提供咸味，在很多食品（如烘焙食物）中，氯化钠还被用来作为风味增强剂。

咸味的识别模式为水合阴离子 - 阳离子复合物与 AH/B 型受体的相互作用。从化学结构上看，阳离子产生基本的咸味，阴离子对基本咸味进行修饰。钠离子和锂离子只产生咸味，钾离子和其他碱土金属阳离子则产生咸味和苦味的混合味。阴离子可以抑制阳离子的味道，同时它们本身也会产生味道。在食品常见的阴离子中，氯离子对咸味抑制作用最小，柠檬酸盐阴离子对咸味的抑制作用强于正磷酸盐阴离子。另外，氯离子本身不产生味道，柠檬酸盐阴离子产生的味道小于正磷酸盐阴离子的味道。

阴离子产生的味觉效应在食品中是广泛存在的，例如在奶酪加工过程中，用作乳化剂的柠檬酸盐和磷酸盐的阴离子会降低钠离子带来的咸味，同时增加阴离子的味道。又例如，长链脂肪酸钠和清洁剂中的长链硫酸钠所产生的肥皂味是由阴离子产生的，并且这些味道可以完全掩蔽阳离子的味道。

8.2.4 酸味物质

酸味物质含有至少一个在水相中可以解离的质子。酸味物质呈味的初始步骤是质子（H^+）作用于细胞膜受体的离子通道，导致 Na^+ 通道的关闭和去极化。质子 H^+ 是酸味剂的定味基，而阴离子 A^- 是助味基。定味基 H^+ 在受体的磷脂头部相互发生交换，同时分子中的疏水性基团吸附在磷脂膜上，增加膜对 H^+ 的亲和力，从而引起酸味。溶液的酸性强弱并不是酸味强度的主要决定因素，其他分子特性（如分子质量、大小和总的极性等）都对酸味的强度有影响。例如有机酸根 A^- 结构上增加羟基或羧基，亲脂性减弱，则导致酸味减弱；而增加疏水性基团，则酸味增强。相同 pH 值下，有机酸的酸味一般大于无机酸。然而，与咸味类似，酸味物质的味道也很复杂。现有理论并不能解释不同的有机酸具有的其他特征，如柠檬酸具有清新感，高浓度的富马酸具有涩感，琥珀酸带有鲜味等。目前食品中酸味剂的选择和添加主要仍依靠人的经验来决定。

8.2.5 鲜味物质

鲜味物质自古以来就被人类用于提升食品风味。但在很长时间里，由于相应的味觉受体并没有被发现，鲜味物质如 L- 谷氨酸钠（mono-sodium-glutamate，MSG）和 5′- 核苷酸 [肌苷 -5′- 单磷酸盐（inosine-5′-monophosphate，IMP）和鸟苷 -5′- 单磷酸盐（guanosine-5′-monophosphate，GMP）] 都被认为是非特异性的味觉反应。直至 1996 年第一个鲜味的味觉受体被发现之后，鲜味才被广泛认定为基本味感之一。常见鲜味物质的结构见图 8-10。

研究表明鲜味受体 G 蛋白偶联受体第一家族 T1R1+T1R3 也具有 AH/B/X 结构。鲜味物质分子必须具有带正电分子团（以 AH 表示）、带负电分子团（以 B 表示）和含亲水性残基分子团（以 X 表示），三种分子团分别接到相对应的感受器位置才能令人感受到鲜味。常见的鲜味剂 MSG 和 IMP 在化学结构上属于两种不同类型，即氨基酸型鲜味剂和核苷酸型鲜味剂。氨基酸型鲜味物质属于脂肪族化合物，其通用结构式为—O—(C)$_n$—O—，$n=$

3～9。鲜味分子需要有一条相当于3～9个碳原子长的脂链，而且两端都带有负电荷，但$n=$4～6时鲜味最强，保持分子两端的负电荷对鲜味至关重要。核苷酸型鲜味剂属于芳香杂环化合物，其定味基是亲水的核糖磷酸，助味基是芳香杂环上的疏水取代基。具有嘌呤骨架的5′-核苷酸类都具有鲜味，其疏水部位的疏水性对鲜味有影响。

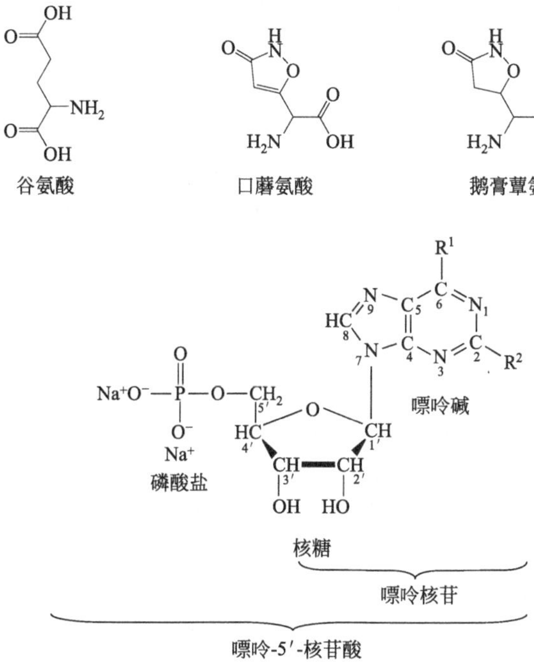

谷氨酸　　　　口蘑氨酸　　　　鹅膏蕈氨酸

R¹=OH, R²=H: 5′-肌苷酸钠(IMP)
R¹=OH, R²=NH₂: 5′-鸟苷酸钠(GMP)
R¹=NH₂, R²=H: 5′-腺苷酸钠(AMP)

图 8-10 常见的鲜味物质结构

鲜味物质在浓度超过其阈值时，能产生一种令人垂涎欲滴的滋味；当其浓度在阈值之下时，可以对其他风味物质起到修饰和增强的作用。鲜味物质的这些效应在蔬菜、畜肉类、禽类、鱼类、贝类以及成熟的奶酪中都非常突出。在鲜味剂中，MSG 和 5′-核苷酸经常共同使用，因为它们之间会产生协同效应，有风味增强的效果，已经被广泛用作商业用途。有研究表明鲜味物质的某些风味增强特性源于它们可以同时多位点作用于甜味、酸味、咸味和苦味受体。

虽然目前只有 MSG、IMP 和 AMP 被批准作为商业化的风味增强剂，但是拥有风味增强作用的鲜味物质远不止这些。例如 5′-黄嘌呤单磷酸盐和一些天然氨基酸，包括 L-鹅膏蕈氨酸和 L-口蘑氨酸等都有增强风味的作用。酵母水解物所产生的鲜味绝大多数也是来自5′-核苷酸。

8.2.6 其他呈味化合物

8.2.6.1 辣味物质

调味料和蔬菜中的某些化合物能引起特殊的辛辣刺激感觉，称为辣味（pungency）。某些辣味成分（例如红辣椒、胡椒和生姜中的辣味物质）是非挥发性的，它们直接作用于口腔组织；而某些香料和蔬菜中所含的辣味成分具有微弱的挥发性，所以同时具有辣味和香气，例如芥末、辣根、胡萝卜、洋葱、水田芥等。

对辣味物质按其结构进行分析时，一般将其划分为 4 类，分别为：①酰胺类，包括辣椒中的辣椒素、花椒中的花椒素、胡椒中的胡椒碱；②硫化物，如葱、蒜中的二丙烯基硫化物（见 8.3.1.2）；③异硫氰酸酯类，如芥末中的辣味物质（见 8.3.1.2）；④邻甲氧基酚基化合物，如生姜中的姜醇。

辣椒果实中的辣味成分主要是由辣椒素类物质（capsaicinoids）组成的，包括辣椒素（capsaicin）、降二氢辣椒素、二氢辣椒素、高二氢辣椒素和高辣椒素等。不同辣椒品种中的辣椒素类物质含量变化非常大，例如红辣椒中辣椒素含量约为 0.06%，红辣椒粉约为 0.2%，印度的山拉姆辣椒约为 0.3%，非洲的乌干达辣椒约为 0.85%。黑胡椒和白胡椒主要的辣味成分是胡椒碱（piperine）、反式结构的异胡椒碱，以及黑胡椒素、异黑胡椒素、二氢胡椒素、高二氢胡椒素等，是一种酰胺类物质。辣椒素和胡椒碱的结构见图 8-11。在这些化合物的顺反异构体中，如果胡椒中顺式双键的化合物含量越多，其辣味越强。经过光照或储存一段时间后胡椒的辣味会降低是因为顺式结构的胡椒碱转化为反式结构。生姜的辣味是一类被称为姜辣素的邻甲氧基酚基化合物产生的，其中姜醇（gingerol，又称姜酚）是新鲜生姜的主要辣味物质。根据其分子中环侧链上羟基外侧的碳链长度不同，分为 6-姜醇、8-姜醇、10-姜醇和 12-姜醇，其中 6-姜醇是最主要的一种。如图 8-12 所示，在干燥和贮藏过程中，姜醇脱水形成一个和酮基共轭的外部双键，生成一类被称为姜烯酚（shogaol，又称姜脑）的化合物，其比姜醇的辣味更强。而姜醇在高温加热的条件下酮基位置旁边的碳链发生断裂，其产物称为姜油酮（zingerone，又称姜酮），只有微弱的辣味。

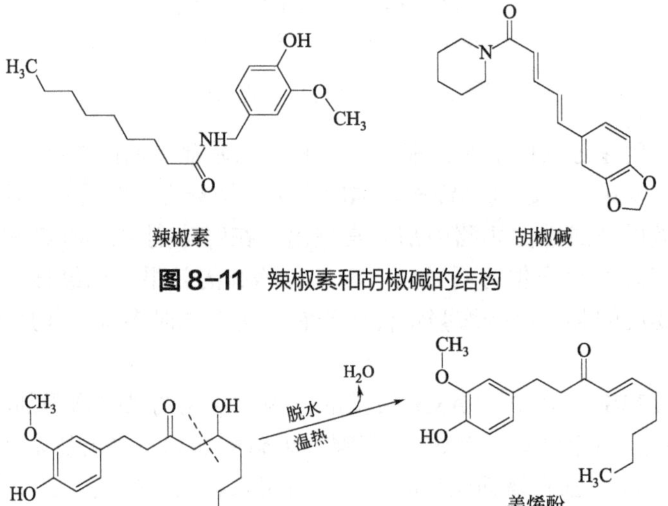

辣椒素   胡椒碱

图 8-11 辣椒素和胡椒碱的结构

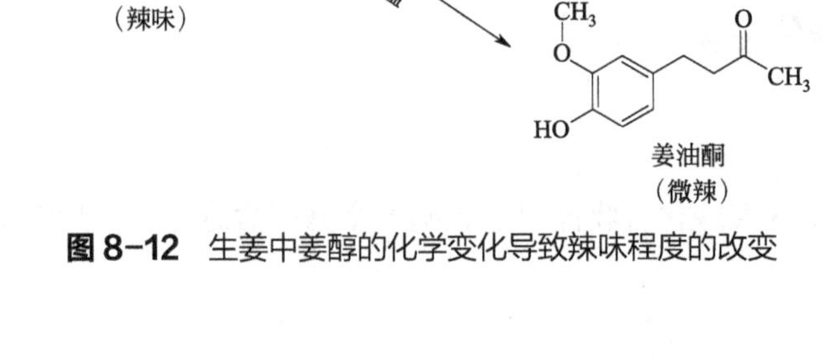

图 8-12 生姜中姜醇的化学变化导致辣味程度的改变

辣椒素、生姜素、胡椒碱、花椒碱等都属于两亲分子，定味基是极性头部，而助味基是非极性尾部。辣味与物质的化学结构有关，一般遵循 C9 最辣规律，即随着分子尾链碳原子数目的增加，辣味强度也得到增强，在 n-C9（编号按照脂肪酸命名规则）达到最高值，然后突然降低。对于辣味分子而言，当侧链没有顺式双键或支链时，n-C12 以上的分子就不再具有辣味；若链长虽超过 n-C12，但具有顺式双键，则还有辣味。顺式双键对辣味有促进作用，反式双键影响较小；双键在 C9 位上影响最大；苯环的影响相当于一个 C4 顺式双键。并且，辣味与辣味物质分子极性基的极性大小及其位置也存在较大的关系。

8.2.6.2　清凉感物质

清凉感（cooling）是化学物质刺激鼻腔或者口腔组织中的神经系统（如三叉神经系统）产生的一种感觉。最典型的清凉感是我们熟悉的薄荷味，例如欧薄荷、绿薄荷和鹿蹄草都具有薄荷味。很多化合物都可以带来清凉感，其中（-）- 薄荷醇 [(-)-menthol] 是最常用的一种风味添加剂。人们发现一些合成的化合物也具有清凉感，但不管是天然还是合成的清凉感化合物都常常伴随着一种樟脑气味。多元醇甜味剂也可以给人带来微弱的清凉感。但是薄荷味化合物带来的清凉感和多元醇甜味剂（polyol sweeteners）带来的清凉感的原理有所不同，后者一般认为是物质吸热溶解所产生。

8.2.6.3　涩味物质

某些物质所引起的口腔组织干燥、收敛的感觉被称为涩味（astringent）。涩味物质主要是单宁或者多酚类化合物，它们使唾液中的蛋白质聚集和沉淀，从而使唾液蛋白质的润滑作用丧失，带来涩味的感受。例如茶和茶饮料的涩味来自茶多酚，如果在茶中加入牛乳或者稀奶油，茶多酚便会和乳蛋白结合，使涩味降低。红葡萄酒中的涩味物质主要是多酚和单宁，所以当葡萄酒涩味过重时会设法降低多酚和单宁的含量。

8.2.6.4　浓厚味物质及其他风味调节剂

日本科学家提出了一个新的名词——浓厚味（kokumi）来形容一些不同于基本味的味觉感觉。浓厚味被形容成是一种令人愉快、产生幸福感的美味（有别于鲜味），具有浓厚、延渗、持久、饱满等味道特征。例如大蒜中水溶性的蒜氨酸 [(+)-S- 烯丙基 -L- 半胱氨酸亚砜] 具有非常明显的浓厚味，所以含有大蒜的食物常常具有复杂、饱满的可口味道。还有一些肽类，如谷胱甘肽也具有浓厚味。研究表明浓厚味的强弱与肽的分子量有直接关系，具有较强浓厚味的小分子肽多为分子质量小于 500Da 的二肽或三肽。浓厚味的强弱与氨基酸序列也有直接关系，一般含有谷氨酸序列的小分子肽浓厚味都较强。浓厚味的强弱还与肽链的螺旋结构有关，如只有 γ- 谷氨酰肽具有明显的浓厚味，而同样氨基酸序列的 α- 谷氨酰肽却没有浓厚味。

香草味是全世界人们都很喜爱的风味，而香草醛（香兰素）和乙基香草醛（乙基香兰素）是使用最多的香草风味添加剂。它们除了提供香草香气，还有风味调节剂的作用，尤其是在脂肪含量高的甜食中（如冰激凌），能够提高食物的顺滑、丰满、如奶油般的风味。

类似的，麦芽酚和乙基麦芽酚也是商业上常用的食品风味增强剂，具有增香、增甜的作用。虽然这两种化合物在高浓度时具有令人愉快的焦糖香气，但是在很多食品中它们的添加量并不高，以至于人们无法闻到其气味。低浓度的麦芽酚和乙基麦芽酚可以在甜味食品和饮料中发挥风味调节剂的作用，带给食物丝滑的口感。

 概念检查 8.3

○（a）什么是 AH/B/X 强甜物质的甜味三角理论？（b）什么是特征风味物质？

8.3 气味化合物

与滋味不同，气味化合物的种类非常多。有人认为，在 200 万种有机化合物中，40 万种都有气味，而且各不相同。在食品中已经确定的挥发性成分就超过 7100 种，根据其浓度和感官阈值，每一种都可能产生气味。气味化合物是能够引起嗅觉反应的物质。通常认为气味的概念就是"可以嗅闻到的物质"，其实这种定义非常模糊。有些物质人类嗅不出气味，但某些动物却能够嗅出气味，这类物质按照上述定义就很难确定是否为气味物质。由于气味的复杂性，气味化合物缺少成熟的分类方式。由于食物中的气味物质种类繁多，无法一一介绍，所以本节主要介绍几种主要的食品，即果蔬、肉制品以及发酵食品中重要气味化合物及其生成途径。

8.3.1 果蔬主要香气成分

8.3.1.1 水果典型香气物质

水果大都具有天然清香或者浓郁芳香气味。水果间香气的差别很大，首先与水果的类别和品种有关，不同的特征风味物质构成了水果的不同风味。而同一品种的水果，随着成熟度不同，风味也往往不同。此外，许多水果不同部位的风味成分也有较大差别。下面介绍几种重要水果的风味物质。

（1）香蕉中的香气物质

香蕉的特征风味物质是乙酸异戊酯。另外还有戊醇与有机酸（如乙酸、丙酸、丁酸等）形成的酯类，也是香蕉特征风味的组成成分。产生水果般香气的有丁醇和己醇的乙酸酯和丁酸酯。丁子香酚、丁子香酚甲醚以及榄香素能帮助形成更加柔和完整的香蕉香气。

（2）葡萄中的香气物质

葡萄的品种非常多，很多品种的特征风味物质并不明确。总的来说，酯类提供了葡萄的水果香气。有的葡萄品种具有很特别的香气，如美洲葡萄的主要特征风味物质是邻氨基苯甲酸甲酯，但是这种物质在欧洲葡萄品种中并不存在。赤霞珠葡萄中辛辣的气味主要来自 2- 甲氧基 -3- 异丁基吡嗪。

（3）柑橘类水果中的香气物质

许多受欢迎的新鲜水果和饮料中都包含有柑橘风味。柑橘中主要的风味物质包括萜烯类、醛类、酯类和醇类。在不同柑橘提取物中鉴定出了大量的挥发性化合物，但是其中真正对柑橘风味有贡献的物质并不多，这些柑橘中重要的香气物质见表 8-3。

表8-3　柑橘风味中起重要作用的挥发性化合物

橙子	橘子	葡萄柚	柠檬
乙醇	乙醇	乙醇	橙花醛
辛醇	辛醇	癸醛	香叶醛
壬醛	癸醛	乙酸乙酯	β-蒎烯
柠檬醛	α-甜橙醛	丁酸甲酯	香叶醇
丁酸乙酯	γ-萜品烯	丁酸乙酯	香叶醇乙酸酯
d-柠檬烯	β-蒎烯	d-柠檬烯	橙花醇乙酸酯
α-蒎烯	麝香草酚	圆柚酮	香柑油烯
α-甜橙醛	甲基-N-氨茴酸甲酯	1-对薄荷烯-8-硫醇	石竹烯
			香芹乙醚
			亚麻酰乙醚
			莳基乙醚
			表茉莉酸酮酸甲酯

橙子和橘子的风味比较柔和，在食品风味添加的时候常常混合或者互换使用。如表 8-3 所示，尽管橙子和橘子中含有很多挥发性物质，但只有少数醛类和萜类物质是橙子和橘子风味的必要成分。例如，虽然橙子和橘子中都含有 α- 和 β- 甜橙醛，但是只有 α- 甜橙醛才是构成成熟橙子和橘子风味的主要物质。葡萄柚含有两种重要的特征风味物质：圆柚酮（nootkatone）和 1- 对薄荷烯 -8- 硫醇。圆柚酮经常被用于生产人造葡萄柚味香精，而 1- 对薄荷烯 -8- 硫醇是柑橘特征风味物质中为数不多的含硫化合物。

相比橙子和橘子，柠檬风味典型香气的构成更加复杂，并且包含几种萜烯醚化合物。青柠的香气物质种类也非常多，目前有两种青柠精油的使用最为广泛。蒸馏萃取的墨西哥青柠精油，因具有强烈而刺激的青柠风味被大量用于青柠风味汽水和可乐饮料中。而冷榨得到的波斯青柠精油和离心处理的墨西哥青柠精油因其自然的风味而受到更多青睐。这是因为冷榨和离心的条件与蒸馏相比更为温和，从而保留了重要的新鲜青柠风味物质。这些清新香气化合物如柠檬醛，在酸性条件下蒸馏时会降解生成具有刺鼻气味的对伞花烃和 α-对二甲基苯乙烯，从而使蒸馏得到的青柠精油有较强的刺鼻气味。

富含萜类的柑橘精油和风味提取物可以通过硅酸色谱法和非极性 - 极性溶剂洗脱分离成为无氧化合物和含氧化合物两个组分。含氧化合物中包括含氧萜类、醛类以及醇类化合物，这一组分通常具有更好的风味质量。

（4）苹果和梨中的香气物质

苹果中的水果香气主要来自乙酸酯类物质，如 2- 甲基丁酸乙酯、3- 甲基丁酸乙酯、丁酸乙酯、乙酸己酯、乙酸丁酯等。己醛、3- 顺 - 己烯醛和 3- 顺 - 庚烯醛是主要的生青味物质。反 -β- 大马士酮具有极低的阈值，具有煮熟的苹果的香气。丁子香酚和反式茴香脑产生类似八角的香气，是桔苹（Cox Orange）苹果皮特征香气的组成成分。

（5）杏子中的香气物质

主要的特征风味物质包括萜类，如月桂烯、柠檬烯、对伞花烃、异松油烯、α- 松油醇、香叶醛、香叶醇、芳樟醇，酸类如乙酸、二甲基丁酸，醇类如 2- 反 - 己烯醇和一些内酯。

（6）桃子中的香气物质

桃子的特征香气物质是 γ- 内酯（$C_6 \sim C_{12}$）以及 δ- 内酯（C_{10} 和 C_{12}）。其中最重要的是 γ- 癸内酯，具有类似桃子的奶油和水果的混合香气。还包括苯甲醛、苯甲醇、肉桂酸乙酯、乙酸异戊酯、芳樟醇、α- 松油醇、α- 和 β- 紫罗兰酮、6- 戊烷基 -α- 吡喃酮、己醛、3- 反 -己烯醛和 2- 反 - 己烯醛。不同品种桃子所含有的酯类和萜类化合物的比例不同，从而产生不同的香气。

8.3.1.2　蔬菜典型香气物质

与水果相比，蔬菜的香味往往比较弱。值得注意的是，蔬菜中一般很少含有酯类物质，主要是因为缺少形成酯类的酶系。下面对一些蔬菜中特征性的香气物质进行介绍。

（1）葱属类蔬菜中的含硫挥发性化合物

葱属（*Allium* genus）类植物普遍具有扩散性很强的独特香气。属于这一类的蔬菜有洋葱、大蒜、韭菜、大葱、小葱。这类植物本身并没有强烈的气味，当它们的植物组织受到破坏时，细胞内的酶会被释放出来，催化一些前体物质转化成有强烈香味的化合物。洋葱香气的前体物质是蒜氨酸 [S-（1- 丙烯基）-L- 半胱氨酸亚砜]，大葱中也有这种前体物质存在。如图 8-13 所示，蒜氨酸酶可以催化蒜氨酸水解，产生一种不稳定的次磺酸中间产物以及氨和丙酮酸。次磺酸中间产物通过进一步的分子重排生成具有催泪作用的硫代丙醛 -S- 氧化物（新鲜洋葱的主要气味）。部分不稳定的次磺酸中间产物还可以通过分子重排或者降解生成一系列单、双和三硫化合物以及噻吩类化合物。这些化合物以及它们的衍生物的加入使洋葱产生熟洋葱的气味。

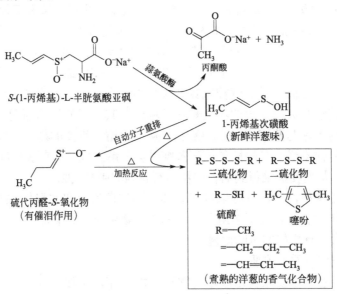

图 8-13　洋葱风味物质形成途径

大蒜特征风味物质的形成与洋葱类似，但是其前体物质是 S-（2- 丙烯基）-L- 半胱氨酸亚砜（图 8-14）。其产物二烯丙基硫代亚磺酸酯（蒜素）具有新鲜大蒜的特有风味。大蒜中不能生成具有催泪作用的硫代丙醛 -S- 氧化物。蒜素进一步分解和重排生成甲基、丙烯基和二丙烯基硫化物，使蒜油和熟大蒜具有特殊风味。

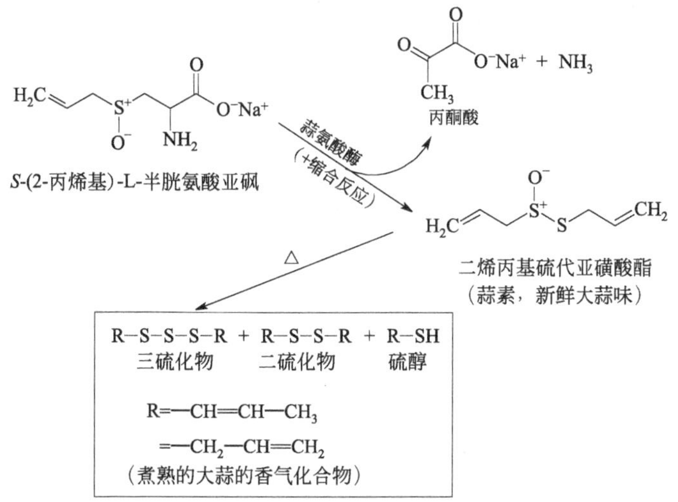

图 8-14 大蒜特征风味物质形成途径

（2）十字花科蔬菜中的含硫挥发性化合物

十字花科植物，如甘蓝、卷心菜、芜菁、黑芥子、水田芥菜、胡萝卜和辣根等都具有特殊的气味。这些挥发性物质同时也具有刺激鼻腔和催泪的作用，所以也是这些蔬菜辣味的来源。十字花科植物中典型的香气是一类被称为异硫氰酸酯（isothiocyanates）的化合物。它们是硫代葡萄糖苷（thioglycoside）在酶的水解作用下产生的，在植物组织破碎时会大量生成（图 8-15）。

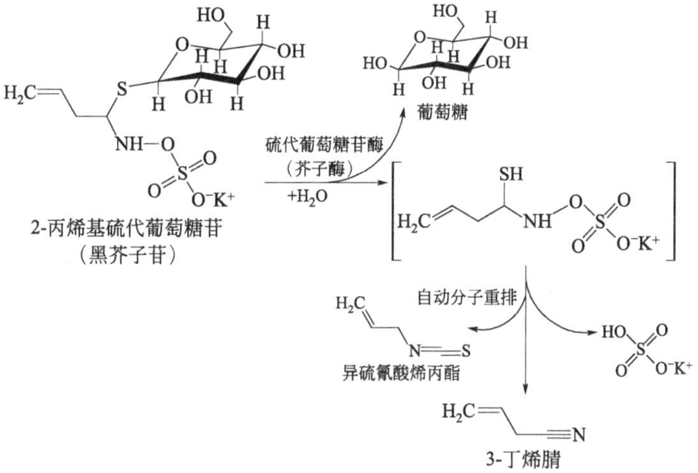

图 8-15 十字花科蔬菜中含硫挥发性化合物的形成途径（以黑芥子苷为例）

十字花科植物中存在许多不同的硫代葡萄糖苷，水解后能分别产生不同的特征香气物质。胡萝卜轻微的辣味是由香味化合物 4- 甲硫基 -3- 叔丁烯基异硫氰酸酯产生的。除异硫氰酸酯外，硫代葡萄糖苷水解后还产生硫氰酸酯和腈类。新鲜的卷心菜和球芽甘蓝虽然没有明显的辣味，但是也含有异硫氰酸烯丙酯和烯丙基腈，其浓度随着生长期、可食用部位和加工条件的不同而有所不同。高温条件下（烹煮和干燥过程中）异硫氰酸酯会被破坏，产生更多的腈类和其他含硫化合物。有的十字花科植物中还含有芳香基取代的异硫氰酸酯，例如 2- 苯乙基异硫氰酸酯是水田芥中一种主要的香味化合物，同时也能让人产生刺痛、辛

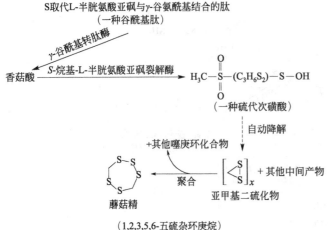

图 8-16 香菇特征香气物质形成途径

（3）香菇中特有的含硫化合物

香菇的主要风味前体化合物是半胱氨酸亚砜（即香菇酸，lentinic acid）。而香菇酸的前体是一种 S 取代 L- 半胱氨酸亚砜与 γ- 谷氨酰基结合而成的肽。香菇经过干燥（加热）和复水或者把浸软的组织放置短时间后，香菇酸在 S- 烷基 -L- 半胱氨酸亚砜裂解酶的作用下生成风味活性物质——蘑菇精（lenthionine）和其他多庚环化合物，但香气主要是由蘑菇精产生的（图 8-16）。

辣的感觉。

（4）蔬菜中的甲氧基烷基吡嗪类化合物

许多新鲜蔬菜会散发出清爽的类似泥土的香味，这种香味常常被人们用来判断蔬菜是否新鲜。这种香气很多来自蔬菜中的甲氧基烷基吡嗪类化合物（methoxy alkyl pyrazines），如 2- 甲氧基 -3- 异丁基吡嗪具有强烈的青椒气味，并且具有极低的阈值（0.002μg/kg）。生土豆、青豌豆和豌豆荚的大部分气味来自 2- 甲氧基 -3- 异丁基吡嗪。而红甜菜根的气味则来自 2- 甲氧基 -3- 仲丁基吡嗪。这些物质是植物通过体内生物合成途径产生的，但是某些假单胞菌属微生物也能合成这样的风味物质。甲氧基烷基吡嗪类化合物的前体物质是支链氨基酸，其形成途径见图 8-17。

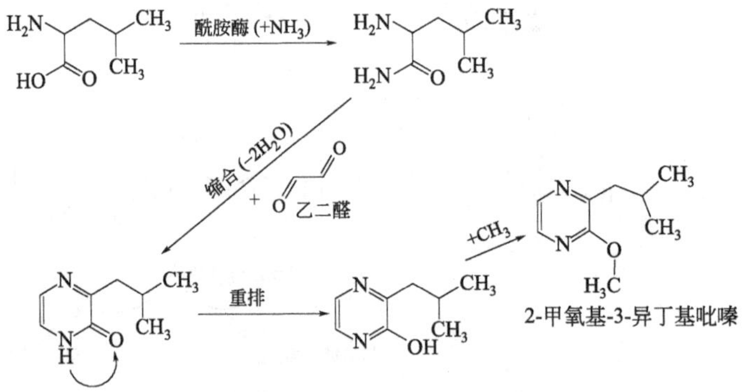

图 8-17 甲氧基烷基吡嗪类化合物形成途径

8.3.1.3　果蔬中香气物质的代谢合成途径

食品中香气物质形成的主要途径可以分为：①非酶反应途径（包括美拉德反应、加热分解等）；②生物合成；③微生物作用。典型的水果风味是在果实成熟过程中形成的，主要来自生物合成途径。在这个过程中，水果的新陈代谢主要转变为分解代谢，风味物质开始生成。大量的脂类、碳水化合物、蛋白质和氨基酸在酶的催化作用下转变为简单的糖或酸以及挥发性化合物。对于跃变型水果来说，风味物质的生成速度在成熟过程中的后呼吸跃变阶段达到顶峰。蔬菜风味物质形成的过程与水果风味物质形成的过程类似。有些蔬菜的风味物质是在生长过程中生成的，其他风味是在植物组织被破坏时生成的。细胞破裂过程导致酶的释放，酶与底物混合接触导致挥发性风味物质的生成。下面介绍植物中主要的几种与香气物质合成相关的途径。

（1）脂肪氧合酶（lipoxygenase，LOX）途径

在植物组织中，由酶诱导的不饱和脂肪酸氧化和分解产生的特征香味，在水果成熟和植物组织破坏过程中均有产生。不同于脂类自动氧化（产生的产物是随机的），脂类物质在酶催化下的产物具有更高的特异性。图 8-18 显示了脂肪氧合酶途径中香气物质的生成。1- 辛烯 -3- 酮、反 -2- 顺 -6- 壬二烯醛和反 -2- 己烯醛是由不饱和脂肪酸生成的，这些化合物分别具有新鲜蘑菇、黄瓜和番茄的气味。脂肪氧合酶作用于亚油酸和亚麻酸产生氢过氧化物，再由裂解酶作用于氢过氧化物选择性生成醛和醇。每种水果和蔬菜中脂肪氧合酶和裂解酶的种类和含量不是完全相同的。酶的释放是反应起始的必要条件，随后的反应是连续发生的，所以这些风味物质会随着时间的变化而变化。例如，脂肪氧合酶作用下产生的醛和酮会转化为醇，通常醇的阈值比其相应的醛和酮要高。另外，顺反异构酶会使顺式的醛转化为反式，这一结构的改变会带来香气的变化。总的来说，C_6 化合物具有刚割过的新鲜青草味道，C_9 化合物具有黄瓜和西瓜的气味，而 C_8 化合物具有蘑菇或者紫罗兰和天竺葵叶子的气味。C_6 和 C_9 化合物是伯醇和醛，而 C_8 化合物为仲醇和酮。

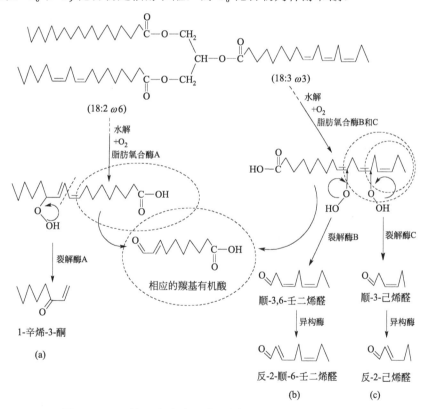

图 8-18　不饱和脂肪酸通过脂肪氧合酶途径生成香气物质

（a）新鲜蘑菇中重要的香气物质；（b）黄瓜中重要的香气物质；（c）新鲜番茄中重要的香气物质

（2）长链脂肪酸 β - 氧化途径

成熟的梨、桃、杏等水果会散发出令人愉悦的香气。这些香气物质主要是由长链脂肪酸 β- 氧化生成的中等链长（C_8～C_{12}）的挥发性物质。图 8-19 显示了梨中主要的特征香气

物质的生成途径。图 8-19 中没有展示这一过程中可能生成的含氧酸（$C_8 \sim C_{12}$），这些含氧酸环化会产生 γ- 和 δ- 内酯。$C_8 \sim C_{12}$ 的内酯化合物具有类似椰子和桃的气味。

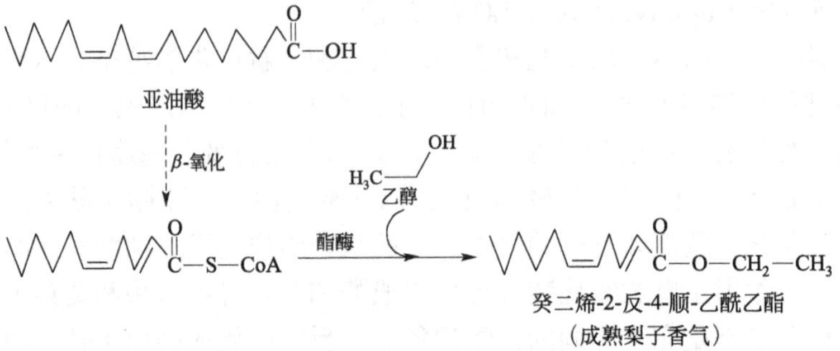

图 8-19 梨中亚油酸发生 β- 氧化后酯化生成主要香气物质

（3）支链氨基酸途径

支链氨基酸是部分水果成熟过程中重要的风味前体物质，香蕉和苹果是最典型的例子。支链氨基酸转变为风味物质的初始反应称为酶催化 Strecker 降解反应。具体途径见图 8-20。不仅是水果，包括酿酒酵母和乳酸链球菌在内的若干种微生物也可以通过类似途径将支链氨基酸转化为香气物质。植物也可以通过类似途径将氨基酸（亮氨酸除外）转化为风味物质，例如具有玫瑰和百合香气的 2- 苯乙醇。

支链氨基酸产生的香气物质中，酯类是起决定性的特征风味化合物，但是反应生成的醛、醇和酸也是成熟果实必不可少的风味物质。例如，乙酸异戊酯是香蕉的主要特征风味化合物，但还需要其他的化合物配合才能产生完美的香蕉风味。

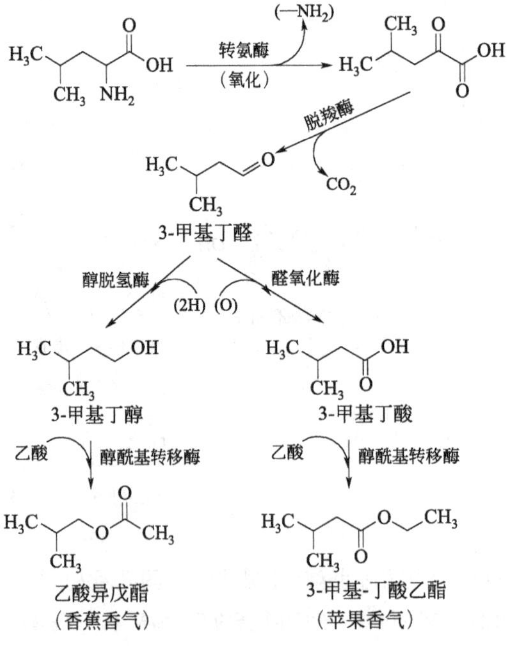

图 8-20 果实成熟后期酶转化亮氨酸成为香气化合物

（4）莽草酸途径

在生物合成系统中，莽草酸途径生成与莽草酸（shikmic acid）相关的芳香族化合物。

莽草酸途径是苯丙氨酸和其他芳香族氨基酸的合成途径。芳香族氨基酸也是形成水果风味的重要前体物质。同时，莽草酸途径还生成植物中重要的木质素类聚合物的苯丙烷骨架结构。如图 8-21 所示，木质素在热解过程中会产生大量的酚类物质，而酚类物质是食品中烟熏味的主要来源。香草醛是香草提取物中重要的香气成分，也是造纸过程中木质素降解的副产品。香草醛在香草豆荚中主要以糖苷键合态的形式存在，在发酵过程中糖苷键被水解释放出香草醛。肉桂醇是肉桂中的一种香气成分，而丁子香酚是丁香中主要的香气物质。

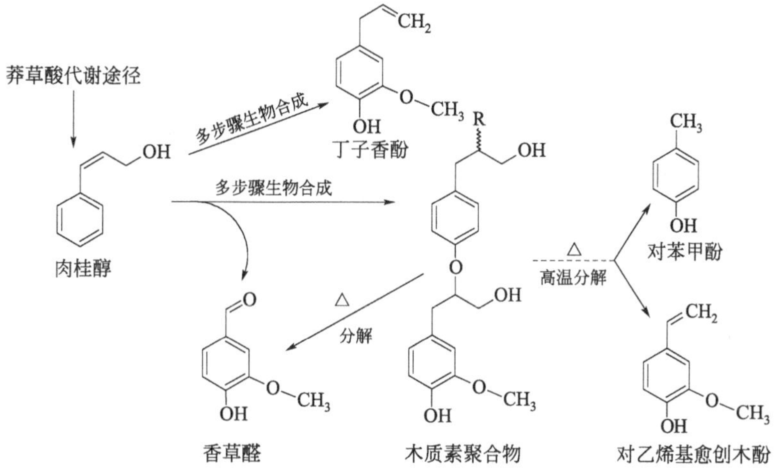

图 8-21　莽草酸途径衍生出的香气物质

（5）类异戊二烯途径

类异戊二烯途径（isoprenoid pathway）是萜烯类物质的主要生成途径（图 8-22）。单萜烯含有 10 个碳原子，倍半萜烯含有 15 个碳原子。萜烯类物质是柑橘类果实、调味料以及草本植物中重要的香气物质。例如单萜烯中的柠檬醛具有柠檬特有的香气。倍半萜烯中的 β- 甜橙醛和圆柚酮分别是橙子和葡萄柚的特征风味物质。二萜烯（C_{20}）分子太大且不具有挥发性，所以不能直接产生香气。挥发性的萜烯类物质具有很强且特殊的香气特征，所以有经验的人很容易辨别。萜烯的光学异构体之间具有不同的气味特征。以香芹酮为例，d- 香芹酮 [$4S$-（+）- 香芹酮] 具有香菜的气味，而 l- 香芹酮 [$4R$-（-）- 香芹酮] 具有强烈的绿薄荷香气。这些对映异构体的不同特性引起了人们很大的兴趣，可以帮助人们进一步理解分子结构和嗅觉感知之间的关系。

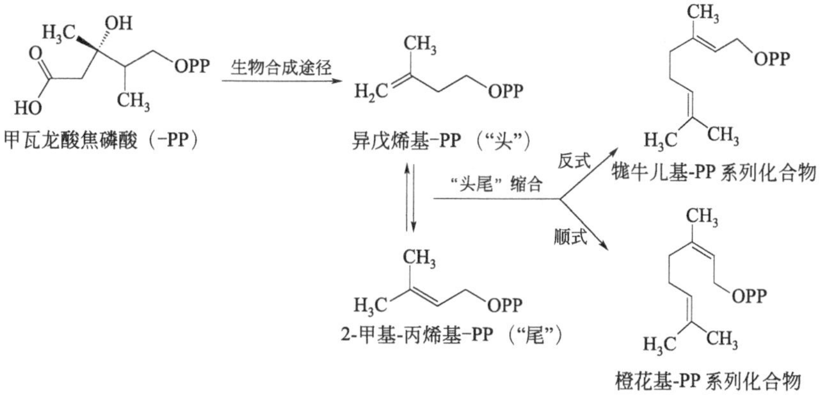

图 8-22　萜烯类物质生成的简要途径

（6）类胡萝卜素降解途径

类胡萝卜素（carotenoids）根据其种类和化学键断裂位置的不同，可生成多种衍生物，这些衍生物在生物体中具有重要的功能，如可作为维生素、色素、植物激素及香气物质等。类胡萝卜素氧化降解成挥发性香气物质有两条途径，即生物降解途径（酶促氧化）和物理降解途径（光氧化、热裂解），主要有直接氧化裂解和先形成羰基化的中间产物后再水解两种方式，降解产物以 $C_9 \sim C_{13}$ 的异戊二烯香气物质为主。β- 大马士酮（β-damascenone）和 β- 紫罗兰酮（β-ionone）是 2 个典型的类胡萝卜素氧化降解产生的香气物质。图 8-23 显示了 β- 大马士酮的生物合成途径，首先新黄素在双加氧酶的作用下先断裂 C9 与 C10 之间的双键，生成蚱蜢酮（grasshopper ketone），然后降解为丙二烯三醇（allenictriol），最后在酸性条件下水解为 β- 大马士酮。β- 大马士酮也可以在酸性环境下由新黄素热裂解直接得到。β- 大马士酮和 β- 紫罗兰酮具有很低的香气阈值，并且具有独特的类似花果的香甜气味，它们在食品中能产生正面或者负面效果。例如，β- 大马士酮是葡萄酒中重要的香气物质，但是在啤酒中只需十亿分之几的浓度就会产生一种不新鲜的葡萄干味。β- 紫罗兰酮在很多浆果中能产生与水果风味协调的紫罗兰花香，但它也是氧化、冻干的胡萝卜中主要的异味化合物。此外，这些化合物也是茶叶和烟草中重要的风味物质。

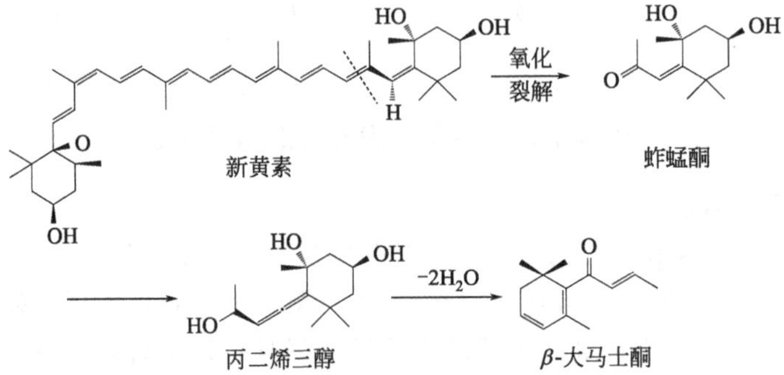

图 8-23 β- 大马士酮的形成途径

8.3.2　发酵食品中主要香气成分

发酵食品是指人们利用有益微生物加工制造的一类食品，具有独特的风味，如酸奶、干酪、酒酿、泡菜、酱油、食醋、豆豉、黄酒、啤酒、葡萄酒等。发酵食品风味形成的途径是微生物产生的酶（氧化还原酶、水解酶、异构化酶、裂解酶、转移酶、连接酶等）使原料成分（如蛋白质、脂类、糖等）生成小分子，这些分子经过不同时期的化学反应生成许多风味物质。发酵食品的后熟阶段对风味的形成也有较大的贡献。发酵食品中的风味体系是动态的。一种微生物产生某种代谢物，这种代谢物一开始积聚在产品中，对风味有重要贡献。然后另一种微生物达到相当的代谢活性，开始分解第一种初级代谢产物，产品的风味因此发生改变。微生物还可以通过其他途径改变食品中已经形成的风味化合物，例如脂类氧化和非酶褐变，产生不同于其他食品的特殊风味。本小节主要介绍乳酸发酵和酒精发酵中风味产生的主要途径。

8.3.2.1　乳酸发酵产生的香气成分

乳酸发酵又可以分为同型乳酸发酵和异型乳酸发酵。异型发酵乳酸菌（如明串珠球菌属）除生成乳酸外，还生成 CO_2 和乙醇或乙酸等物质（图 8-24）。其中乙酸、丁二酮和乙醛的混合物为发酵奶油和乳酪带来大部分的特征香气。同型发酵乳酸菌（如乳酸链球菌）仅产生乳酸、乙醛和乙醇。乙醛是酸奶同型发酵过程中产生的特征风味物质；而丁二酮是大多数混合菌株乳酸发酵中的特征香气化合物，常用作乳品或者奶油产品的香味添加剂使用。乳酸因为不具有挥发性，所以只产生酸味。

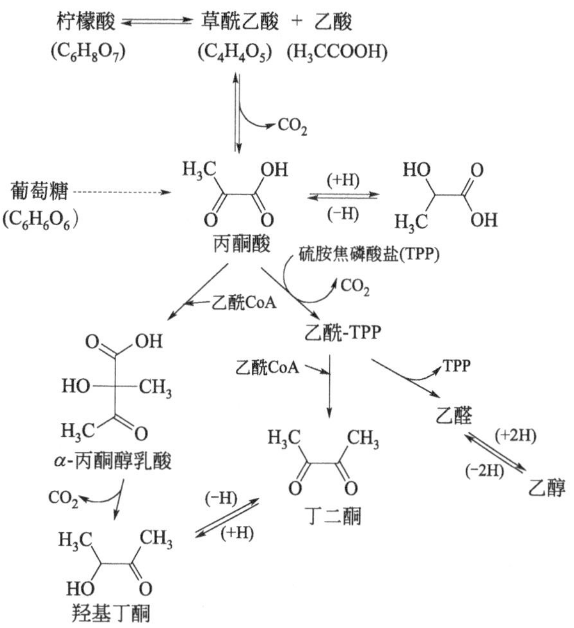

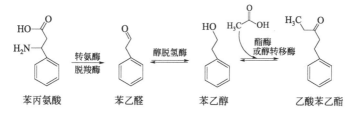

图 8-24　异型乳酸发酵产生的主要挥发性产物

8.3.2.2　酒精发酵产生的香气成分

　　酵母产生的乙醇是酒精发酵中的主要终产物。部分乳酸链球菌菌株和所有的酿造用酵母（酿酒酵母、卡尔酵母）还可以通过转氨和脱羧作用使氨基酸转变为挥发性化合物。如图 8-25 所示，苯丙氨酸可以产生一系列的芳香族挥发性化合物，这类化合物普遍拥有鲜花或玫瑰的香气。苯丙氨酸的这一代谢途径和上文提到的植物中支链氨基酸代谢途径类似，但是在微生物中这一途径主要产生还原产物（醇类），而氧化产物如醛类和酸类物质产量较少。白酒、葡萄酒和啤酒的风味主要来源于发酵，呈香物质以各种酯类为主体，而羰基化合物、羧酸类、醇类及酚类也是重要的芳香成分。发酵产生的挥发性化合物以不同比例混合在一起，构成了人们熟悉的发酵饮料中的酵母风味和水果香气。

图 8-25　苯丙氨酸作为前体化合物通过微生物酶的作用生成挥发性化合物

8.3.3　肉制品香气物质

8.3.3.1　肉品原料香气成分

（1）禽畜肉制品

　　生肉一般带有禽畜原有的生臭气味和血样的腥膻味。羊肉的膻味与某些中等链长的挥发性脂肪酸有关，其中几种甲基支链脂肪酸起到重要作用。羔羊肉和绵羊肉中最重要的一种支链脂肪酸是 4-甲基辛酸。而 4-乙基辛酸是山羊肉和山羊奶的主要特征风味物质。另外，几种烷基苯酚（甲基苯酚异构体、乙基苯酚异构体、丙基苯酚异构体和甲基-异丙基苯酚异构体）也使肉和乳品具有非常特殊的牛羊特征风味。

非反刍动物肉的风味，特别是猪肉和家禽肉的风味物质目前了解得并不多。典型的猪肉味一部分是来自于对甲基苯酚和异戊酸。这两种物质是氨基酸在猪的下消化道中通过微生物的作用产生的。其中色氨酸产生的吲哚和甲基吲哚会加重猪肉中的令人不愉快的气味。花生四烯酸氧化产生的反-2-顺-4-顺-7-十三碳三烯醛也会加重猪肉的味道，但是浓度适宜的时候这种物质对猪肉风味起到正面作用，使猪肉产生某些似甜的风味。

雄猪产生的一些气味物质往往使猪肉产生严重的异味。这种异味主要是由5-α-雄烷-16-烯-2-酮（尿味）和3-羟基-5-α-雄烷-16-烯（麝香味）两种物质产生的。这些气味物质主要来自雄猪，但在雌猪及阉割的雄猪中有时也会出现。女性对这类气味最为敏感，也有少数人天生闻不到这种气味。

家禽肉中的风味化合物主要来自脂肪氧化。如花生四烯酸和亚油酸氧化产生的羰基-顺-4-癸烯醛、反-2-顺-5-十一碳二烯醛和反-2-顺-4-反-7-十三碳三烯醛能使鸡汤产生特有风味。后来有研究进一步证明反-2-顺-4-反-7-十三碳三烯醛是鸡肉和其他白肉中最为重要的肉味物质。

（2）鱼和海鲜

海鲜的风味特征比其他肉类食品更为广泛。鱼类、贝类和甲壳类具有多种多样的风味，并且与其新鲜程度有很大关系。新鲜海鲜的风味往往在贮藏、冷冻和加工过程中就消失了，所以消费者往往会认为腐烂味和腥臭味是鱼和海鲜的普遍风味。事实上，刚刚打捞的新鲜海鲜具有柔和的气味和味道，与通常人们在市面上买到的"新鲜"海鲜大不相同。产生这一现象的原因之一是冻藏的肌肉组织中鲜味物质肌苷-5′-单磷酸盐（IMP）的积累和降解，从而导致海鲜的风味随时间急剧变化。而另一个原因则是在微生物和酶的作用下生成了一些令人不愉快的气味物质。

对于鲜鱼肉来说，由脂肪氧合酶催化产生的一系列 C_6、C_8 和 C_9 醛类、酮类和醇类化合物使新鲜鱼肉具有令人愉悦的气味。总的来说，鱼和海鲜中的风味物质与植物中脂肪氧合酶途径产生的风味物质是类似的。但是与植物不同的是，海鲜中的脂肪氧合酶途径主要与白三烯（一种激素）的生物合成有关，而风味物质只是反应的副产物。如图 8-26 所示，脂肪氧合酶催化的过氧化反应之后紧接着的是歧化反应，首先产生醇类，随后形成相应的羰基化合物。这些反应产物使生鱼肉具有类似柠檬和生青植物的清鲜风味，也是熟鱼肉中重要的风味物质。

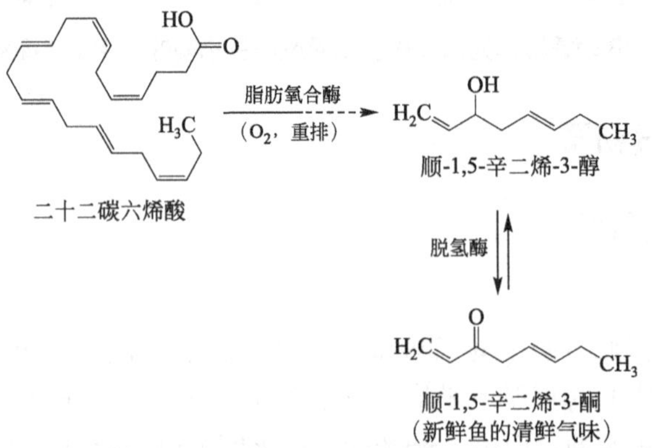

图 8-26   新鲜鱼肉中通过脂肪氧合酶途径产生的重要香气物质

当鱼和海鲜的新鲜度稍差时，其风味增强，呈现出一种极为特殊的气味。鱼体表面的腥气是由存在于鱼皮黏液内的 δ- 氨基戊酸、δ- 氨基戊醛和六氢吡啶（哌啶）类化合物共同形成的。在鱼的血液内也含有 δ- 氨基戊醛。这些腥气特征化合物的前体物质主要是碱性氨基酸。在淡水鱼中，哌啶类化合物所占的比重比海鱼大。此外，鱼和海鲜中的氧化三甲胺被腐败菌产生的还原酶还原成三甲胺，加重了海鱼和海鲜的陈腐气味。三甲胺具有氨味和鱼腥味，一直以来都被认为与鱼和蟹的风味有关。事实上，三甲胺和二甲胺是三甲胺氧化物在微生物或者外源酶作用下产生的。三甲胺氧化物在海鱼体内起到维持渗透压的作用，因此在海鱼和海鲜中的含量很高，在淡水鱼中极少甚至没有，故一般海鱼和海鲜的腥臭气味比淡水鱼更为强烈。二甲胺的形成大多来自冻藏过程。伴随二甲胺产生的甲醛容易使蛋白质发生交联，因而使冷藏的鱼肉变硬。

其他的鱼类产品气味，如鱼干和鱼肝油的气味，一部分是来自 ω-3- 不饱和脂肪酸自动氧化产生的羰基化合物，其特征香味来自 2,4- 癸二烯醛类和 2,4,7- 癸三烯醛类，而顺 -4- 庚烯醛可以加强这种鱼腥味。

鱼和海鲜中有一些重要的特征风味物质来自食物链或其生长环境。例如二甲基硫醚是蛤蜊和牡蛎烹煮过程中产生的特征风味物质，是蛤蜊和牡蛎摄入的海洋微生物含有的二甲基 -β- 丙酸噻亭在加热过程中降解产生的。

水产养殖的虾和三文鱼的风味与野生的有很大不同，主要由于它们的食物来源不同。水产养殖的鱼虾食物中缺少溴苯酚。溴苯酚是食物链低端的海洋生物通过新陈代谢产生的物质，通过食物链进入到鱼和很多海鲜的体内。溴苯酚使野生的海鲜具有微弱的海洋气味或者较明显的碘味，与缺乏溴苯酚的养殖类海鲜有明显的不同。

8.3.3.2　加工肉制品香气成分

生肉的气味比较微弱。大部分的香气来自加热过程。肉类的香气取决于肉种类以及加工方式（蒸、煮、烤等）。制作过程中反应温度和反应物浓度也是重要的影响因素。

辛醛、壬醛、反 -2- 反 -4- 癸二烯醛、甲硫醇、甲硫基丙醛、2- 糠基硫醇、2- 甲基 -3- 呋喃硫醇、3- 巯基 -2- 戊酮以及 4- 羟基 -2,5- 二甲基 -3(2H)呋喃酮（HD3F）是煮熟牛肉的主要风味物质。这些物质同样存在于煮熟的猪肉和鸡肉中，但是根据肉种类的不同其浓度会有差异。牛肉中典型的肉香 / 焦糖香气来自较高的 HD3F。煮熟猪肉和鸡肉中的 HD3F 的含量比牛肉低很多，这是因为它们缺少 HD3F 的前体物质 6- 磷酸葡萄糖和 6- 磷酸果糖。煮熟的猪肉和鸡肉主要表现出来自羰基化合物（如己醛、辛醛和壬醛）的油脂气味。

炸鸡的香气主要来自 Strecker 降解反应生成的醛类，如甲基丙醛、2- 甲基丁醛和 3- 甲基丁醛，以及烘烤香气物质 2- 乙酰 -2- 二氢噻唑、2- 乙酰 -1- 吡咯啉、2- 乙基 -3,5- 二甲基吡嗪和 2,3- 二乙基 -5- 甲基吡嗪。二氢噻唑和吡咯啉类物质在水煮的肉类中也少量存在。2- 乙酰 -2- 二氢噻唑是最重要的烘烤香气物质，在肉类油炸几分钟的时候即可出现。这种物质随着加热时间的延长会逐渐减少，而更加稳定的吡嗪类物质会逐渐增加。如果牛肉继续加热，12- 甲基十三醛（MT）会变为主要的香气物质。特别是在炖肉中，MT 是不可或缺的香气物质，给炖肉带来饱满的鼻后香气（retronasal aroma）和口感。MT 的前体物质是缩醛磷脂，主要存在于肌肉的膜脂质中，在加热过程中逐渐水解。因为 MT 主要由反刍动物胃中的微生物产生，然后进入到反刍动物肌肉中成为缩醛磷脂，所以只有反刍类动物肉的脂肪可以水解出 MT，猪肉和禽肉都不能产生 MT。熟羊肉的特征风味物质与生羊肉相同，主要是两种支链脂肪酸——4- 甲基辛酸和 4- 乙基辛酸。另外羊肉在烹煮过程中也会产生 HD3F。

8.3.4　食品异味及其产生途径

异味（off flavor）一般多指非需宜的气味和味道。异味可以来自食品外部，如包装材料造成的气味污染；也可以是食品本身的化学反应引起的，如储存过程中的氧化分解使重要的风味物质丧失或者产生了新的气味物质；还有可能是原有风味物质浓度比例发生了改变所致。有一点必须注意的是，对于某一种食品来说属于异味的化合物，如椰子油制品中的甲基酮类异味，对于别的食品如蓝纹干酪却有可能是至关重要的香气成分。来自食品外部的污染源很多，可以是来自空气、水、动物饲料或是包装材料等，在此不做具体阐述。下面主要对食品本身化学反应产生的异味和微生物引起的异味进行简要介绍。

8.3.4.1　食品本身化学反应产生的异味

（1）脂肪氧化导致的异味

油脂的自动氧化是食品在储存过程中出现异味的最常见原因之一。其原理在前面的章节已有介绍。脂肪发生自动氧化时，会产生一些微量的挥发性物质，主要是短链的饱和或不饱的醛、酮和醇类化合物。这些初级反应产物若是不饱和的，就可能进行进一步氧化或者是发生二级反应，从而产生大量的异味物质。这些反应最终产物一般是醛、酮、酸、醇、烃、内酯或酯，其中不饱和醛、酮的感官阈值最低，因此，通常是它们造成了氧化风味。例如，氧化黄油中的金属味是 1-辛烯 -3-酮类化合物所致。在某些食品中，为了达到理想的货架期，必须将高不饱和脂肪酸进行选择性氢化。例如，在咖啡伴侣中加入亚麻酸会使产品的货架期不超过三个月。

痕量金属（特别是铜、钴、铁）能够大大加快脂肪氧化速率并影响过氧化物分解的速度。通过分解氢过氧化物，这些金属能够缩短诱导期并提高反应速率。痕量浓度的这类催化剂就可以达到强氧化剂的作用。铁可能以游离态或者作为酶（如血红素）的一部分存在于食品中。尽管热处理可以使酶失活，但是释放的铁能显著增加脂肪氧化速率。这与熟肉制品的"过热味"的产生相关。

（2）非酶褐变导致的异味

非酶褐变（抗坏血酸褐变和美拉德反应）是食品中不良风味产生的常见原因之一。尽管美拉德反应对很多食品香气的形成非常重要，但是也能引起食品的异味。美拉德反应非常复杂，并有诸多可能的途径，特定的反应途径与很多因素有关，如水分活度、反应底物、温度和 pH 等。产生坚果、肉类特征风味的反应在烘烤等加热处理中容易进行，而在储存温度下则很难发生。而在储存温度下，美拉德反应导致的陈腐味、酸味、生青味和硫味会进一步加重。像脂肪氧化一样，美拉德反应也是食品中非常普遍的异味产生的原因之一，因为几乎所有的食品中都含有美拉德反应所需的前体物质。"陈腐味"是美拉德反应产生的最典型的异味，但是其相对应的化合物目前人们却知之甚少，就奶粉而言，可能是由氨基酸中的色氨酸形成的氨基苯乙酮。苯丙噻唑和某些呋喃类物质也与异味的产生有关。

（3）光诱导反应导致的异味

光催化反应能使食品产生一些相当独特的异味，被称为"日晒味"（sunlight flavor）。例如啤酒在光照下会产生臭味，而牛乳在光照下会产生焦煳味。所以工业上对啤酒和牛乳均采用具有良好阻光性能的有色玻璃瓶或者不透明包装，以减少异味的生成。

光诱导牛乳或者其他乳品产生异味有两种完全不同的途径。一种是光诱导脂肪氧化造成的，另一种是由于光诱导下蛋白质或氨基酸降解产生的。光诱导氨基酸降解形成焦糊味，而脂肪氧化产生的是典型的氧化风味（金属味）。短期光照存放的牛乳，焦糊味（仅 2h 光照即可产生）是占主导地位的，但经过长期的光照存放后牛乳将会有一种典型的氧化味。含硫氨基酸，如蛋氨酸，是产生日晒味的主要氨基酸。在核黄素作为光敏化剂的条件下，蛋氨酸分解生成甲硫基丙醛，甲硫基丙醛进一步生成一系列挥发性硫化物，如甲硫醇、二甲基二硫醚、二甲基硫醚和硫化氢等异味物质。啤酒"日晒味"主要来自葎草酮的光催化降解。其降解产物与啤酒中的硫化氢反应生成 3- 甲基 -2- 丁烯 -1- 硫醇，使啤酒具有类似韭菜的异味。

（4）酶促反应导致的异味

虽然食品原料中的酶大多在加工过程中被钝化，或者因为条件不合适而失活（如低水分活度、不合适的温度和 pH），但有些在食品中仍保持活性，可能导致异味的产生。豆类中含有大量的脂肪氧合酶。一旦大豆组织被破碎，脂肪氧合酶释放便会引起大豆的豆腥味。大豆油"反腥"也与脂肪氧合酶在油中的活性有关。冷冻蔬菜的风味劣变也与脂肪氧合酶有关。为了钝化脂肪氧合酶，蔬菜在冷冻之前必须进行热烫处理，否则在存储期间会产生氧化异味。

乳制品中由脂肪酶活性造成的异味特征通常被形容为"坏奶油""羊臊味"和"苦味"。牛奶中的脂肪酶系统原本是没有活性的，但是温度波动（冷冻 - 加热 - 冷冻）或者机械搅动等处理会激活脂肪酶的活性。所以原料乳的均质处理有助于产生脂肪风味，但也有可能导致游离脂肪酸含量升高而产生异味。椰子油在含有脂肪酶的食品（如菠萝汁）中应用时会出现肥皂味，是椰子油中的月桂酸在脂肪酶催化作用下水解引起的。

8.3.4.2　微生物引起的异味

微生物是食品中异味产生的常见原因。在食品工业中，大部分微生物引起的腐败可以通过各种手段得到很好的控制，所以由微生物导致的腐败臭味在此不作讨论。下面仅对食品工业中比较难以消除的微生物引起的异味作简要介绍。这些异味主要分为三类：①发酵不良；②来自微生物的酶接触到食品基质；③食品被微生物污染。

（1）发酵不良

发酵食品都存在发酵不良的可能性。发酵不良产生的异味也是多种多样的。例如啤酒发酵过程中生成过多的酯类会使啤酒产生水果味，过多的含硫化合物和乙醛会使啤酒产生生青味，而双乙酰含量过高会出现奶油味，二甲基硫醚含量过高则会产生煤味或者烤玉米味，这些都属于异味。微生物污染也是异味产生的重要原因，如艾希氏大肠菌、克雷伯氏菌属以及野生酵母都可以将 β- 豆香酸和阿魏酸分解生成 4- 乙基愈创木酚和 4- 乙基苯酸，从而导致啤酒的酚味。

（2）来自微生物的酶接触到食品基质

微生物的酶常常是比较耐热的，经巴氏杀菌和消毒处理后仍能保持活力。因此，即使热处理能杀死食品中的微生物，但来自微生物的酶仍然有活性（如脂肪酶和蛋白酶），它们在存储期间能引起不良风味。由草莓假单胞菌（*Pseudomonas fragi*）造成的牛奶果香异味就是一例。草莓假单胞菌能产生一种脂肪酶，这种脂肪酶最初水解乳脂肪中的短链脂肪酸，随后将这些脂肪酸逐步酯化成相应的乙酯（如丁酸乙酯和己酸乙酯），产生不良风味。

（3）食品被微生物污染

鱼和乳制品特别容易遭到微生物侵害。前文已提及，新鲜鱼几乎是无味的，在微生物作用下产生鱼腥味，如果微生物进一步生长，一些含氮和含硫的挥发性物质进一步增加，则最后演变为腐烂的臭味。微生物水解乳脂形成短链脂肪酸使奶油产生酸味。霉菌在山梨酸（防腐剂）处理过的食品中也能够生长，霉菌能降解山梨酸生成 1,3- 戊二烯，使食品具有类似汽油的气味。德克酵母属（*Dekkera*）和滔香酵母属（*Brettanomyees*）微生物污染会使红酒和其他酒精饮料产生类似老鼠的气味。

8.4   前沿导读——发现人脑中的味觉中心

　　研究人员很久以前就在大脑中绘制了视觉、听觉和其他人类感觉系统的地图。但是对于大脑中"味觉中心"在哪里以及如何工作一直是个谜。

　　利用功能性磁共振成像（functional magnetic resonance imaging，fMRI）和一种新的统计分析方法，研究人员通过发现人脑中哪些部分能区分不同类型的味觉，发现了人脑中的味觉中心。康奈尔大学人类发展学教授，也是这项研究的主要作者亚当·安德森（Adam Anderson）在《自然通讯》（Nature Communications）杂志上发表文章指出："我们已经知道味觉能激活人脑，但并没有区分甜味、酸味、咸味和苦味等基本味觉是如何产生的。"

　　通过使用一些分析精细活动模式的新技术，安德森团队发现大脑中岛叶皮层的一个特定部分——大脑中隐藏在新皮质后面的一个较原始的皮层——代表着不同的口味。分离额叶和颞叶的岛叶皮层一直被认为是味觉的主要感觉区，同时岛叶皮层还负责处理来自身体内部的信息，例如来自心脏和肺的信息，以及情感体验。这一现象可能意味着不同的口味及其相关的愉悦感可以反映我们身体的需要。与以往的动物研究相比，这项新的研究显示，在人的大脑中不同基本味觉分别具有明显的激活簇，揭示了人脑中更精细的味觉地图。

 总结

食品风味

○ 食品风味是口腔中产生的味觉、鼻腔中产生的嗅觉和末梢神经感觉的综合印象。

○ 能使人产生味觉、嗅觉以及经口腔的末梢神经反应的化学物质被称为风味化合物。

○ 食品风味感知涉及的感觉器官包括味觉器官、嗅觉器官和其他感觉器官。

○ 不同的特征风味物质构成了食品的不同风味。

滋味化合物

○ 五种基本味包括酸、甜、苦、咸、鲜，分别对应了不同的味觉感受器。

○ AH/B/X 甜味三角理论是目前最为广泛接受的甜味呈味理论。

○ 辣味、麻味、涩味、清凉感等都属于化学物理觉。

○ 不同呈味物质之间有时会产生协同效应，有风味增强的效果。

气味化合物

○ 气味化合物是具有挥发性的化合物，但不是所有挥发性化合物都是气味物质。

○ 食品中气味物质形成的主要途径：①非酶反应途径；②生物合成；③微生物作用；④外

加赋香成分。

○ 水果和蔬菜中，香气化合物是脂肪酸、碳水化合物和氨基酸等前体物质通过不同的生物代谢途径产生的。

○ 发酵食品的气味来自原材料本身和微生物发酵过程中产生的一系列挥发性化合物。

○ 生肉的气味比较微弱，大部分的香气来自加热过程。肉类的香气取决于肉种类以及加工方式（蒸、煮、烤等）。制作过程中反应温度和反应物浓度也是重要的影响因素。

○ 异味可以来自食品外部，如包装材料造成的气味污染；也可以是食品本身的化学反应引起的；还有可能是原有风味物质浓度比例发生了改变导致的。

✐ 课后练习

1. 黄瓜中的主要香气物质是由 ____ 途径产生的。

A. 脂肪氧合酶途径　　　B. 莽草酸途径　　　C. β-氧化途径　　　D. 类异戊二烯途径

2. 卷心菜中特征风味物质是 ____。

A. 硫代葡萄糖苷　　　B. 异硫氰酸酯　　　C. 硫代亚磺酸酯　　　D. 3-乙基-2-甲氧基吡嗪

3. 大蒜中的特征风味物质是 ____。

4. 海鱼由微生物引起的腥臭味的主要成分是 ____。

5. 羊肉的膻味与某些中等链长的挥发性脂肪酸有关，其中几种甲基支链脂肪酸起到重要作用。羔羊肉和绵羊肉中最重要的一种支链脂肪酸是 ____；而 ____ 是山羊肉和山羊奶的主要特征风味物质。

题 1~5 答案

⚡ 设计问题

1. 请用化学知识解释为什么生姜的辣味在干燥和贮藏过程中会增强，而加热过程中却会减弱？

2. 动物肌肉组织加热时香味化合物的形成途径有哪些？

3. 哪些加工条件会引发牛奶产生异味？应如何避免这些异味的产生？

4. 大豆的豆腥味是如何产生的？其中起关键作用的酶是什么？如何减少大豆的豆腥味？

（www.cipedu.com.cn）

第 9 章 酶

○○ —— ○○ ○ ○○ —— ○ ○ ○○ ○

图 9-1 酶与底物专一性结合示意图

　　酶是生物催化剂最常见的形式，与生命体中的诸如合成、转换、细胞信号和代谢功能等息息相关。16~17 世纪，酶在活组织中的作用被称为"发酵"。早期食品酶学的例子包括酵母的酒精发酵、动物的消化过程和谷物的麦芽化，即淀粉转化为糖的过程。1878 年 Wilhelm Kühne 首次提出了酶，即"enzyme"一词。该词源于希腊语，其本意是"酵母里"。酶对所催化的底物具有不同程度的选择性。某一种酶往往只能对某一类物质起作用，或者只对某一种物质起催化作用（图 9-1）。一般无机催化剂对其所作用底物的选择性没有这么严格。

❈ 为什么要学习酶？

酶在生物细胞中和有机体内随处可见。由于酶的作用，生物体内的化学反应在极为温和的条件下也能高效和特异地进行。在食品中，酶催化的反应十分常见，并对食品的品质至关重要。如果蔬的成熟、肉奶的老化、面团的形成、酒精的发酵等，都离不开酶的作用。因此，理解酶的结构与功能并掌握如何控制酶的作用，对食品的生产、保藏、品质提高和品质监测具有十分重要的意义。

👁 学习目标

○ 理解酶的结构、功能与性质。
○ 理解酶的催化原理。
○ 理解酶促反应动力学的相关模型和概念。
○ 掌握几种食品工业中常见的酶。

9.1　概述

9.1.1　酶的定义及化学本质

酶（enzyme）是由活细胞产生的、对其底物具有高度特异性和高度催化效能的蛋白质或 RNA。其中 RNA 酶又称"核酶"，主要在蛋白质合成（即翻译）过程中参与 RNA 修饰和氨基酸连接。除"核酶"外，酶都具有 3 个重要特征：它们都是蛋白质和催化剂，都具有对底物的选择性，都受到调控作用。所有的酶都是分子质量在 8kDa 到 4600kDa 的蛋白质（即从 70 个左右氨基酸残基组成的蛋白质到蛋白质的复合物）。最大的酶由多条多肽链（即亚基）组成并拥有四级结构。在四级结构中，亚基通常是通过非共价作用连接在一起的。组成酶的亚基可能相同（即同源），也可能不同（即异源）。

一些酶往往需要非蛋白质的成分来行使催化功能。这些非蛋白质物质一般被称为"辅助因子""辅酶"或"辅基"。最常见的辅助因子包括金属离子（金属酶）、黄素（黄素酶）、生物素、脂肪酸盐、许多 B 族维生素以及烟酰胺衍生物等。富含必需辅助因子的酶被称为"全酶"，而缺乏必需辅助因子的则称为"脱辅酶"。由于缺少必需辅助因子，脱辅酶没有催化功能。酶的另一些非蛋白质成分包括结合脂质、糖类以及磷酸盐。与必需辅助因子不同，这些成分通常不参与作用。它们主要影响酶的物理化学性质并帮助细胞识别酶。还有一些酶需要水解才能激发其活性（如消化酶）。一般将这些未经水解的前体称为"酶原"。当酶以单体蛋白质形式存在时，其分子质量一般在 13～50kDa。细胞中大多数的酶分子质量在 30～50kDa；以寡聚体形式存在的酶分子质量在 80～100kDa，其中的亚基分子质量一般在 20～60kDa。细胞的蛋白质中仅有大约 1%～3% 分子质量会超过 240kDa。

9.1.2 酶在食品科学中的重要性

人类利用酶制备食品的历史可以追溯到远古时代。当我们的先人开始利用发芽的大麦来酿酒，利用木瓜的树叶来包肉时，酶就已经成为食品科学的一个重要部分。由于食品的主要原料就是源自生物，食品中的酶种类繁多，甚至某些酶在食品加工中或加工后仍保有活性，因此，食品中的酶，尤其是提高食品品质的酶和导致食品败坏的酶一直是食品科学研究的热点。比如如何选择性地保护或抑制酶的活性：牛乳中的蛋白酶，在奶酪成熟过程中能催化酪蛋白水解而赋予奶酪以特殊风味；但番茄中的果胶酶在番茄酱加工中则会催化果胶物质降解而使番茄酱产品的黏度下降。另外，向食品中添加一些酶以使食品具有新的性状：在牛乳中加入乳糖酶，可将乳糖转化成葡萄糖和半乳糖，生产适合于乳糖不耐人群饮用的牛乳。显而易见，酶对食品工业十分重要，因而酶也成了食品科学研究的重要热点之一。

 概念检查 9.1

○ "除核酶外所有的酶都是蛋白质，所以酶分子中只有氨基酸"这种说法是否正确？

9.2 酶的结构和分类

9.2.1 酶的结构

酶的结构中最重要的部位是其活性中心（active center）。酶的活性中心一般指其分子上直接与底物结合并参与催化作用的部位。蛋白质通过多肽链的盘曲折叠，在分子表面会形成具有三维空间结构的孔穴或裂隙，可容纳底物并与之结合，从而完成催化任务。活性中心由酶分子上的特定氨基酸残基的侧链基团构成，一般可分为两部分：参与和底物结合的结合位点（binding site）以及参与催化反应的催化位点（catalytic site）。结合位点决定了酶的专一性，而催化位点则决定了酶的催化能力，二者对酶的活性都是必需的。尽管活性中心是酶最重要的部分，但活性中心往往只占酶分子体积很小的部分。除了活性中心的结合位点、催化位点外，酶的空间结构（即构象）对其催化反应的特异性也十分重要。这些特异的构象往往由活性中心以外的一些基团形成并维持，因此这些基团也被称为活性中心以外的必需基团。

在寡聚酶上可能存在多个活性位点。另外，一些分子质量较大的酶，即便是单条多肽链也可能存在多种催化活性。比如高等生物体内的脂肪酸合成酶复合物，其中每条多肽链上的不同结构域就可执行不同的催化任务，而这些多肽链又聚集成二聚体或寡聚体。拥有一个活性位点的单体酶在其多肽链上也可能拥有不同的结构域。这些结构域会各自行使与催化相关的不同功能，也可能具有其他的生物性质。

细胞分泌的胞外酶往往是分子质量较小的单体多肽链，通常具有水解活性并比胞内酶更稳定。这些胞外水解酶有助于调动或吸收环境中的营养素和生长因子，也可以帮助（微）生物更好地控制环境的温度、pH 值和成分等因素。许多在食品中使用的外源酶是从微生物中提取的。微生物可以迅速并大规模地产生酶，人们可以从发酵液中将酶分离出来。当然，从植物或动物中也可以提取酶，并且这些提取物往往在食品的应用中更受青睐。酶可能以多种形式存在。一级序列有微小差异的酶一般具有几乎相同的催化功能，被称为酶的"亚型"，即"同工酶"。序列上的细微差异可能表现为酶在底物或产物选择性、特征 pH 和最适温度等方面有差异。

9.2.2 酶的分类

对酶的分类方法比较多，一般按其化学成分、结构、催化的化学反应性质等进行分类。按化学成分可以将酶分为单纯酶和结合酶。单纯酶完全由氨基酸组成，蛋白质的结构即决定了酶的活性。结合酶则主要是指需要非蛋白质作为辅助因子的酶。

根据其结构，酶可分为单体酶、寡聚酶、多酶体系、多功能酶等。单体酶是由一条多肽链构成的酶，只含有一个活性中心。寡聚酶由多个相同或不同的亚基以非共价形式结合而成，含有多个活性中心。多酶体系是指由几种不同功能的酶彼此聚合形成多酶复合物，可以共同完成催化功能。多功能酶是指一条多肽链上存在多种不同催化功能的酶。

根据酶所催化的化学反应性质，将酶分成七大类，即氧化还原酶类（oxidoreductase）、水解酶类（hydrolases）、异构酶类（isomerases）、转移酶类（transferases）、裂合酶类（lyases）、合成酶类（ligase）、易位酶类（translocase）等。顾名思义，氧化还原酶、水解酶和异构酶分别催化氧化还原反应、水解反应和异构化反应。转移酶催化底物之间进行某些基团（如乙酰基、甲基、氨基、磷酸基等）的转移或交换。裂合酶催化从底物（非水解）移去一个基团并留下双键的反应或其逆反应。合成酶催化合成反应，使两分子底物合成为一个分子的产物，但该合成反应往往同时偶联 ATP 的高能磷酸键断裂以释放能量。易位酶催化离子或分子跨膜转运或在膜内移动的过程。根据国际生化协会公布的酶类的原则，在这七大类的基础上，每一大类酶又根据底物被作用的基团或键的特点，分成不同的亚类，而每一个亚类再根据底物或反应物的性质，细分为几个组（即亚亚类），每个组中直接包含若干个酶。

值得注意的是，食物中的酶通常不按照上述分类方法界定。食品酶通常依据其来源分为两类：从外界添加到食物中以引起食物变化满足相应需求的酶即外源酶；本身就存在于食物中的则为内源酶。内源酶既有可能参与也有可能不参与影响食物质量的各种反应。外源酶有多种来源，在食品加工中选择哪种外源酶取决于这些酶的成本和功能。合适的功能性与酶的催化活性、选择特性和在特定应用条件下的稳定性有关。内源酶在食品基质中有不同分布，而且为调节酶的作用而用于处理食物的方法又存在诸多限制，因而内源酶是食品品质控制中面临的巨大挑战。

 概念检查9.2

○ 什么是酶的"活性中心"？

9.3　酶催化的原理与机制

　　催化剂可以减小反应物向产物转化过程中所需克服的活化能，从而起到加速化学反应的作用。但催化剂其自身在反应前后并不发生变化。利用假设"反应坐标"的方法来描绘在生成产物（P）的过程中伴随的自由能变化（图 9-2），可以较为清晰地解释催化的原理。在底物（S）向产物（P）转化的过程中，会经历一个自由能最大的状态，即过渡态（S‡）。从图 9-2 可以清楚地看到，相较于没有催化剂的体系，催化剂可以有效降低过渡态的自由能（$\Delta G^{\ddagger}_{cat} < \Delta G^{\ddagger}_{uncat}$）。图 9-2 可以作为一个简单的示例。在真实的情况下，一条反应坐标上可能有多个过渡态。但在大多数反应中，往往都有一个关键的反应阶段可能具有最大的自由能壁垒或最大幅度的自由能变化，使其决定了整个化学反应的速率。净自由能减少（$\Delta G_{net} < 0$）对化学反应是有利的，然而净自由能的变化并不足以说明反应进行的快慢。反应速率其实是由过渡态的自由能垒 $\Delta G^{\ddagger}_{cat}$ 决定的。为了避免含糊不清的表意和随意的描述方法，酶催化的相关术语已经标准化。1 个酶活性的国际单位（IU）一般是指该酶在标准条件（通常是酶的最适条件）下每 1min 可以使 1μmol 底物转化。在国际单位制中，酶活性的单位名称是 katal。katal 的定义是在指定条件下每秒引起 1mol 底物转化所需要酶的量。酶的分子活性被定义为"转化数"（k_{cat}），即在指定条件下 1 个酶分子（或活性位点）每分钟可以转化的底物分子数。对酶而言，k_{cat} 的上限约为 10^7 级。

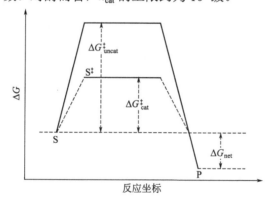

图 9-2　反应坐标下酶促反应与非酶促反应的对比

9.3.1　碰撞理论和过渡态理论

　　定量计算化学反应速率（动力学）和催化作用有两种方法。最简单方法是碰撞理论，可以表达为：

$$k = PZe^{-E_a/(RT)} \tag{9-1}$$

　　式中，k 为反应速率常数；P 为反应的概率（含分子取向因素）；Z 为碰撞频率；指数项表示碰撞的反应物占总反应物的比例，这些反应物具有足够活化能（E_a）可以使反应发生；E_a 为反应的活化能；R 为气体常数；T 为热力学温度。

　　在方程式（9-1）中，决定反应速率与温度关系的最重要因素是指数项。当温度上升 10℃时，仅使"Z"增加约 4%，但如果 E_a 为 12kcal❶/mol，则指数项 $e^{-E_a/(RT)}$ 增加 100%（即

---

❶　1cal=4.1868J。

加倍）。酶促反应的 E_a 通常为 6～15kcal/mol。方程式（9-1）是由 S. Arrhenius 在 19 世纪后期通过经验性发展的，该式可以定量评估酶对温度的响应。

另一个更有实际意义的计算酶反应速率的方法是基于绝对反应速率的过渡态理论。这一理论在很大程度上归功于 H. Eyring（20 世纪 30 年代）。其理论前提是对于从底物（S）到产物（P）的反应，基态的 S 必须达到活化或过渡状态（$S^\ddagger$）。在此过渡态下，开始形成 P（图 9-2）。S 和 $S^\ddagger$ 的分布通过准平衡常数（$K^\ddagger$）表示：

$$K^\ddagger = \frac{[S^\ddagger]}{[S]} \tag{9-2}$$

而反应速率或者说从 $S^\ddagger$ 到 P 的速率则表示为：

$$\frac{d[P]}{dt} = k_d[S^\ddagger] \tag{9-3}$$

式中，k_d 为 $S^\ddagger$ 到 P 反应的一级速率常数。

另外，从 S 到 $S^\ddagger$ 的活化能变化（$\Delta G^\ddagger$）是重要的热力学参数：

$$\Delta G^\ddagger = -RT\ln K^\ddagger \tag{9-4}$$

将上述方程式（9-2）和式（9-4）合并，则得到：

$$[S^\ddagger] = [S]e^{-\Delta G^\ddagger/(RT)} \tag{9-5}$$

方程式（9-3）中的速率常数 k_d 等于处于转化中化学键的振动频率（ν）。该结论是基于一个假设：处于过渡状态的分子十分脆弱，因而化学键的下一次振动会引起其衰变（即断键）。当化学键的振动能等于势能时，$S^\ddagger$ 发生衰减，此时即有：

$$k_d = \nu = \frac{k_B T}{h} \tag{9-6}$$

式中，k_B 为玻尔兹曼常数；h 为普朗克常数。

过渡态理论认为，对于一个指定 S 的酶促反应，所有的过渡态皆以相同的速度衰变，而反应速率仅受 [S]、温度以及特征 $\Delta G^\ddagger$（定义 $K^\ddagger$）的影响。将方程式（9-5）和式（9-6）代入到式（9-3）中，得：

$$\text{Rate} = \frac{d[P]}{dt} = k_S[S] = \frac{k_B T}{h} \times [S]e^{-\Delta G^\ddagger/(RT)} \tag{9-7}$$

因此，在一定范围的 [S] 内，反应速率与速率常数 k_S [$k_S = k_B T/h \times e^{-\Delta G^\ddagger/(RT)}$] 可以通过实验测得，进而算得 $\Delta G^\ddagger$。一旦算得了 $\Delta G^\ddagger$，酶促反应的相关热力学量如 $\Delta H^\ddagger$ 和 $\Delta S^\ddagger$ 皆可算得。

如果知道催化剂使活化能降低了多少，那么根据碰撞理论 [方程式（9-1）] 或过渡态理论 [方程式（9-7）]，就可以预测反应加速的程度。我们注意到方程式（9-1）和方程式（9-7）中，活化能只出现在指数项中，并且具有相同的形式，因此这两种理论将给出相同的结果。例如，如果某个酶将化学反应的活化能（$\Delta G^\ddagger$ 或 E_a）减少了 5.4kcal/mol（相对比较温和的变化），那么相较于未加酶的体系，酶促反应的相对速率就会加速 250000 倍。

过渡态理论的价值在于其简单性，其可以解释酶的作用方式，酶是如何进化成为更有效的催化剂以及酶与抗体的区别（它们都能选择性地识别配体）。在酶促反应中，游离底物（S）必须首先与游离酶（E）结合以产生缔合复合物，该缔合复合物分布在基态（ES）和活化态（$ES^\ddagger$）之间。与非酶促反应相比，酶的作用是降低 S 的 $\Delta G^\ddagger$，从而提高 $K^\ddagger$（或 $S^\ddagger$

的比例）。图 9-2 基本诠释了催化反应的机理，但在图 9-3（a）中，可以利用修正的反应坐标更好地说明过渡态理论中酶催化的一些关键特征。E 与 S 缔合后生成的 ES 具有结合自由能的变化（ΔG_S）（当底物唯一时，ΔG_S 大多是负值）。无论 ΔG_S 的大小，缔合都会为 E 与 S 的相互作用提供有利条件，简称"结合能"。结合能进而会促进催化反应。催化的下一步是将 ES 态的能量升高至过渡态 $ES^{\ddagger}$（所有的过渡态均转化为产物 P 和游离的酶 E）。这一步在热力学上的自由能变化是 $\Delta G^{\ddagger}$。反应（即从游离 S 到 P）的最小净活化自由能变化为 ΔG_T，即为各个键合（ΔG_S）和催化步骤（$\Delta G^{\ddagger}$）的自由能变化之和。从图 9-3 中可以很容易地看出为什么说酶的催化优势在于其进化识别底物的能力。如果酶的结合位点仅以能够更好地识别并匹配底物 S 态的方式进化，那么 E 和 S 之间的结合力将提高，缔合也变得更加有利 [ΔG_S 更负，图 9-3（b）]。结果是 ΔG_T 没有变化，但对于从 ES 到 $ES^{\ddagger}$ 的步骤则必须克服增大了的 $\Delta G^{\ddagger}$，即更大的能垒。另一方面，如果酶 - 底物识别的唯一变化只是结合位点变得与 $S^{\ddagger}$ 的结构更匹配，则反应的净自由能变化（ΔG_T）和成键 / 断键步骤的自由能变化（$\Delta G^{\ddagger}$）均会减少 [如图 9-3（c）]。因此，酶的催化优势集中在其识别或稳定反应底物过渡态 $S^{\ddagger}$ 的能力。在此需要说明的是通过利用一部分结合能以及一些酶促反应中的相互作用力，底物 S 在与酶缔合的时候就转化并稳定在 $S^{\ddagger}$ 态。

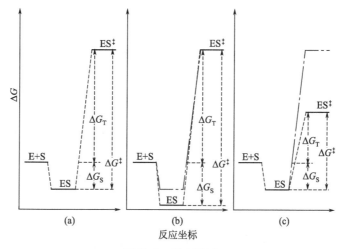

图 9-3 酶促反应

（a）典型酶促反应；（b）酶与底物更加匹配后的酶促反应；（c）酶与底物过渡态更加匹配后的酶促反应

9.3.2 酶的催化机制

在分子水平上，酶具有结合 S 并稳定 $S^{\ddagger}$ 的活性位点。形成活性位点的氨基酸残基和辅助因子通过共价和 / 或非共价相结合的方式与底物相互作用。酶可以通过多种机制催化成键 / 断键和原子重排等过程。活性位点内特定氨基酸及其空间排布是酶催化功能的基础。除了催化必不可少的氨基酸外，其他氨基酸还可能通过识别 S 和稳定 $S^{\ddagger}$ 协助催化。

9.3.2.1 酶的活性位点

酶的催化活性往往是由某些特定氨基酸决定的。考虑到蛋白质分子的大小，当人们发现仅有有限数量的氨基酸（通常为 3~20 个）决定酶的催化功能时无不感到惊讶。但人们又发现这些关键氨基酸的数量貌似与酶分子的大小存在某种关系。另外，丝氨酸蛋白酶家族中的成员由185～800个氨基酸残基组成，分子质量范围在20～90kDa（大多数为25～35kDa），但是这些酶都含有相同的催化单元，即一个三联体：组氨酸-天冬氨酸-丝氨酸。这些比较表明酶所含的氨基酸残基比催化活性所需的氨基酸残基多得多，于是引发了一个问题："酶为什么这么大？"在一级序列中与催化相关的氨基酸残基很少处在相邻位置，它们分布在整条多肽链中。例如枯草芽孢杆菌蛋白酶的催化三联体是 HIS_{64}-ASP_{32}-SER_{221}，而米赫根毛霉脂肪酶的催化三联体是 HIS_{257}-ASP_{203}-SER_{144}（丝氨酸蛋白酶和脂肪酶有相似的催化机制）。多肽链非催化部分的功能之一便是借助蛋白质的二级和三级结构将参与催化的氨基酸残基置于相同的三维空间中。催化残基精确的空间排布提供了催化单元，而多肽链的折叠则将其他残基聚集在一起，为酶识别底物提供结合力。因此，多肽链的构象为不同氨基酸残基在三维空间内的正确定位充当"支架"，以便这些残基可以行使催化或识别底物的功能。

多肽链的另一个作用是将原子紧密堆积起来，以便从酶的内部排出水分子，将水的体积限制在蛋白质体积的25％时，蛋白质分子的内部可以形成相对非极性且无水的空腔和裂缝，这可以增大偶极力从而促进催化作用。其他非催化氨基酸残基也可能参与酶的催化功能，它们可能充当了辅助因子或效应子的结合位点，也可能充当表面识别位点使酶与其他细胞成分相互作用或直接去吸引并捕获底物。最后，不参与催化或底物识别的氨基酸可能决定蛋白质构象对环境因素（例如pH值、离子强度和温度等）的敏感性，从而调节酶的活性并赋予酶稳定性。

9.3.2.2 酶催化的具体机制

酶的催化机制一般分为四类，即定向靠近作用、共价催化作用、广义酸碱催化以及分子应变扭曲作用。表9-1对不同的酶催化机制做了简单的总结。鉴于结合能对后文中所介绍的所有机制都有贡献，我们就先来深入了解一下结合能。结合能是一个术语，用于表示底物和酶在结合位点缔合后产生的有利相互作用；结合能源自酶和底物之间存在的匹配特征。匹配（几何和电子）可能是"预先形成的"（如 E. Fischer 针对酶-底物识别提出的锁钥概念），也可以是结合时"发展"的，也可能是二者的结合。净结合能也被定义为底物去溶剂化并与酶相互作用后所产生的自由能变化（通常为负）。酶-底物缔合引起的熵损失被溶剂（通常是水）获得的熵所抵消。结合能的一部分可以转化为机械和/或化学活化能，从而被应用于催化中的生产目的。结合能可以用于在活性位点移动S，或使S失稳定，或使 $S^{\ddagger}$ 稳定。酶对底物的选择性（即与哪一种底物反应更快）可能与催化步骤利用了多少结合能直接相关。活性位点上或附近的非催化必需氨基酸残基往往利用结合能来协助催化。

表9-1 常见的酶催化机制

机制	涉及的力	涉及的潜在残基或辅助因子
定向靠近作用	分子间或分子内催化作用	活性中心及识别底物的残基
共价催化作用	亲核或亲电作用	SER、THR、TYR、CYS、HIS、LYS、ASP^-、GLU^-
广义酸碱催化	质子得失	HIS、ASP、GLU、CYS、TYR、LYS
分子应变扭曲作用	诱导应变、诱导匹配、构象柔性	活性中心及识别底物的残基

（1）定向靠近作用

对定向靠近作用最好的描述应该是催化单元和底物以有利的取向彼此靠近，从而促进反应。另一种对定向靠近作用机制的理解是由于底物均到达了酶的活性位点，此处底物的有效物质的量浓度相对于溶液必然大大提高，该机制为催化提供了熵的贡献。它有助于克服熵的大幅降低，否则熵的降低会使参与反应的所有物质聚集在一起。因此，一般基于有效浓度对反应速率的影响来考察定向靠近效应对酶催化的贡献。

在溶液中，反应物通过碰撞而形成分子间缔合的寿命一般比底物与酶通过特定结合形成复合物的寿命短 6 个数量级。酶结合的口袋是一个含水较少的环境，口袋中含有可以让底物"对接"或"锚固"的活性位点。酶与底物的相互作用时间越长，达到过渡态的可能性就越大。因此，也可以将定向靠近模型视为分子内反应，即所有反应物均被视为存在于单个分子（酶）中。

定向靠近作用的净催化效果是基于理论计算得到的。在涉及 1～3 个底物的化学反应中，定向靠近作用可使反应速率增强 $10^4 \sim 10^{15}$ 倍（对于多个底物反应提速更大）。值得一提的是，定向靠近作用本质上是一种机械特征，而不是由特定的氨基酸赋予的。定向靠近作用是由活性位点的化学和物理性质及其氨基酸的构象赋予的（表 9-1）。

（2）共价催化作用

共价催化中酶 - 底物或辅助因子 - 底物会形成共价结合的中间体，这种催化机制是由亲核或亲电攻击引发的。当然，酶的残基 / 辅助因子的亲核或亲电行为在非共价机制中也比较常见。亲核中心富含电子，有时带负电，它们寻找如羰基碳、磷酰基、糖基官能团等缺电子中心（即所谓的"核"）。亲电催化则是通过亲电体从反应中心抽出电子。在共价催化所涉及的反应物中既有亲核基团又有亲电子基团，所以反应的分类由引发反应的中心类型决定。

随着共价中间体的形成，沿反应坐标至少存在两个步骤，即共价加合物的形成和分解，每个步骤都有其特征 $\Delta G^{\ddagger}$（如图 9-4）。催化的多个阶段也说明酶在反应过程中具有多种存在形式，那么其动力学上的反应坐标就会更为复杂（比如图 9-4 和图 9-2 相比较）。共价催化常见于多种酶中，包括丝氨酸和巯基蛋白酶，脂肪酶和羧酸酯酶，以及多种糖基水解酶。共价催化的净催化作用估计可使化学反应速率提高 $10^2 \sim 10^3$ 倍。

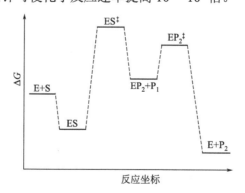

图 9-4　酶促反应中形成共价中间体

表 9-1 列出了为酶提供亲核中心的氨基酸残基。通常亲核性取决于官能团的碱性，即与其将电子对提供给质子的能力有关。对结构相似的化合物来说，亲核速率常数与 $\mathrm{p}K_\mathrm{a}$ 呈正相关性。但是酶中的亲核基团通常只能在有限的 pH 值范围内起作用（通常在 pH 值接近

7），因为酶的构象稳态会在极端 pH 环境下被破坏。因此，尽管精氨酸可能具有亲核的功能，但其侧链 pK_a 值约为 12，表明所有自然条件下，它几乎都以共轭酸形式存在于酶中，所以它并未出现在表 9-1 中。影响亲核催化速率的另一个因素是"离开基团"或者说是共价中间体形成过程中产物（图 9-4 中的 P_1）。离去基团的碱性越弱（pK_a 值越大），亲核体的反应速率越大。HIS-ASP（GLU）-SER 是丝氨酸蛋白酶和脂肪酶/羧酸酯酶家族的特征催化三联体，也是亲核催化研究最多的实例之一。这些酶分别通过共价中间体催化酰胺（肽）键和酯键的水解。HIS-ASP-SER 催化单元的功能是以亲核催化为反应机理的经典例子，但是在酶催化过程中还涉及其他一些机械作用力。对于枯草杆菌蛋白酶（EC 3.4.21.62）的催化三联体，SER_{221} 充当亲核体，将电子提供给肽键的酰胺碳（图 9-5）。HIS_{64} 作为广义碱基接受质子，从而增强 SER_{221} 上氧原子的亲核性，相邻的酸性氨基酸 ASP_{32} 残基则可以稳定碱性氨基酸 HIS_{64} 上的电荷。这个过程形成瞬时的四面体酰基酶中间体。在最后阶段，HIS_{64} 作为广义酸将质子提供给裂解后离去的 N 端肽片段，同时形成共价酰基酶加合物。在催化循环的完成阶段，水作为亲核试剂通过同样的机制形成另一种四面体中间体，将肽片段从 SER_{221} 移除。枯草杆菌蛋白酶突变体（利用分子技术将其中特定的氨基酸残基替换）的行为揭示了氨基酸组成三联体的重要性。天然酶的催化效率为 1.4×10^5。如果 SER_{221}、HIS_{64} 或 ASP_{32} 残基中的任意一个被 ALA 取代，其催化效率将降低为原来的 $\frac{1}{10^6}\sim\frac{1}{10^4}$。当这些残基中的任意两个或所有三个均被 ALA 取代时，其催化效率相较于单个被 ALA 替代，几乎没有或进一步的降低。这表明这三个氨基酸残基是一个整体，而不是通过叠加的方式产生催化能力作用。

亲电子催化构成另一类共价反应机制，其中反应中的特征步骤是亲电攻击。酶中的氨基酸残基不能提供足够的亲电基团。引发亲电催化的亲电体是缺少电子的辅助因子或底物与酶的催化残基之间形成的阳离子氮衍生物（见表 9-1）。许多酶利用吡哆醛磷酸盐（维生素 B_6）作辅助因子引发亲电催化，并参与氨基酸转化与代谢。

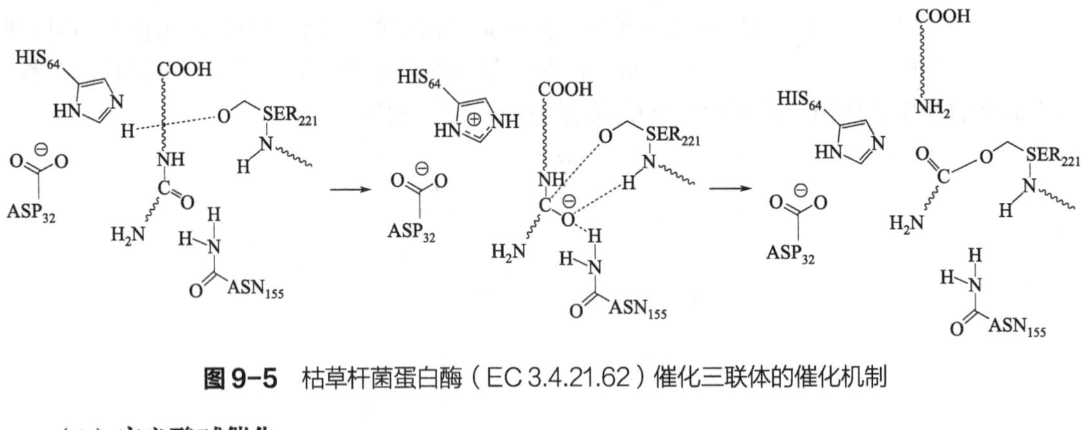

图 9-5　枯草杆菌蛋白酶（EC 3.4.21.62）催化三联体的催化机制

（3）广义酸碱催化

大多数酶反应在催化过程中都涉及质子转移。通常酶的一部分氨基酸残基充当广义酸提供质子，而另一部分氨基酸残基充当广义碱接受质子，从而实现质子的转移。在催化过程中，广义酸碱催化的作用是当底物转变为产物时为质子在活性位点转移提供便利。这里强调了"广义"，如果我们只说酸碱催化反应，只是溶剂中的 H^+ 或 OH^- 要扩散到活性部位才能达到催化效果。氨基酸残基的 pK_a 值在酶的最适 pH 范围内时（酶一般在 pH 4～10 范

围内具有最佳的活性和稳定性），可视为广义的酸或碱。此类残基已在表 9-1 中列出。广义
酸碱行为对丝氨酸蛋白酶、脂肪酶和羧酸酯酶的亲核机理具有较大的贡献。实际上 HIS 是
广义酸碱催化中常见的残基，因为蛋白质中咪唑基团的 pK_a 通常在 6～8 范围内，使其非常
适合在多种酶活跃的条件下起到酸或碱的作用。

（4）分子应变扭曲作用

当底物和酶的相互作用域不像"锁钥概念"提出的那样具有较强的刚性，应变和扭曲
作用便成为控制催化作用的一个因素，通过酶催化的过渡态理论可以比较清晰地理解这个
概念。尽管酶和底物在结构和电子上的匹配可以为二者提供吸引力，但这种匹配其实并不
"完美"。如图 9-3（b）所示，如果酶与底物的匹配是完美的，那么催化作用反而不太可能
发生。因为此时从基态 ES 到过渡态 ES‡ 所需克服的能垒 $\Delta G^‡$ 太大了。

某些酶和底物之间的匹配性与底物识别、获得结合能以及底物在活性位点的取向有关。
酶 - 底物缔合产生的结合能可能利用在诱导酶和 / 或底物的应变上，从而使二者的匹配性向
过渡态需要的方向发展。底物的化学键的伸缩、扭曲或键角的弯曲不大可能引起应变和扭
曲作用，因为这些力都太大了。其实底物键旋自由度的限制、空间压缩以及酶 - 底物间的
静电排斥更可能引起应变作用。因此，在真实的物理意义上，底物在与酶结合时可能会受
到应力（此时不发生变形），此后底物 - 酶系统则会通过利用一些结合能释放应力来促进过
渡态。在溶菌酶的研究中发现，吡喃糖衍生物的过渡态碳氧离子（图 9-6）是船式而不是更
稳定的椅式构象。

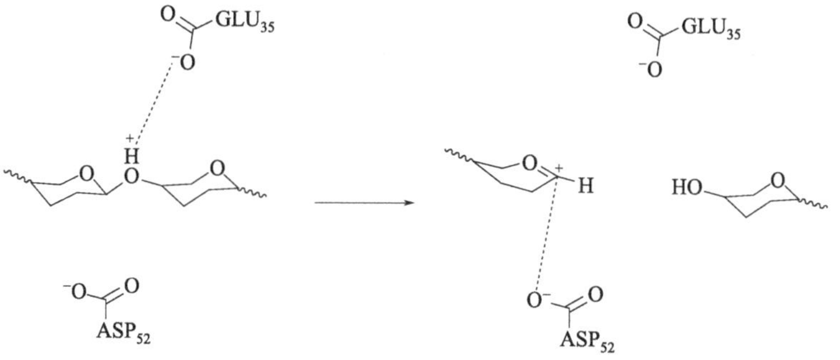

图 9-6　吡喃糖衍生物的过渡态碳氧离子

作为蛋白质，酶的结构比起小的无机或有机底物更具柔性。基于蛋白质结构的柔性，
D. Koshland 提出了酶催化的"诱导适应"假说，即结合底物时酶活性位点的构象会被扰动，
从而促进过渡态 ES‡ 复合物的稳定性。结合底物时酶活性位点的构象调节还可能使酶和底
物的反应性基团对齐以促进催化。

（5）其他酶机制

氧化还原酶是通过辅基在氧化态与还原状态间的循环来催化电子转移反应的。辅基
是非蛋白质上的基团，可能是过渡金属离子（如铁或铜）或辅助因子，如黄素 [烟酰胺，
NAD（P）H，是氧化还原反应的共底物]。脂肪氧合酶（如亚油酸酯 - 氧化还原酶，EC
1.13.11.12）广泛分布于植物和动物中。该酶以非血基质铁为辅基（非血基质铁主要是三价
铁），并与多不饱和脂肪酸的 1,4- 戊二烯基团（在脂肪酸中可能有多个此类基团，如亚油酸）
反应。脂肪氧合酶引发脂肪酸的氧化反应，这既可能产生不良（酸败）风味，也可能提供
理想的风味。另外，氧化反应的次级反应还可以漂白颜色。分离出来的脂肪氧合酶往往处

于"非活性"（二价亚铁）的状态。此时亚铁离子与水形成 $H_2O\text{-}Fe^{2+}$ 配合物，通过与过氧化物反应（所有生物组织中都存在较低水平的过氧化物），$H_2O\text{-}Fe^{2+}$ 形成 $HO\text{-}Fe^{3+}$，从而实现了脂肪氧合酶的活化。$HO\text{-}Fe^{3+}$ 复合物中配位的羟基可以作为碱从脂肪酸的亚甲基碳上获取氢原子（脂肪酸中亚甲基中的 C—H 键键能是最低的）并重新形成 $H_2O\text{-}Fe^{2+}$。此时，氧气则从铁相反的方向靠近底物并添加到烷基自由基上允许的位点。新产生的过氧自由基会从非活性的 $H_2O\text{-}Fe^{2+}$ 辅基中获取一个 H 原子，一方面产生脂肪酸氢过氧化物（如大豆脂肪氧合酶的催化产物主要为 13-*S*- 亚油酸氢过氧化物），另一方面使酶回到活性状态。

 概念检查 9.3

○ 酶催化的机制有哪些？

9.4 酶促反应动力学

9.4.1 酶促反应的简单模型

酶促反应的动力学类型相当独特。Michaelis-Menten 快速平衡模型考虑了最简单的酶促反应。在此模型中，酶（E）作用于单个底物（S）上，形成单一的复合物（ES）（又称为 Michaelis 复合物），最后生成单一产物（P）：

$$E+S \underset{k_{-1}}{\overset{k_1}{\rightleftharpoons}} ES \xrightarrow{k_{cat}} E+P \tag{9-8}$$

假设 S 与 E 的结合代表了缔合（E+S⟶ES）与解离（ES⟶E+S）两个反应之间的平衡条件，而且这两个反应分别具有二级（k_1）和一级（k_{-1}）速率常数。按照生物化学的惯例，将结合平衡表示为解离过程，则底物结合的平衡条件就可表示为：

$$\frac{[E]\times[S]}{[ES]} = \frac{k_{-1}}{k_1} = K_S \quad \text{（解离或亲和常数）} \tag{9-9}$$

需要注意的是，K_S 值降低表示 ES 中酶（E）的比例更高，同时 E 和 S 之间的结合力或亲和力也更强。酶促反应的第二阶段是催化步骤，即 ES⟶E+P，以一级催化速率常数 k_{cat} 为特征。因此，酶促反应的初反应速率（v）可以表达为：

$$v = \frac{\mathrm{d}p}{\mathrm{d}t} = k_{cat}[ES] \tag{9-10}$$

在这个模型中，P 形成的速率并不影响 E 与 S 结合的平衡，因此也不影响快速平衡模型研究酶促反应的有效性。

另一种动力学方法假设 ES 分解为 P 的速率会影响酶在游离态 E 和结合态 ES 之间的分布和比例。为了调和这一点，G. Briggs 和 J. Haldane 假设人们可以在很短的时间内观察到反应，而 [ES] 在这段时间内不会发生变化或变化可以忽略不计（即稳态方法）。在这种情况下：

$$\frac{\mathrm{d}[ES]}{\mathrm{d}t} \approx 0 \tag{9-11}$$

　　此时，生成 ES 的速率就和它们消失的速率一样。而 ES 的形成源自 S 与 E 的结合反应（k_1），ES 消失则源自两个 ES 解离的反应（k_{-1} 和 k_{cat}）：

$$k_1[E] \times [S] = (k_{-1} + k_{cat})[ES] \tag{9-12}$$

将方程式（9-12）按照解离反应重新组织一下，则有：

$$\frac{[E] \times [S]}{[ES]} = \frac{(k_{-1} + k_{cat})}{k_1} = K_m \quad \text{Michaelis 常数（米氏常数）} \tag{9-13}$$

　　式（9-13）和式（9-9）长得很像，但式（9-13）中 [ES] 是由解离和催化两个途径共同决定的。另外，K_S[式（9-9）] 与 K_m[式（9-13）] 间的关系与 k_{-1} 和 k_{cat} 的相对大小密切相关。如果 k_{cat} 相较于 k_{-1} 差两个数量级，那么就可以忽略 k_{cat}，即酶在 E 态和 ES 态的分布仅取决于 E 与 S 的结合平衡，此时 K_m 就与 K_S 相等。另外，如果 k_{cat} 和 k_{-1} 在相同数量级上就说明 k_{cat} 的反应消耗 ES 的速度足够快，那么就永远不可能达到通过 E 和 S 结合平衡来预测酶在 E 态和 ES 态的分布。因此，在该情况下，$K_m \neq K_S$，即 K_m 不仅仅意味着 E 对 S 的亲和能力。此时，酶促反应符合稳态动力学模型。K_m 即为 ES 的准离解常数，它与 [S] 和 K_S 一样，单位都是物质的量浓度（mol/L）。由于单位相同，便可以直接比较 K_m 与 [S]。根据式（9-13），当 $k_{cat} \gg k_{-1}$ 时，$k_{cat}/K_m = k_1$，这意味着整个反应受缔合过程的限制。对酶来说，缔合的速率常数一般在约 $10^7 \sim 10^8$ L/（mol·s），所以可以通过估计 k_{cat}/K_m 的值是否在 $10^6 \sim 10^8$ L/（mol·s）范围内来判断稳态条件是否存在。很多氧化还原酶和异构酶表现为稳态动力学，而大多数（但并非全部）水解酶却不是。因此，对于大多数水解酶而言 $K_m \approx K_S$，也就是说米氏常数（K_m）通常可作为这些酶与底物亲和力的量度。

9.4.2　酶促反应的速率

　　可以通过两个表达式的比值来体现酶促反应的速率，即速率表达式 [式（9-10）] 和酶总量（[E_T]）守恒的表达式（[E_T]=[E]+[ES]）。

$$\frac{v}{[E_T]} = \frac{k_{cat}[ES]}{[E] + [ES]} \tag{9-14}$$

　　如果仅用 [ES] 的形式来表达酶的浓度，式（9-14）还可进一步简化。通过式（9-13）得出 [E] = K_m[ES]/[S]，再带入式（9-14）中。考虑到酶促反应最快时（速率最大为 v_{max}），所有的酶都处于缔合态（ES），则有：

$$v_{max} = k_{cat}[E_T] \tag{9-15}$$

此时式（9-14）简化为：

$$v = \frac{v_{max}[S]}{K_m + [S]} \tag{9-16}$$

　　对于特定的酶促反应来说，上式中 v_{max} 和 K_m 都是常数，便得到了一个十分有用的关系式：

$$y = \frac{ax}{b + x} \tag{9-17}$$

　　a 和 b 均为常数，则式（9-17）定义了一条矩形双曲线。因此简单的酶动力学常被称为双曲线动力学。式（9-16）同时也展现了酶促反应速率对底物的依赖性。当底物浓度较低时，$K_m \gg [S]$，则：

$$v = \frac{v_{max}[S]}{K_m} \tag{9-18}$$

因此，当 S 处于无限稀释的极限浓度时，化学反应的速率取决于常数 v_{max}/K_m。由式（9-18）可以看出，相对于底物 S 来说该反应是一级化学反应。那么，在 S 的稀溶液中，酶促反应可以描述为：

$$E + S \xrightarrow{v_{max}/K_m} E + P \qquad (9\text{-}19)$$

该模型对应于酶在底物很稀的溶液中，其识别并转化底物的能力，并提供了度量"催化效率"的方法，即通过"特异性常数" v_{max}/K_m 的值来量化催化效率。基于 v_{max}/K_m 的值可以定量比较酶对多种底物的选择性，从而推断酶如何识别底物。由于 v_{max}/K_m 是常数，因此利用特异性常数比较底物竞争的方法对大多 [S] 的值都是有效的。另一种极端情况下，即如果 $[S] \gg K_m$，则式（9-16）简化为：

$$v = v_{max} \qquad (9\text{-}20)$$

从式（9-20）可以很明显看出此时对于 [S] 来说反应速率是零级。也就是说此条件下，所有的酶都已经被底物饱和。这一类的酶促反应模型比较简单：

$$ES \xrightarrow{k_{cat}} E + P \qquad (9\text{-}21)$$

这种情况的重要性在于反应速率仅取决于酶的总量 $[E_T]$。如果要研发一种定量分析酶活性的检测方法，比如要用酶的活性作为加工效果的指标时，满足 $[S] \gg K_m$ 的条件就显得尤为重要。

由于 Michaelis-Menten 模型的局限性或其他起作用的因素（如底物被抑制，底物中存在的内源性抑制剂，多种酶参与同一反应等），导致实验数据难以与模型拟合。一般可以通过更先进的技术来解决这些问题。在任何情况下，米氏常数（K_m）等术语仅用于表现出 Michaelis-Menten 行为的酶促反应，否则建议使用诸如 $S_{0.5}$ 和 $K_{0.5}$ 之类的术语。值得一提的是，涉及食品中的酶时，其他的动力学模型应用较少，因此不在此处进行讨论。但是，这些模型在处理诸如双底物反应、平衡反应和变构酶等情况时就变得十分重要了。

9.4.3 估算 K_m 和 v_{max}

从 Michaelis-Menten 方程导出的速率常数还具有其他含义。一级常数 k_{cat} 仅与 ES 和其他类似复合物（如其他中间体以及酶 - 产物复合物 EP）的行为有关。米氏常数 K_m 通常也被称为表观解离常数，因为该常数往往与有酶参与结合的复合物的行为有关。K_m 是酶被底物饱和一半并且反应速率是 $\frac{1}{2} v_{max}$ 时的底物浓度。理论上 K_m 与酶的浓度 [E] 无关。但有时在含有高浓度和复合酶的系统中会观察到异常现象。最后，比较食物基质中的 K_m 与 [S] 可能会得到有价值的信息。细胞的中间代谢物的浓度通常在 K_m 范围内，这样一来就能以细胞随着 [S] 的细微变化对反应进行精细控制。相反，如果在细胞中 $[S] \gg K_m$，则这意味着酶对该底物催化时存在某种障碍（例如物理分离）。对许多酶及其底物而言，K_m 的范围在 $10^{-6} \sim 10^{-2}$ mol/L 之间，但有时 K_m 的值可能会很高，例如葡萄糖氧化酶对葡萄糖的 K_m 值为 40mmol/L，木糖（葡萄糖）异构酶对于葡萄糖的 K_m 值为 250mmol/L，过氧化氢酶对 H_2O_2 的 K_m 值为 1.1mol/L。另外，K_m 被称为表观解离常数是因为 K_m 值一般是通过收集 v 和 [S] 的实验数据再通过作图获得的。

由前述可知 K_m 和 v_{max} 是酶促反应动力学中十分重要的两个常数，通常根据实验速率数据（v_o）和对原始 Michaelis-Menten 模型的速率表达式 [式（9-16）] 的线性变换来作图，再进行线性回归分析，最后通过回归方程的斜率和截距来估算 K_m 和 v_{max}。如图 9-7 所示，尽管线性变换的形式不同，但它们在数学上是等效的，使用准确的数据应得到相同的结果。遗憾的是所有实验观察结果都存在误差。这些实验误差可以用来评价线性变换方法的优缺点。最常用（和滥用）的线性变换是双倒数（Lineweaver-Burk）图。双倒数图的主要问题是将最大的权重放在集合中最弱的数据点上（即最低 [S] 带来最大的误差），同时由于倒数的特性，沿着 Y 轴的误差也会被进一步放大 [图 9-7（b）]。因此，即便只是适度的误差都会极大地影响回归线的位置。公平地说，Lineweaver 和 Burk 其实认识到应该对坐标进行适当的"加权"，但是现在这一观点被严重忽略了。Eadie-Scatchard 曲线在集合的每个数据点上平均分配权重，但是在两个轴上都存在误差，因为因变量（v_o）在两个轴上都构成因数 [图 9-7(c)]。不过该线性图也有一定的实用性，因为它更易于识别"异常"数据点（如 v_o 最低的点十分醒目）。Hanes-Woolf 图与双倒数图相反 [图 9-7(d)]，它在受误差的影响最小的数据点上（如在最大的 [S] 处）施加最大的权重。然而，这也会在 [S]>K_m 的曲线部分产生图形偏差。

值得注意的是，无论使用哪种绘图方式，观察值 [S] 都必须在 K_m 的上方、下方和附近均具有良好的平衡，以防止数据集偏向双曲线的上部或下部区域。更准确地说，在定义曲线的曲率以及反应速率对 [S] 的依赖性时，[S]/K_m 在 0.2～4 之间的反应速率是最重要的。线性变换不是估计酶反应动力学常数的唯一方法。可以将实验数据拟合为矩形双曲线，根据式（9-16）进行非线性回归拟合 [图 9-7（a）]，从原始数据直接估计 K_m 和 v_{max}。该曲线可以对 K_m 和 v_{max} 进行合理的视觉估计，并直观展现实际数据与拟合曲线的符合程度。

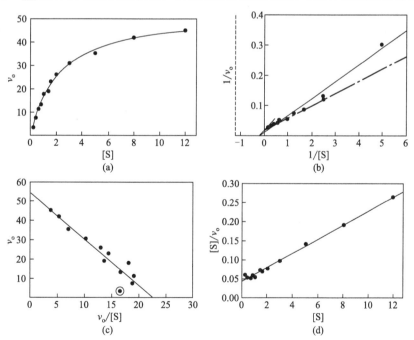

图 9-7 根据实验速率数据和对原始 Michaelis-Menten 模型的速率表达式的线性变换通过画图和线性回归分析估算 K_m 和 v_{max}

（a）双曲线形式，即 $v_o = v_{max}[S]/(K_m+[S])$；（b）Lineweaver-Burk 提出的双倒数变换，即 $1/v_o = (K_m/v_{max})(1/[S])+1/v_{max}$；（c）Eadie-Scatchard 变换，即 $v_o = -K_m v_o/[S]+v_{max}$；（d）Hanes-Woolf 变换，即 $[S]/v_o = [S]/v_{max}+K_m/v_{max}$。

值得注意的是（b）中的断线是排除"异常值"后的回归直线，而通过（c）中的变换方法，
"异常值"就变得十分明显了（图中已标出）

9.4.4　影响酶促反应的因素

　　影响酶促反应的因素主要有反应底物的浓度、酶的浓度以及其他环境因素。在酶促反应中，反应底物的浓度存在饱和现象。若酶的浓度恒定，在底物浓度较低时，酶促反应速率的增加与底物浓度的上升成正比，即呈一级反应的特征。随着底物浓度继续上升，反应速率的增加量逐渐减少，酶促反应进入混合级反应。当底物浓度达到饱和值后，反应速率达到最大值，不再增加，此时酶促反应为零级反应。另外，当系统中底物的浓度足够大时，酶促反应速率与酶浓度成正比。影响酶促反应的环境因素主要包括温度、pH 以及系统中的其他组分等。一般来说，酶促反应速率随温度升高而加快。但酶的本质是蛋白质（除核酶外），当温度过高时，酶会发生热变性作用，使酶促反应速率迅速下降。因此，随温度升高，酶促反应速率先加快后减慢。酶促反应速率达到最大值时的温度就称为酶的最适温度。值得注意的是，酶的最适温度与实验条件有关，它并不是酶的特征常数。pH 值对酶促反应速率的影响通常呈现一钟形曲线。过高或过低的 pH 都会导致酶催化活性的下降。一般将酶催化活性最高时溶液的 pH 值称为酶的最适 pH。和最适温度一样，酶的最适 pH 也不是酶的特征常数。除温度与 pH 之外，体系中的抑制剂或激活剂也会影响酶促反应。顾名思义，抑制剂能抑制酶的活性，降低酶促反应速率。但抑制剂不会引起酶分子变性。抑制剂可通过不可逆抑制作用或可逆抑制作用抑制酶的活性。前者通过共价方式结合酶的活性中心，而后者则是通过可逆的非共价结合方式结合酶的活性中心。利用透析的方法可以将可逆型抑制剂从系统中分离出去，从而完全恢复酶的活性。与抑制剂相反，激活剂是能够促使酶促反应速率加快的物质，大多数是金属离子，如 K^+、Mg^{2+}、Mn^{2+} 等。唾液淀粉酶的激活剂为 Cl^-。

 概念检查 9.4

　　○ 米氏常数（K_m）有何意义？

9.5　酶在食品工业中的应用

9.5.1　酶在蛋白质类食品加工中的应用

9.5.1.1　蛋白质的水解

　　蛋白质在酸或碱的作用下发生水解生成多肽或氨基酸，广泛用于食品领域中。然而，酸性和碱性环境下的水解条件相对苛刻，一般需要强酸或强碱，且重现性较差。蛋白酶可水解蛋白质生成蛋白胨、多肽和氨基酸，这些产物在食品、医药、饲料和细胞培养等领域有广泛的用途。例如明胶、干酪素、鱼粉等加工的副产品经蛋白酶水解→灭酶→脱色杀菌→浓缩干燥，可制备水解动物蛋白粉，因其具有良好的保水性、乳化性、抗氧化性、表面活性、溶解性、润滑性，极易被人体吸收利用，现已用作火腿肠和香肠等肉制品、果奶饮料、味精、保健食品和乳品的食品添加剂。蛋白质在酶的催化下，完全水解后可生成各种氨基酸的混合物，通过分离可以得到单一的氨基酸产品，在各方面具有良好的应用前景。近年来发现酶水解生成的多肽分子具有特殊的生理活性，比如抗疲劳、增强体力、抗过敏、治疗低血压、降低胆固醇等生理功能。目前，植物活性肽制品（如玉米肽、大豆肽、豌豆肽、小麦肽、大米肽、花生肽等）、乳源物活性肽制品（牛奶肽制品——阿片活性肽、阿片拮抗肽、降压肽、免疫活性肽、酪蛋白磷酸肽、抗菌肽、抗血栓肽等）、海洋生物活性肽等多种生物肽类食品或保健品已经在日本、美国、西欧、中国上市。除此之外，以鱼肉、鸡肉等动物蛋白以及大豆等植物蛋白为原料，利用蛋白酶催化水解可以得到优质的天然调味品，并可以提高蛋白质的利用率、降低油脂分解、缩短生产周期。例如蛋白酶催化大豆蛋白质水解，可以生产无盐酱油或豆酱；利用胰蛋白酶和风味蛋白酶等水解全鸡生产鸡精。

9.5.1.2　凝乳过程

在食品制造业中，乳品行业是酶的传统使用方，其中最有名的乳品酶制剂是皱胃酶。它是一类商品酶制剂的集体名称。这类商品酶制剂的特点是都含有从动物组织中提取出的酸性蛋白酶。牛乳中酪蛋白以酪蛋白胶粒形式存在，而κ-酪蛋白主要位于酪蛋白胶粒表面。皱胃酶将κ-酪蛋白多肽链中携带高电荷的肽段（酪蛋白巨肽/糖巨肽/κ-酪蛋白多肽链C端部分）从酪蛋白胶粒中移出，并释放到乳清中。κ-酪蛋白剩下的部分被称为副κ-酪蛋白，它仍然保留在酪蛋白胶粒中，这时的酪蛋白胶粒被称为副酪蛋白胶粒。而副酪蛋白胶粒会发生絮凝，最后使整体液态乳变成牛乳凝胶。在皱胃酶之前添加的乳酸菌发酵剂会在牛乳中代谢产生乳酸，这会促进牛乳凝胶脱水收缩，从而有利于干酪凝块的制备。虽然这类酶的凝乳效果在乳品行业中首屈一指，但是现代酶工程技术的进步已使其他来源皱胃酶（现在被称为凝乳剂）的应用成为可能，从而满足不断变化的需求。

作为商品化皱胃酶制剂鼻祖，丹麦科汉森公司于1874年最早开始标准化动物性皱胃酶的生产和销售。该产品可能是史上第一款工业化生产的酶制剂。随后它被定义成一种反刍动物皱胃提取物。现在它的定义仍是如此。它的主要成分是凝乳酶，是一种完美的牛乳凝结酶。它特异性地水解κ-酪蛋白，从而造成酪蛋白失稳。尽管如此，皱胃酶会或多或少含有另一种酸性蛋白酶——胃蛋白酶。胃蛋白酶比例的高低取决于皱胃酶提取时牛犊的生长期。胃蛋白酶底物特异性较宽，从而可作用于不同类型的酪蛋白。凝乳酶和胃蛋白酶，甚至所有在干酪生产中使用的牛乳凝结酶都被归类为天冬氨酸蛋白酶类（EC 3.4.2.3）。因为当前市场上存在几种不同类型和来源的牛乳凝结酶，所以国际乳业联盟颁布官方定义以示区分："rennet（皱胃酶）"这个词特指从反刍动物胃中提取的牛乳凝结酶，而其他来源的牛乳凝结酶（主要来源于微生物）应被称为"coagulant（凝乳剂）"。对干酪技师来说，利用来源不同将皱胃酶和凝乳剂进行分类的最大用处不是区分它们动物性、植物性、微生物性（传统微生物和转基因微生物）的来源，而是为任一特定干酪品种选出最合适的牛乳凝结酶（表9-2）。这是干酪制造技术中一个非常重要的方面，这关系到干酪产率、干酪保存期和干酪成品的风味和质地。

表9-2   不同来源和特征的皱胃酶和凝乳剂比较

类型	来源	酶的成分	产品特征
动物性	牛胃	凝乳酶A、凝乳酶B、胃蛋白酶和胃亚蛋白酶	高度特异性地作用于κ-酪蛋白；水解酪蛋白获得最高的干酪产率；形成硬质干酪和半硬质干酪特有的质地和风味
	牛犊、羊羔或绵羊胃	皱胃酶+前胃脂肪酶	优秀的凝乳能力和较高的干酪产率，并有助于增强干酪的辛辣味
	绵羊、猪或羊羔的胃	凝乳酶、胃蛋白酶和胃亚蛋白酶	没有得到广泛的使用；最好使用在与其动物来源相同的动物乳中
植物性	南欧刺棘蓟	刺棘蓟蛋白酶，天冬氨酸肽酶	在某些地区，小规模用于手工奶酪的制作
微生物性	米黑根毛霉（*Rhizomucor miehei*）	米黑根毛霉（*R. miehei*）天冬氨酸蛋白酶	天然L型凝乳剂耐热性太强，在硬质干酪制造过程中，用于乳蛋白的凝乳，不耐热的TL或XL型凝乳剂由L型凝乳剂经化学修饰而来，使用在硬质干酪制造过程中
	微小根毛霉（*Rhizomucor pusillus*）	微小根毛霉（*R. pusillus*）天冬氨酸蛋白酶	与上述提到的L型凝乳剂性质类似，但对pH更敏感
	栗疫霉（*Cryphonectria parasitica*）	栗疫霉（*C. parasitica*）酸性蛋白酶	非常耐热，只限于使用在埃门塔尔酪之类的高烫洗温度的干酪
	乳酸克鲁维酵母（*Kluyveromyces lactis*），黑曲霉（*Aspergillus niger*）	牛犊凝乳酶	在各方面与牛犊凝乳酶一致

9.5.1.3   肉质嫩化

目前，影响肉食用品质的所有因素中，肉的质地和嫩度被一般消费者评为最重要的影响因素。提高肉类嫩度的方法包括自然熟化、电刺激、机械嫩化和使用外源蛋白酶。在肉的嫩化中，最广泛使用的外源蛋白酶就是植物来源的木瓜蛋白酶、菠萝蛋白酶和无花果蛋白酶。植物蛋白酶作为肉类的嫩化剂已经被研究了几十年，尤其是木瓜蛋白酶和菠萝蛋白酶。

在肉类工业中，应用嫩化酶的方法取决于实际的目标。如果打算缩短商品肉类的熟化时间，蛋白酶水解的主要目标应是肌原纤维蛋白。如果打算改善低品质分割肉或来源于老年动物肉的嫩度，则以胶原蛋白为主的结缔组织中的蛋白质应成为蛋白酶水解的目标物。对于那些直接出售给消费者的生肉来说，嫩化的方法和嫩化面临的挑战与熟肉有所不同。然而不幸的是，在肉的嫩化中，主要使用的植物蛋白酶会更活跃地作用于肉中的其他蛋白质，而非肉中的胶原蛋白。因此，如果试图去嫩化富含胶原蛋白的结缔组织，则不可避免地会对其非胶原蛋白的蛋白质造成过度水解，从而产生非常软（糊状）的肉。如果打算嫩化结缔组织含量很高的肉块，所需使用的蛋白酶应该对结缔组织具有显著的作用活力，但对肌原纤维蛋白需具有很弱的作用活力。具有应用前景的胶原蛋白酶主要来源于微生物，但不幸的是，直至现在，仍无商品化的食品级胶原蛋白酶面世。

虽然还没有合适的用于食品加工的胶原蛋白酶，但是人们已经对某些胶原蛋白酶在肉类嫩化中的应用进行了探索。Foegeding 和 Larick 研究了来源于溶组织梭状芽孢杆菌（*Cl.*

histolyticum）胶原蛋白酶在牛排嫩化中的应用，但是其结果还不是非常有前景。在评价微生物胶原蛋白酶降解重组牛肉产品中胶原蛋白能力的研究中，已经证明微生物胶原蛋白酶具有明显的积极作用。已经筛选出了一些极端耐热的细菌，旨在能发现其产的一些蛋白酶能在可控的肉类烹饪时间内对胶原蛋白进行作用，而在不可控的储存时间内，其作用的活力却很低。

在植物来源的蛋白酶方面，令人感兴趣的是来源于甜瓜和生姜提取物中的新型蛋白酶。来源于 Kachri 果实的粉末状提取物以及生姜蛋白酶已经被成功地应用在不同物种的肉类嫩化中。在提高胶原蛋白溶解方面，已经证明生姜提取物特别有效。

由于肉的致密性和结构，将用于嫩化的蛋白酶均匀地分散在肉块中是很困难的事情。可能使用的方法有喷洒、注射、浸渍和卤制。在动物屠宰之前，将灭活的植物蛋白酶（通常是木瓜蛋白酶）溶液注射到活体动物血管系统中，在过去的几十年中已经有了众多关于这方面的文献报道。其目的是为了让酶彻底地均匀分布于动物的胴体之中。在羊肉和牛肉的嫩化方面，均有这方面的描述，这种屠宰前处理工艺至少以前在许多国家被大规模使用过。

将肉块在含有蛋白水解酶的溶液中进行浸渍或者在这样的溶液中进行卤制，均被广泛使用过，但这种方法的难点在于酶很难渗透进肉块中，并且可能会导致肉的表面发生过度嫩化的现象和形成糊状的质地，而肉块内部仍然没受到影响。

与将肉块放置在含有酶的溶液中进行卤制相比，已经证明将蛋白水解酶直接注射进肉块是一种更为有效的嫩化方法。欲达到与酶液注射获得的相同嫩化效果，那采用卤制嫩化的方法就需要使用更多量的木瓜蛋白酶。非常可能的原因是在卤制嫩化过程中，酶与底物接触的面积有限。甚至酶液注射使用的载体溶液对肉类的品质都有显著的作用。Huerta-Montauti 等人发现在真空腌肉机中，用含有盐溶液的木瓜蛋白酶处理牛肉，这样就能使酶均匀分散在整个肉块中，从而降解肉中的结构蛋白质。

在肉制品生产中，其加工的步骤对嫩化酶的活力有极大影响。如果经过嫩化的肉块在所使用酶的最适温度下保持的时间越长，就会水解更多的蛋白质，就能达到所期望的嫩化效果。为了获得最优的质量，肉制品加工的条件应该有所调整，以发挥酶的最佳效用，但最终还需要对其进行灭酶处理。在肉制品工业中，可使用经过酶法嫩化的高品质的即食肉制品，例如香肠。利用酶对肉进行嫩化处理，能提高肉类蛋白质的溶解性，当它们作为原料使用在肉制品加工中时能产生显著的积极作用。在使用牛肉生产香肠之前，用无花果蛋白酶对牛肉进行嫩化处理，能极大地提高香肠的持水性、乳化稳定性和其他质量因素。当在肉制品工业中所使用的生产设备中进行肉的酶法嫩化时，其过程将会变得高度可控，这与嫩化酶应用在直接出售给消费者的生肉中所面临的情形完全相反。

对于不同的分割肉来说，有不同的酶或酶的混合物与之相适用。对于那些可以调整的应用来说，必须了解所用酶制剂的底物特异性和活力曲线，以期能够将酶的应用与工艺条件调整到相互匹配的状态。与商品化的酶制剂相比，使用那些富含嫩化酶的植物提取物（例如果浆或果汁）也能获得良好的嫩化效果，并且可以推测的是，其价格要低很多。

目前，可利用现代微生物方法生产不同的蛋白酶，以适应不同肉类嫩化需求：一种是用于加速高品质红肉的嫩化（作用于肌原纤维蛋白）；另一种是用于降解来源于老龄动物的低等级肉中的结缔组织。如果该肉是直接出售给消费者，要求蛋白酶在低温下能作用肉中的胶原蛋白；如果该肉是作为原料应用在肉制品工业中，则要求蛋白酶作用于变性的胶原蛋白。

9.5.1.4 面团形成

面团中的面筋蛋白经蛋白酶处理后，可改善其机械性能和烘焙特性，由于完好的面粉中蛋白酶活力很低，制作面包时添加蛋白酶会使面团中多肽和氨基酸含量增加，氨基酸是形成香味物质的中间产物，多肽则是潜在的滋味增强剂、氧化剂、甜味剂或苦味剂。蛋白酶种类不同，产生的羰基化合物也不同，若蛋白酶中不含产生异味的脂酶，适量添加有利于改善面包的香气。蛋白酶还可降低面粉中的面筋强度，达到弱化面筋的目的。蛋白酶作用于面粉中的蛋白质，切断蛋白质的部分肽键，分解成多肽和氨基酸，达到破坏面筋的网络组织；分解的氨基酸有利于在烘烤时发生美拉德反应，改善烘焙制品的风味。在面包生产中，蛋白酶用来添加到面粉中以缩短面团搅拌时间和改善面团的黏稠性。但蛋白酶对蛋白质作用是不可逆的，添加时切不可过量。主要适用于柔软、易加工、延伸性强的面团，因为蛋白酶能分解蛋白质，使面团搅拌的机械耐力减小。一般在面包加工中很少用蛋白酶，因一旦添加不当，面团过度软化，就会影响面团的发酵耐力，使面团持气性下降，发生面包体积过小或易塌陷等不良现象。因此，在使用时，必须严格控制其用量。在面团中，蛋白酶作用的最佳条件是 pH 5.5～7.5，温度高达 70℃。在实际中，当面团温度为 80℃时，蛋白酶迅速失活。具体用量取决于烘焙食品的类型及所需面筋的强度。

9.5.2 酶在淀粉类食品加工中的应用

9.5.2.1 淀粉的水解

四十多年来，运用酶已能将淀粉转化为众多的淀粉衍生物。第一款投入工业化使用的淀粉酶就是葡萄糖淀粉酶。与通常应用的酸法水解工艺相比，淀粉酶法水解工艺具有明显的优势。在 20 世纪 70 年代，葡萄糖异构酶被引入高果糖浆的生产中。葡萄糖异构酶将葡萄糖转变成果糖，从而能得到甜度更高的产品。随后，引入高温 α- 淀粉酶和普鲁兰酶用于对淀粉进行更快、更好地水解。葡萄糖淀粉酶主要水解淀粉分子中 α-1,4- 糖苷键，同时其对 α-1,6- 糖苷键也有一定活力。这使得它们非常适用于淀粉的深度水解。随着商品化普鲁兰酶的出现，就有可能特异性地去水解 α-1,6- 糖苷键，从而高效地对支链淀粉分子进行脱支化。联合使用普鲁兰酶和葡萄糖淀粉酶能使葡萄糖得率提高 2% 左右。联合使用普鲁兰酶和 β- 淀粉酶能显著提高麦芽糖得率。使用普鲁兰酶的其他优势有：缩短淀粉糖化时间，提高干物质总量和降低葡萄糖淀粉酶添加量。在淀粉糖化步骤末期，根据所使用的酶或酶混合物的不同可获得不同的产物，如葡萄糖、麦芽糖或葡麦糖浆。在采用酶法将淀粉转化成糖浆工艺之前，使用的是淀粉酸水解工艺。该工艺有一些更大的缺陷和限制：糖化终点 DE 值（即以葡萄糖计的还原糖占糖浆干物质的百分比）既不能低于 28，也不能高于 55；腐蚀反应罐和管道；形成色素，酸碱中和产生相当数量的盐。随着淀粉酶的使用，这些缺陷均得以克服，并能获得更宽的 DE 值范围。

当葡萄糖淀粉酶和普鲁兰酶用于淀粉液化液糖化时，能生产出高葡萄糖糖浆。传统上，往淀粉液化液中添加大麦 β- 淀粉酶制备麦芽糖浆。然而，该酶价格昂贵，不耐热，并且其酶活会被铜离子和其他金属离子抑制，因此大麦 β- 淀粉酶已被一种真菌产的酸性 α- 淀粉酶取代。将该菌添加在 DE 值 11 左右的淀粉液化液中，保温糖化 48h。至此，真菌 α- 淀粉酶已失活。除单独应用真菌 α- 淀粉酶之外，也可同时加入普鲁兰酶，这样会得到含量更高的麦芽糖浆。另一种建议用于麦芽糖浆生产的酶是高温环状糊精葡萄糖基转移酶，该酶来源于嗜热厌氧杆菌属细菌，由丹麦诺维信公司商业化生产。

普鲁兰酶（EC 3.2.1.41，普鲁兰多糖 α-1,6- 葡聚糖水解酶）是一类水解普鲁兰多糖的酶。这种多糖是由出芽短梗霉生产的胞外多糖，由 α-1,4- 糖苷键连接的麦芽三糖重复单元经 α-1,6- 糖苷键聚合而成的直链状多糖。普鲁兰酶分为两种类型：Ⅰ型普鲁兰酶和Ⅱ型普鲁兰酶。Ⅰ型普鲁兰酶能特异性地水解普鲁兰多糖分子中 α-1,6- 糖苷键，生成麦芽三糖；Ⅱ型普鲁兰酶既能水解 α-1,6- 糖苷键又能水解 α-1,4- 糖苷键，主要生成麦芽糖和麦芽三糖。已经商品化的Ⅱ型普鲁兰酶被应用在淀粉糖化工艺中。一类与Ⅰ型普鲁兰酶类似的酶是异淀粉酶（EC 3.2.1.68，α-1,6- 葡聚糖水解酶）。这类酶特异性地水解支链淀粉或糖原分子中的 α-1,6- 糖苷键，但是其对普鲁兰多糖却无任何活性。至今尚未见有关高温异淀粉酶的相关报道。最为人熟知的异淀粉酶是一种来源于假单胞菌属细菌的异淀粉酶。出于分析目的，该酶用于测定直链淀粉分子中支链的组成。

葡萄糖淀粉酶也被称为淀粉葡萄糖苷酶或糖化酶（EC 3.2.1.3，1,4-α-D- 葡聚糖 - 葡萄糖水解酶）。这类酶的作用机理与Ⅱ型普鲁兰酶类似，即它们能水解直链淀粉和支链淀粉分子中的 α-1,4- 糖苷键，并能少量水解其分子中的 α-1,6- 糖苷键。它属于外切酶，从底物非还原性末端释放葡萄糖分子，并使生成的葡萄糖分子中 C1 构型由 α 型转变为 β 型。单独使用葡萄糖淀粉酶，几乎能实现淀粉的完全转化。β- 淀粉酶（EC 3.2.1.2，1,4-α-D- 葡聚糖 - 麦芽糖水解酶）也属于外切酶，从底物非还原性末端释放麦芽糖分子。当其作用于支链淀粉时，β- 淀粉酶会在分支点前 2～3 个葡萄糖单元处停止水解作用，从而留下一种支链较短的产物（β- 极限糊精）。商品化的 β- 淀粉酶来源于大豆或大麦。因为这些 β- 淀粉酶来源于植物，所以它们耐热性较差，不能在较高的温度下长时间使用。

9.5.2.2 烘焙过程

淀粉酶被大量用于面包和蛋糕的焙烤制品生产中。在面团调制过程中和面会使淀粉粒结构破坏，从而使得小麦内源淀粉酶将淀粉降解为酵母可以利用的单糖、二糖和寡糖。酵母发酵能产生 CO_2，从而使面包体积增大，而添加外源淀粉酶能够加速该过程。此外，新鲜出炉的焙烤制品中有一部分直链淀粉分子和支链淀粉分子的侧链会在焙烤阶段释放，并在冷却阶段开始缓慢老化，这会导致焙烤制品品质劣变。该过程被称为老化现象，其特征是面包瓤变硬，面包皮变韧和香味下降。支链淀粉的老化与面包硬化速率紧密相关。焙烤制品老化的结果导致货架期缩短。因此在焙烤制品中防止老化是重中之重，其中一种方法是添加缩短支链淀粉分子侧链的酶，一些酶（α- 淀粉酶、淀粉脱支酶、淀粉分支酶、β- 淀粉酶和葡萄糖淀粉酶）已经用于实际的生产中。然而，其用量稍过就会使面包发黏，主要是因为带有相对长的支链寡糖的产生。

使用外切淀粉酶代替内切淀粉酶来防止焙烤制品老化时，可充分克服内切酶带来的难题，例如耐高温的麦芽糖 α- 淀粉酶能从直链淀粉分子和支链淀粉分子侧链的非还原末端移除出聚合度 2～6 的寡糖，该酶被证明是一种抗老化效果很好的酶。目前市场上有两种商品化的外切淀粉酶制剂作为抗老化酶，一种是诺维信公司的麦芽糖生成酶，这种耐高温麦芽糖 α- 淀粉酶在烘焙过程中也有活性，能有效防止老化。另一种是丹麦丹尼斯克公司生产的淀粉酶，来源于克劳氏芽孢杆菌（*Bacillus claussi*）BT21，其最适温度为 55℃，最适 pH 为 9.5。它可以作用于可溶性淀粉、支链淀粉和直链淀粉，主要催化麦芽六糖和麦芽四糖的生成。除此之外，其还能造成直链淀粉分子适度断裂，降低直链淀粉的重结晶，从而降低面包瓤的硬度。

9.5.3 酶在糖加工中的应用

9.5.3.1 葡萄糖异构化

葡萄糖异构酶是葡萄糖异构化反应的生物催化剂，在指定的条件下，其反应效率高，专一性强，条件温和。因而葡萄糖异构酶的发现、研制及固定化技术的开发，为果葡糖浆工业化生产提供了基础。葡萄糖异构酶又称木糖异构酶或 D- 木糖乙酮醇异构酶（EC 5.3.1.5），是一种可转化 D- 葡萄糖为 D- 果糖的细胞内酶，但其在体内的功能主要是将 D- 果糖转化为 D- 木酮糖。此酶能够将 D- 木糖、D- 葡萄糖、D- 核糖等醛糖可逆地转化为相应的酮糖。在食品加工过程中可以利用葡萄糖异构酶在 60℃下将约 50% 的葡萄糖转化为果糖，所得的混合物称为果葡糖浆。食用果葡糖浆不易发胖，可用于罐头、糖果、糕点、婴儿食品、果汁、冷饮、果脯中。目前高果糖浆（HFCS）作为甜味剂已经逐步替代了蔗糖的地位。在同等甜度下，HFCS 比蔗糖便宜 10%～20%。人体对果糖的再吸收率低，HFCS 产生的热量也较少。葡萄糖和果糖的溶解度比蔗糖高，因此在食品加工过程中结晶所产生的问题少。

9.5.3.2 葡萄糖氧化

葡萄糖氧化酶（EC 1.1.3.4）为淡黄色粉末，易溶于水，完全不溶于乙醚、氯仿、丁醇、吡啶、甘油、乙二醇等，50% 丙酮、60% 甲醇能使其沉淀，分子质量为 150kDa 左右，最大光吸收波长为 377nm 和 455nm。在紫外线下无荧光，但是在热、酸或碱处理后具有特殊的绿色。固体酶制剂在 0℃下保存至少稳定两年。在食品中的应用主要在四个方面：一是去葡萄糖，二是脱氧，三是杀菌，四是测定葡萄糖含量。

其一在去葡萄糖方面：在制作脱水蛋粉时，最主要问题之一是在脱水和贮藏过程中易发生美拉德褐变，其主要原因是在蛋中存在 0.5%～0.6% 的葡萄糖所致。以前主要是利用干或湿酵母发酵的方法除去葡萄糖，该法的缺点是周期长，卫生条件差，产品的颜色、气味均不理想，而利用葡萄糖氧化酶可以克服这些缺点。又例如由于土豆中含有葡萄糖容易使其制品产生非酶褐变，而利用葡萄糖氧化酶预先处理土豆，使其葡萄糖含量下降，就可以减少非酶褐变，从而提高土豆制品的品质。

其二在脱氧方面：经常用于酒类和果汁食品的脱氧，在啤酒生产中含氧过高易引起啤酒的氧化现象，产生老化味，严重影响啤酒的质量。利用葡萄糖氧化酶复合体系，可以有效地除去啤酒中的溶解氧。如在啤酒中添加 10 个单位的葡萄糖氧化酶，35℃处理 45h，降氧率 85.5%。在葡萄酒生产中，氧的存在给白葡萄酒的生产造成极大的困难。葡萄皮、葡萄梗和葡萄籽中含有较高的多酚氧化酶和酚类物质，会使白葡萄酒发生褐变，尤其是使用原料成熟度差或霉变的葡萄为原料酿制白葡萄酒，问题会更为严重。如在白葡萄酒生产中添加 0.5～1mg/L 的葡萄糖氧化酶，则可以有效地减轻氧造成的危害。果汁及蔬菜中的维生素 C 容易被溶解在汁液中的氧所氧化破坏，葡萄糖氧化酶可以防止这种氧化破坏作用。添加葡萄糖至 1g/L，加入 20mg/L 的葡萄糖氧化酶，测定维生素 C 残存率：对照为 17.6%，添加酶加热处理的为 40%，加酶不加热处理的为 56.8%。

其三在杀菌方面的应用：由于葡萄糖氧化酶能除去氧，所以能防止好氧菌的生长繁殖；同时由于产生过氧化氢，也可起到杀菌作用。

其四葡萄糖含量的测定：因葡萄糖氧化酶能专一地氧化葡萄糖，故可用于定量测定各种食品中葡萄糖含量和各种混合物中葡萄糖含量。目前利用固定化技术制成的葡萄糖氧化酶分析仪已广泛地用于发酵行业发酵液中残糖主要为葡萄糖的测定，该方法简单、快速、准确，真正起到了指导生产的作用。

9.5.3.3　蔗糖水解

蔗糖酶又称"转化酶"（invertase），是糖苷酶之一，蔗糖酶（β-D- 呋喃果糖糖苷水解酶，fructofuranoside fructohydrolase，EC 3.2.1.26）能特异地催化非还原糖中的 β-D- 呋喃果糖糖苷键水解，具有相对专一性。不仅能催化蔗糖水解生成葡萄糖和果糖，也能催化棉子糖水解，生成蜜二糖和果糖。自 1860 年 Bertholet 从啤酒酵母（*Sacchacomyces cerevisiae*）中发现了蔗糖酶以来，蔗糖酶已被广泛地进行了研究。该酶以两种形式存在于酵母细胞膜的外侧和内侧，在细胞膜外细胞壁中的称为外蔗糖酶（external yeast invertase），其活力占蔗糖酶活力的大部分，是含有 50%～70%（质量分数）糖成分的糖蛋白；在细胞膜内侧细胞质中的称为内蔗糖酶（internal yeast invertase），含有少量的糖。两种酶的蛋白质部分均为双亚基（二聚体）结构，2 种形式的酶的氨基酸组成不同，外酶每个亚基比内酶多 2 种氨基酸——丝氨酸和蛋氨酸；其分子质量也不同，外酶约为 270kDa（或 220kDa，与酵母的来源有关），内酶约为 135kDa。尽管这两种酶在组成上有较大的差别，但其底物专一性和动力学性质却颇为相似，但由于内酶含量很少，极难提取。

蔗糖酶在食品中的应用广泛。果葡糖浆是以果糖与葡萄糖为主要组分的健康型糖，其中果糖含量较高。果葡糖浆因风味独特、口感好、发酵能力强而被广泛应用于食品行业。蔗糖酶可以酶解蔗糖为果糖和葡萄糖，制备果葡糖浆。与传统酸解法相比，有反应条件较为温和、精制工序简单、产品品质较好等特点，可以有效地实现果葡糖浆的工业化生产。蔗糖酶是人体小肠内重要的双糖酶，主要存在于小肠绒毛顶端。正常情况下，蔗糖酶仅存在于小肠黏膜，大肠黏膜组织中蔗糖酶活性极低。当大肠组织发生癌变时，会出现与小肠黏膜类似的特点。大肠癌变组织内可以检测到较高的蔗糖酶，而随着组织恶性转化，蔗糖酶的活力梯度增长。陈维顺等人监测了大肠肿瘤组织和正常黏膜中的蔗糖酶活力变化，证明蔗糖酶活力的升高与大肠黏膜的癌变有关。蔗糖酶活性对于判断大肠的良性和恶性疾病、预测大肠恶变具有重要的临床意义。

9.5.3.4　乳糖水解

乳糖酶在食品加工中具有很大的应用价值，尤其是在乳糖水解方面。乳糖酶（lactase）是 β- 半乳糖苷酶（β-D-galactosidase）的俗称，属水解酶类。它能催化水解乳糖中的 β- 半乳糖糖苷键，生成葡萄糖和半乳糖的混合物。当催化条件发生变化时，可能形成聚合物和联乳糖。乳糖酶是近十多年来世界酶技术领域研究的课题之一。乳糖酶在食品加工中的应用，在经济上能带来很大益处。在乳制品生产中，乳糖分解成葡萄糖和半乳糖后，既避免了甜炼乳和冰激凌等产品因乳糖结晶析出而导致组织状态劣化，又增加了甜度，节省了蔗糖用量；在炼乳生产中，因省略了乳糖结晶过程，不需要乳糖晶种及复杂的设备；在制造乳酸和乳酪时，达到特定 pH 值所需的时间相应减少，从而能缩短乳酪制作时间 135min，并且使粗制品产量由 5% 增到 12%，又因产酸速率增高使干奶酪生产只需 4 个月就能达到原来需要 7～8 个月才能具有的风味和组织结构；冷冻浓缩乳的储藏性能也大大改善，同时与添加蔗糖的原乳口味上并无明显差异。使用乳糖酶生产低乳糖乳、无乳糖乳可大大降低成本，缩短生产时间，并能打开产品在乳糖不耐症者的市场。

乳制品工业的重要副产物乳清中包含 6.5% 的固形物，而其中 70% 是乳糖，浓度在4.2%～4.4%。如果乳清不能有效地利用，工业废水会造成严重的环境污染，而且造成极大的浪费。过去被认为不可用的乳清，经乳糖酶水解处理后可变废为宝，不仅是理想的甜味剂，同时具有良好的酸味，可以作为大量生产饮料的基质。它在冰激凌、啤酒和葡萄酒生产中的应用都能达到令人满意的效果。用乳清制备的水解糖浆，去除蛋白质和矿物质后，固形物浓度达 60%，稳定性可与果葡糖浆媲美，由于成本低，在未来的生产中可能代替果葡糖浆。就冰激凌生产而言，添加 25% 的水解乳清后，可以减少 10% 的蔗糖用量，并且生产出的冰激凌的风味与脱脂乳粉制作的冰激凌一样。将发酵葡萄汁与过滤后的水解乳清组合成功研制出葡萄酒，若将水解乳清连续输入发酵缸，经 6 天后可以得到产率 12.5% 的乙醇。用灭菌的水解乳清在供氧的条件下利用混合菌种发酵可制出酱油。由此看出乳清水解液还是发酵生产中优良的廉价基质。

9.5.4　酶在果胶降解中的应用

随着科技的发展，人们对营养健康提出了新的要求。水果的营养价值丰富，加工成果汁后，巴氏杀菌能够延长果汁的货架期。然而，果汁的提取过程中常常出汁率低，其主要是因果胶易形成凝胶所致。果胶对水有高度亲和力，水果一经破碎，果胶存在于果汁中导致果汁的黏度提高，当浓缩过程中糖浓度增加时果胶很易形成果胶凝胶。利用酶水解果胶能使果汁提取更容易，同时也能提高出汁率。果胶酶的加入能够使果胶降解，使果汁黏度下降，并有利于汁、渣分离。

果汁产业生产过程中用的果胶酶其最常见来源为黑曲霉。黑曲霉能分泌大量不同的酶来分解底物，使其转变为营养物质，为自身的新陈代谢提供能量。黑曲霉是一种适用于同源性和异源性基因表达的微生物，通过传统的菌株改良和转基因方法能够成功地培育出生产纯酶的黑曲霉菌株，从而推动了果胶酶的生产。果汁行业中使用的商品果胶酶来源于黑曲霉选育菌株，菌株在成分明确的培养基中生长，之后将其分泌的胞外酶进行纯化和浓缩。以果胶酶与果胶的反应类型划分，果胶酶可以分为：裂解酶、水解酶和酯酶。

9.5.5　酶在脂类食品加工中的应用

9.5.5.1　脂质水解

将油脂与水一起在催化剂作用下生成脂肪酸和甘油的反应称为油脂的水解反应，它在脂肪酸与肥皂工业中广泛应用。传统的油脂水解反应使用无机酸、碱及金属氧化物等化学物质作为催化剂，需要高温、中高压、长时间及设备耐腐蚀的条件，其成本高、能耗大、操作安全性差，而且产物脂肪酸颜色深或易发生热聚合。而以脂肪酶作催化剂的酶促水解则正好克服上述缺点，而且可以具有选择性，因此有利于减少副反应，提高目标产品脂肪酸的质量和收率。脂肪酶（lipase，又称甘油酯水解酶）隶属于羧基酯水解酶类，能够逐步地将甘油三酯水解成甘油和脂肪酸。脂肪酶广泛存在于含有脂肪的动、植物和微生物（如霉菌、细菌等）组织中，包括磷酸酯酶、固醇酶和羧酸酯酶。其被广泛应用于食品、药品、皮革、日用化工等方面。脂肪酶是一类具有多种催化能力的酶，可以催化甘油三酯及其他一些水不溶性酯类的水解、醇解、酯化、转酯化及酯类的逆向合成反应，除此之外还表现出其他一些酶的活性，如磷脂酶、溶血磷脂酶、胆固醇酯酶、酰肽水解酶活性等。脂肪酶不同活性的发挥依赖于反应体系的特点，如在油水界面促进酯水解，而在有机相中则可以酶促合成和酯交换。

脂肪酶的性质研究主要包括最适温度与 pH、温度与 pH 稳定性、底物特异性等几个方面。迄今，已分离、纯化出了大量的微生物脂肪酶，并研究了其性质，它们在分子量、最适 pH、最适温度、pH 和热稳定性、等电点和其他生化性质方面存在不同。总体而言，微生物脂肪酶具有比动植物脂肪酶更广的作用 pH、作用温度范围，更高的稳定性和活性，对底物有特异性。

脂肪酶的催化特性在于：在油水界面上其催化活力最大。早在 1958 年 Sarda 和 Desnnelv 就发现了这一现象。溶于水的酶作用于不溶于水的底物，反应是在两个彼此分离的完全不同的相界面上进行。这是脂肪酶区别于酯酶的一个特征。酯酶（EC 3.1.1.1）作用的底物是水溶性的，并且其最适底物是由短链脂肪酸（$\leq C_8$）形成的酯。

随着生物技术迅速发展，催化油脂水解成为脂肪酸在油脂工业中有重要用途。目前已经有多种不同来源的脂肪酶用于催化油脂水解制备游离脂肪酸。例如，董恒涛等人利用粗壮假丝酵母脂肪酶诱变得到了突变株 Z6，在催化大豆油水解的最适反应条件下，该突变株对大豆油和玉米油均有较好的水解能力。黄建花等人通过超声波提高了无溶剂体系下解脂假丝酵母催化大豆油的能力以及耐热性，酸价达到（71.30 ± 2.80）mg KOH/g（水解率＜50%）。重组巴斯德毕赤酵母成功表达出的重组脂肪酶（rProROL）活性高达 15900U/mL，表现出更高的水解大豆油活性，能够用于制备甘油单酯。张飞等人研究了来源于黑曲霉的四种脂肪酶 A、B、C 和 D 的脂肪酸特异性，实验结果显示脂肪酶 A 和 D 对 C_8 有较强的水解活性，脂肪酶 B 和 C 对 C_{12} 的特异性最强，用脂肪酶 A、B 和 C 单一酶水解大豆油的水解率低于复合酶 B+D 的水解率，而脂肪酶 D 与复合酶的水解率并无明显差异。虽然复合酶的催化效率显著提高，但是目前的研究未能从本质上解决植物油水解率低的难题，如能提高酶对不饱和脂肪酸的底物特异性，提高长链脂肪酸特异性等，则能进一步提高植物油水解率。

9.5.5.2　风味调制

应用过程可控的酶解作用，调制满足需要的风味物质的这一理念很早已经产生。采用适当的酶制剂来催化脂类分解反应，或者对脂类进行改造这一反应类型通常被称作甘油三酯的结构化反应。参与风味调制的酶主要为脂肪酶，其次是酯酶。它们分别水解不可溶（长链）或可溶的酰基甘油（甘油三酯、甘油二酯、甘油单酯）。脂肪酶和酯酶属于"α/β-水解酶"，其结构大致建立在 β 折叠链的基础上，并且被 α 螺旋结构包围。除了这些结构特征外，脂肪酶和酯酶在专一性方面与其他化学催化剂相比，还具有一些明显的功能特性。

①底物专一性：脂肪酶或酯酶具有优先水解某种酰基甘油的能力；②脂肪酸专一性或类型选择性：具有特异性水解某种或某类脂肪酸的能力；③反应位点特异性或反应区域选择性：具有识别甘油三酯的甘油主干上两个外围位置（sn-1、sn-3）的能力；④立体结构特异性：能够分辨甘油三酯分子上的 sn-1 与 sn-3 位置。脂肪酶和酯酶的催化并不需要辅酶。目前市售的酶在游离态和固定态的形式下都可以发挥催化功能，并且呈现很高的活性和稳定性，甚至在非水相系统中也能反应。在微观的水相环境中，脂肪酶和酯酶主要催化三种类型的反应，即酯交换反应、酸解反应和醇解反应。

目前酶对风味的调制的应用主要集中在恢复乳粉和脱脂乳的香味，改善干酪的风味和消除酸乳生产中可能产生的异味和加快发酵等。Kheadr 等人发现用中性蛋白酶和脂肪酶共同作用于奶酪可使其获得更成熟的质构，并检测到一些游离的脂肪酸和收敛性肽，从而获得较好的风味。Ansorena 等将蛋白酶和脂肪酶用于发酵香肠，使其游离脂肪酸、游离氨基酸增加，从而加快了它的成熟速度和改善了其口感。在奶油或乳脂方面，主要是用酶进行酰基转移、酯交换、酯转移等以改善奶油的涂抹性能等。在酶法奶油增香方面，日本居世界领先水平，日本的雪印乳业公司从 20 世纪 80 年代即开始了研究，并已申请了多项与此有关的专利。Agnold 等早在 1975 年就以稀奶油、奶油和无水奶油为原料，通过控制脂肪酶对乳脂肪的水解程度，生成了奶油香味的主要成分，达到了酶解增香的目的。Victor 等用脂肪酶对乳脂进行水解可得到具有浓郁奶香的香精产品，可以用于咖啡伴侣、糖果及焙烤食品中。

乳脂虽然应用广泛，但在其加工过程中经常存在风味减弱等方面的缺陷。这是由于在乳脂杀菌、均质、烘焙等过程中，一部分挥发性的风味物质有所损失，最终使得制品风味减弱，影响了制品的可接受性。目前，解决这一问题的主要方法就是向制品中添加具有乳香风味的添加剂，或在加工过程中添加一些香精，以弥补风味的损失。但这一方法也存在许多弊端。因此，如何能健康有效地解决乳脂风味的损失，成为亟待解决的问题。

9.6　前沿导读——酶在新生代食用脂肪研发中的应用

某些脂肪酸因其特殊的营养和生理功能被广泛熟知，若能采用一定手段（化学法或酶法）将营养价值较高的脂肪酸结合到天然脂质的特定位置，改变原有脂肪酸的种类、含量或构型，从而得到新型脂质。这种将天然脂质经过重组或改性得到新型脂质的过程，被称为脂质的重构，得到的产物被称为重构脂质。重构脂质拥有与天然脂质完全不同的功效和特性。目前，重构脂质的构造方法主要以化学法和生物酶法为主。酶法合成重构脂质即用脂肪酶作催化剂进行合成的方法。脂肪酶对脂质的作用位置具有专一性，因此采用此方法可控制脂肪酸的结合位置，得到人们所期望的产物。如利用 1,3- 专一性脂肪酶对脂肪酸原料与棕榈酸或硬脂酸一起改性时，可生产出具有和可可脂性质相似的油脂。用这种酶促酯交换法得到的重构脂质生产的巧克力的物理性质与只使用可可脂生产的巧克力的性质相似。酶法反应所得的产物更易纯化，并且副产物较少，对环境不会造成危害。同时，酶法合成的转化率高，大大拓宽了消费者在医疗和营养保健方面的需求领域。磷脂是细胞膜的主要成分，在人体内具有重要的生理作用。磷脂是一种两亲分子，常作为天然乳化剂广泛应用于食品、医药和化妆品行业。存在于磷脂骨架中的 LC-PUFA 具有更好的稳定性、更佳的风味以及更容易消化吸收。同时，磷脂本身具有改善体内脂肪代谢、增加免疫力等效用。在美国，重构脂质甚至被称为"新生代食用脂肪"或"未来的脂肪"。值得一提的是，早在二十世纪初，欧洲市场上的婴儿乳品贝特宝是全球首个利用重构技术模拟母乳中天然脂肪的商品。当前，以其他脂肪为底物通过酶法重构构建人类母乳脂肪代替物依然是国内外研究的热点。

 总结

酶的本质

○ 除"核酶"外，酶都是蛋白质。

○ 一些酶需要非蛋白质的成分来行使催化功能，这些非蛋白质物质一般被称为"辅助因子""辅酶"或"辅基"。

酶的结构

○ 酶的活性中心指其分子上直接与底物结合并参与催化作用的部位。

○ 酶的活性中心一般可分为两部分，即结合位点和催化位点。

○ 活性中心以外的功能基团会形成并维持酶的构象，保障酶的活性。

○ 一级序列有微小差异的酶一般具有几乎相同的催化功能，被称为"同工酶"。

酶的催化机制

○ 1 个酶活性的国际单位（U）是指该酶在标准条件（通常是酶的最适条件）下每 1min 可以使 1μmol 底物转化。

○ 在国际单位制中，酶活性的单位名称是 katal，即在指定条件下每秒引起 1mol 底物转化所需要酶的量。

○ 过渡态理论认为，在酶促反应中，游离底物首先与游离酶结合产生复合物，该复合物分布在基态和活化态之间。

○ 与非酶促反应相比，酶的作用是降低底物的活化能。

○ 酶中非催化部分借助蛋白质的二级和三级结构将参与催化的氨基酸残基置于相同的三维空间中，使催化残基在空间中精确排布。同时，多肽链的折叠则将其他残基聚集在一起，为酶识别底物提供结合力。

○ 多肽链可以将原子紧密堆积起来，从酶的内部排出水分子，形成相对非极性且无水的空腔和裂缝，增大偶极力从而促进催化作用。

○ 酶的非催化氨基酸残基可充当辅助因子的结合位点，也可充当表面识别位点使酶与其他细胞成分相互作用或直接去吸引并捕获底物。

○ 酶的非催化氨基酸残基可能赋予酶稳定性。

○ 酶的催化机制一般分为四类，即定向靠近作用、共价催化作用、（广义）酸碱催化以及分子应变扭曲作用。还可能存在其他机制。

酶促反应动力学

○ 对于大多数水解酶而言，米氏常数（K_m）可作为酶与底物亲和力的量度。

○ 当底物处于无限稀释的极限浓度时，化学反应的速率取决于常数 v_{max}/K_m，相对于底物来说酶促反应是一级化学反应。
- 当底物浓度极大时，相对于底物来说酶促反应是零级化学反应。也就是说所有的酶都已经被底物饱和。
- 米氏常数（K_m）等术语仅用于表现出 Michaelis-Menten 行为的酶促反应，在大多数涉及食品中的酶是适用的。
- 米氏常数（K_m）的值一般是通过收集 v 和 [S] 的实验数据再通过作图获得的。通常根据实验速率数据和对原始 Michaelis-Menten 模型的速率表达式的线性变换来作图，再进行线性回归分析，最后通过回归方程的斜率和截距来估算米氏常数（K_m）和最大反应速率（v_{max}）。
- 常用的三种线性变换在数学上是等效的但各有其特点。
- 影响酶促反应的因素主要有反应底物的浓度、酶的浓度以及其他环境因素。
- 一般来说，酶促反应速率随温度升高而加快。但当温度过高时，酶会发生热变性作用，使酶促反应速率迅速下降。酶促反应速率达到最大值时的温度就称为酶的最适温度。
- pH 值对酶促反应速率的影响通常呈现一钟形曲线。过高或过低的 pH 均会导致酶催化活性下降。一般将酶催化活性最高时溶液的 pH 值称为酶的最适 pH。
- 酶的最适温度和最适 pH 不是酶的特征常数。
- 大多数是金属离子，如 K^+、Mg^{2+}、Mn^{2+} 等能够促使酶促反应速率加快。唾液淀粉酶的激活剂为 Cl^-。

酶在食品生产加工中的应用

- 利用蛋白酶催化水解可以得到优质的天然调味品，并可以提高蛋白质的利用率、降低油脂分解、缩短生产周期。植物蛋白酶，尤其是木瓜蛋白酶和菠萝蛋白酶经常作为肉类的嫩化剂。
- 蛋白酶可切断蛋白质的部分肽键，分解成多肽和氨基酸，破坏面筋的网络组织从而可降低面粉中的面筋强度，达到弱化面筋的目的。
- 酶在食品生产加工中用途广泛，涉及淀粉类食品的加工、糖和脂类的加工等。酶在风味调节中的应用也十分重要。

课后练习

1. 酶如何分类？
2. "辅酶"的主要作用是什么？
3. 什么是"同工酶"？
4. "酶的进化方向是与底物更好地匹配和结合。"这种说法对吗？请简述原因。
5. 试举例说明不同酶的催化机制。
6. 试述估算米氏常数和最大反应速率的方法并比较各方法的特点。
7. 试简述影响酶促反应的因素并说明它们是如何影响反应进行的。
8. 试简述蛋白酶在食品工业中的应用现状，举例详加说明。

题1答案　　　题2答案　　　题3答案　　　题4答案

题5答案　　　题6答案　　　题7答案　　　题8答案

设计问题

1. 苹果汁褐变是多酚氧化酶催化的酶促褐变，你能想到哪些方法来抑制苹果汁的褐变？

2. 酶在食品的生产加工中十分重要，在生产中有时会添加一些酶，有时则会设法抑制酶的活性。请结合实际简述酶与食品品质间的关系。

（www.cipedu.com.cn）

第 10 章　食品添加剂

○○ ──── ○○ ○ ○○ ─────── ○ ○ ○○ ○

图 10-1　冰激凌

　　由于工业明胶老酸奶、苏丹红红心鸭蛋、三聚氰胺奶粉等食品安全事件的发生，一些非食品添加剂被滥用于食品之中，使得食品添加剂被污名化，部分消费者更是谈"食品添加剂"色变。据今日头条对 4.8 亿用户在 2015 年 4 月至 2016 年 4 月的阅读数据分析显示，这一年有1339.2 万人每天关注食品安全问题，其中"食品添加剂"以 934 万人的"高身价"冲到了十大食品安全热词的榜首，甩开第二名"亚硝酸盐❶"300 万人的差距。然而，食品添加剂的使用可以追溯到一万年以前（如植物性使用色素、食用香料等），目前可以说没有食品添加剂，就没有现代食品工业，故其被称为"食品的灵魂"。那食品添加剂到底会不会带来食品安全问题呢？食品中为什么要添加食品添加剂？消费者们舍近求远购买国外的产品含不含有食品添加剂呢？你知道制作美味的冰激凌（图 10-1），是否需要用食品添加剂呢？这其中蕴含的科学原理和方法在本章均会涉及。

---

❶　亚硝酸盐属于食品添加剂，但超量使用有害。

❋ **为什么要学习食品添加剂**

　　纵观食品添加剂工业与食品工业的发展历史，我们可以看出，食品工业的需求带动了食品添加剂工业的发展，而食品添加剂工业的发展，也推动了食品工业的进步。人类的饮食从早期的生食、原味熟食，逐步过渡到各种加工食物，人类对美味的追求可谓孜孜不倦。例如牛奶经乳酸菌发酵后形成酸奶，酸奶为什么酸酸甜甜？为什么可以有多种口味？为什么有些酸奶是固体的，有些是可以流动的？在食品的加工过程中，我们不可避免需要使用到食品添加剂，怎样保证食品添加剂的正确使用，如何识别和避免因"食品添加剂"带来的安全问题，是值得我们关注和学习的。

👁 **学习目标**

○ 明确食品添加剂的概念及其在食品加工中的角色。
○ 掌握食品添加剂在食品加工过程中的使用要求。
○ 了解食品添加剂的种类。
○ 举例说明常见食品添加剂及其用途。
○ 学会辨别有关"食品添加剂"的食品安全事件。

10.1　概述

10.1.1　基本定义

　　根据中华人民共和国《食品安全法》（2018 年修订）及《食品添加剂使用标准》（最新版 GB 2760—2014，2014 年修订）规定 ❶，食品添加剂（food additives）是指：为改善食品品质和色、香、味，以及为防腐、保鲜和加工工艺的需要而加入食品中的人工合成或天然物质。食品用香料、胶基糖果中基础剂物质、食品工业用加工助剂也包括在内。根据世界卫生组织（WHO）的规定，食品添加剂是指：添加到食品中，以维持或改善其安全性、新鲜度、口感、质地或外观的物质。

10.1.2　食品添加剂的作用

　　根据食品添加剂的定义，食品添加剂只是为了达到某些特定目的，在食品的生产、加工、贮藏和运输等过程中所使用的一类专用物质。它们在食品中的作用一般包括以下几方

---

❶　《食品安全法》《食品添加剂使用标准》每隔一段时间会进行修订，请查阅最新的文件。

面：①维持产品的一致性，延长产品货架期；②提高或维持食品的营养价值；③改善食品色泽或风味；④提供发酵或控制酸碱度。

10.1.3 食品添加剂的使用原则

只有经过相关部门的安全性评估，并被认为不会给消费者带来明显健康风险的食品添加剂才能使用。我国食品添加剂的使用必须严格按照《食品安全国家标准　食品添加剂使用标准》（GB 2760）的要求进行。食品添加剂使用时应符合以下基本要求：①不应对人体产生任何健康危害；②不应掩盖食品腐败变质；③不应掩盖食品本身或加工过程中的质量缺陷或以掺杂、掺假、伪造为目的而使用食品添加剂；④不应降低食品本身的营养价值；⑤在达到预期效果的前提下尽可能降低在食品中的使用量。在一些指定的情况下，允许食品添加剂的带入原则，具体可参看食品添加剂使用标准。

10.1.4 食品添加剂的分类

食品添加剂品种繁多，据不完全统计，目前世界上使用的食品添加剂达 14000 种以上，其中直接使用的约 4000 种（不包括香料在内），间接使用的约 1000 种。鉴于各国的饮食习惯及加工工艺不同，食品添加剂的种类及使用范围存在一定差异。各国对食品添加剂的分类也不尽相同，通常是按其在食品加工、运输、储藏等环节中的功能进行分类。按照此分类原则，食品添加剂可分为以下 5 大类：①防止食品腐败变质，有防腐剂、抗氧化剂；②改善食品感官性状，有增味剂、甜味剂、护色剂、食品用香料、着色剂、漂白剂和抗结剂；③保持和提高食品质量，有面粉处理剂、膨松剂、乳化剂、增稠剂和被膜剂；④便于食品加工制造，有消泡剂、食品工业用加工助剂；⑤其他功能，有胶基糖果中基础剂物质、酶制剂、水分保持剂等。值得注意的是，按使用功能的分类并非十分完美，因为不少食品添加剂具有多种功能，如肉桂醛既是一种食品用香料，又是防腐剂。因此，以上分类是基于食品添加剂的主要使用功能和习惯来划分的。

我国将食品添加剂划分为 22 类，即酸度调节剂、防腐剂、抗氧化剂、着色剂、漂白剂、增味剂、乳化剂、膨松剂、甜味剂、食品工业用加工助剂等，见表 10-1。美国 FDA 规定的有 32 类，欧盟有 9 类，日本有 30 类。

表10-1 我国食品添加剂种类及其功能（摘录自 GB 2760—2014）

编号	功能类别	功能描述
D.1	酸度调节剂	维持或改变食品酸碱度
D.2	抗结剂	防止颗粒或粉状食品聚集结块
D.3	消泡剂	降低表面张力并消除泡沫
D.4	抗氧化剂	防止或延缓油脂或食品成分氧化分解、变质
D.5	漂白剂	破坏、抑制食品的发色因素
D.6	膨松剂	使产品发起形成致密多孔组织
D.7	胶基糖果中基础剂物质	赋予胶基糖果起泡、增塑、耐咀嚼等作用
D.8	着色剂	赋予和改善食品色泽

编号	功能类别	功能描述
D.9	护色剂	与肉及肉制品中呈色物质作用，维持食品良好色泽
D.10	乳化剂	降低表面张力，形成均匀分散体或乳化体
D.11	酶制剂	用于食品加工，具有特殊催化功能的生物制品
D.12	增味剂	补充或增强食品原有风味
D.13	面粉处理剂	促进面粉的熟化和提高制品质量
D.14	被膜剂	保质、保鲜、上光、防止水分蒸发等
D.15	水分保持剂	有助于保持食品中水分
D.16	防腐剂	防止食品腐败变质、延长食品储存期
D.17	稳定剂和凝固剂	使食品结构稳定或组织结构不变，增强黏性固形物
D.18	甜味剂	赋予食品甜味
D.19	增稠剂	提高食品的黏稠度或形成凝胶，改变食品的物理性状，赋予食品黏润、适宜的口感，并兼有乳化、稳定或使食品呈悬浮状态的作用
D.20	食品用香料	用于调配食品香精，使食品增香
D.21	食品工业用加工助剂	有助于食品加工能顺利进行，如助滤、澄清、吸附、脱模、脱色、脱皮、提取溶剂等
D.22	其他	上述功能类别中不能涵盖的其他功能

10.1.5 食品添加剂的安全性评价及使用标准

一种化合物或物质在被列为食品添加剂前，必须经过安全性评估，确定该化合物或物质是否可以使用，而不产生有害影响。这些安全性评估，需要以生物化学、毒理学和其他相关数据作为科学审查依据。在充分了解食品添加剂的安全性后，首先要建立各食品添加剂的每日允许摄入量（acceptable daily intake，ADI），然后制定其最高使用限量，进而在国家食品法规的实施下，允许实际使用该食品添加剂，具体流程如图 10-2。这些安全性试验的评估需要有专门的机构或委员会来执行。比如食品添加剂联合专家委员会（the Joint FAO/WHO Expert Committee on Food Additives，JECFA）的评估是以特定添加剂的所有生物化学、毒理学和其他相关数据的科学审查为依据——需要考虑对动物的强制性测试、科学研究以及对人类的观察。JECFA 要求进行的毒理学试验包括紧急、短期和长期研究，以确定食品添加剂被吸收、分配和排泄的方式，以及添加剂或其副产品在某些暴露水平下可能产生的有害影响。

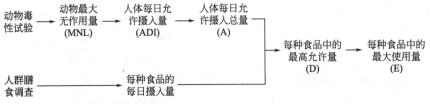

图 10-2 食品添加剂使用卫生标准制订的一般程序

概念检查 10.1

○ 食品添加剂在食品加工中的作用有哪些？在哪些情况下允许食品添加剂的使用？

 概念检查 10.2

○ 食品添加剂违规使用包括哪些方面？

10.1.6　常见食品添加剂

食品添加剂是在食品加工过程中必不可少的一种配料，其中使用较多、范围较广的几类，包括乳化剂、防腐剂、抗氧化剂、增稠剂、甜味剂、着色剂、香料香精等。限于篇幅，本章将重点介绍防腐剂、增稠剂、甜味剂、食品用香料、增味剂。乳化剂和抗氧化剂在脂质一章已做介绍，本章将不再赘述。

10.2　防腐剂（preservatives）

防腐剂是指具有杀死微生物或抑制其增殖作用的物质。若从抗微生物的作用来衡量，具有杀菌作用的物质称为杀菌剂，而仅具抑菌作用的物质称为防腐剂（狭义的防腐剂），但杀菌作用和抑菌作用不易严格区分。同一物质高浓度时可杀菌，低浓度时只能抑菌；作用时间长可杀菌，作用时间短只能抑菌；同一物质对一种微生物有杀菌作用，而对另一种微生物仅有抑菌作用。两者没有严格的界限，一般按惯例将狭义的防腐剂和杀菌剂统称为防腐剂。通常来讲，食品防腐剂的防腐功能是通过破坏微生物的细胞结构或干扰其生理功能来实现的。防腐剂应具有显著的杀菌或抑菌作用，可以破坏病原性微生物，但不应阻碍肠道酶类作用，不能影响肠道有益菌群的正常活动。目前，国内外应用较为广泛的有以下5 类：

① 酸型防腐剂：常用的有苯甲酸及其盐类、山梨酸及其盐类、丙酸及其盐类等。其防腐功能主要来自未离解的酸分子，因此其防腐效力与 pH 有关，食品酸性越强其防腐效果越好，反之几乎没有防腐能力。

② 酯型防腐剂：主要是指对羟基苯甲酸酯类，通常也称为尼泊金酯。对霉菌及酵母的抑菌作用较强，对细菌尤其是革兰氏阴性菌及乳酸菌作用较差，但总的来说其杀菌作用较酸型防腐剂强。酯型防腐剂没有离解作用，防腐效果不随 pH 变化而变化；具有较好的酯溶解度，但水溶性很差，因而限制了其应用范围。

③ 无机防腐剂：主要是亚硫酸及其盐类（我国列为漂白剂）、硝酸盐及亚硝酸盐（我

国作为护色剂）等。亚硫酸及其盐类可抑制微生物活动所需的酶的活性，并具有酸型防腐剂的特点，主要作为漂白剂使用。亚硝酸盐能抑制肉毒梭状芽孢杆菌生长，防止肉毒中毒，主要作为护色剂使用。

④ 生物防腐剂：以乳酸链球菌素（尼生素，Nisin）为代表的生物防腐剂。Nisin 是乳酸链球菌属微生物的代谢产物，对革兰氏阳性菌、乳酸菌、链球菌属、杆菌属、梭菌属和其他厌氧芽孢菌均具有抑制作用，但不能抑制酵母及霉菌。由于其抑菌谱较窄，应用范围较小，它在消化道中被蛋白水解酶降解，不是以原有形式被人体吸收，因而安全性较高。

⑤ 天然防腐剂：主要有溶菌酶、精油、茶多酚、壳聚糖、红曲霉等。由于安全性高，不受用途限制，并适应人们对食品安全性的要求，天然防腐剂的发展潜力很大。

10.2.1 苯甲酸与苯甲酸钠

苯甲酸（C_6H_5COOH）又名安息香酸，为白色鳞片或针状结晶，纯度高时无臭味，不纯时稍带一点杏仁味。在 100℃时开始升华，在酸性条件下易随水蒸气挥发，易溶于乙醇，难溶于水，所以一般多使用其钠盐——苯甲酸钠。苯甲酸钠为白色粒状或结晶性粉末，溶于水，在空气中稳定，但遇热易分解。

苯甲酸   苯甲酸钠

苯甲酸能非选择性地透过微生物细胞膜进入细胞体内，抑制细胞膜对细胞呼吸酶系的活性，特别是对乙酰辅酶 A 缩合反应具有很强的阻碍作用。此外，它也是阻碍细胞膜作用的因素之一。苯甲酸属于广谱防腐剂，在 pH 低的环境中，苯甲酸对广范围的微生物有效，但对产酸菌作用较弱；当 pH 在 5.5 以上时，对很多霉菌和酵母效果甚微。苯甲酸抑菌的最适 pH 在 2.5～4.0，因而适用于酸性食品，如果汁、碳酸饮料、腌菜和泡菜。

苯甲酸大鼠经口 LD_{50} 为 2530mg/kg 体重，FAO/WHO（1994 年）规定其 ADI 为 0～5mg/kg（苯甲酸及其盐的总量，以苯甲酸计）。在食品中添加少量苯甲酸时，对人体并无毒害。用 ^{14}C 示踪证明，苯甲酸在人体内不蓄积，大部分在 9～15h 内与人体内的甘氨酸结合后形成马尿酸（甘氨酸苯甲酰）由尿排出。苯甲酸及其盐用作食品防腐剂，其在食品中的使用范围及使用量需严格遵守 GB 2760。

使用苯甲酸时，一般先用适量乙醇溶解后，再添加至食品中。也可以将苯甲酸与适量碳酸氢钠或碳酸钠，在 90℃以上热水中溶解，使苯甲酸转化成苯甲酸钠后再添加至食品中。溶解用的容器器壁要高些，搅拌要轻缓，防止溶解时溶液溅出。此外，因苯甲酸能同水蒸气一起挥发，操作时最好戴口罩。需要注意，对醋及一些酸性食品，最好直接使用苯甲酸钠。因加碱容易过量，这样会中和食品中原有的酸而降低酸度。

10.2.2 山梨酸与山梨酸钾

山梨酸（2,4-己二烯酸，C_5H_7COOH）又名花楸酸，为无色针状结晶或白色结晶状粉末，无臭或稍带刺激臭，耐光、耐热。但在空气中长期放置时易被氧化着色，从而降低防腐效果。易溶于乙醇等有机溶剂，稍难溶于水，所以多使用其钾盐——山梨酸钾。山梨酸钾为白色鳞片状结晶或结晶性粉末，无臭或微臭，极易溶于水，也易溶于高浓度蔗糖和食盐溶液。

$$CH_3$$
$$|$$
$$CH=CH-CH=CH-COOH$$
山梨酸

$$CH_3$$
$$|$$
$$CH=CH-CH=CH-COOK$$
山梨酸钾

山梨酸能与微生物酶系统中的巯基结合，从而破坏许多重要酶系，达到抑制微生物增殖及防腐的目的。山梨酸对霉菌、酵母和好氧菌均有抑制作用，但对兼氧芽孢形成菌与嗜酸乳杆菌几乎无效。只有山梨酸透过细胞壁进入微生物体内才能起作用。实验证明，分子态的山梨酸才能进入细胞内，所以分子态山梨酸的抑菌活性大于离子态山梨酸。山梨酸为弱酸，它在水溶液中的分子态与离子态的比例，受溶液 pH 的影响。山梨酸适用的 pH 范围是 pH 5～6 以下，比苯甲酸、丙酸广。

山梨酸的大鼠经口 LD_{50} 为 7360mg/kg 体重，规定其 ADI 为 0～25mg/kg 体重（山梨酸及其盐的总量，以山梨酸计）。山梨酸是经过最充分毒性试验的防腐剂之一。用 ^{14}C 示踪证明，山梨酸不经尿液排泄，约有 85% 与其他脂肪酸一样进行氧化而降解，以二氧化碳形式排出，约有 13% 山梨酸用于合成新的脂肪酸而存留在动物的器官、肌肉中。山梨酸及其盐用作食品防腐剂，其在食品中的使用范围及使用量需严格遵守 GB 2760。

山梨酸对水的溶解度低，使用前要先将山梨酸溶解在乙醇、碳酸氢钠或碳酸钠的溶液中，随后再加入食品中。溶解时，注意不要使用铜、铁容器。山梨酸溶液最好随配随用，并防止加碱过多而使溶液呈碱性，影响抑菌效果。

10.2.3　丙酸及丙酸盐

丙酸（C_2H_5COOH）纯品为无色透明油状液体，具有类似山羊的臭味。可溶于水、乙醇、乙醚、氯仿等。丙酸钠为白色结晶性粉末，气味类似丙酸。丙酸钙为白色结晶性粉末，熔点在 400℃ 以上（分解），无臭或轻微臭。丙酸钙可溶于水，微溶于甲醇、乙醇，不溶于苯及丙酮。

$$CH_3-CH_2-\overset{\displaystyle O}{\underset{\displaystyle O}{C}}-ONa$$
丙酸钠

$$CH_3-CH_2-\overset{\displaystyle O}{\underset{\displaystyle O}{C}}-O$$
$$CH_3-CH_2-\overset{\displaystyle O}{\underset{\displaystyle O}{C}}-O-Ca$$
丙酸钙

丙酸及丙酸盐作为食品防腐剂的特点是：它可有效地抑制引起食品发黏的菌类（如枯草杆菌）、马铃薯杆菌和其他细菌，并且它在抑制霉菌生长时对酵母的生长基本无影响。因此，丙酸及丙酸盐特别适用于面包等烘烤食品的防腐。丙酸的酸性电离常数较低，在较高 pH 的介质中仍具有较强的抑菌作用，其最小的抑菌浓度在 pH 5.0 时为 0.41%，在 pH 6.5 时为 0.5%。

丙酸大鼠经口 LD_{50} 为 2.6g/kg 体重，ADI 为 0～10mg/kg 体重（丙酸钠、钙、钾盐之和，以丙酸计）。丙酸为食品的正常成分，也是人体代谢的正常中间体，具有很高的安全性。丙酸易被消化系统吸收，无积累性，不随尿排出，它可与辅酶 A 结合形成琥珀酸盐（或酯）而参加三羧酸循环代谢生成二氧化碳和水。丙酸及其盐用作食品防腐剂，其在食品中的使用范围及使用量需严格遵守 GB 2760。

丙酸盐一般在生面团的加工阶段添加，添加浓度根据产品的种类和烘烤食品需要的贮存时间而定。面包中一般使用丙酸钙，因丙酸盐用量较大，如加丙酸钠会使 pH 升高，延迟生面团的发酵（最佳 pH 4.5）。糕点中一般用丙酸钠，因糕点制造中用了膨松剂，如用丙酸钙，发酵粉会与钙离子反应，生成碳酸钙，减少二氧化碳的生成。

10.2.4　对羟基苯甲酸酯类

对羟基苯甲酸酯又名尼泊金酯，是苯甲酸的衍生物。目前主要使用的是对羟基苯甲酸甲酯、乙酯、丙酯和丁酯。对羟基苯甲酸酯类为无色小结晶或白色结晶性粉末，无臭，开始无味，后来稍有涩味，易溶于乙醇而难溶于水。

$$HO-\bigcirc-\overset{\overset{O}{\|}}{C}-O-CH_2-CH_3 \qquad HO-\bigcirc-\overset{\overset{O}{\|}}{C}-O-CH_2-CH_2-CH_3$$

对羟基苯甲酸乙酯　　　　　　　　　　对羟基苯甲酸丙酯

对羟基苯甲酸酯类对霉菌、酵母、细菌具有广谱抗菌作用，其抗菌活性不易随 pH 值的变化而变化。它的抗菌机制与苯酚类似，可破坏微生物的细胞膜，使细胞内蛋白质变性；可抑制微生物细胞的呼吸酶系与电子传递酶系的活性。

对羟基苯甲酸乙酯小鼠经口 LD_{50} 为 5g/kg 体重，ADI 为 0～10mg/kg 体重（以对羟基苯甲酸甲酯、乙酯、丙酯、丁酯等总量计）。对羟基苯甲酸酯类进入机体后的代谢途径与苯甲酸基本相同，且毒性比苯甲酸低。对羟基苯甲酸酯类是世界上公认的三大广谱食品防腐剂之一。对羟基苯甲酸酯类用作食品防腐剂，其在食品中的使用范围及使用量需严格遵守 GB 2760。

对羟基苯甲酸酯类的水溶性较低，所以使用时通常是先将其溶于氢氧化钠溶液、乙酸或乙醇中再使用。为提高溶解度，常合用几种不同的酯。

10.2.5　乳酸链球菌素

乳酸链球菌素（Nisin）又称乳链菌素 / 肽，是由乳酸链球菌素合成的一种多肽抗菌类物质，是由 24 个氨基酸组成的多肽。Nisin 为白色或略带黄色的结晶性粉末或颗粒，略带咸味，不溶于非极性溶剂。它的抗菌谱比较窄，只能杀死或抑制革兰氏阳性细菌，特别是细菌孢子。它是一种酸，其稳定性与环境 pH 相关，在酸性介质中最稳定。

Nisin 鼠经口 LD_{50} 约为 7000mg/kg 体重，ADI 值为 0～0.875mg/kg 体重。它对蛋白质水解酶（如胰酶、唾液酶和消化酶等）特别敏感，食用后在消化道中即可被快速水解成氨基酸。Nisin 用作食品防腐剂，其在食品中的使用范围及使用量需严格遵守 GB 2760。此外，由于 Nisin 水溶性差，使用时先用 0.02mol/L 的盐酸溶液溶解，然后再加到食品中。

10.3　增稠剂 / 稳定剂（thickeners/stabilizers）

食品增稠剂通常是指在一定条件下充分水化形成黏稠、滑腻或胶冻液的大分子物质，又称食品胶，广泛分布于自然界。它是食品工业中用途很广泛的一类重要的食品添加剂，可以充当胶凝剂、增稠剂、乳化剂、持水剂、成膜剂、黏着剂、悬浮剂、晶体阻碍剂、泡沫稳定剂、润滑剂等。这些物质大多来自天然树胶，或经过化学改性的天然物质。

迄今为止世界上用于食品工业的食品增稠剂已有 40 余种，根据其来源，可以分为以下 4 类：

① 由植物渗出液制取的增稠剂。其成分是一种由葡萄糖和其他单糖缩合而成的多糖衍生物，主要亲水基团为羟基和一定数量的羧基。这些羧基常以钙、镁或钾盐的形式存在。阿拉伯胶、黄蓍胶和刺梧桐胶是最常见的 3 种植物渗出胶。这些胶的结构非常复杂，其功能也是多种多样的。

② 由植物种子、海藻制取的增稠剂。其成分是多糖酸的盐，其分子结构复杂。需要经过精细的专门技术处理原料而制得。常用的这类增稠剂有瓜尔胶、槐豆胶、卡拉胶和海藻酸等。

③ 由含蛋白质的动物原料制取的增稠剂。这类增稠剂包括 2 类，一是以蛋白质形式存在，是一种天然的营养型食品增稠剂。主要来源于富含蛋白质的动物骨和皮的胶原、动物奶及植物如大豆、花生等高蛋白食物，这类增稠剂主要有皮冻、明胶、蛋白脄、酪蛋白等。二是以含氨基的多糖形式存在，如甲壳素、壳聚糖。其中明胶和甲壳素是食品工业中应用相当广泛的两种增稠剂，特别是明胶。

④ 以天然物质为基础的半合成增稠剂。这类增稠剂一般是利用来源丰富的多糖等高分子物质为原料，通过化学反应合成的，如变性淀粉、海藻酸丙二醇酯、黄原胶、羧甲基纤维素钠等。

在食品中需要添加的食品增稠剂其量甚微，通常为千分之几。其原理是增稠剂分子结构中含有许多亲水基团，如羟基、羧基、氨基等，能与水分子发生水化作用。随后以分子状态高度分散于水中，形成高黏度的单相均匀分散体系，因此能有效又经济地改善食品体系的稳定性。其化学成分大多是天然多糖及其衍生物（除明胶、干酪素等是氨基酸构成外）。在糖类一章已有详细介绍，在此不再赘述。

10.4　甜味剂（sweeteners）

甜味剂是使用最广泛的食品添加剂，是食品生产中最常用的配料之一。主要包括糖、糖醇类及高甜度甜味剂。糖（sugar）指碳水化合物中的单糖和双糖，如蔗糖、果糖、淀粉糖。糖醇是糖类化合物经还原形成的甜味剂，如山梨糖醇、木糖醇等。高甜度甜味剂指无热量的非营养甜味剂，包括合成的和天然的高甜度甜味剂，如糖精、甜蜜素、三氯蔗糖、甘草等。

10.4.1　淀粉糖

利用淀粉为原料生产的甜味剂统称为淀粉糖。淀粉糖是既能提供甜味，又能提供热能的甜味剂。按照不同的转化程度，可把淀粉糖分为 3 类。①低转化糖浆：DE 值在 20% 以下

（低 DE 值糖浆）。②中转化糖浆：DE 值在 38%～40% 之间（中 DE 值糖浆）。③高转化糖浆：DE 值在 60%～70% 之间（高 DE 值糖浆）。DE 值指葡萄糖值，指淀粉经水解转化为葡萄糖的数值。淀粉糖包括果葡糖浆、麦芽糊精、葡麦糖浆、麦芽糖浆、麦芽糖等。

10.4.2　糖醇

糖醇是世界上广泛采用的甜味剂之一，可由相应的糖加氢还原制成，属于多元醇。这类甜味剂口味好，化学性质稳定，不易被消化吸收，属于低热量甜味剂；不被口腔微生物利用，防龋齿；是水溶性膳食纤维，可调理肠胃，防止便秘，属于营养型甜味剂。一般以多种糖醇混用，代替部分或全部蔗糖。糖醇产品有糖浆、结晶、溶液三种形态。常用的有木糖醇、山梨糖醇等。

10.4.3　非糖天然甜味剂

非糖天然甜味剂是从一些植物的果实、叶、根等部位提取的物质。它们的甜味一般为蔗糖的几十倍，带有副味，是低能量甜味剂，甜味物质多为萜类。

① 甜菊糖　又称甜菊苷，属于糖苷，是天然无热量的高甜度甜味剂。易溶于水，在空气中迅速吸湿，对热稳定。甜菊苷带有轻微的类似薄荷醇的苦味及一定的涩味，甜度是蔗糖的 150～200 倍，纯品后味较少，是最接近砂糖的天然甜味剂，但浓度高时会有异味感。食用后不被吸收，不产生热能，是糖尿病、肥胖病患者良好的天然甜味剂。

② 甘草类　包括甘草素、甘草酸及其盐类。甘草素为二氢黄酮化合物，白色晶体粉末，与二氢查耳酮相似，其甜刺激与蔗糖相比来得较慢，去得也慢，甜味持续时间较长。甘草酸为一种五环三萜皂苷化合物，是甘草的重要活性物质，具有较大的甜度。目前食品添加剂标准 GB 2760 中允许使用的这类甜味剂包括三种：甘草酸铵，甘草酸一钾，甘草酸三钾。甘草酸一钾的甜度是蔗糖的 500 倍，甘草酸三钾的甜度是蔗糖的 150 倍，甘草酸铵的甜度是蔗糖的 200 倍。

10.5　食品用香料（flavorings）

食品用香料是指能够用于调配食品香精，并使食品增香的物质。香料工业是随着人类文明的进步而发展的，与科学发展观密切相连。香料是调配香精使用的原料，而香精是指由食品香料、溶剂或载体以及某些其他食品添加剂组成的具有一定香型的混合物。食品用香料、香精不包括只产生甜味、酸味或咸味的物质，也不包括增味剂。食品用香料、香精在各类食品中按生产需要适量使用，除非法律、法规或国家食品安全标准另有明确规定不得添加的食品用香料、香精除外。

食品用香料大多是通过化学、生物化学或物理方法从天然产物中提取或由人工制备的，可以是单一化合物，如苯甲醛，也可以是混合物，如玫瑰油。它们在食品中的功能包括：辅助作用，弥补香气的不足；稳定作用，防止香气因环境因素而变化；补充作用，补偿加工过程中损失的香气；赋香作用，赋予食品特定的香气；矫味作用，改善食材本身难闻的香气；替代作用，当直接用天然品有困难时，可用相应的香精替代或部分替代。

食用香料按其来源可以分为：①天然香料，包括精油（如玫瑰油、柠檬油、丁香油、迷迭香油）、浸膏（如白兰花浸膏、桂花浸膏、金合欢浸膏）、净油（如小花茉莉净油、玫瑰净油）、香膏（如秘鲁香膏）、酊剂（如香荚兰酊）。②合成香料，包括醇类（如丙二醇、异戊醇）、醚类（甲基苯乙醚、香兰乙基醚等）、酚类（甲基丁香酚、百里香酚、间二苯酚等）、醛类（庚醛、苯甲醛、肉桂醛等）、酯类（乙酸乙酯、乙酸肉桂酯等）等。

食用香精品种繁多，比如香草香精是香荚兰豆的香气，其主要成分为香兰素、香兰酸、丙烯醛、3,4- 二羟基苯甲酸和对羟基苯甲醛等。牛奶香精是以内酯类香料为奶香的主料，加少量丁二酮、丁酸和部分具有脂肪香气的香料配制而成。巧克力香精大多采用可可提取物来配制，另可加入奶香基、烘焙香和香草等成分。食用香精可以从不同角度进行分类。

① 按用途分为饮料用、糖果用、焙烤食品用、酒用、调味料用、方便食品用、汤料用和茶叶用等。

② 按香型分为花香型、果香型、乳香型、酒香型、肉香型、蔬菜型和焙烤型等。

③ 按剂型分为液体（包括乳化和浆状）、固体（包括粉状和块状）。

④ 按性能分为水溶性、耐热性（油溶性）、乳浊性和微胶囊性。

这里简单介绍几种天然和合成食品用香料。

10.5.1　玫瑰油和玫瑰净油

精油（essential oils）和净油（absolutes）都属于植物提取物，两者的区别在于提取方法的选择。前者主要是蒸馏法，还有压榨法，不采用化学溶剂；后者主要是溶剂提取法或浸提法，萃取过程复杂，涉及化学溶剂的使用。

玫瑰油（rose oil）是用水蒸气蒸馏法从中国苦水玫瑰的花和花蕾中提取的食品添加剂（GB 1886.48—2015）。玫瑰油是微黄色至浅黄色液体，具有中国苦水玫瑰浓郁的玫瑰花香。主要指标为：折射率（20℃）1.4600～1.4730，冻点 10～15℃，酯值 16.0～26.0。组成复杂，主要成分为香茅醇、橙花醇、香叶醇、乙酸香茅醇、二十三烷、芳樟醇、香叶醛、丁香酚甲醚、二十一烷等。

玫瑰净油（rose absolute）是以玫瑰花为原料经浸膏或以玫瑰浸膏（rose concrete）为原料制得的食品添加剂（GB 1886.263—2016）。玫瑰净油是黄色至深红褐色液体，具有玫瑰花特征香气。主要指标为：酸值≤25，酯值≥10。

10.5.2　小花茉莉浸膏

小花茉莉浸膏（*Jasminum sambac* concrete）是以小花茉莉鲜花为原料，采用香花规格石油醚作溶剂，经浸提、真空浓缩制得的食品添加剂（GB 1886.23—2015）。小花茉莉浸膏为黄绿色或浅棕色的膏状物，具有小花茉莉鲜花香气。主要指标为：熔点 46.0～52.0℃，酸值≤11.0，酯值≥80.0，净油含量≥60.0%。小花茉莉浸膏属于天然香料，组成复杂，主要成分为乙酸苄酯、苯甲酸顺式 -3- 己烯酯、芳樟醇、甲位金合欢烯、顺式 -3- 己烯醇及其乙酸酯、反式橙花叔醇等。

10.5.3　中国肉桂油

中国肉桂油（cassia oil）是用水蒸气蒸馏法从生长在中国南方的肉桂的叶和 / 或枝梗提取的食品添加剂（GB 1886.207—2016）。中国肉桂油为淡黄色至红棕色液体，具有类似肉桂醛的特征香气。主要指标为：折射率（20℃）1.600～1.614，酸值≤15.0，羰基化合物含量（以肉桂醛表示）≥80.0%。肉桂油为天然香料，成分复杂，主要成分有反式肉桂醛、香豆素、反式邻甲氧基肉桂醛、乙酸肉桂酯、乙酸甲氧基肉桂酯、苯甲醛、苯甲醇等。肉桂油可用于樱桃、可乐、姜汁、肉桂等香精中。

10.5.4　天然薄荷脑

天然薄荷脑（L-menthol，natural）又名左旋薄荷脑，化学名称为（1R，2S，5R)-2- 异丙基-5- 甲基环己醇，是以薄荷油为原料经冷冻法结晶分离制得的食品添加剂（GB 1886.99—2016）。天然薄荷脑为无色透明棱柱状或针状结晶，具有愉快的薄荷样香气。主要指标为：薄荷脑含量≥99.0%，熔程 41.0～44.0℃，比旋度（25℃）-50°～-49°。作为一种天然香料，薄荷脑用途广、用量大，既可以直接用于医药品、牙膏、漱口水等卫生用品和食品、烟草等制品中，也可用于调配各种食品香精和微量用于奶油、焦糖和果香香糖。

10.5.5　麦芽酚和乙基麦芽酚

麦芽酚（maltol）和乙基麦芽酚（ethyl maltol）都属于合成类食品用香料。麦芽酚是由糠醛为原料制得的食品添加剂（GB 1886.282—2016），为白色结晶性粉末，熔程 160～164℃，具有焦糖 - 奶油样香气。乙基麦芽酚是由糠醛为原料经化学反应制得的食品添加剂（GB 1886.208—2016），为白色结晶性粉末，熔点 89.0～93.0℃，具有焦糖香气，稀释后具有甜的水果样香气。

麦芽酚　　　　乙基麦芽酚

麦芽酚和乙基麦芽酚也是甜味食品中常用的风味增强剂。虽然这两种化合物在高浓度时具有令人愉快的焦糖香气，但是在很多食品中它们的添加量并不高，以至于人们无法闻到它们的气味。低浓度的麦芽酚和乙基麦芽酚可以在甜味食品和饮料中发挥风味调节剂的作用，带给食物丝滑的口感。同时麦芽酚和乙基麦芽酚对甜味有增强作用，并且乙基麦芽酚的甜味增强效果比麦芽酚更强。

10.6　增味剂（flavor enhancers）

增味剂是指当它们的用量较少时，本身并不能产生味觉反应，但是却能增强食物风味的一类物质。我国允许使用的增味剂有：氨基乙酸（甘氨酸）、L- 丙氨酸、琥珀酸二钠、5'- 呈味核苷酸二钠、5'- 肌苷酸二钠、5'- 鸟苷酸二钠、L- 谷氨酸钠、辣椒油树脂（增味剂、着色剂）、糖精钠（甜味剂、增味剂）共 9 种。不同的增味剂，其呈鲜味的阈值也不同，如 L- 谷氨酸钠的阈值为 0.03%，琥珀酸二钠的阈值为 0.055%，5'- 肌苷酸二钠的阈值为 0.025%，5'- 鸟苷酸二钠的阈值为 0.0125%。其中，5'- 呈味核苷酸二钠、5'- 肌苷酸二钠、5'- 鸟苷酸二钠、L- 谷氨酸钠在食品中应用时可按生产需要适量使用。

按照增味剂的来源分类，可分为动物性增味剂、植物性增味剂、微生物增味剂、化学合成增味剂；按照增味剂的化学成分分类，可分为氨基酸类增味剂、核苷酸类增味剂、有机酸类增味剂和复合增味剂。以上增味剂在风味化合物中已有详细介绍，在此不再赘述。

 概念检查 10.3

○ 食品添加剂如何在食品包装上面进行标注？

10.7　前沿导读——离不开的食品添加剂

"一直都在用，从来不知道，突然听人说，吓了一大跳。食品添加剂，生活躲不开，正确来理解，莫把它错怪。"引自孙宝国院士"离不开的食品添加剂"（见二维码）。食品添加剂的使用历史源远流长，它们在人类追求食品品质的道路上担当着决定性的角色。

 总结

食品添加剂

○ 加工食品中不可缺少的一部分。

○ 为改善食品品质和色、香、味以及为防腐和加工工艺的需要而加入食品中。

○ 不作为食品消费。

○ 保持或提高食品本身的营养价值。

○ 提高食品的质量和稳定性，改进其感官特性。

○ 便于食品的生产、加工、包装、运输或者贮藏。

食品添加剂使用原则

○ 严格遵照食品添加标准 GB 2760 的要求。

○ 不应对人体产生任何健康危害。

○ 不应掩盖食品腐败变质。

○ 不应掩盖食品本身或加工过程中的质量缺陷。

○ 不得以掺杂、掺假、伪造为目的而使用食品添加剂。

○ 不应降低食品本身的营养价值。

○ 在达到预期效果的前提下尽可能降低在食品中的使用量。

防腐剂

○ 定义：具有杀死微生物或抑制其增殖作用的物质。

○ 种类：酸型防腐剂、酯型防腐剂、无机防腐剂、生物防腐剂、天然防腐剂。

○ 防腐剂苯甲酸及其盐：能非选择性地抑制大多数微生物细胞的呼吸酶系的活性，特别是对乙酰辅酶 A 缩合反应具有很强的阻碍作用；应用最适 pH 在 2.5~4.0。

○ 防腐剂山梨酸及其盐：能与微生物酶系统中的巯基结合，从而破坏许多重要酶系的作用，达到抑制微生物增殖及防腐的目的；应用 pH 范围是 pH 5~6 以下，比苯甲酸、丙酸广。

增稠剂/稳定剂

○ 定义：指能溶解于水，并在一定条件下充分水化形成黏稠、滑腻或胶冻液的大分子物质，又称食品胶。

○ 功能：可作为胶凝剂、增稠剂、乳化剂、持水剂、成膜剂、黏着剂、悬浮剂、晶体阻碍剂、泡沫稳定剂、润滑剂等。

○ 种类：由植物渗出液制取的增稠剂（阿拉伯胶），由植物种子、海藻制取的增稠剂（卡拉胶），由含蛋白质的动物原料制取的增稠剂（明胶），以天然物质为基础的半合成增稠剂（变性淀粉）。

甜味剂

○ 定义：指能赋予食品甜味的物质。

○ 种类：糖、糖醇类及高甜度甜味剂。

○ 淀粉糖：利用淀粉为原料生产的甜味剂，既能提供甜味，又能提供热能。

○ 糖醇：可由相应的糖加氢还原制得，属于多元醇；口味好、化学性质稳定、不易被消化吸收、不被口腔微生物利用、属于水溶性膳食纤维。

○ 非糖天然甜味剂：是从一些植物的果实、叶、根等部位提取的物质，甜味一般为蔗糖的几十倍，多为萜类，如甜菊糖、甘草素等。

食品用香料

○ 定义：指能够用于调配食品香精，并使食品增香的物质。

○ 与香精的区别：香料是调配香精使用的原料，而香精是指由食品香料、溶剂或载体以及某些其他食品添加剂组成的具有一定香型的混合物。

○ 分类：天然香料，包括精油、浸膏、净油、香膏、酊剂等；合成香料，包括醇、醚、酚、酯类等。

○ 香精的调配：如牛奶香精是以内酯类香料为奶香的主料，加少量丁二酮、丁酸和部分具有脂肪香气的香料配制而成。

增味剂

○ 定义：指当它们的用量较少时，本身并不能产生味觉反应，但是却能增强食物风味的一类物质。

○ 分类：按来源，包括动物性、植物性、微生物和化学合成增味剂；按化学成分，包括氨基酸类、核苷酸类、有机酸类和复合增味剂。

课后练习

1. 说明食品添加剂的定义及其在食品中的应用角色。
2. 简述一种物质被列入食品添加剂前的评定程序。
3. 如何保证食品添加剂在食品中的正确使用？
4. 简述食品防腐剂的种类，分别举一例，并说明其防腐机理。
5. 说明食品胶在火腿制品中的应用。
6. 说明食品用香料在食品加工中的应用及其特点。
7. 名词解释
（1）食品添加剂　（2）抗氧化剂　（3）抗结剂　（4）防腐剂　（5）增稠剂
（6）膨松剂　（7）乳化剂　（8）甜味剂　（9）增味剂　（10）面粉处理剂

题1答案　　题2答案　　题3答案　　题4答案

题5答案　　题6答案　　题7答案

设计问题

1. 亚硝酸盐在肉制品中常作为护色剂，请说明其原理。
2. 试述糖醇可以作为甜味剂的原理。
3. 根据所学知识，设计一款符合自己口味的冰激凌。
4. 现制备一种类似火腿的肉制品，出现成型不好、析水等现象，如何利用食品添加剂的作用对该产品进行改善。

（www.cipedu.com.cn）

第10章

第11章　食品中的有害成分

　　食品不仅具有美味的营养，有的还含有一些天然的毒性成分，这些食品往往还带着艳丽的伪装，如鲜艳的毒蕈蘑菇中含有能致死的毒蕈碱；又如美丽的狮子鱼鳍棘具毒腺，严重时会导致被刺者呼吸困难，甚至晕厥。此外，现代食品加工技术可显著改善食品的外观、质地、风味和口感，生产出诱人的食品，但是不当的加工方式或条件也会导致有害物质的产生，例如美味的烧烤肉制品与油炸食品，制作过程中油脂、蛋白质与糖类在高温条件下会发生降解、氧化、聚合等化学反应，生成有害物质。当这些有害成分的含量超过一定限度，亦可造成健康损害。因此，在现代食品加工研究中，食品中有害物质来源于哪里？如何深入地掌握这些有害化学物质的生成规律与作用机制？如何有效地抑制这些有害物质？本章将要回答上述问题，最终实现现代食品加工过程的产品安全控制。

❊ 为什么要学习食品中的有害成分？

俗话说"病从口入"，自古以来人们就认识到，安全是食品消费的最低要求，没有安全，色香味再好也是徒劳。本章主要针对危害我国人民健康的食源性天然存在生物毒素、食品加工过程产生的化学致癌物等重要有害物质，判断食品中有害物质的来源，分析有害物质产生的途径（食品原料、食品加工过程、微生物污染或者环境污染）与机制（有害物质的结构与毒性的关系、产生与迁移途径），理解并掌握这些有害物质的安全控制机理。

◉ 学习目标

○ 了解食品中有害成分的概念、来源和分类。
○ 理解食品加工过程主要有害物质如杂环胺、多环芳烃、丙烯酰胺的产生途径，结构与毒性的关系。
○ 理解食品中有害物质的特点和吸收与分布。
○ 熟悉食品中有害物质的去除或控制方法。

11.1　概述

食品中的有害成分是指食品的原料在加工、包装、贮运、销售和消费等环节，经过化学、物理或生物变化，产生的对人体有毒或具有潜在危险性的物质。主要包括食品内源性有害物质（有害糖苷类、凝集素、贝类毒素、鱼类毒素等）以及食品外源性有害物质两大类（重金属、农药残留、兽药、杂环胺、多环芳烃等）。食品中的有害物质残留会对人体健康产生很大影响，轻则可引起人体中毒，代谢紊乱，重则会危及生命。

 概念检查 11.1

○ 何谓内源性食品有害成分？列举 2～3 例。

11.2　食品内源性有害成分

11.2.1　植物源性天然有害物质

11.2.1.1　植物蛋白类

（1）凝集素（lectin）
凝集素是一种对糖蛋白具有高度特异性的结合蛋白。植物红细胞凝集素是源于豆科植物的能使红细胞凝集的一种蛋白质。主要种类有大豆凝集素、蓖麻毒蛋白和菜豆属豆类凝集素，其分子多由 2 或 4 个亚基组成，并含有二价金属离子。含凝集素的食物在生食或烹调不足时食用会引起摄食者恶心、呕吐等，严重者甚至死亡。大多数情况下，采用热处理（或高压蒸汽处理）以及热水抽提可除去凝集素或者使其失活。

 概念检查 11.2

　○ 什么叫做植物红细胞凝集素？主要的种类有哪些？

（2）蛋白酶抑制剂（protease inhibitor）

　　蛋白酶抑制剂广义上是指能与蛋白酶分子活性中心上的某些基团结合，使蛋白酶活力下降或消失，但不使酶蛋白变性的物质。主要有胰蛋白酶抑制剂、胰凝乳蛋白酶抑制剂以及淀粉酶抑制剂等。胰蛋白酶抑制剂主要存在于大豆等豆科植物中及马铃薯块茎中，可与胰蛋白酶或者胰凝乳蛋白酶结合，从而抑制酶水解蛋白质的活性，使胃肠消化蛋白质的能力下降。同时，由于胰蛋白酶受到抑制，使胰脏代偿性地大量制造胰蛋白酶，造成胰脏肿大，影响人体健康。大豆胰蛋白酶抑制剂的抗营养作用主要表现在抑制胰蛋白酶和胰凝乳蛋白酶活性、降低蛋白质消化吸收和造成胰腺肿大两个方面。淀粉酶抑制剂主要存在于小麦、菜豆、芋头、芒果以及未成熟的香蕉等食物中。由于生食或者烹调加热不够，在摄取比较多的这类食物之后，淀粉酶抑制剂使食物中含有的淀粉不能被机体消化、吸收和利用，大部分被直接排泄掉。

 概念检查 11.3

　○ 何谓蛋白酶抑制剂？其主要分为哪几类？

11.2.1.2　氨基酸类

　　有毒氨基酸以及它们的衍生物，大多存在于豆科植物的种子中。例如山黧豆毒素原，它是由两类毒素成分构成的：一类是致神经麻痹的成分，如 α, γ-二氨基 - 酪酸、β-氰-L-丙氨酸、L- 高精氨酸等；另一类是致骨骼畸形的成分，如 β- 氨基丙腈、β-N-(γ- 谷氨酰)- 氨基丙腈等。食用山黧豆后典型的中毒症状为肌肉无力，不可逆地腿脚麻痹，严重时可导致死亡。氰基丙氨酸是存在于蚕豆中的一种神经性毒素，其引起的中毒症状与山黧豆相似。L- 刀豆氨酸（L-2- 氨基 -4- 胍氧基 - 丁酸）是广泛存在于豆科植物及其种子中的天然非蛋白质氨基酸。L- 刀豆氨酸可干扰 RNA 和 DNA 的正常代谢反应，影响正常蛋白质的合成及精氨酸的正常代谢。3,4- 二羟基丙苯氨酸又称多巴，主要存在于蚕豆中，可引起急性溶血性贫血。

11.2.1.3　苷类

（1）硫代葡萄糖苷（glucosinolates）

简称硫苷，是十字花科蔬菜中的一种重要的次生代谢产物，根据侧链基团的不同，硫苷可分为脂肪族、芳香族和吲哚族三大类。已发现的硫苷有 120 多种，存在于十字花科蔬菜中的约有 15 种，芥菜类蔬菜中含有 9 种。过多地食用硫苷类物质可以抑制机体的生长发育，并且在血碘低时阻碍甲状腺对碘的吸收利用，使甲状腺发生代谢性肿大。致甲状腺肿因子是异硫氰酸化学物的衍生物，它是羟基硫苷类物质经过水解、环构化而形成的。油菜、芥菜、萝卜等植物的种子中含量较高，可达到茎、叶部的 20 倍以上。

（2）皂苷（saponin）

皂苷是苷元为三萜或螺旋甾烷类化合物的一类糖苷，由皂苷配基与糖构成，参与形成皂苷的糖有葡萄糖、半乳糖、鼠李糖、阿拉伯糖、木糖、葡萄糖醛酸和半乳糖醛酸等，主要分布于陆地高等植物中，也少量存在于海星和海参等海洋生物中。有些皂苷具有抗菌、解热、镇静、抗癌等生物活性。代表性有毒皂苷有大豆皂苷、茄碱苷等。皂苷的生物毒性主要表现为破坏红细胞造成溶血，当食用过量时，可引起中毒。一般的中毒症状为喉部发痒、恶心、腹痛、头痛、晕眩、腹泻、体温升高以及痉挛等。此外，它的水解产物也可强烈刺激胃肠道黏膜，引起胃肠道局部充血肿胀和炎症，产生呕吐、恶心、腹痛以及腹泻等症状。未煮熟的豆类以及发芽变绿的土豆容易产生有毒的皂苷毒素。

11.2.1.4　生物碱

生物碱是主要以五元氮杂环或六元氮杂环为基核，以盐类、酯类、N- 氧化物类或与其他元素结合的形式，存在于自然界中的一类含氮的碱性有机化合物。绝大多数生物碱分布在高等植物，尤其是双子叶植物中，如毛茛科、罂粟科、防己科、茄科、夹竹桃科、芸香科、豆科、小檗科等。有毒生物碱主要有烟碱、茄碱、颠茄碱等。其生理作用差异很大，引起的中毒症状也各不相同。我国传统中药常把许多植物作为药用和食用，有的甚至制成药酒、汤药作为"滋补品"食用，这些植物往往含有毒性成分，其治疗量与中毒量接近，因用药不当、盲目和超量服用容易造成中毒和死亡。

 概念检查 11.4

○ 什么叫生物碱？生物碱主要分布在哪些植物中？

11.2.1.5　酚类

自然界中存在的酚类化合物大部分是植物生命活动的结果，植物体内所含的酚称内源性酚，其余称外源性酚。棉酚（gossypol）是一种典型的有毒酚类化合物，它是一种黄色多酚羟基双萘醛类化合物，主要存在于锦葵植物棉花的根、茎、叶和种子内，棉子仁中含量最高，通常在 0.15%～1.8%。棉酚产生毒性的主要结构为萘单元上的活性醛基，该结构在棉酚互变异构体中起重要作用。食用含棉酚较多的毛棉油会引起中毒，患者皮肤有剧烈的灼烧感，并伴有头晕、气喘、心慌和无力等症状，长期食用还会影响生育能力。

11.2.2　动物源性天然有毒物质

11.2.2.1　有毒动物组织

如猪、牛、羊肉是人类普遍食用的动物性食品。在正常情况下，它们的肌肉无毒，可安全食用。但摄食过量动物内分泌腺或者未处理干净的脏器，可扰乱人体正常代谢。

（1）内分泌腺（endocrine gland）

动物腺体所分泌的激素，其性质和功能与人体内的腺体大致相同，适量可用作药物治疗疾病，但如摄入过量，就会引起中毒。例如人一旦误食动物甲状腺素，会出现类似甲状腺功能亢进的症状。若屠宰牲畜时未摘除动物的肾上腺或髓质软化在摘除时流失，被人误食，也会导致人体内肾上腺素浓度增高而引起中毒。此外，集中在鸡、鸭、鹅臀尖的肥厚肉块中的淋巴结是病菌、病毒及致癌物质的大本营，误食也会引起中毒。

（2）动物肝脏中的毒素

动物肝脏含有丰富的蛋白质、维生素、微量元素等营养物质，常将其加工制成肝精、肝粉、肝组织液等，用于治疗肝病、贫血、营养不良等症。但肝脏也是动物的最大解毒器官，动物体内的各种毒素，大多要经过肝脏来处理、排泄、转化，因此动物肝脏可能含有很多毒素。食用时应选择健康的动物肝脏，并严格处理干净，适量摄入。

11.2.2.2　河豚毒素

河豚毒素（tetrodotoxin）是一种氨基全氢喹唑啉型化合物，属于非蛋白质类神经毒素，呈无色、无味的针状结晶，微溶于水，易溶于弱酸性水溶液，不溶于有机溶剂。毒性很强，0.5mg 即可致人死亡。主要存在于河豚等豚科鱼类中，其在鱼体组织中含量由高到低依次为卵巢、鱼卵、肝脏、肾脏、眼睛和皮肤，肌肉和血液中含量很低。河豚中毒大多是因为可食部分受到卵巢或肝脏的污染，或是直接进食了脏器引起的。河豚毒素理化性质稳定，耐光、耐盐、耐热，经紫外线照射 48h 或日晒一年，其毒性无变化。用 30% 的食盐腌制一个月，卵巢中仍含毒素。100℃温度下加热 4h 可使毒素完全破坏，因此需要采用适当的烹饪方法避免中毒。

11.2.2.3　组胺类毒素

海产鱼类中的青皮红肉鱼，如沙丁鱼、金枪鱼、鲭鱼、大麻哈鱼等，体内含有丰富的组氨酸，当遇到富含组氨酸脱羧酶的细菌（如莫根氏变形杆菌、组胺无色杆菌、埃希氏大肠杆菌、链球菌、葡萄球菌等）污染后可使鱼肉中的游离组氨酸脱羧形成组胺（histamine）。这些鱼类在 15～37℃、有氧、中性或弱酸性（pH 6.0～6.2）、渗透压不高（盐分 3%～5%）的条件下，易产生大量组胺。当人体摄入组胺 100mg 以上时，易发生中毒。组胺非常耐热，一般的烹调等热处理都不能破坏组胺。组胺中毒是一种过敏性食物中毒，其主要症状为皮肤红肿、四肢发麻、腹痛腹泻、呼吸困难和血压下降等。

11.2.2.4   贝类毒素

贝类自身并不产生毒素，但是当它们通过食物链摄取海藻时，由毒藻类产生的毒素在其体内累积放大，转化为有机毒素，即贝类毒素，容易引起人类食物中毒。常见的有毒贝类有蚝、牡蛎、蛤、油蛤、扇贝、紫鲐贝和海扇等。主要的贝类毒素包括麻痹性贝类毒素和腹泻性贝类毒素。麻痹性贝类毒素呈白色，可溶于水，易被胃肠道吸收，耐高温、耐酸，但在碱性条件下不稳定易分解失活。麻痹性贝类毒素是低分子毒物中毒性较强的一种，量很少时就会产生较强毒性，炒煮温度下也不能分解。摄取有毒贝类后，人中毒主要表现为唇、舌、指间麻木，随后四肢、颈部麻木，行走困难，伴有头晕、恶心、呕吐、胸闷乏力和昏迷。腹泻性贝类毒素是由鳍藻属和原甲藻属等藻类产生的一类脂溶性次生代谢产物，被贝类滤食后在其体内性质非常稳定，一般的烹调加热不能使其破坏。误食会产生以腹泻为主要特征的中毒效应。腹泻性贝类毒素的化学结构是聚醚或大环内酯化合物，其毒性机制是由于大田软海绵酸能够抑制细胞质中磷酸酶的活性，导致蛋白质过磷酸化，作用于人体的酶系统，引起肠道发炎腹泻。

11.2.2.5   雪卡毒素

雪卡毒素（ciguatoxin）是一类聚醚类毒素，属神经毒素。含有雪卡毒素的鱼类大约有400种，对人类产生安全隐患的主要是珊瑚鱼，如红斑鱼、老虎斑鱼、苏眉鱼、龙定鱼、东星斑鱼、西星斑鱼、豹星斑鱼、燕尾星斑鱼、老鼠斑鱼、蓝瓜斑鱼等。雪卡毒素的蓄积和传递主要通过食物链与传代繁殖。同一鱼体里鱼卵中含毒量可能是肌肉中的2倍。雪卡毒素能耐受高温，不易被胃酸破坏。其中毒对人体危害很大，中毒后潜伏期为2~30h，主要症状有头晕、乏力、恶心、呕吐、腹泻、唇周麻木、膝关节酸痛等，典型的症状是双手对冷热温度的感觉倒错。

11.3   食品外源性有害成分

食品外源性有害成分是在外界环境（空气、水以及土壤）中存在，通过食品生产加工及贮存，与食品或食品原料接触并进入人体，蓄积呈现一定毒性的化学物质。主要包含细菌及其毒素、农药、不符合食品安全标准的添加剂或非法添加物。外源性有害化学物质通过加工进入机体，能与人体组织发生生物化学或生物物理作用，破坏机体正常生理功能，引起暂时或永久的病理状态，甚至危害生命。例如，土壤和水中的天然有毒无机物如硝酸盐、汞和砷等重金属，被植物、畜禽和水生动物吸收积累，可达到中毒剂量。用受污染的饲料喂畜禽后，可使其肉、蛋、奶含有污染物。生长中的农作物或收获后贮放的农产品受微生物侵袭，在适宜条件下也可产生致病内毒素或外毒素。

现代农业生产中广泛使用的农用化学物质（如杀虫剂、杀真菌剂、除草剂、肥料、抗生素和生长激素）、食品法规禁用化学品、有毒元素和化合物（如铅、锌、砷、汞和氰化物）、聚氯联苯、工厂化学用品（如润滑油、清洁剂、消毒剂和油漆）等是食品外源性有害成分的主要来源。有机磷农药对食品的污染主要体现在植物性食品中。水果、蔬菜等含有芳香物质的植物最易吸收有机磷农药，且残留量高。有机氯农药在动物性食品中残留量要高于植物性食品。禽肉、乳制品、蛋类中有机氯农药残留主要来源于饲料中的农药残留，鱼及水产品中有机氯农药残留主要来源于水域污染和生物富集作用，粮谷类及果蔬类有机氯农药污染主要来源于土壤污染或直接施用农药。

现代食品加工过程中为了达到提高品质、延长保质期等目标，常将保水剂、保鲜剂、防腐剂、着色剂等添加到食品中。不合规的添加剂或非法添加物是食品外源性有害成分另一个来源。甲醛有防腐保鲜作用，而且能够改变海鲜产品的成色，常在水产品、水发产品中违法使用。硼砂也是最常见的违禁添加物，多被用于拉面、饺子皮、挂面、糕点等面食中，使用了硼砂的面食更加筋道、有弹性。

微生物污染是指由细菌与细菌毒素、霉菌与霉菌毒素和病毒造成的生物性污染。黄曲霉毒素 B_1（aflatoxin B_1）是二氢呋喃氧杂萘邻酮的衍生物，含有一个双呋喃环和一个氧杂萘邻酮，是常见的粮食类作物的微生物外源有毒有害成分。黄曲霉毒素是目前所知致癌性最强的化学物质，主要存在于花生、花生油、玉米、稻米、小麦、豆类等粮油及其制品中。可诱发动物的胃癌、肾癌、肠癌、乳腺癌等多种癌症，并与人类肝癌的发生密切相关。目前认为花生油产品中黄曲霉毒素 B_1 超标的主要原因是花生原料在种植、采收、运输及储存过程中受到黄曲霉等霉菌污染，或企业在生产时没有严格挑拣花生原料和进行相关检测，没有采用精炼工艺或工艺控制不当。

11.4　食品加工过程中产生的有毒有害成分

食品的各种加工方式如煎炸、烘烤、焙炒等常常引起食品组分如氨基酸、蛋白质、糖、维生素和脂类的化学变化，常伴随着一些有毒和致癌的物质，如多环芳烃、杂环胺和丙烯酰胺等的产生，这些化合物有致癌活性。我国胃癌和食管癌高发区的居民也有喜食烟熏肉和腌制蔬菜的习惯。

11.4.1　杂环胺类物质

杂环胺（heterocyclic aromatic amines，HAAs）是在食品加工、烹调过程中由于蛋白质、氨基酸热解产生的一类具有氨基吡唑氮杂芳烃和氨基咔啉结构的致突变、致癌作用的化合物。国际癌症研究中心已将 HAAs 中的喹啉类（IQ）物质归类为"对人类很可疑致癌物（2A 级）"，而把 2- 氨基 -3,4- 二甲基咪唑并 [4,5-f] 喹啉（MeIQ）、2- 氨基 -3,8- 二甲基咪唑并 [4,5-f] 喹喔啉（MeIQx）、2- 氨基 -1- 甲基 -6- 苯基咪唑并 [4,5-b] 吡啶（PhIP）、2- 氨基 -6- 甲基二吡啶并 [1,2-a：3,2-d] 咪唑（Glu-P-1）、2- 氨基 - 二吡啶并 [1,2-a：3,2-d] 咪唑（Glu-P-2）、3- 氨基 -1,4- 二甲基 -5H- 吡啶并 [4,3-b] 吲哚（Trp-P-1）、3- 氨基 -1- 甲基 -5H- 吡啶并 [4,3-b] 吲哚（Trp-P-2）等 HAAs 类物质归为"潜在致癌物（2B 级）"。这才引起人们对氨基酸、蛋白质热解产物的研究兴趣，从而导致了新的致癌、致突变物 HAAs 的发现。

11.4.1.1 杂环胺的结构与性质

从化学结构上，HAAs 可以分为氨基咪唑氮杂芳烃（aminoimidazo azaaren，AIA）和氨基咔啉（amino-carboline congener）两大类。AIA 又包括喹啉类（quinoline congener，IQ）、喹喔啉类（quinoxaline congener，IQx）、吡啶类（pyridine congener）。AIA 均含有咔唑环，环上有一个氨基，在体内可以转化成为 N- 羟基化合物，而具有致癌、致突变活性。因为 AIA 上的氨基能耐受 2mmol/L 的亚硝酸钠的重氮化处理，与最早发现的 AIA 类化合物 IQ 性质类似，又被称为 IQ 型 HAAs。氨基咔啉包括 α- 咔啉（α-carboline congener，AαC）、γ- 咔啉和 δ- 咔啉。氨基咔啉类环上的氨基不能耐受 2mmol/L 的亚硝酸钠的重氮化处理，在处理时氨基会脱落变成 C- 羟基失去致癌、致突变活性，称为非 IQ 的 HAAs。

常见 HAAs 的化学结构如图 11-1，其重要的理化性质见表 11-1。

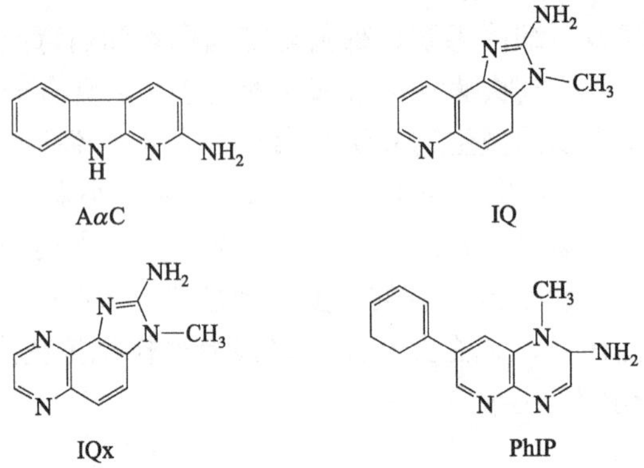

图 11-1 常见 HAAs 的化学结构

表11-1 常见HAAs的理化性质

化合物	分子量	元素组成	UV$_{max}$	pK$_a$
IQ	198.2	$C_{11}H_{10}N_4$	264	3.6, 6.6
PhIP	224.3	$C_{13}H_{12}N_4$	315	5.7
AαC	183.2	$C_{11}H_9N_3$	339	4.6

11.4.1.2 食品中杂环胺的形成机制与影响因素

HAAs 是通过复杂的美拉德反应途径形成的，其形成受温度、时间、加工方式、水分含量、pH、前体化合物、原料肉种类以及营养成分等多种因素的影响。

目前认为肌酸、肌酐、游离氨基酸和糖是 HAAs 形成的前体物，可通过美拉德反应形成杂环胺（见图 11-2 中 IQ、IQx 化合物的形成途径）。如美拉德反应生成的吡嗪和醛类可缩合为喹喔啉；吡啶可直接来源于美拉德反应；而咪唑环来源于肌酐。由于不同的氨基酸在美拉德反应中生成杂环物的种类和数量不同，因而最终生成的杂环胺也有较大的差异。加热肌酐、甘氨酸、苏氨酸和葡萄糖的混合物可分离出 MeIQx 和 DiMeIQx；果糖、肌酐和脯氨酸混合加热后可分离出 PhIP；在食品中添加色氨酸和谷氨酸后加热，Trp-P-1 和 Trp-P-2、Glu-P-1、Glu-P-2 等的含量会急剧增加。这些杂环胺化合物是已知最强的食品源致突变物，对啮齿动物具有强烈的致癌作用。PhIP 和 MeIQx 是主要的膳食 HAAs，据估计每人的日摄入量可达到几纳克，但在此摄入水平不会导致癌症，若它们和其他一些因素共同作用就会产生严重的不良后果。

　　加工温度和时间是决定肉类食品中 HAAs 水平的重要因素，不同的加工方式会导致产品中 HAAs 含量明显不同。一般而言，使食物直接与明火接触或与灼热的金属表面接触的烹调方法，如炭烤、油煎等容易导致突变性 HAAs 的形成，因为这种加热条件下食物表面自由水大量快速蒸发而容易发生褐变反应。然而通过间接热传导方式或在较低温度并有水蒸气存在的烹调方式下，如清蒸、焖煮等，HAAs 的形成量就相对较少。例如，温度从 200℃升高至 300℃，致突变性增加 5 倍；在油炸加工时 HAAs 主要在前 5min 形成，5～10min 的形成速度明显减慢，更长时间的加热处理已经影响不大。

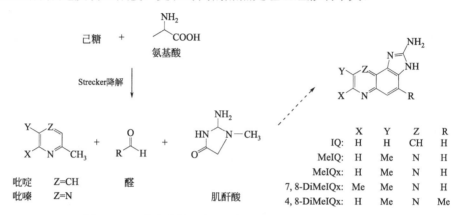

图 11-2　咪唑喹啉和咪唑喹喔啉两种 HAAs 的形成途径

11.4.1.3　杂环胺的代谢毒性与控制

　　所有的 HAAs 都是前致突变物，必须经过代谢活化才能产生致癌及致突变性。经口给予 HAAs 很快经胃肠道吸收，并通过血液分布于身体的大部分组织。肝脏是 HAAs 的重要代谢器官，而肝外组织（如肠、肺和肾等）也有一定的代谢能力。尽管 HAAs 对受试的动物有一定的致癌性，但试验所设定的 HAAs 受试剂量往往是食品中的上万倍。例如纯品 PhIP 可以诱发大鼠结肠及乳腺肿瘤，但诱发的最低剂量相当于每人每天摄入 100～200kg 焦牛肉。HAAs 的毒性除与含量有关外，不同的 HAAs 之间的毒性往往有协同效应。据报道，当有其他环境致癌物、促癌物和细胞增生诱导物存在时，HAAs 的毒性增加。烧烤食品中存在有多种 HAAs，而且含量较其他加工方式高得多。

　　尽管 HAAs 的形成在热加工过程中似乎不可避免，但可以采取一些措施来降低杂环胺的危害作用，例如不采用高温烹饪肉类食品，尽量少用油炸、烧烤加工，防止加工过程中烧焦。如何阻断或抑制 HAAs 的形成，以提高加工肉制品特别是高温肉制品的安全性，已成为食品企业和科研工作者需要解决的重要问题。现有研究主要的观点有两种：其一是通过外源成分的抗氧化性清除自由基能力实现 HAAs 的抑制；另一种观点认为外源活性成分与 HAAs 前体化合物形成稳定加合物而抑制 HAAs 的生成。

11.4.2　丙烯酰胺

　　丙烯酰胺（arylamide）是制造塑料的化工原料，是聚丙烯酰胺合成的化学中间体，以白色结晶形式存在，在熔点很容易聚合，对光线敏感，暴露于紫外线时较易发生聚合，有致癌活性。丙烯酰胺熔点84.5℃，加热至175℃时分解，在水、醇、醚等溶剂中的溶解度较高，在苯、正己烷中的溶解度较低。丙烯酰胺对空气、光等敏感，熔化时或暴露于紫外线下发生聚合反应，对酸、碱、氧化剂等不稳定，具有很高的反应性。根据目前已有的毒理学资料，丙烯酰胺是一种有毒的化学物质，目前被WHO等机构确认的毒性作用主要表现在：导致基因突变（生物体或体外细胞）；引起染色体断裂；在每天剂量为1~2mg/kg体重可增加老鼠的癌症发病率；具有神经毒性。

　　一些富含碳水化合物的食品在经过煎炸烤等高温加工处理时也会产生丙烯酰胺，如油炸薯条、薯片。挪威、瑞士、英国、美国等发现油炸淀粉类食品丙烯酰胺的含量均大大超过WHO制定的饮用水水质标准中丙烯酰胺限量值。由表11-2可知，新鲜蔬菜、水果中丙烯酰胺含量微乎其微，但经过煎炒油炸，其含量明显上升。研究各种食品中丙烯酰胺的含量，一方面利于探讨食品中丙烯酰胺的形成机理，控制或降低食品中丙烯酰胺的含量；另一方面可为人群丙烯酰胺的食源性暴露评估提供数据。

表11-2　一些加工食品中丙烯酰胺的含量　　　　　　　　　　　　　单位：μg/kg

种类	含量	种类	含量	种类	含量
面包和面包卷（1270样品）	350	土豆泥（33样品）	16	烤制、炒制的蔬菜（39样品）	59
早餐谷物（58样品）	96	烤土豆（22样品）	169	新鲜蔬菜（45样品）	4.2
婴儿食物（焙烤型，32样品）	181	法式炸薯片（1097样品）	334	水果脆片（真空油炸，37样品）	131
蛋糕和饼干（369样品）	33	盒装薯片（874样品）	752	坚果和油籽（81样品）	84
煮的粮食和面条（113样品）	15	奶和奶制品（62样品）	5.8	咖啡（205样品）	288

注：数据来源于WHO technique report series 930。

　　食品中丙烯酰胺的生成途径尚不完全清楚，已经提出的可能生成途径有两个（图11-3），一个是脂肪的热分解形成丙烯酰胺，另一个是由天冬酰胺与还原糖（葡萄糖）作用形成丙烯酰胺，与食品中发生的美拉德反应有关系，反应涉及还原酮化合物。一些研究结果表明，当食品中含有较多的游离天冬酰胺时（例如，马铃薯中游离氨基酸中40%为天冬酰胺），在高温下生成的丙烯酰胺水平相应较高。此结论在模拟体系中也得到了证实，即天冬酰胺是形成丙烯酰胺的重要底物。现有的研究证实初始反应速度与天冬酰胺的α-氨基与还原糖的羰基有关，为一级反应。除在食品加工过程中产生外，丙烯酰胺也可能有其他污染来源，如以聚丙烯酰胺塑料为食品包装材料的单体迁出，食品加工用水中絮凝剂的单体迁移等。

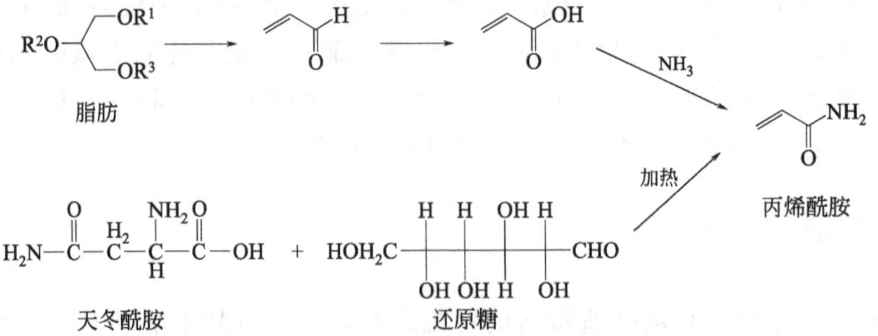

图11-3　丙烯酰胺的可能生成途径

11.4.3 多环芳烃

多环芳烃（polycyclic aromatic hydrocarbons，PAHs）是指煤炭、汽油、木柴等含碳燃料在不完全燃烧时产生的挥发性碳氢化合物，分子结构中含有三个以上的苯环，是重要的环境和食品污染物。多环芳烃类化合物的致癌作用与其本身化学结构有关，三环以下不具有致癌作用，四环开始有致癌作用，一般致癌物多在四～七环范围内，超过七环未见有致癌作用。此类化合物室温下一般为固体，在水中溶解度低，易溶于有机溶剂，具有亲脂性（见表 11-3），随着多环芳烃分子的分子量增加，它们的极性降低，在有机相中的分配系数也增大。国际癌症研究中心（1976 年）列出的 94 种对实验动物致癌的化合物，其中 15 种属于多环芳烃。由于苯并 [a] 芘是第一个被发现的环境化学致癌物，而且致癌性很强，故常以苯并 [a] 芘作为多环芳烃的代表，它占全部致癌性多环芳烃 1%～20%。苯并 [a] 芘（其化学结构见图 11-4）等在脂肪组织中富集。

表11-3 一些PAHs化合物的理化性质

化合物	分子式	沸点 /℃	25℃水中溶解度 / (mg/L)	正辛醇 / 水分配系数
苯	C_6H_6	80.1	1791	2.13
萘	$C_{10}H_8$	218	31.69	3.35
蒽	$C_{14}H_{10}$	340	0.0446	4.50
芘	$C_{16}H_{10}$	393	0.132	5.00
苯并吖啶	$C_{18}H_{12}$	448	0.0018	5.86
苯并 [a] 芘	$C_{20}H_{12}$		0.003	6.35

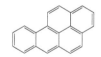

图 11-4 苯并 [a] 芘结构

苯并 [a] 芘常温下为浅黄色针状结晶，性质很稳定，沸点 310～320℃（$1.3×10^3$Pa），熔点 179～180℃，在水中溶解度为 0.004～0.012mg/L，易溶于环己烷、己烷、苯、甲苯、二甲苯、丙酮等有机溶剂中，稍溶于乙醇、甲醇。苯并 [α] 芘常温下不与浓硫酸作用，但能溶于浓硫酸，能与硝酸、过氯酸、氯磺酸起化学反应，可利用这一性质消除苯并 [α] 芘。苯并 [α] 芘在碱性条件下较稳定。

食物中的苯并 [α] 芘有两个来源，一是大气污染，二是食物加工，其中熏烤加工是造成食品苯并 [α] 芘污染的重要途径。熏烤过程中燃料燃烧产生的苯并 [α] 芘可直接污染食品，烟雾温度超过 400℃时，温度越高，熏烟中苯并 [α] 芘的含量越大。另外，熏烤时的高温也会使脂肪热解生成多环芳烃化合物，熏烤时油脂滴入火中会使苯并 [α] 芘含量升高。严格控制食品熏烤温度，避免食品直接接触明火，改良食品烟熏剂，使用熏烟洗净器或冷熏液，是预防苯并 [α] 芘危害的有效措施。一些常见食品中苯并 [α] 芘的含量见表 11-4，苯并 [α] 芘可能形成途径如图 11-5 所示。

表11-4 部分食品中苯并[α]芘含量   单位：μg/kg

熏鱼	含量	熏肉	含量	其他食品	含量
鲱鱼	1.0	火腿	0.7~55	菠菜	7.4
鳗鱼	1.0	咸肉	3.6	茶叶	3.9~21
白鱼	6.6	冷熏肉	2.9	咖啡	0~15
鲟鱼	0.8	热熏肉	0.7	谷物	0.2~4.1
白鲑鱼	1.3	汉堡肉	11.2	大豆	3.1

　　苯并[α]芘等多环芳烃的化学性质稳定，在烹饪过程中不易破坏。为了避免苯并[α]芘对食品的污染，应严格控制食品加工条件。例如避免明火烧烤和长时间油炸，尽量采用低脂肪肉。不同的PAHs由于其在水中的溶解度不同，机体对其吸收效率也不一样。在大量脂肪存在时其吸收率较高，纤维素等的存在可以抑制其吸收。重要的多环芳烃化合物还包括苯并[α]蒽、二苯并蒽、茚酚芘等。为防止和减少食品中多环芳烃的污染，应注意改进食品烹调和加工的方式方法，以减少食品成分的热解、热聚。

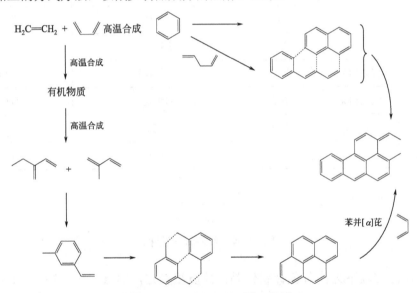

图11-5 苯并[α]芘可能形成途径

 概念检查11.5

○ 杂环胺的定义是什么？如何预防杂环胺对食品的污染？

 概念检查11.6

○ 何谓多环芳烃？

概念检查 11.7

○ 食品中丙烯酰胺的含量受哪些因素的影响？

总结

- ○ 内源性食品有害成分：凡是由食物原料包括植物或动物体内产生的、对人体有害的一些成分，如凝集素、皂素、有毒活性肽及毒素等统称为内源性有害成分。
- ○ 外源性食品有害成分：在外界环境（空气、水以及土壤）中存在，或者通过食品生产加工及贮存，与食品或食品原料接触并进入人体，蓄积呈现一定毒性的化学物质。
- ○ 植物红细胞凝集素：豆类及一些豆状种子中含有的能使红细胞凝集的一种蛋白质。主要的凝集素种类有大豆凝集素、蓖麻毒蛋白和菜豆属豆类凝集素。
- ○ 蛋白酶抑制剂：广义上指与蛋白酶分子活性中心的一些基团结合，使蛋白酶活力下降或消失，但不使酶蛋白变性的物质。分为胰蛋白酶抑制剂、胰凝乳蛋白酶抑制剂以及淀粉酶抑制剂。
- ○ 生物碱：主要以五元氮杂环或六元氮杂环为基核，以盐类、酯类、N- 氧化物类或与其他元素结合的形式，存在于自然界中的一类含氮的碱性有机化合物。绝大多数生物碱分布在高等植物，尤其是双子叶植物中，如毛茛科、罂粟科、防己科、茄科、夹竹桃科、芸香科、豆科、小檗科等。
- ○ 杂环胺：在食品加工、烹调过程中由于蛋白质、氨基酸热解产生的一类具有氨基吡唑氮杂芳烃和氨基咔啉结构的致突变、致癌作用的化合物。
- ○ 多环芳烃：煤炭、汽油、木柴等含碳燃料在不完全燃烧时产生的挥发性碳氢化合物，分子结构中含有三个以上的苯环，是重要的环境和食品污染物。
- ○ 丙烯酰胺：聚丙烯酰胺合成的化学中间体，以白色结晶形式存在，在熔点很容易聚合，对光线敏感，暴露于紫外线时较易发生聚合，有致癌活性。

课后练习

1. 未煮熟的豆类以及发芽变绿的土豆容易产生有毒的 ____。
A. 皂苷毒素　　　B. 蛋白酶抑制剂　　　C. 生物碱　　　D. 有毒酚类

2. 多环芳烃类化合物的致癌作用与其化学结构有关，一般具有致癌活性的在 ____ 范围之内。
A. 1～3 环　　　B. 4～7 环　　　C. 8～9 环　　　D. 10～12 环

3. 腹泻性贝类毒素的化学结构一般是 ____ 化合物，其毒性机制是由于 _____。

4. 简述肉类加工食品中杂环胺的形成途径与代谢规律以及抑制方法。

5. 某公司计划开发一款以猪肉为主要原料的油炸食品，请通过食品添加剂的配方设计，有效减少加工过程中该产品的杂环胺含量。

题1、2答案　　　　题3答案　　　　题4答案　　　　题5答案

 设计问题

1. 请分析未煮熟的豆角、发芽的土豆、鲜黄花菜、未煮熟的河豚发生食物中毒的毒素危害来源，有害物质的结构与中毒症状。

2. 食品加工厂生产油炸薯片的过程中，采用真空油炸、真空滤油机等联用可以一定程度控制食品中丙烯酰胺形成。请根据生产实践简述该技术在生产工艺中如何实现减少丙烯酰胺的形成。

（www.cipedu.com.cn）

📁 参考文献

[1]　阚建全.食品化学.3版.北京：中国农业大学出版社，2015.
[2]　谢笔钧.食品化学.3版.北京：科学出版社，2018.
[3]　邵颖，刘洋.食品化学.北京：中国轻工业出版社，2018.
[4]　李红.食品化学.北京：中国纺织出版社，2015.
[5]　孙庆杰，陈海华.食品化学.长沙：中南大学出版社，2017.
[6]　迟玉杰，赵国华，王喜波，安辛欣.食品化学.北京：化学工业出版社，2012.
[7]　夏延斌，王燕.食品化学.2版.北京：中国农业出版社，2014.
[8]　谢明勇，胡晓波，王远兴.食品化学.北京：化学工业出版社，2011.
[9]　赵新淮.食品化学.北京：化学工业出版社，2006.
[10]　张晓鸣.食品风味化学.北京：中国轻工业出版社，2008.
[11]　汪东风.食品化学.北京：化学工业出版社，2007.
[12]　赵谋明.食品化学.北京：中国农业出版社，2011.
[13]　刘邻渭.食品化学.郑州：郑州大学出版社，2011.
[14]　李巨秀.食品化学.郑州：郑州大学出版社，2017.
[15]　马自超.天然食用色素化学.北京：中国轻工业出版社，2016.
[16]　黄梅丽，王俊卿.食品色香味化学.北京：中国轻工业出版社，2008.
[17]　蒋一鸣.酶在食品中的应用研究进展.轻工科技，2018，34：13-14，16.
[18]　汪东风.食品中有害成分化学.北京：化学工业出版社，2006.
[19]　Srinivasan Damodaran，Owen R Fennema，Kirk L Parkin.食品化学.江波，杨瑞金，钟芳，等译.4版.北京：中国轻工业出版社，2016.
[20]　Hui Y H.贝雷：油脂化学与工艺学.徐生庚，裘爱泳，主译.5版.北京：中国轻工业出版社，2001.
[21]　王璋，许时婴，汤坚.食品化学.北京：中国轻工业出版社，1999.
[22]　Owen R Fennema.食品化学.王璋，许时婴，江波，杨瑞金，钟芳，麻建国，译.3版.北京：中国轻工业出版社，2003.
[23]　孙宝国.躲不开的食品添加剂.北京：化学工业出版社，2012.
[24]　黄文，蒋予箭，汪志君，肖作兵.食品添加剂.北京：中国计量出版社，2006.
[25]　GB 2760—2014食品安全国家标准　食品添加剂使用标准.
[26]　付娜，王锡昌.滋味物质间相互作用的研究进展.食品科学，2014，35（3）：269-275.
[27]　刘亚丽，胡国华，崔荣箱.ι-卡拉胶和λ-卡拉胶的研究进展.中国食品添加剂，2013：196-201.
[28]　车小琼，孙庆申，赵凯.甲壳素和壳聚糖作为天然生物高分子材料的研究进展.高分子通报，2008：45-49.
[29]　薛金玲，李健军，白艳红，许昭.壳聚糖及其衍生物抗菌活性的研究进展.高分子通报，2017：26-36.
[30]　张彩芳，任亚敏，罗双群，等.果蔬及其制品加工中维生素C稳定性的研究进展.粮食与食品工业，

2017, 24（5）: 26-29.

[31] 张慧霞, 韩菲, 李旭峰, 等. 叶酸和维生素 A 在 MNNG 致哈萨克族食管上皮细胞恶变中肿瘤相关基因表达的干预研究. 现代预防医学, 2019, 46（14）: 2612-2616.

[32] 罗贤懋, 林培中, 刘雨菁, 乔友林. 核黄素预防恶性肿瘤的研究进展. 癌症进展, 2020, 18（4）: 325-330.

[33] 孙建霞, 张燕, 胡小松, 吴继红, 廖小军. 花色苷的结构稳定性与降解机制研究进展. 中国农业科学, 2009, 42（3）: 996-1008.

[34] 陈健初. 杨梅汁花色苷稳定性、澄清技术及抗氧化特性研究. 杭州: 浙江大学博士学位论文, 2005.

[35] 王瑞琴, 陈德昭, 韦尚升, 等. 酶在食品工业中的研究进展及应用. 中国调味品, 2019, 44: 184-186.

[36] 李春华. 酶制剂在食品中的应用及发展. 食品安全导刊, 2019, 30: 133.

[37] 尚伟方. 微生物酶技术在食品加工与检测中的应用. 食品安全导刊, 2018, 26: 76-77.

[38] 侯瑾, 李迎秋. 酶制剂在食品工业中的应用. 江苏调味副食品, 2017, 03: 8-11.

[39] 姚瑶, 彭增起, 邵斌, 王蓉蓉, 靳红果. 加工肉制品中杂环胺的研究进展. 食品科学, 2010, 31（23）: 447-453.

[40] Belitz H-D, Grosch W, Schieberle P. Food Chemistry. Berlin Heidelberg: Springer, 2009.

[41] Copeland R A. Enzymes: a practical introduction to structure, mechanism, and data analysis. John Wiley & Sons, 2004.

[42] Damodaran S, Parkin K L. Fennema's Food Chemistry. Fifth Edition. Taylor and Francis, 2017.

[43] Damodaran S, Parkin K L, Fennema O R. Fennema's Food Chemistry. Fourth Edition. Taylor and Francis, 2007.

[44] McDonald S T, Ludy M J. Chemesthesis and health. John Wiley & Sons Ltd, 2016.

[45] Fennema O R. Food Chemistry. Third Edition. CRC Press, 1996.

[46] Allen Foegeding E, Larick D K. Tenderization of beef with bacterial collagenase. Meat Sci, 1986, 18（3）: 201-214.

[47] Ansorena D, et al. Simultaneous addition of Palatase M and Protease P to a dry fermented sausage（Chorizo de Pamplona）elaboration: Effect over peptidic and Lipid fractions. Meat Sci, 1998, 50（1）: 37-44.

[48] Balcão V M, Malcata F X. Lipase catalyzed modification of milkfat. Biotechnology Advances, 1998, 16（2）: 309-341.

[49] Bansal V, et al. Review of the quantification techniques for polycyclic aromatic hydrocarbons（PAHs）in food products. Crit Rev Food Sci Nutr, 2017, 57（15）: 3297-3312.

[50] Carter P, Wells J A. Dissecting the catalytic triad of a serine protease. Nature, 1988, 332（6164）: 564-568.

[51] Carter P, Wells J A. Functional interaction among catalytic residues in subtilisin BPN'. Proteins, 1990, 7（4）: 335-342.

[52] Chen Z, et al. Interaction characterization of preheated soy protein isolate with cyanidin-3-O-glucoside and their effects on the stability of black soybean seed coat anthocyanins extracts. Food Chem, 2019, 271: 266-273.

[53] Chikazoe J, et al. Distinct representations of basic taste qualities in human gustatory cortex. Nature communications, 2019, 10（1）: 1048.

[54] Chung C, et al. Enhancement of colour stability of anthocyanins in model beverages by gum arabic addition. Food Chemistry, 2016, 201: 14-22.

[55] Chung H-J, et al. Intestinal removal of free fatty acids from hosts by Lactobacilli for the treatment of

obesity. FEBS open bio, 2016, 6（1）: 64-76.

[56] Fang J. Bioavailability of anthocyanins. Drug Metab Rev, 2014, 46（4）: 508-520.

[57] Fujita Y, Matsuoka H, Hirooka K. Regulation of fatty acid metabolism in bacteria. Molecular Microbiology, 2007, 66（4）: 829-839.

[58] Fukagawa Y, et al. Micro-computer analysis of enzyme-catalyzed reactions by the Michaelis-Menten equation. Agricultural & Biological Chemistry, 1985, 49（3）: 835-837.

[59] Furtado P, et al. Photochemical and thermal degradation of anthocyanidins. Journal of Photochemistry and Photobiology A: Chemistry, 1993, 75（2）: 113-118.

[60] Gherezgihier B A, et al. Food additives: Functions, effects, regulations, approval and safety evaluation. Journal of Academia and Industrial Research, 2017, 6: 62-68.

[61] Huang H, et al. The synergistic effects of vitamin D and estradiol deficiency on metabolic syndrome in Chinese postmenopausal women. Menopause, 2019, 26（10）: 1171-1177.

[62] Huerta-Montauti D, et al. Identifying muscle and processing combinations suitable for use as beef for fajitas. Meat Science, 2008, 80（2）: 259-271.

[63] Iwaniak A, Minkiewicz P, Darewicz M. Food-Originating ACE Inhibitors, Including Antihypertensive Peptides, as Preventive Food Components in Blood Pressure Reduction. Comprehensive Reviews in Food Science and Food Safety, 2014, 13（2）: 114-134.

[64] Kader F, et al. Degradation of cyanidin 3-glucoside by caffeic acid o-quinone. Determination of the stoichiometry and characterization of the degradation products. J Agric Food Chem, 1999, 47（11）: 4625-4630.

[65] Kazlauskas R J. Elucidating structure-mechanism relationships in lipases: Prospects for predicting and engineering catalytic properties. Trends in Biotechnology, 1994, 12（11）: 464-472.

[66] Khan N, Mukhtar H. Tea Polyphenols in Promotion of Human Health. Nutrients, 2018, 11（1）.

[67] Kheadr E E, Vuillemard J C, El-Deeb S A. Impact of liposome-encapsulated enzyme cocktails on cheddar cheese ripening. Food Research International, 2003, 36（3）: 241-252.

[68] Kim J, et al. Association of Vitamin A Intake With Cutaneous Squamous Cell Carcinoma Risk in the United States. JAMA Dermatol, 2019, 155（11）: 1260-1268.

[69] Kocaadam B, Şanlier N. Curcumin, an active component of turmeric（Curcuma longa）, and its effects on health. Crit Rev Food Sci Nutr, 2017, 57（13）: 2889-2895.

[70] Kreznar J H, et al. Host Genotype and Gut Microbiome Modulate Insulin Secretion and Diet-Induced Metabolic Phenotypes. Cell Rep, 2017, 18（7）: 1739-1750.

[71] Lee Y M, et al. Dietary Anthocyanins against Obesity and Inflammation. Nutrients, 2017, 9（10）.

[72] Lin C, et al. The study of killing effect and inducing apoptosis of 630-nm laser on lung adenocarcinoma A549 cells mediated by hematoporphyrin derivatives in vitro. Lasers Med Sci, 2020, 35（1）: 71-78.

[73] Lin C H, Lin T H, Pan T M. Alleviation of metabolic syndrome by monascin and ankaflavin: the perspective of Monascus functional foods. Food Funct, 2017, 8（6）: 2102-2109.

[74] Lin Z, Fischer J, Wicker L. Intermolecular binding of blueberry pectin-rich fractions and anthocyanin. Food Chem, 2016, 194: 986-993.

[75] Luna-Vital D, et al. Protection of color and chemical degradation of anthocyanin from purple corn（*Zea mays* L.）by zinc ions and alginate through chemical interaction in a beverage model. Food Res Int, 2018, 105: 169-177.

[76] Muralidhar S, et al. Vitamin D-VDR Signaling Inhibits Wnt/β-Catenin-Mediated Melanoma Progression and Promotes Antitumor Immunity. Cancer Res, 2019, 79 (23): 5986-5998.

[77] Myles I A, et al. Effects of parental omega-3 fatty acid intake on offspring microbiome and immunity. PloS one, 2014, 9 (1): e87181-e87181.

[78] Ney K H. Bitterness of Peptides: Amino Acid Composition and Chain Length, in Food Taste Chemistry. American Chemical Society, 1979: 149-173.

[79] Ngo B, et al. Targeting cancer vulnerabilities with high-dose vitamin C. Nat Rev Cancer, 2019, 19 (5): 271-282.

[80] Palacios C, Kostiuk L K, Peña-Rosas J P. Vitamin D supplementation for women during pregnancy. Cochrane Database Syst Rev, 2019, 7 (7): Cd008873.

[81] Palamidis N, Markakis P. Stability of Grape Anthocyanin in a Carbonated Beverage. Journal of Food Science, 1975, 40 (5): 1047-1049.

[82] Peng C Y, Markakis P. Effect of Phenolase on Anthocyanins. Nature, 1963, 199 (4893): 597-598.

[83] Saier M H. Enzymes in metabolic pathways: a comparative study of mechanism, structure, evolution, and control. Harpercollins College Division, 1987.

[84] Srere P A. Why are enzymes so big? Trends in Biochemical Sciences, 1984, 9 (9): 387-390.

[85] Srivastava D K, Bernhard S A. Metabolite transfer via enzyme-enzyme complexes. Science, 1986, 234 (4780): 1081-1086.

[86] Stebbins N B, et al. Stabilization of anthocyanins in blackberry juice by glutathione fortification. Food & Function, 2017, 8 (10): 3459-3468.

[87] Tap J, et al. Towards the human intestinal microbiota phylogenetic core. Environmental Microbiology, 2009, 11 (10): 2574-2584.

[88] Wang S, et al. Lycopene prevents carcinogen-induced cutaneous tumor by enhancing activation of the Nrf2 pathway through p62-triggered autophagic Keap1 degradation. Aging (Albany NY), 2020, 12 (9): 8167-8190.

[89] Wang Z, et al. Gut microbiome and lipid metabolism: from associations to mechanisms. Curr Opin Lipidol, 2016, 27 (3): 216-224.

[90] Whitaker J R, Voragen A G J, Wong D W S. Handbook of Food Enzymology. CRC Press, 2002.

[91] Wilhelmová N J B P. Cornish-bowden a. Fundamentals of enzyme kinetics. Biologia Plantarum, 1996, 38 (3): 430.

[92] Williams P A, et al. Vitamin B (3) modulates mitochondrial vulnerability and prevents glaucoma in aged mice. Science, 2017, 355 (6326): 756-760.

[93] Yoshimura T, Jhee K-H, Soda K. Stereospecificity for the Hydrogen Transfer and Molecular Evolution of Pyridoxal Enzymes. Bioscience, Biotechnology, and Biochemistry, 1996, 60 (2): 181-187.

[94] Yousuf B, et al. Health Benefits of Anthocyanins and Their Encapsulation for Potential Use in Food Systems: A Review. Crit Rev Food Sci Nutr, 2016, 56 (13): 2223-2230.

[95] Yu H-N, et al. Effects of Fish Oil with a High Content of n-3 Polyunsaturated Fatty Acids on Mouse Gut Microbiota. Archives of Medical Research, 2014, 45 (3): 195-202.

[96] Zamora R, Hidalgo F J. Formation of heterocyclic aromatic amines with the structure of aminoimidazoazarenes in food products. Food Chem, 2020, 313: 126-128.

[97] Zgaga L, Laird E, Healy M. 25-Hydroxyvitamin D Measurement in Human Hair: Results from a Proof-

of-Concept study. Nutrients，2019，11（2）.

[98] Zhang J，et al. Real-Space Identification of Intermolecular Bonding with Atomic Force Microscopy. Science，2013，342（6158）：611.

[99] Zhu W，et al. Room temperature electrofreezing of water yields a missing dense ice phase in the phase diagram. Nature Communications，2019，10（1）：1925.

图标说明

思政　　　　思维导图　　　　案例

学习意义　　学习目标　　　概念检查

例题　　　　拓展　　　　　　总结

参考文献　　课后练习　　　设计问题

微课　　　　动画　　　　　　ppt

小程序　　　图片　　　　　　答案